Ranqi-Zhengqi Lianhe Xunhuan Jizu Yunxing Yu Jianxiu · Dianqi Fence

燃气-蒸汽联合循环机组运行与检修 电气分册

深圳市广前电力有限公司 编

华南理工大学出版社
SOUTH CHINA UNIVERSITY OF TECHNOLOGY PRESS
·广州·

内 容 简 介

本书是MPCP1－M701F3“燃气－蒸汽联合循环机组运行与检修”丛书的电气分册，该分册以MPCP1－M701F3燃气－蒸汽联合循环发电机组为例，结合实际运维经验，介绍燃气－蒸汽联合循环机组发电、输变电及厂用电主要一、二次设备的基本原理、运行性能、典型结构、电气系统及运维特点。

全书共十章，第一章侧重介绍220kV系统一、二次设备的结构、原理及运维；第二章至第三章重点介绍燃气－蒸汽联合循环机组主要发变电设备——发电机及变压器；第四章介绍励磁系统；第五章侧重讲解发变组保护配置、原理及运维；第六章介绍联合循环机组发电机启动装置——SFC的相关知识；第七章详细介绍厂用电系统及其设备的原理、运行方式、联锁保护；第八章讲解电厂UPS及直流系统配置、结构原理及运维。第九章及第十章简要介绍电气系统综合自动化及通信、电气仪表的相关知识。

本书适合从事大型燃气轮机及其联合循环电厂调试、运行、维护的技术人员、管理人员使用，可作为运行人员及相关生产人员的培训教材，也可供电气专业师生参考。

图书在版编目(CIP)数据

燃气－蒸汽联合循环机组运行与检修．电气分册/深圳市广前电力有限公司编．—广州：华南理工大学出版社，2019.8

ISBN 978－7－5623－6065－0

Ⅰ.①燃… Ⅱ.①深… Ⅲ.①燃气－蒸汽联合循环发电－发电机组－电力系统运行②燃气－蒸汽联合循环发电－发电机组－电力系统－检修 Ⅳ.①TM611.31

中国版本图书馆CIP数据核字(2019)第152262号

燃气－蒸汽联合循环机组运行与检修：电气分册

深圳市广前电力有限公司　编

出 版 人：卢家明

出版发行：华南理工大学出版社

（广州五山华南理工大学17号楼，邮编510640）

http://www.scutpress.com.cn　E-mail:scutc13@scut.edu.cn

营销部电话：020－87113487　87111048（传真）

策划编辑：王　磊　陈　尤

责任编辑：刘　锋　王　磊

印 刷 者：广州市人杰彩印厂

开　　本：787mm×960mm　1/16　**印张：**21.75　**字数：**554千

版　　次：2019年8月第1版　2019年8月第1次印刷

定　　价：68.00元

燃气－蒸汽联合循环机组运行与检修

编委会及编写人员名单

编委会

主　　任：陈创庭
副 主 任：马晓茜　郭棋霖　叶善佩　邓旭东　黄山鹤
委　　员：廖艳芬　唐　强　李锦峰　吴海滨　谢　谦　孙承志

主机分册

主　　编：金晓刚
副 主 编：杨　承
编写人员：邹　虎　黄　杰　周见广

辅机分册

主　　编：周见广
副 主 编：廖艳芬　白斌杰
编写人员：何帝文　陈志伟　张应淳　耿洪涛　张俊伟　吴　磊
　　　　　杨如炜　李佳霖

电气分册

主　　编：郑江森
副 主 编：余昭胜　罗德庭　潘润洪
编写人员：钟伟权　彭　涌　徐权章　余　芳　史珂考　张　亮

热控分册

主　　编：赖伟彬
副 主 编：唐玉婷
编写人员：王永健

前　言

深圳市广前电力有限公司深圳前湾电厂是广东省液化天然气(LNG)配套建设项目，一期工程建设3台390MW级燃气轮机－蒸汽轮机联合循环发电机组，于2006年12月至2007年3月陆续建成投产。为适应燃气－蒸汽联合循环电厂运营发展的需要，提高电厂人员技术水平，特编写“燃气－蒸汽联合循环机组运行与检修”系列丛书。

本电气分册以MPCP1－M701F3燃气－蒸汽联合循环发电机组为例，结合实际运维经验，介绍燃气－蒸汽联合循环机组发电、输变电及厂用电主要一、二次设备的基本原理、运行性能、典型结构、电气系统及运维特点。本书适合从事大型燃气轮机及其联合循环电厂调试、运行、维护的技术人员、管理人员使用，可作为运行人员及相关生产人员的培训教材，也可供高等院校电气类专业师生参考。

本书在编写过程中亦参阅了大量文献资料（包括教材、论著、手册等）及厂家设备资料，未能一一列出，借此谨向这些著作和文献资料的原作者致以诚挚谢意！

限于编者水平，书中难免疏漏，恳请广大读者批评指正。

深圳市广前电力有限公司
2019年7月

目录
CONTENTS

第1章

220kV 配电装置及主接线

1.1 配电装置设备的种类及特性

1.1.1 高压断路器

断路器是指能够关合、承载和开断正常回路条件下的电流，能在规定的时间内关合、承载和开断异常回路条件(包括短路条件)下的电流的开关装置。

断路器应能满足以下要求：

(1)合闸状态为良好的导体，不但能通过正常的负荷电流，即使通过短路电流时，也不应因发热和电动力的作用而损坏。

(2)分闸状态时应有良好的绝缘性。在规定的环境条件下，能承受相对地电压以及同相断口间的电压。

(3)关合规定的短路电流时，应有足够的开断能力和尽可能短的开断时间。

(4)在规定的短路电流，在规定时间内断路器的触头不能产生熔焊等情况。

(5)断路器要能长期可靠地工作，有一定的机械寿命和电气寿命。

根据灭弧介质的不同，断路器可分为油断路器、压缩空气断路器、真空断路器和 SF_6 断路器，由于在我国 F 级燃气轮机机电厂的 6kV 及以上高压系统中主要采用真空断路器和 SF_6 断路器，而油断路器和压缩空气断路器已逐渐被系统淘汰，故不作介绍。断路器分类如下：

(1)真空断路器。在真空中实现灭弧，具有灭弧速度快、开断能力强、结构简单、耗材少、体积小、检修周期长、使用寿命长等优点，广泛应用于 6 ～ 35 kV 电力系统中。

(2)SF_6 断路器。采用高绝缘性能的 SF_6 气体作为绝缘介质和灭弧介质的断路器。具有工作电流大、开断能力强、绝缘水平高、噪声低、体积小、质量轻、适于频繁操作、无火灾爆炸危险和检修周期长等优点。目前，SF_6 断路器已广泛用于 35kV 及以上电力系统中。

断路器的基本技术参数包括：

(1)额定电压(kV)。额定电压是表征断路器绝缘强度的参数。它是断路器长期工作的最高电压。为了适应电力系统工作的要求，断路器规定了与电力系统各级电压相应的最高工作电压。对 3 ～ 220kV 各级，其断路器额定电压较系统电压约高 15%，对 330kV 及以上的断路器额定电压较系统电压高 10%。断路器在最高工作电压下，应能长期可靠地工作。

(2)额定电流(A)。额定电流是表征断路器通过长期电流能力的参数，即断路器允许连续长期通过的最大电流。通过这一电流时，断路器各部分(如接触部分、端子及导体连接部分、与绝缘体接触的金属部分)的允许温度不超过国家标准规定的数值。断路器额定电流的大小决定了断路器的触头结构和导电部分的截面。

(3)额定开断电流(kA)。额定开断电流是表征断路器开断性能的参数。在额定电压下，断路器能保证可靠开断的最大短路电流，称为额定开断电流。其数值用断路器触头分离瞬间短路电流周期分量的有效值表示。

断路器的开断电流大小与工作电压有关，在不同的工作电压下，同一台断路器所能正常开断的最大电流值也是不相同的。

(4)动稳定电流(kA)。动稳定电流是表征断路器通过短路电流能力的参数。反映断路器承受短路电流电动力效应的能力。短路电流值的最大峰值，称为动稳定电流，又称为极限通过电流。

(5)额定关合电流(kA)。额定关合电流是表征断路器关合电流能力的参数。断路器在接通电路时可能会出现短路故障，此时需要关合很大的短路电流，可能会使触头熔焊，对断路器造成损伤。断路器能够可靠关合的电流最大峰值称为额定关合电流，与动稳定电流在数值上相等，二者都为冲击电流，即为额定开断电流的2.55倍。

(6)额定短时耐受电流(kA)及持续时间(s)。额定短时耐受电流是表征断路器通过短路电流能力的参数，也称热稳定电流，反映断路器承受短路电流热效应的能力。额定短时耐受电流是指断路器处于合闸状态下，在一定的持续时间内，所允许通过电流的最大周期分量的有效值，此时断路器不应因短时发热而损坏。国家标准规定：断路器的额定短时耐受电流等于额定开断电流，额定短时耐受电流的持续时间为2s。需要时可大于2s，推荐4s。

(7)开断时间(ms)。开断时间是指从断路器分闸线圈通电起至三相电弧完全熄灭为止的时间。开断时间由分闸时间和电弧燃烧时间组成。开断时间是标志断路器开断过程快慢的参数。

(8)关合时间(ms)。关合时间是指断路器接到合闸命令瞬间起到任意一相首先通过电流瞬间的时间间隔，是合闸时间与预击穿时间之差。合闸时间是指断路器接到合闸命令瞬间起，到所有相触头都接触瞬间的时间间隔。预击穿时间是指关合时，从任意一相中首先出现电流，到所有相触头都接触瞬间的时间间隔。

断路器的种类很多，具体构造也各不相同，但其基本结构可分为通断元件、绝缘支撑元件、传动界件、基座和操动机构5个部分，每个部分的作用如下：

(1)通断元件。通断元件的作用是开断、关合电路和安全隔离电源，包括导电回路、动静触头和灭弧装置。

(2)绝缘支撑元件。绝缘支撑元件的作用是支撑断路器的器身，承受开断元件的操动力和各种外力，保证开断元件的对地绝缘，包括瓷柱、瓷套管和绝缘管。

(3)传动元件。传动元件的作用是将操作命令和操作动能传递给动触头。包括连杆、拐臂、齿轮、液压或气压管道。

(4)操动机构。操动机构的作用是用来提供能量，操动断路器分、合闸。

(5)基座。基座的作用是用来支撑和固定断路器。

1.1.2 高压隔离开关

隔离开关是高压电气装置中保证工作安全的开关装置，在分闸状态有明显的间隙，并具有可靠的绝缘，在合闸状态能可靠通过正常工作电流和短路电流。隔离开关没有专门的灭弧装置，不能用来开断负荷电流和短路电流，但隔离开关必须具有一定的动稳定性和热稳定性。隔离开关的主要作用如下：

(1)隔离电源，保证安全。电气设备检修时，用隔离开关将需要检修的电气设备与带电的电源隔离，形成明显可见的断开点，以保证检修人员和设备的安全。

(2)倒换线路或母线。即用隔离开关将电气设备或线路从一组母线切换到另一组母线上。

(3)分、合线路中的小电流。拉、合电压互感器或避雷器回路；拉、合空载母线；拉、合一定容量的变压器空载电流。

根据隔离开关担负的任务及使用条件，对其基本要求如下：

断开后应具有明显的断开点，易于鉴别设备是否与电网隔离开；断开点应有可靠的绝缘，以保证在恶劣的气候及环境条件下能可靠地起隔离作用，不致引起击穿而危及设备和人员的安全；在短路时，具有足够的热稳定、动稳定性。不能因电动力的作用而自动分开，引起严重事故；操作性能好。有最佳的分、合闸速度，尽可能降低操作时的过电压、燃弧次数和无线电干扰；带接地刀闸的隔离开关必须装设闭锁机构；隔离开关与相应断路器之间应有电气闭锁，防止带负荷误拉合隔离开关。

隔离开关的基本技术参数如下：

(1)额定电压(kV)。隔离开关的额定电压是指最高工作电压，一般与配套的断路器所采用的额定电压相同。

(2)额定电流(A)。隔离开关的额定电流是指可以长期通过的工作电流。隔离开关长期通过额定电流时，其各部分的发热温度不能超过允许值。

(3)额定短时耐受电流(kA)及持续时间(s)。隔离开关的额定短时耐受电流是指触头在流过短路电流，在短路电流持续流过的3～4s内所能抵御短路电流造成的热熔焊而不损坏的能力。

(4)额定峰值耐受电流(kA)。隔离开关的额定峰值耐受电流是指在承受短路时，抵御短路电流所造成的电动力而不发生损坏的能力，也称动稳定电流。

1.1.3 封闭母线

发电机出口至主变的连接一般采用敞露式母线、封闭母线。当发电机至主变采用敞露式母线时，其优点是节省投资。主要的缺点是绝缘子表面容易被灰尘污染，造成闪络及由于外物所致引起母线短路故障。对大电流敞露母线，当发电机出口回路发生相间短路时，短路电流很大，使母线及其支持绝缘子受到很大的电动力作用，一般母线和绝缘子的机械强度难以满足要求。由于母线电流增大，使母线附近钢构的损耗和发热也大大增加，因此，F级燃气轮机发电机出口至主变低压侧至高压厂用分支，均广泛采用封闭母线以提高运行可靠性。

封闭母线主要分为共箱封闭母线和离相封闭母线，如图1-1所示。共箱封闭母线三相共用一个金属外壳，分为相间无隔板和相间有隔板两种形式，分别如图 1－1a 和 b 所示。

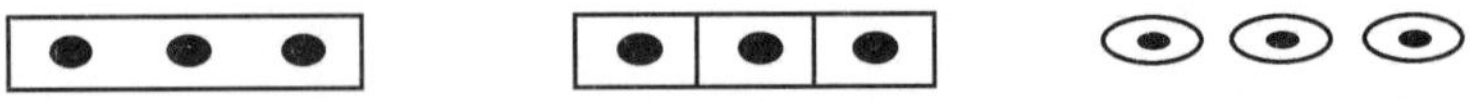

图 1－1　封闭母线

离相封闭母线分为不全连离相封闭母线、全连封闭母线和带限流电抗器的封闭母线。不全连离相封闭母线各段外壳之间彼此绝缘，沿轴向没有电流，每段外壳只在一点接地，以免产生环流；全连封闭母线外壳各段在电气上可靠相连，外壳两端通过短路板相互连接并接地。全连封闭母线如图 1－2 所示。

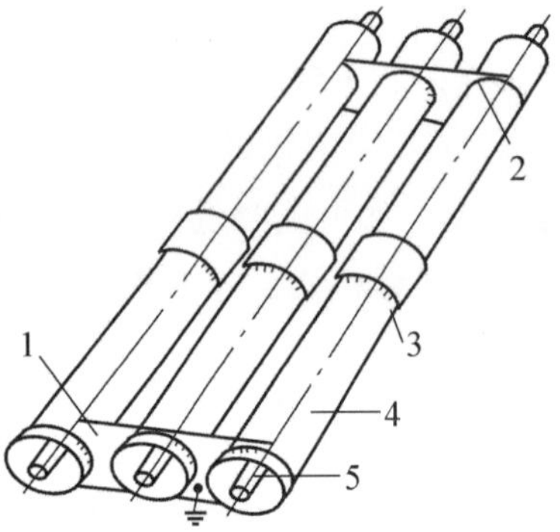

图 1－2　离相全连封闭母线

1—短路版；2—焊接；3—焊接连接；4—外壳；5—导体

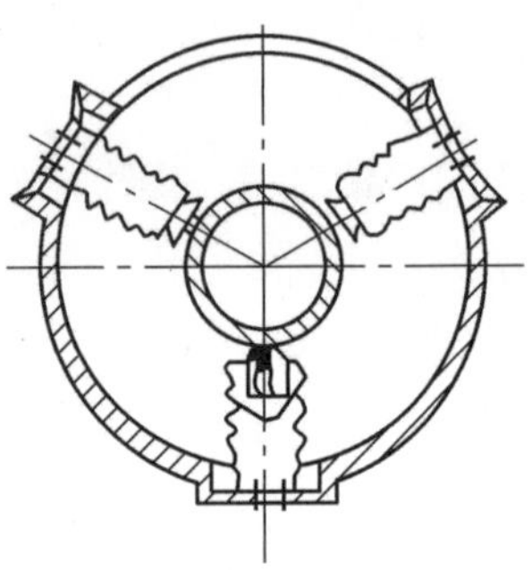

图 1－3　绝缘子支撑示意图

(1)离相封闭母线。离相封闭母线导体与外壳一般采用铝制作。三相母线导体分别密封于各自的铝制外壳内。如图 1－3 为 3 个绝缘子支撑的离相封闭母线。

封闭母线内一般充满微正压干燥空气，防止外部潮气渗入影响绝缘。干燥空气来自于与封母配套的空气压缩机，也可以从厂用压缩空气系统引接。对于氢冷发电机，发电机和封闭母线连接处一般加装密封绝缘隔板或通风罩环，以防止氢气泄漏进入封闭母线内。

母线在运行中会发热，为补偿温度变化引起的应力，封闭母线在一定长度范围内设置伸缩补偿装置，母线导体与设备端子采用铜编织线连接。封闭母线外壳与设备连接处，设置可拆卸的伸缩补偿装置。

(2)共箱封闭母线。共箱封闭母线三相母线导体封闭在同一个金属外壳中，其结构如图 1－4 所示。

共箱封闭母线结构紧凑、安装方便。母线导体一般采用铜、铝母排或槽铝，固定安装于支撑绝缘子上，绝缘子安装于箱体内。相与相

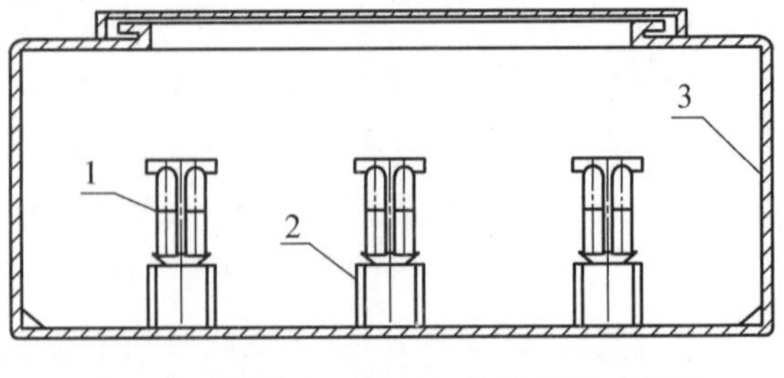

图 1－4　共箱不隔相封闭母线支撑示意图

1—母线(竖放)；2—绝缘子；3—箱体外壳

之间、相与箱体之间符合安全净距值。为吸收膨胀，封闭母线与外部设备采用软连接，如铜编织带等。F级燃气轮机发电厂由于厂用高压变压器低压侧及启动备用变压器低压侧到厂用高压配电装置一般采用共箱封闭母线连接。共箱封闭母线在技术上与离相封闭母线要求一样。

封闭母线的作用具体体现在以下几个方面：

(1)减少接地故障，避免相间短路。封闭母线因有外壳保护，可基本消除外界潮气、灰尘以及外物引起的接地故障。

(2)消除钢构发热。裸露的大电流母线使得周围钢构和钢筋在电磁感应下产生涡流和环流，损耗大。封闭母线采用外壳屏蔽可以从根本上解决钢构感应发热问题。

(3)减少相间短路电动力。当发生短路，有很大的短路电流流过母线时，由于外壳的屏蔽作用，使相间导体所受的短路电动力大为降低。

(4)母线封闭后，便有可能采用微正压运行方式，防止绝缘子结露，提高运行安全可靠性。

(5)闭母线由工厂成套生产，施工安装简便，简化了对土建结构的要求，运行维护工作量小。

1.1.4 互感器

电力系统在传输电能过程中往往采用很高的电压，通过的电流也很大，因此，无法用仪表直接测量。互感器的作用是将高电压和大电流按比例降到可以用仪表直接测量的设备。

互感器是一种特殊的变压器。按其测量内容的不同可分为电流互感器(TA)和电压互感器(TV)两种。

互感器的作用包括以下几个方面：二次设备、工作人员与高电压隔离，且互感器二次侧均接地，从而保证了人身和设备的安全；所有二次设备可采用低电压、小电流的控制电缆，使布线简单，安装方便；一次侧电路发生短路时，能够保护测量仪表和继电器的电流线圈免受大电流的损害；使测量仪表、继电器实现标准化和小型化。

电流互感器是专门用作变换电流的特殊变压器，其工作原理与普通变压器相似，均是根据电磁感应原理工作的，如图1-5所示。

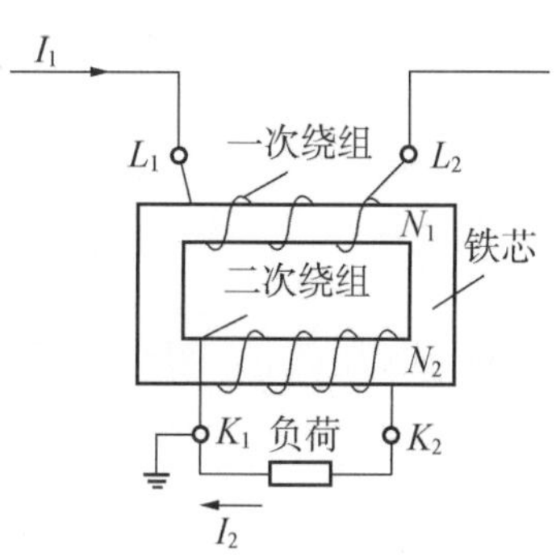

图1-5 电流互感器的原理接线图

电流互感器的一次侧绕组串联于被测的一次电路中，二次侧绕组与测量仪表或继电器的电流线圈串联。二次侧的额定电流为5A或1A。

电流互感器的一次、二次额定电流之比，称为电流互感器的额定变比，用K表示：

$$K_i = \frac{I_{N_1}}{I_{N_2}} \approx \frac{N_1}{N_2} = K_N \qquad (1-1)$$

式中，I_{N_1}，I_{N_2}为电流互感器的一次、二次额定电流；N_1，N_2为一次、二次绕组匝数；K_N为阻数比。

电流互感器有如下几个特点：

(1)电流互感器的一次侧绕组串接于一次电路中，且匝数较少，通常仅一匝或几匝，阻抗小，故其一次侧电流完全由被测电路的负荷电流决定，而不受二次侧电流影响。

(2)电流互感器二次侧绕组所接的仪表或继电器电流线圈的阻抗很小，正常情况下，电流互感器是在近似于短路的状态下运行。

电流互感器运行时，二次侧绕组禁止开路。因为在正常运行时，二次侧负荷电流产生的二次侧磁动势，对一次侧磁动势起去磁作用，因此励磁磁动势及铁芯中的合成磁通很小，在二次侧绕组中感应电动势也很小，不超过几十伏。

当二次侧开路时，二次侧电流为零，二次侧的去磁动势也为零，而一次侧磁动势仍不变，它将全部用来励磁，使励磁磁动势较正常值大许多倍，使铁芯中磁通急剧增加而达到饱和状态，磁通的波形接近平顶波。由于感应电动势与磁通的变化率成正比，因此，在磁通曲线过零时，二次绕组将产生很高的尖顶波电动势，数值可达几千伏，如图1-6所示，危及人身和设备安全。同时由于磁感应强度剧增，将使铁芯损耗增大，严重发热，损坏绕组绝缘。因此，运行中的电流互感器二次侧绝不允许开路。

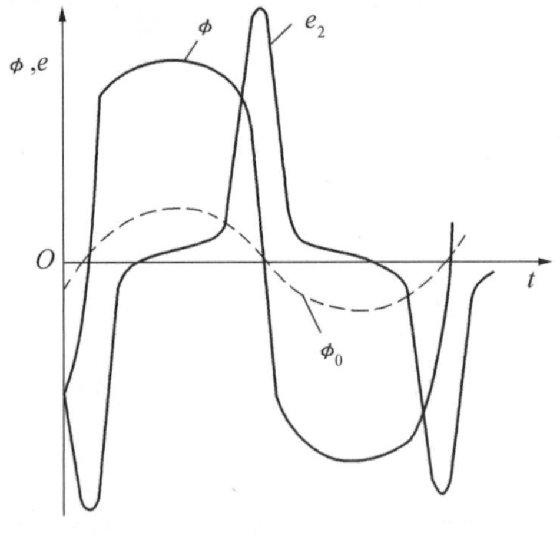

图1-6　电流互感器二次侧开路时，ϕ 和 e 的变化曲线

同理，电流互感器二次侧也不允许装设熔断器或开关。在运行中，如果需要拆除测量仪表或继电器时，应先在断开处将电流互感器二次绕组短接，再拆下仪表或继电器。

电流互感器的主要参数包括额定电流比、准确度等级、额定容量、额定电压、极性标志。

(1)额定电流变比。额定电流变比是指一次额定电流与二次额定电流之比，额定电流比一般用不约分的分数形式表示。电流互感器在额定电流下可以长期运行而不会因发热损坏。

(2)准确度等级。当一次电流通过互感器的一次绕组时，必须消耗一小部分电流用来励磁，使铁芯有磁性，这样二次绕组才能产生感应电势，也才能有二次电流。此时二次励磁磁动势就不等于一次励磁磁动势，电流互感器也就有了误差。用来励磁的电流，称为励磁电流。励磁电流与一次绕组匝数的乘积，称励磁磁动势，也称为励磁安匝。因此，电流互感器的误差就是由铁芯所消耗的励磁安匝引起的。

影响电流互感器误差的因素主要包括：绕组的电流大小与匝数；电流互感器的铁芯材料、结构和尺寸；电流互感器的二次回路及负载阻抗。

准确度级是指在规定的二次负荷变化范围内，一次电流为额定值时的最大电流误差。电流互感器测量误差可以用其准确度级来表示，根据测量误差的不同，划分出不同的准确级。

保护用电流互感器按用途分为稳态保护用(P)和暂态保护用(TP)。P级：准确限值规定为稳态对称一次电流下的复合误差，无剩磁限值。准确级用5P和10P表示，相当于其允许误差为5%和10%。如5P30表示在加30倍额定电流的情况下，误差小于或等于5%。

对于保护用的电流互感器，要求绝缘必须可靠，以保证安全；必须有足够大的准确限值系数；必须有足够的热稳定性和动稳定性。电流互感器准确级和误差限值如表1－1和表1－2所示。

表1－1　普通电流互感器准确级和误差限值

准确级	误差限值	
	电流误差/%	相位误差/(′)
0.2	±0.5	±20
	±0.35	±15
	±0.2	±10
0.5	±1	±60
	±0.75	±45
	±0.5	±30
1	±2	±120
	±1.5	±90
	±1	±60
3	±3	不规定

表1－2　稳态保护电流互感器准确级和误差限值

准确级	电流误差/%	相位误差/(′)	复合误差/%
	在额定一次电流下		在额定准确限值一次电流下
5P	±1	±60	5%
10P	±3	不规定	10%

在高压电网中，一般都装设有快速保护装置。当系统发生短路故障时，保护装置应在50ms内动作，这时短路电流尚未达到稳态值，电流互感器还处在暂态工作状态，短路电流会有很大的直流分量，同时互感器铁芯饱和程度严重，采用反应稳态电流的一般保护用电流互感器，将产生很大的误差，故不能使用。因此，高压系统需要暂态误差特性良好的保护用电流互感器。暂态保护用电流互感器的准确级分为TPS、TPX、TPY、TPZ 4种。

TPS级：低漏磁电流互感器，其性能由二次励磁和匝数比误差限值决定，无剩磁限值。

TPX 级：是一种在其环形铁芯中不带气隙的暂态保护型电流互感器。在额定电流和负荷下，其比值误差不大于 ±0.5%，相位误差不大于 ±3°；在额定准确限值的短路全过程中，其瞬间最大电流误差不得大于额定二次短路电流对称峰值的 ±5%，电流过零时的相位误差不大于 ±3°。

TPY 级：是一种在铁芯上带有小气隙的暂态保护型互感器。它的气隙长度约为磁路平均长度的 0.05%。由于有小气隙的存在，铁芯不易饱和，剩磁系数小，二次时间常数 T_2 较小，有利于直流分量的快速衰减。TPY 在额定负载下允许的最大比值误差为 ±1%，最大相位误差为 ±1°；在额定准确限值的短路情况下，互感器工作的全过程，最大瞬间误差不超过额定的二次对称短路电流峰值的 ±7.5%，电流过零点时的相位误差不大于 ±4.5°。

TPZ 级：是一种在铁芯中有较大气隙的暂态保护型电流互感器，气隙的长度约为平均磁路长度的 0.1%。由于铁芯中的气隙较大，一般不易饱和，因此，特别适合在有快速重合闸(无电流时间间隙不大于 0.03s)的线路上使用。

(3)额定容量。电流互感器的额定容量，就是额定二次电流通过二次额定负载时所消耗的视在功率。

(4)额定电压。一次绕组长期能够承受的最大电压(有效值)，它只是说明电流互感器的绝缘强度，而与电流互感器额定容量没有关系。

(5)极性标志

①一次绕组首端标为 P_1，末端标为 P_2。当一次绕组带有抽头时，首端标为 P_1、自第一个抽头起依次标为 P_2，P_3，…；

②二次绕组首端标为 S_1，末端标为 S_2。当二次绕组带有中间抽头时，首端标为 S_1，自第一个抽头起以下依次标志为 S_2，S_3，…；

③具有多个二次绕组的电流互感器，应分别在各个二次绕组的出线端标志“S”前加注数字，如 1S1，1S2，1S3，…；2S1，2S2，2S3，…；

④标志符号的排列应当使一次电流自 P_1 端流向 P_2 端时，二次电流自 S_1 流出，经外部回路流回 S_2。

电压互感器是将一次侧的高电压按比例变为适合于仪器、仪表和保护控制装置使用的特殊变压器。电压互感器的一次侧绕组并联接在被测的电路中，二次侧绕组与测量仪表或继电器的电压线圈并联。二次侧的额定电压一般为 100 V 或 $100\sqrt{3}$ V。

按工作原理可分为电磁式电压互感器和电容式电压互感器两种。

电磁式电压互感器的工作原理(图 1 –7)，其工作原理和变压器相似，以电磁感应来变换电压。电压互感器的一、二次绕组额定电压之比，称为电压互感器的额定变比，用 K_U 表示。

$$K_U = \frac{U_1}{U_2} \approx \frac{N_1}{N_2} = K_N \qquad (1-2)$$

式中，N_1，N_2 为互感器的一次、二次绕组匝数；

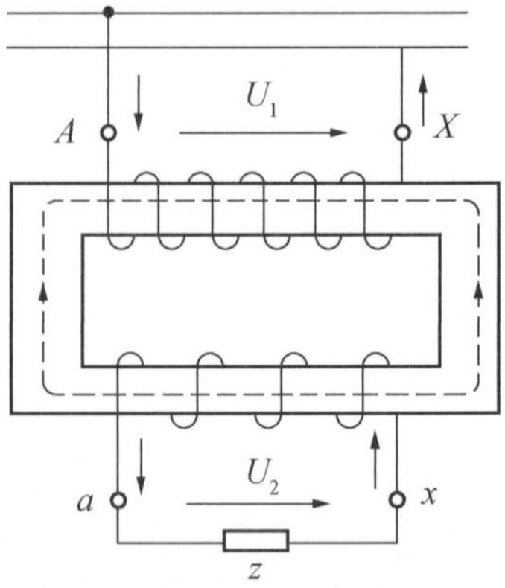

图 1 –7　电磁式互感器原理接线图

U_1，U_2 为互感器一次实际电压和二次电压测量值；U_{N_1} 为一次侧绕组额定电压，等于电网额定电压。

由于二次侧的额定电压一般为 100V 或$\sqrt{3}$V，因此 K_U 也标准化。

电容式电压互感器是一种由电容分压器和电磁单元组成的电压互感器。在正常使用条件下工作时，电磁单元的二次电压与加到电容分压器上的一次电压基本上成正比，且相位差接近于零。其原理接线图如图 1－8 所示。图中，z_2 表示仪表、继电器等电压线圈负荷。$U_2 = U_{C_2}$，因此

$$U_{C_2} = \frac{C_1}{C_1 + C_2}U_1 = KU_1 \tag{1-3}$$

式中，K 为分压比，$K = C_1/(C_1 + C_2)$。

改变 C_1 和 C_2 的比值，可得到不同的分压比。由于 U_{C2} 与一次电压 U_1 成正比，故测得 U_{C_2}就可得到 U_1，这就是电容式电压互感器的工作原理。

当有负荷电流流过时，在内阻抗上将产生电压降，在数值上而且在相位上有误差，负荷越大，误差越大。要获得一定的准确级，必须采用大容量的电容，这是很不经济的。合理的解决措施是在电路中串联一个电感 L，如图 1－8 所示。

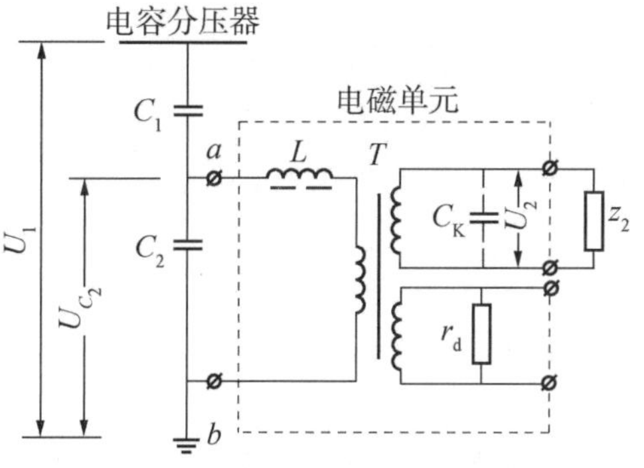

图 1－8　电容式电压互感器结构原理

U_1——一次电压；U_{C2}—中间电压；T—中间变压器；

C_1—高压电容；C_2—中压电容；L—补偿电感器；r_d—阻尼器

理想情况下，输出电压 U_2 与负荷无关，但实际因为电容器有损耗，电感线圈也有电阻，随着负荷变大，误差也将增加，而且将会出现谐振现象。谐振过电压将会造成严重的危害，需要接入阻尼器和必要的过电压保护装置（C_K）。为了进一步减小负荷电流所产生误差的影响，在测量仪表前加装中间变压器。电容式电压互感器在 110kV 及以上中性点直接接地系统中得到广泛应用。

电压互感器一次侧电压即电网电压，不受二次侧负荷的影响，一次侧应有足够的绝缘。电压互感器二次侧所接测量仪表和继电器的电压线圈的阻抗很大，通过的电流很小，因此，电压互感器正常工作时接近于空载状态，二次电压接近于二次电动势，并随一次电压的变化而变化。所以，通过测量二次侧电压可以反映一次侧电压的值。电压互感器在运行中，二次侧不能短路。短路后在二次电路中会产生很大的短路电流，使电压互感器烧毁。为此，在电压互感器的一次侧和二次侧均应装设熔断器，用于过载及短路保护。

电压互感器的等值电路与普通变压器相同，其简化相量图如图 1－9 所示。由于存在励磁电流和内阻抗，使得从二次侧测算的一次电压近似值 $K_U U_2$ 与一次电压实际值 U_1 大小不等，相位差也不等于 180°，产生了电压误差和相位误差。这两种误差除受互感器构造影响外，还与二次侧负荷及功率因数有关，二次侧负荷电流增大，其误差也相应增大。

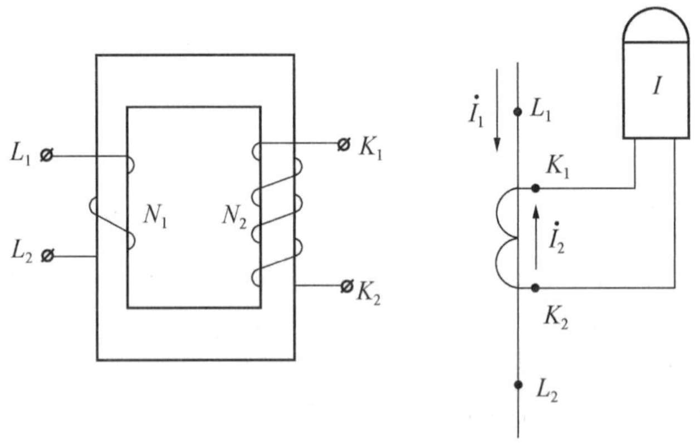

图 1－9 电磁式电压互感器简化相量图

电压互感器的准确级，是指在规定的一次电压和二次负荷变化范围内，负荷功率因数为额定值时，电压误差的最大值。测量用电压互感器的准确度等级通常分为 0.2、0.5、1、3 这 4 个等级，保护用电压互感器的准确度等级通常为 3P、6P，是指电压互感器变比误差的百分值。例如，准确度等级为 0.5 级，则表示该电压互感器的变比误差(在额定电压时)为 5%。3P、6P 表示电压误差分别为 3% 和 6%。

我国电压互感器准确级和误差限值标准如表 1－3 所示。

表 1－3 电压互感器的准确级和误差限值

准确级	误差极限		一次电压误差范围	频率、功率因数及二次负荷变化范围
	电压误差(±%)	相位误差(±%)		
0.2	0.2	10	$(80\% \sim 120\%)U_{N_1}$	$(25\% \sim 100\%)S_{N_2}$ $\cos\varphi_2 = 0.8$ $f = f_n$
0.5	0.5	20		
1	1	40		
3	3	不规定		
3P	3	120	$(5\% \sim 100\%)U_{N_1}$	
6P	6	240		

由于电压互感器误差与二次负荷有关，因此同一台电压互感器对应于不同的准确级便有不同的容量。通常，额定容量是指对应于最高准确级的容量。电压互感器按照在最高工作电压下长期工作容许发热条件，还规定了最大容量。电压互感器二次侧的负荷为测量仪表及继电器等电压线圈所消耗的功率总和 S_2，选用电压互感器时要使其额定容量 $S_{N_2} \geqslant S_2$，

以保证准确级等级要求。其最大容量是根据持久工作的允许发热决定的，即在任何情况下都不许超过最大容量。

1.1.5 避雷器

避雷器是一种具有非线性电阻特性的限压器，并联在被保护设备附近，可以有效限制侵入过电压波的幅值。当过电压没有达到避雷器的动作电压时，避雷器呈现高阻抗；当过电压超过避雷器的动作电压时，避雷器先行放电，电阻变小，把过电压波中的电荷引入大地中，限制过电压的发展，保护电气设备免遭过电压损坏。为了达到预想的保护效果，避雷器应具有良好的伏秒特性和非线性电阻特性。目前，大都采用金属氧化锌避雷器和保护间隙来对设备进行保护。下面对金属氧化锌避雷器和保护间隙进行介绍。

(1)氧化锌避雷器。金属氧化物避雷器(metal oxide surge arrester，MOA)是20世纪70年代开始出现的一种新型避雷器，具有优异的电气性能。MOA是以氧化锌(ZnO)电阻片为主要成分，再加上少量其他金属氧化物添加剂而构成，也称为氧化锌避雷器。其基本元件是ZnO电阻片。因为ZnO电阻片具有优异的非线性伏安特性，取消了串联火花间隙，实现避雷器无间隙无续流，且造价低廉，因此，MOA作为第三代阀式避雷器得到了广泛应用。

ZnO非线性电阻片是在以ZnO为主要材料的基础上，再添加少量其他金属氧化物在高温下烧结而成，所以称为金属氧化物电阻片，以此制成的避雷器也称为金属氧化物避雷器。ZnO电阻片其结晶相包括3部分：ZnO晶粒，粒径为10μm，电阻率为1～10Ω·cm；包围着ZnO晶粒的Bi_2O_3晶界层，厚度为0.1μm左右；零散分布于晶界层中的尖晶石$Zn_7Sb_2O_{12}$。

尖晶石在晶界层内部不是连续存在的，与电阻片的非线性特性无直接关系。ZnO电阻片的非线性特性主要取决于晶界层，在低电场下其电阻率很高，大于10^{10}Ω·cm；当层间电位梯度达到10^4～10^5 V/cm时，其电阻率急剧下降到低阻状态。晶界层的相对介电常数为1000～2000，因此，ZnO电阻片具有加大的固有电容。

氧化锌避雷器有磁外套和复合外套两种类型外壳，内部结构相似。其优点包括：优越的保护性能。无间隙结构，大大改善了陡波响应特性，从而提高了保护的可靠性。特别适合伏秒特性平坦的SF_6组合电器的保护；无续流，动作负载轻，耐重复动作能力强；通流容量大。ZnO的通流能力完全不受串联间隙被灼伤的制约，仅与阀片本身的通流能力有关，适用于多种需求。因为直流续流不像工频续流一样存在自然零点，因此直流避雷器如用串联间隙就难以灭弧。由于ZnO没有串联间隙，因此易于生产成直流避雷器。

(2)保护间隙。保护间隙是一种最简单的避雷器。它由两个间隙组成，如图1-10所示，主间隙做成角形，可以使工频电流的电弧在自身动力和热气流作用下，易于上升拉长直至熄灭；辅助间隙是为了防止主间隙被外物短路而设的。当雷电波侵入时，间隙先击穿，工作母线接地，避免了被保护设备上的电压升高。有时，过电压消失后，间隙仍有工频续流。可见，保护间隙的灭弧能力很差，只能熄灭中性点不接地系统中不大的单相接地短路电流。一般难以使相间短路电弧熄灭，需要配以自动重合闸装置才能保证安全供电。

保护间隙除了灭弧能力差外，还有以下缺点：间隙间的电场为极不均匀的电场，且裸露在大气中，受气象条件的影响很大，因此，伏秒特性很陡且分散性很大，将直接影响它

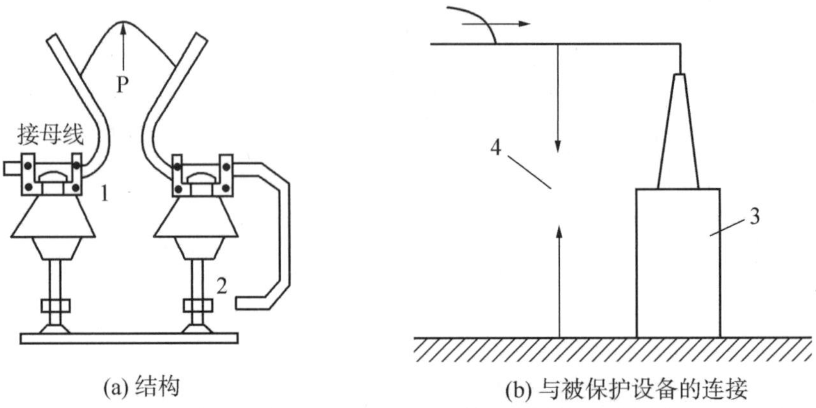

图 1-10 角型保护间隙及其与被保护设备的连接图

1—主间隙；2—辅助间隙；3—被保护设备；4—保护间隙

的保护效果。保护间隙击穿后直接接地，将会有截波产生，不能用来保护有绕组的设备。因此，保护间隙通常用于不重要的设备和单相接地不会导致严重后果的场合。

1.2 气体全封闭组合电器配电装置

1.2.1 气体全封闭组合电器配电装置概述

气体全封闭组合电器(gas insulated switchgear，GIS)。根据主接线的要求，GIS 由断路器、隔离开关、电流互感器、电压互感器、避雷器及母线组成一个整体，内部充满一定气压的气体作为 GIS 的绝缘和灭弧介质。目前，俗称的 GIS 是指内部充满六氟化硫(SF_6)气体的全封闭组合电器。GIS 配电装置可屋内安装，也可屋外安装。

与其他类型配电装置相比，具有以下优缺点：

(1)GIS 的优点：由于 SF_6 具有良好的绝缘性能，组合电器导体之间、导体对地之间电气距离大大缩小，使得整个装置的安装面积大幅缩小；带电部分封闭在金属外壳内，运行中不受气候、污秽等影响，运行可靠性高；大量工作可以在工厂完成，现场安装工作量小，安装周期短；检修周期长，维护工作量小；金属外壳具有屏蔽作用，能消除无线电的干扰，无静电感应及噪声，抗干扰性能好；设备安装高度低，使用的脆性绝缘子少，装置抗震性强。

(2)GIS 的缺点：对材料性能、加工精度及装配工艺要求很高；需要专门的 SF_6 气体监视装置，对 SF_6 的纯度和水分要求严格，造价高；检修要求严密，检修过程需防止残留，SF_6 气体对检修人员造成伤害；故障损失严重，损坏时维修时间长。

1.2.2 气体全封闭组合电器配电装置结构原理

GIS 主要的标准元件有断路器、隔离开关、快速接地刀闸、电流互感器、电压互感器、避雷器、母线、电缆终端等，上述元件可制成不同形式的标准独立结构并辅以一些过渡元件(弯头、三通、波纹管等)，以适应主接线的要求，组成成套配电装置。

一般情况下，断路器和母线筒的结构形式对装置的整体布置影响最大。对于屋内式GIS，当选用水平断口(双断口)断路器时，一般将断路器布置在最上面，母线布置在下面；当选用垂直断口断路器时，则断路器一般落地垂直布置在侧面。对于屋外式GIS，断路器一般布置在下部，母线布置在上部，用支架托起。目前多用屋内式GIS。

图1-11所示为G1B型GIS布置图。G1B型SF_6封闭式组合电器的断路器，配置集成块式液压机构，其特点为：外部没有油管，元件小型化，各主要部件集成化，减少了漏油点，实现了产品高质量，机构无外漏，操作噪声低。表1-4为GIS整体技术参数。

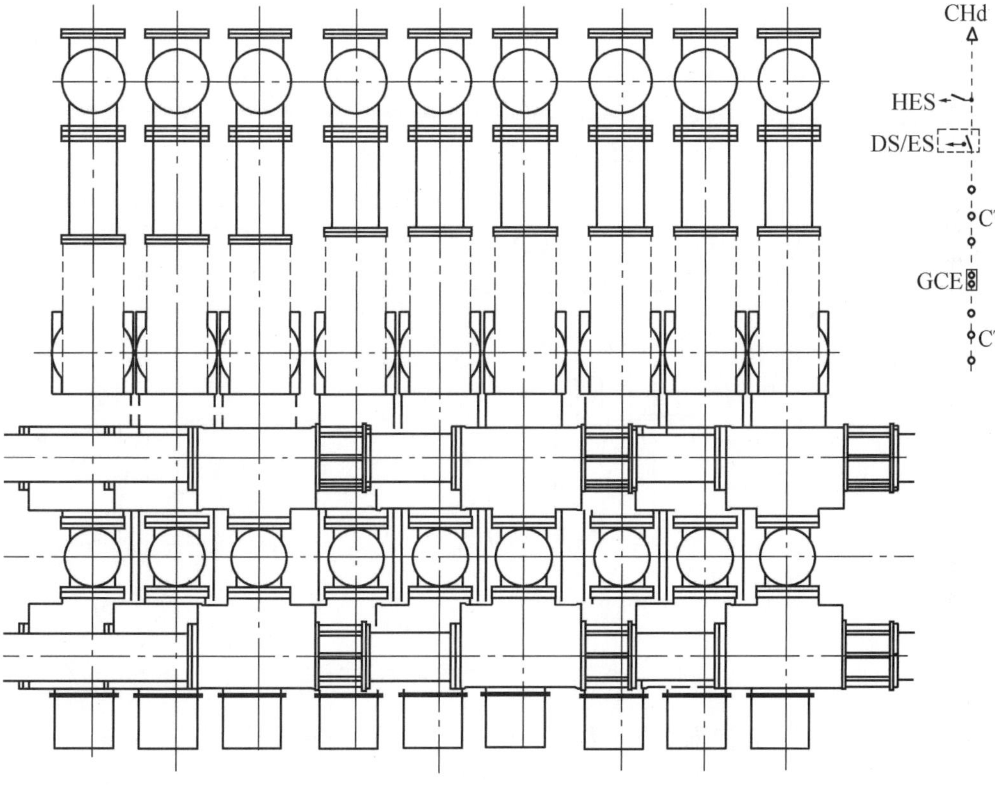

图1-11 G1B型SF_6封闭式组合电器示意图

CHd—电缆头装配；HES—快速接地开关(配弹簧储能的电动机构)；DS—隔离开关(配电动机构)；ES—接地开关(配电动机构)；CT—电流互感器；GCB—气体断路器(无配管液压操动机构)

表1-4 GIS整体技术参数

序号	项　目	单位	参　数
1	额定电压	kV	252
2	额定电流(主母线/分支母线)	A	4000/3150
3	额定频率	Hz	50

续表 1-4

序号	项　目		单位	参　数
4	额定绝缘水平	1min 工频耐受电压(有效值)	kV	460
		雷电冲击耐受电压(峰值)	kV	1050
5	额定短路开断电流		kA	50
6	额定短路关合电流		kA	125
7	额定短时耐受电流		kA	50(3s)
8	SF_6 气体额定压力(20℃、表压)		MPa	GCB 及预留间隔：0.6
				其他：0.4

(1)气体断路器(generator gircuit-breaker)

气体断路器型号为 GSP-245EH，外型如图 1-12 所示，该断路器是一种紧凑的和高性能的落地罐型断路器，为应用于气体绝缘的封闭开关电器 GIS 而设计。它的灭弧室是单向压气式(又叫喷气式)，它利用了 SF_6 气体良好的绝缘性能和灭弧能力。GSP-245EH 型气体断路器的灭弧室采用最佳设计，它是以制造大约 10000 台气体断路器而积累的大量经验为基础的。此外，通过采用液压操作机构，使该断路器的结构简单、可靠性较高。

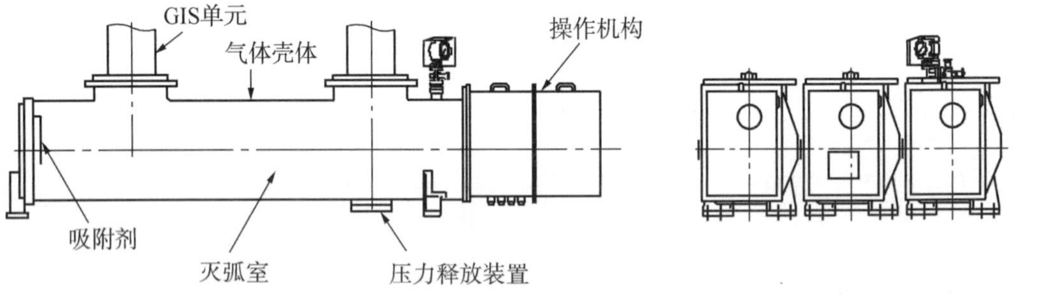

图 1-12　GSP-245EH 型气体断路器外形图

GSP-245EH 型气体断路器有如下特点：由于灭弧室的合理设计和液压操作机构的采用，GSP-245EH 型 SF_6 断路器的体积小、重量轻，这就减少了 GIS 的安装空间和重量；灭弧室零部件数量少，结构简单，采用集成块式液压操作机构，机构外部无配油管，减少泄漏点，可靠性提高；高性能灭弧室和液压机构的采用减少了操作功，最大限度地降低了操作时发出的噪声；结构简单，易于安装和维护；采用了操作功率小的灭弧室和噪声低、结构紧凑的液压操作机构，从而使断路器对地面的动载荷很小。

(2)灭弧室

如图 1-13 和图 1-14 所示，每相灭弧室由一个静触头装配(A20)，一个动触头装配(A40)和一个压气室(A60)组成，在它们周围环绕着一个圆柱型绝缘子(A71)，这个圆柱型绝缘子用来支撑静触头装配，并且连接着动触头侧的支座(A65)，整个灭弧室又由另一个绝缘子(A72)支撑。

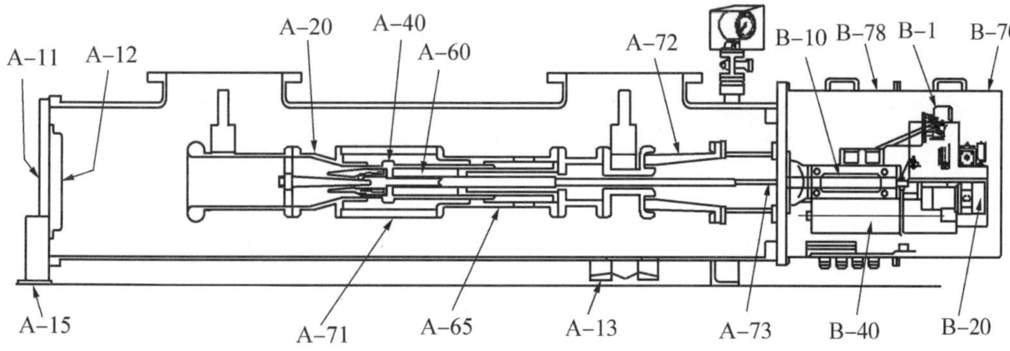

图 1－13　GSP－245EH 型气体断路器结构图

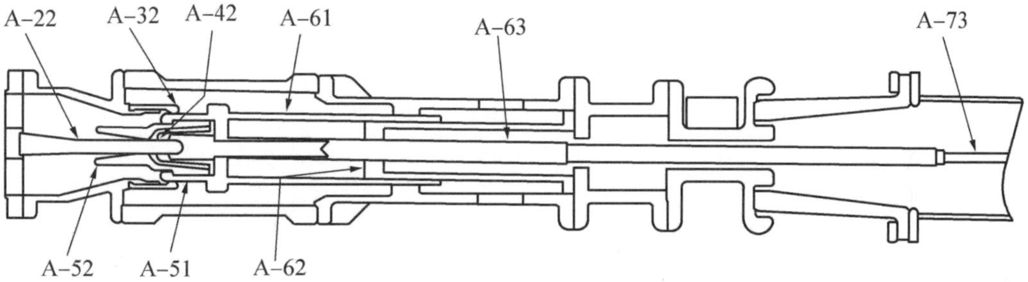

图 1－14 灭弧室结构图

A22—静弧触头；A32—静主触头；A42—动弧触头；A51—动主触头；

A52—喷口；A61—压气缸；A62—活塞筒；A63—操作拉杆；A73—绝缘拉杆

静触头装配包括一个静弧触头(A22)和一组静主触指(瓣形)(A32)，前者定位于灭弧室的中心线上，后者装在静弧触头的外侧。

动触头装配包括一个动弧触头(瓣形)(A42)，一个动主触头(A51)和一个喷口(A52)。动弧触头和动主触头分别装置在与其相对应的静弧触头和静主触头处的对侧，动触头装配与压气缸(A61)相连。

压气室是由可移动的压气缸(A61)和一个固定的压气活塞(A62)组成。压气缸通过一根操作拉杆(A63)和一根绝缘拉杆(A73)与各自的油－液压操作缸(B1)上的驱动杆(B10)相连。另外如上所述，压气缸与动触头装配相连，因此，动触头装配和压气缸通过液压操作缸一起被驱动。

1.2.3　SF_6 气体

SF_6 气体是一种用于高压电力设备的优良气体绝缘材料，它广泛地应用于电力工业所使用的高压断路器和其他开关设备上，同时也被用于气体绝缘的配电站、气体绝缘输电线路上等。SF_6 气体具有较高的电气绝缘强度、独特的灭弧能力、良好的热传导性能以及优良的热稳定性，使得它能够成为电力工业的优良电气绝缘材料，满足电力系统的需要。

SF_6 气体是用最先进的自动化系统和最可靠的新工艺技术制造而成，以液态和气态的平衡混合物形式装运在钢瓶中。其成分指标严格符合表 1－5 的要求，同时也符合 IEC (international electrotechnical commission)颁布的 No. 376 标准的规定，见表 1－6。

表 1-5　SF_6 气体的成分指标

技术参数	要　求
形态	无色、透明
气味	无味
纯度	99.8% 按重量计（最小值）
湿度	8×10^{-6} 按重量计（最大值）
四氟化碳含量	0.05% 按重量计（最小值）
水解氟化物（如 HF）	0.3×10^{-6} 按重量计（最大值）
空气含量（如 N_2）	0.05% 按重量计（最大值）
毒性	无毒

表 1-6　SF_6 气体的技术参数

项　目		参　数
分子式		SF_6
熔点（2.2 倍大气压下）		-50.8℃
升华点（1 倍大气压下）		-63.8℃
气体密度（21℃，1 倍大气压下）		6.121g/L
临界状态	湿度	45.64℃
	压力	37.18（倍大气压）
	体积	201 g/（mL·mol）
	密度	0.725g/mL
熔解热		1201Cal/（g·mol）
升华热		5640Cal/（g·mol）
比热（气态）20℃		3.24×10^{-5}Cal/（g·mol）
相对介电常数（25℃，1 倍大气压）		1.002049
电气绝缘强度（$N_2=1$）60Hz～1.2MHz		为 2.3～2.5

SF_6 气体本身不具有毒性。但是，应当注意的是当 SF_6 气体在高温的作用下，或者在电弧的作用下时，它能被慢慢分解。气体的分解物包括低硫氟化物，它发生水解作用后产生 SO_2 和 HF。尽管在电弧和高温作用下的分解物中从未发现过剧毒的 S_2F_{10}，但是当遇到经过电弧作用的 SF_6 气体时，还是应当小心，以免吸入中毒，因为其中可能含有有毒的分解物。

SF_6 气体的密度是空气密度的 5 倍多，且无色无味，因此即使 GIS 配电室中充满 SF_6，气体也很难鉴别。所以，为了防止人员窒息发生危险，在进入配电室之前，需要开启通风机，先通风将内部的 SF_6 气体充分排放，同时安排人员在配电室外观察工作人员在配电室内部的工作情况。

GIS 发生 SF_6 气体严重外泄时的安全技术措施规定如下：人员立即撤离现场，投入全部通风机；事故发生后 15min 内，无关人员不准进入室内（抢救人员例外）；事故发生 15min 以后至 4h 之内，任何人员进入室内必须穿防护衣，戴绝缘手套及防毒面具。4h 以后进入室内可不用上述措施，但清扫设备时仍须执行上述措施；若有人被外逸气体侵袭，应立即清洗后送医院治疗。

1.3　气体全封闭组合电器配电装置运行与故障处理

1.3.1　气体全封闭组合电器配电装置运行维护

GIS 室内空间较封闭，一旦发生 SF_6 气体泄漏，流通极其缓慢，毒性分解物在室内沉积，不易排出，有可能使进入 GIS 室的维护人员中毒。而且 SF_6 气体的比重较氧气大，当发生 SF_6 气体泄漏时，SF_6 气体将在低层空间积聚，造成局部缺氧，使人窒息。另一方面，SF_6 气体本身无色无味，发生泄漏后不易察觉，这就增加了对进入泄漏现场工作人员的潜在危险性。因此在 GIS 室内要装抽风机，定时将室内的气体排出，同时需要加强对 GIS 装置中 SF_6 气体的监视。

SF_6 气体的监视，主要是指其压力的监视，可通过以下元件实现：

(1) SF_6 压力表。GIS 装置上装设压力表，可直观地监视气体压力的变化。由于 SF_6 气体压力随环境温度而变化，须对照 SF_6 气体的压力－温度曲线才能正确判断气室中的压力，从而判断气室是否泄漏。

某 GIS 装置中 SF_6 气体压力与温度的关系曲线如图 1－15 所示。

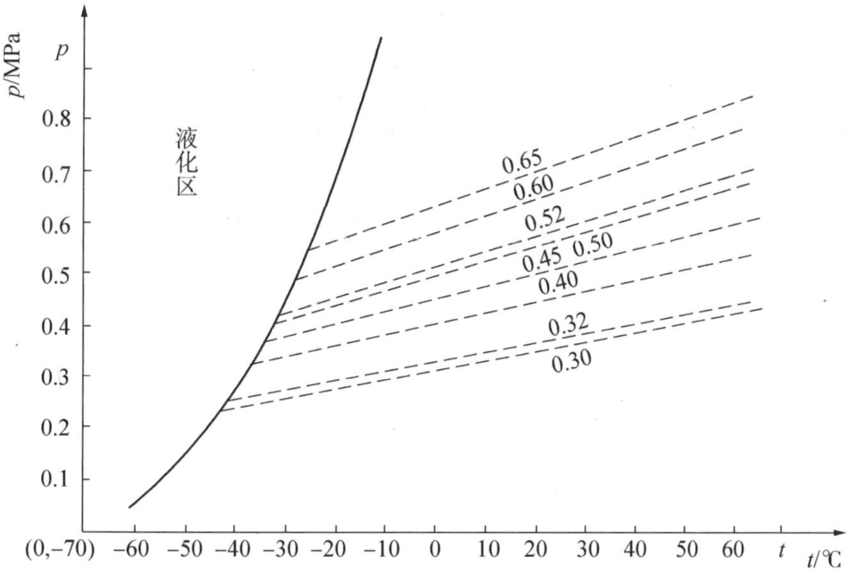

图 1－15　SF_6 压力与温度关系曲线

(2) SF_6 气体密度计。由于压力表受环境温度变化的影响，要准确反映 GIS 装置中 SF_6 气体压力，需要装设带温度补偿的气体密度计。设置温度补偿后，当 SF_6 气体发生泄漏时，密度必然变化。密度计带信号触点，可以发出信号。如某 F 级燃机电厂对 SF_6 密度继电器设置值是：当断路器气室气体压力低于 0.575MPa 时报警，当气体压力进一步下降至 0.55MPa 时，则对断路器进行分闸闭锁，并发出闭锁信号。

GIS 在日常巡视中作如下检查：

(1)外观检查。通风、照明和消防报警设备良好；室内无异音异味，无影响运行的杂物；GIS 外壳接地良好，无局部过热；外壳、构架无锈蚀、损伤，瓷套无破损、开裂或污秽；电缆沟渠无积水、杂物。

(2)GIS 断路器、隔离开关、接地刀闸检查。GIS 断路器、隔离开关、接地刀闸操作机构的位置指示器指示正确；动作计数器指示正常，记录动作次数；操作连杆和拐臂无松脱变形，标示牌完好，无脱落；油压表指示正常，各阀门启闭位置正确，油泵电机工作正常，无漏油现象；各气室气体压力表指示正常，各气体管路无变形损坏，无漏气现象。

(3)就地控制柜检查。就地控制柜模拟图上断路器、隔离开关等位置指示与实际运行工况相符，指示灯完好，指示正确；控制方式开关和闭锁开关按要求方式投入位置；控制柜上无报警信号。

1.3.2 气体全封闭组合电器配电装置故障与处理

GIS 装置除具有常规的断路器、隔离开关、操动机构等常见故障外，其装置还有如气体泄漏、水分超标、内部放电等故障。

(1) SF_6 气体泄漏。金属密封面表面有磕碰、划伤，铸件有针孔、损伤，铝合金面时间长老化、腐蚀，密封垫片老化等均有可能引起 SF_6 泄漏。

处理方法为：先用 SF_6 检漏仪对漏气间隔进行检测，找出漏气点；若为焊缝漏气，则先将 SF_6 气体回收后进行补焊；若为密封接触面漏气，通常在回收 SF_6 气体后更换密封圈。

(2)水分超标。吸附剂安装不对、抽真空不足、气室或隔室存在空腔、SF_6 保管不够、环境影响、部件受潮等均有可能引起。

预防与处理方法：检查吸附剂安装工艺；充入 SF_6 气体前抽真空尽量越低越好(国标 133Pa)；阴雨天湿度大不允许安装；库房内部件作防潮处理。

(3)设备内部绝缘放电。绝缘放电可能的原因如下：绝缘件表面破坏，绝缘件浇注时有杂质，绝缘件质量不合格；安装绝缘件工艺流程不对；粉尘粘在绝缘件上；绝缘件受潮；气室内湿度过大，绝缘件表面腐蚀。

预防与处理方法：原材料进厂时严格控制质量；加工过程时控制工艺；装配时严格按工艺流程安装；库房绝缘件采用真空包装；控制好气室内水分不超标。

1.4 电气主接线

1.4.1 电气主接线的基本要求

电气主接线是指发电厂和变电站中的一次设备(发电机、变压器、母线、断路器、隔离开关、线路等)，按一定要求和顺序连接而成的电路。它表明各种一次设备的数量和作用、设备之间的连接方式以及与电力系统的连接情况。

对发电厂而言，电气主接线在电厂设计时根据电厂规模、机组容量及电厂在电力系统中的地位等，从运行的可靠性、灵活性、经济性以及扩建的可能性等方面，经综合比较后确定。

电气主接线应满足下列基本要求：

(1)保证运行可靠性。对于电气主接线而言，运行可靠性可以从以下几个方面考虑：设备、线路检修时尽可能不影响电厂电能送出；设备、线路故障范围小，并尽可能快地切除故障，保证电能持续送出；是否存在发电厂全部停电的可能性等。

(2)具有一定的运行灵活性。电气主接线在正常运行情况下，能根据调度的要求，灵活地改变运行方式，实现安全、可靠、经济的供电。

(3)操作应尽可能简单。在保证可靠、灵活的前提下，主接线应力求简单清晰，操作、巡视及检修方便。

(4)经济上合理。电气主接线在安全可靠、操作方便的基础上，还应尽量降低投资成本和运行维护的费用，减少占地面积。

(5)考虑发展和扩建的可能。由于我国经济的高速发展，电力负荷增长较快，主接线应考虑发展和扩建的可能性。

电气主接线的运行方式分为正常运行方式和允许运行方式两种。

正常运行方式是指正常情况下，电气主接线经常采用的运行方式，包括母线、进出线和变压器中性点的运行方式。对于发电厂而言，主接线的正常运行方式只有一种，是综合考虑各种因素和实际情况制订的，一般不得随意更改。电气主接线的允许运行方式是指在事故处理、设备故障或检修时，电气主接线所采用的运行方式。由于事故处理、设备故障和设备检修的随机性，发电厂变电站的允许运行方式有多种，根据实际情况进行具体安排。

在安排电气主接线运行方式时，要合理安排电源与负荷，在两组及以上母线接线中，电源接入每组母线的数量要相当，电源容量基本平分。为保证厂用电安全可靠，厂用变压器和备用变压器应引接在不同的电源母线上。

1.4.2 电气主接线形式

常用电气主接线可分为有母线和无母线两种形式。当同一电压等级配电装置中进、出线数目较多时，需设置母线，以便实现电能的汇集和分配。其中有母线接线方式包括单母线不分段、单母线分段、单母线带旁路、双母线、双母线带旁路、3/2 断路器接线等；无母线主要包括桥形接线、单元接线、角形接线等。

1.4.2.1 有母线的典型接线形式

1. 单母线不分段接线

单母线不分段接线中各电源和出线都接在同一条公共母线 M 上，母线既可以保证电源并列工作，又能使任一条出线都可以从任一电源获得电能，如图 1－16 所示，图中每条回路中都装有断路器和隔离开关，断路器 QF_1 是用来开断及关合该回路及切除短路故障。紧靠母线侧的隔离开关（如 QS_{11}）称作母线侧隔离开关，靠近线路侧的隔离开关（如 QS_{13}）称为线路侧隔离开关。在切断电路时隔离开关用来建立明显的断开点，使停运的设备可靠隔离，保证检修安全。

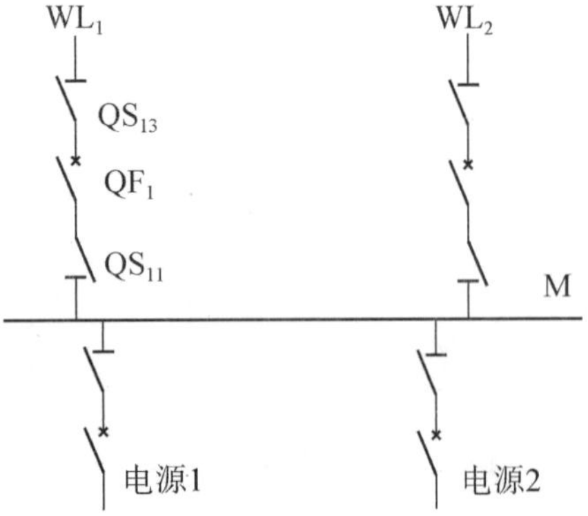

图 1－16　单母线接线示意图

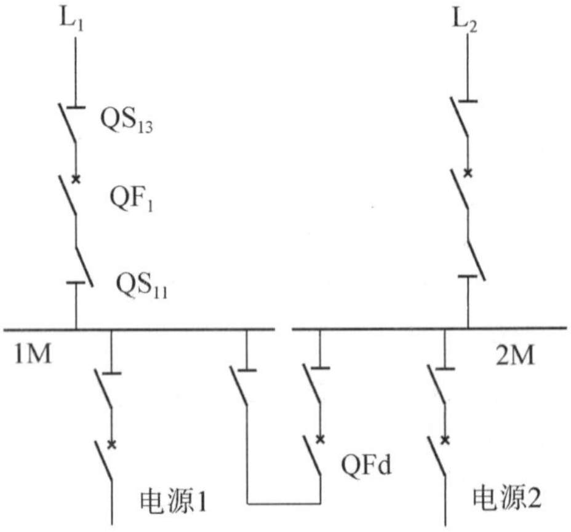

图 1－17　单母线分段接线图

单母线不分段接线的特点是接线简单，采用设备少，操作方便，易于扩建，造价低廉，但供电可靠性低、灵活性差。

2. 单母线分段接线

为了提高单母线不分段接线的可靠性，有时将母线利用分段断路器进行适当分段，如图 1－17 所示，图中 QFd 为分段断路器。

母线分段后，可提高供电的可靠性和灵活性。在正常运行时，分段断路器可以接通也可以断开运行。当分段断路器接通运行时，若某段母线故障，则分段断路器 QFd 和接在故障段上的电源回路断路器便自动断开，这时非故障段母线可以继续运行，缩小了母线故障的停电范围。当分段断路器断开运行时，每侧电源单独给本段母线供电，当任一电源故障时，电源断路器跳闸后，分段断路器自动接通，给另一段继续供电。

单母线分段接线与单母线不分段接线相比，其可靠性和灵活性都得到了相应的提高。其缺点是：当一条母线故障或者检修时，在该母线上的所有进、出线回路均必须停电。

3. 单母线带旁路母线接线

为了在线路断路器检修时能使该回路继续工作，可设置旁路母线。图 1－18 所示是单母线带旁路母线的接线图。图中的 MBP 即是在单母线接线的基础上增设的旁路母线，在各回路的线路侧隔离开关处都装有旁路隔离开关（QS_5、QS_8），旁路母线与各出线回路相连。QF_5 为旁路断路器，正常工作时，旁路断路器与两侧的隔离开关，以及旁路隔离开关都是断开的。若线路断路 QF_3 器需要检修时，首先通过旁路断路器 QF_5 投入旁路母线，合上旁路隔离开关 QS_5，然后断开线路断路器 QF_3，断开线路断路器 QF_3 两侧隔离开关。这样就可以用旁路断路器 QF_5 代替线路断路器 QF_3 工作。

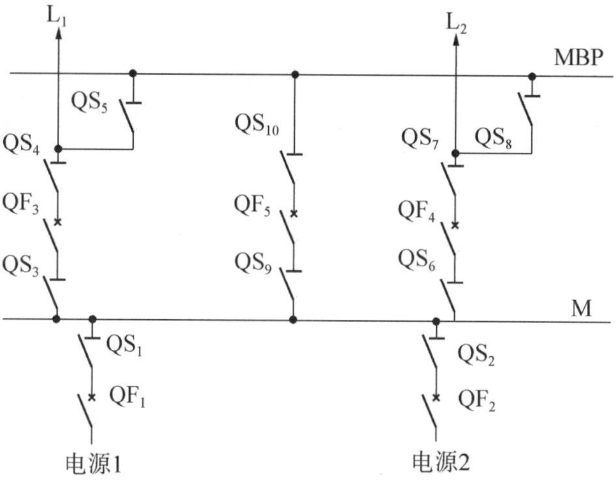

图 1－18 单母线带旁路母线接线图

设置单母线带旁路母接线提高了运行可靠性，一般用于出线数较多的 110 kV 及以上的高压配电装置中。

4. 双母线接线

为了解决母线检修时所接回路需要停电的问题，进一步提高供电可靠性，可采用双母线接线。双母线接线如图 1－19 所示。

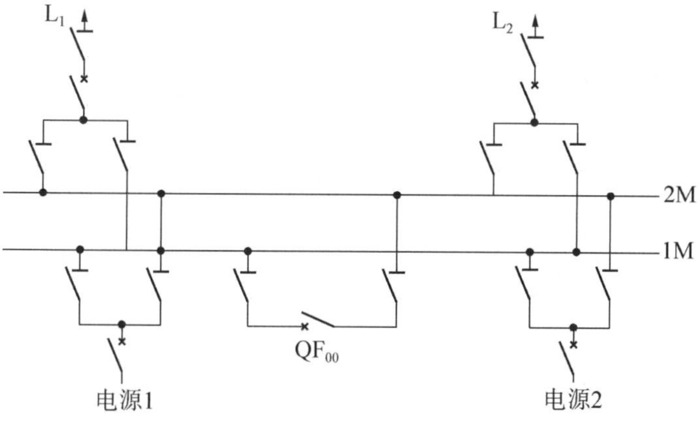

图 1－19 双母线接线图

双母线接线具有两组母线(1M、2M)，每一回路经一台断路器和两组隔离开关分别与两组母线连接，母线之间通过母线联络断路器 QF_{00}(简称母联)连接。

双母线接线的运行方式有：

(1)两组母线分列运行。两组母线同时运行，母联断路器 QF_{00}断开。

(2)两组母线并列运行。两组母线同时运行，母联断路器闭合。

(3)一组母线工作另一组母线备用。假定 1M 母线工作，2M 备用。接在工作母线 1M 上的母线隔离开关接通，接在备用母线 2M 上的母线隔离开关断开，母联断路器 QF_{00} 断开，备用母线不带电。此运行方式为单母线接线运行，如有需要两组母线可相互切换。

采用双母线接线的发电厂中，正常运行时，一般采用双母线并列运行方式，当一组母线故障或检修时，可转换为单母线接线。

双母线接线具有以下优缺点：

(1)优点：可轮换检修母线或母线隔离开关而不致电力送出中断；单侧母线故障后，能迅速恢复供电；各电源和回路的负荷可任意分配到某一组母线上，可灵活调度以适应系统各种运行方式。

(2)缺点：相对单母线而言，增加了一组母线及隔离开关，增加了配电装置的占地面积，造价高，操作复杂。

5. 双母线带旁路母线接线

双母线接线中，为解决出线断路器故障或检修时该回路需要停电的问题，可增加一组旁路母线构成双母线带旁路母线接线，如图1－20所示。在每一回路的线路侧装一组隔离开关(旁路隔离开关 QS_{14}、QS_{24})，接至旁路母线 MBP 上，而旁路母线经旁路断路器 QF_{01} 及隔离开关接至两组母线上。正常运行时，工作母线 1M、2M 并列运行，旁路断路器 QF_{01} 及隔离开关均在断开位置，旁路母线处于冷备用。如要检修线路断路器 QF_1 时，操作步骤是：先合旁路断路器两侧的隔离开关，再合旁路断路器 QF_{01}，对旁路母线进行充电，待修断路器回路上的旁路隔离开关两侧已为等电位，合上该旁路隔离开关 QS_{14}。此后可断开待修断路器 QF_1 及其两侧隔离开关，对断路器 QF_1 进行检修。

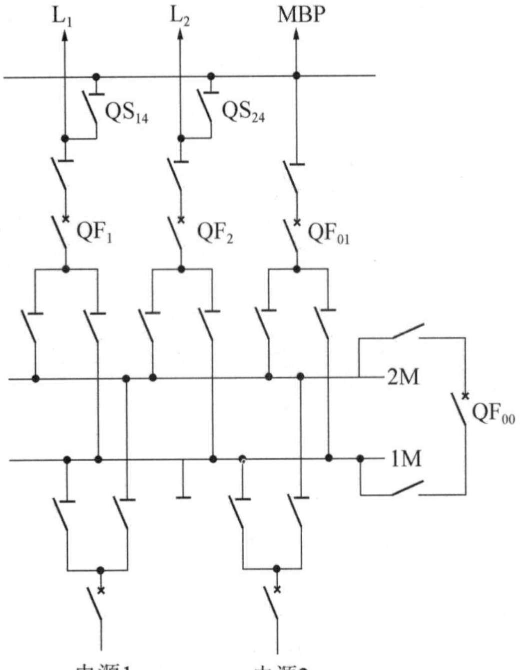

图1－20　双母线带旁路接线图

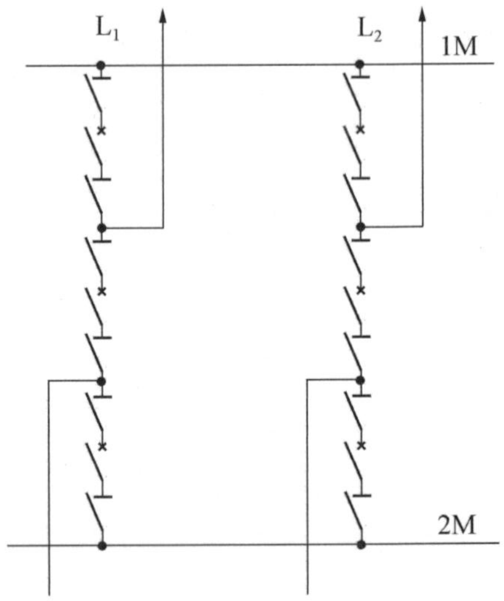

图1－21　3/2断路器接线图

6. 3/2断路器接线

3/2断路器接线就是每两个回路用3台断路器接在两组母线上，即每一回路经一台断路器接至一组母线，两条回路之间设一台联络断路器形成一串，又称为一台半断路器接线，如图1－21所示。

正常运行时两组母线1M、2M和所有断路器及所有隔离开关全部投入工作。其主要优点如下：运行调度灵活，正常时两条母线和全部断路器运行，成多路环状供电；操作方便，当一组母线停止时，回路不需要切换；任一台断路器检修，各回路仍按原接线方式运行方式，不需切换；可靠性高，每一回路由两台断路器供电，母线发生故障时，任何回路都不停电。

3/2断路器接线的缺点：使用设备较多，特别是断路器和电流互感器，投资费用大，保护接线复杂。

1.4.2.2 无母线典型接线形式

1. 桥形接线

当只有两台变压器和两条线路时，可以采用桥形接线。桥形接线分为内桥和外桥两种形式，如图1－22所示。

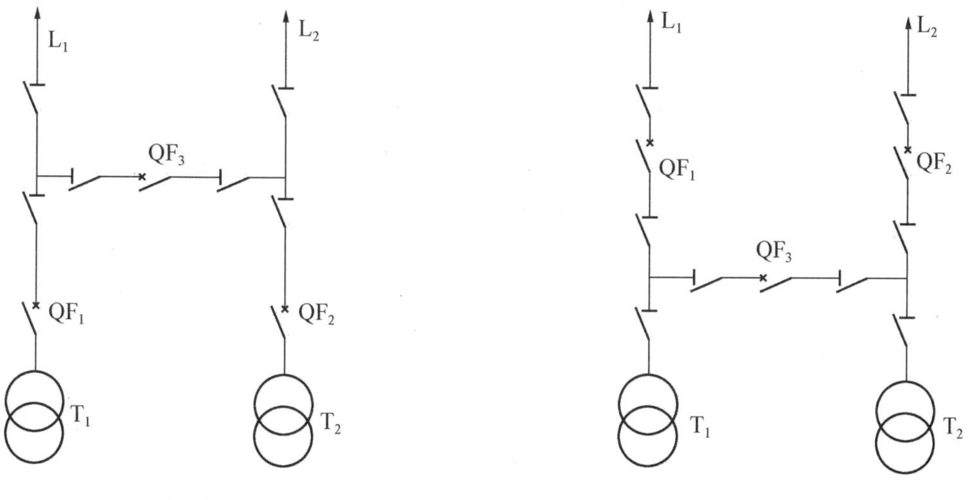

(a) 内桥接线　　(b) 外桥接线

图1－22　桥型接线图

内桥接线和外桥接线的正常运行方式为：两台变压器、两条线路、连接桥(联络断路器QF_3所在回路)均运行，所有断路器及隔离开关均合上。

图1－22a为内桥接线，联络断路器QF_3接在线路断路器QF_1、QF_2的内侧(即靠近变压器侧)。其特点如下：当一条线路发生故障时，只有该线路侧的断路器跳开，其余3条回路能正常工作；变压器发生故障时，对应出线断路器和桥断路器都会自动跳开导致该出线回路停电。要先将故障变压器对应的隔离开关断开，再接通故障变压器对应的断路器和桥断路器，才能恢复对该回路的供电；切除或投入一条线路时，只要将该线路侧的断路器断开或接通，其余3条回路能正常工作。

外桥接线如图1－22b所示。联络断路器QF_3接在主变断路器QF_1、QF_2的外侧(靠近线路侧)。外桥接线在运行中的特点与内桥接线相反。在线路故障或切除、投入时，要使相应变压器短时间停电，其操作复杂。而在变压器故障或切除、投入时不影响其余回路故障，其操作简单。因此，这种接线适用于变压器需要经常切换的情况。

2. 单元接线

在单元接线中，几个主要电气元件(发电机、变压器、线路、母线)直接串联，其间没有或很少有横向联系，从而减少了电气元件数目，大大降低了造价和发生故障的可能性。主要类型如图 1 – 23 所示。

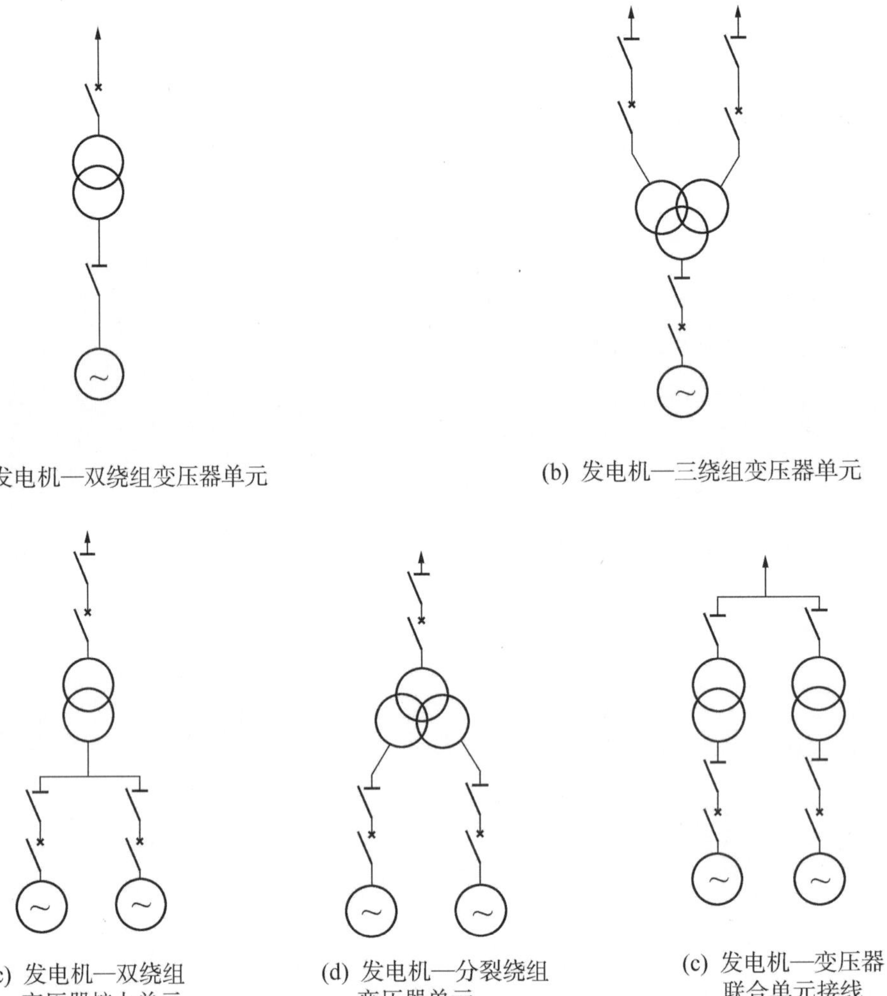

(a) 发电机—双绕组变压器单元　(b) 发电机—三绕组变压器单元

(c) 发电机—双绕组变压器扩大单元　(d) 发电机—分裂绕组变压器单元　(c) 发电机—变压器联合单元接线

图 1 – 23　单元接线图

图 1 – 23a 为发电机与双绕组变压器共同组成一个工作单元，称为发电机—双绕组变压器单元接线。只有发电机、变压器同时可用时方能保证该单元的工作。因此可不必在二者间设置断路器。发电机出口有时可装设一组隔离开关，以方便单独对发电机进行试验。在 F 级燃气轮机电厂中有汇流母线的主接线中，进线一般由发电机与变压器组成发电机—变压器组单元接线接入母线，考虑 SFC 的启动等因素，在发电机与变压器间可装设 GCB。图 1 – 23b 为发电机—三绕组变压器接线，发电机出口应装设断路器及隔离开关，以便在变压器高、中压绕组联合运行的情况下进行发电机的投切操作。图 1 – 23c 和 d 为扩大单元接线，这种接线可以减少变压器及其高压侧断路器的数目，减少相应的配电装置间隔，

节约投资与占地。有时由于变压器制造容量的限制，大型机组无法采用扩大单元接线时，也可以把两个发电机—变压器在高压侧组合为如图 1 - 23e 所示的发电机—变压器联合单元接线，以减少变压器高压侧断路器及配电装置间隔。

单元接线的特点是接线简单清晰，节省设备和占地，操作简便，经济性好。一些接入 500 kV 电网的 F 级燃气轮机发电厂主接线采用了单元接线形式。对于有汇流母线的主接线中，考虑 SFC 启动等因素，进线一般由发电机与变压器组成发电机—变压器组单元接线接入母线，而在发电机与变压器间装设 GCB。

1.5 220 kV 线路保护介绍

1.5.1 220 kV 线路保护概述

220kV 线路目前在我国大部分地区作为骨干网架。线路故障切除时间对于电力系统运行稳定性影响很大，一般情况下，要求保护具有全线速动能力，配置双套纵联保护实现保护双重化、近后备方式，同时配有距离、零序电流保护。两套保护测量电流分别由不同的电流互感器二次绕组引入，跳闸出口回路相对独立，分别引至断路器的两个跳闸线圈。

某 F 级燃气轮机电厂主接线电压等级为 220 kV，采用双母线接线形式，有四回出线。220 kV 线路配置的保护装置有：RCS - 931A（B、D）超高压线路成套保护装置；RCS - 923A 线路辅助保护装置。

1. RCS - 931A（B、D）超高压线路成套保护装置

RCS - 931A（B、D）包括以分相电流差动和零序电流差动为主体的快速主保护，由工频变化量距离元件构成的快速Ⅰ段保护。RCS - 931A 由三段式相间和接地距离及两个延时段零序方向过流构成的全套后备保护。RCS - 931B 由三段式相间和接地距离及四个延时段零序方向过流构成全套后备保护。RCS - 931D 以 RCS - 931A 为基础，仅将零序Ⅲ段方向过流保护改为零序反时限方向过流保护。RCS - 931A/B/D 保护有分相出口，配有自动重合闸功能，对单或双母线接线的开关实现单相重合、三相重合和综合重合闸。

RCS - 931A/B/D 具有以下性能特征：设有分相电流差动和零序电流差动继电器全线速跳功能；64KB/s 高速数据通信接口，线路两侧数据同步采样，两侧电流互感器变比可以不一致；利用双端数据进行测距；通道自动监测，通信误码率在线显示，通道故障自动闭锁差动保护；动作速度快，线路近处故障跳闸时间小于 10 ms，线路中间故障跳闸时间小于 15 ms，线路远处故障跳闸时间小于 25 ms；反应工频变化量的测量元件采用了具有自适应能力的浮动门槛，对系统不平衡和干扰具有极强的预防能力，因而测量元件能在保证安全性的基础上达到特高速，启动元件有很高的灵敏度而不会频繁启动。先进可靠的振荡闭锁功能，保证距离保护在系统振荡加区外故障时能可靠闭锁，而在振荡加区内故障时能可靠切除故障；灵活的自动重合闸方式；装置采用整体面板、全封闭机箱，强弱电严格分开，取消传统背板配线方式，同时在软件设计上也采取相应的抗干扰措施，装置的抗干扰能力大大提高，对外的电磁辐射也满足相关标准；完善的事件报文处理，可保存最新

128 次动作报告、24 次故障录波报告；友好的人机界面、汉字显示、中文报告打印；后台通信方式灵活，配有 RS－485 通信接口（可选双绞线、光纤）或以太网；支持电力行业标准 DL/ T667—1999（IEC 60870－5－103 标准）的通信规约；与 COMTRADE 兼容的故障录波。

2. RCS－923A 断路器失灵及辅助保护装置

RCS－923A 是由微机实现的数字式断路器失灵启动及辅助保护装置，也可作为母联或分段开关的电流保护。装置功能包括失灵启动、三相不一致保护、两段相过流保护和两段零序过流保护、充电保护等功能，可经压板和软件控制字分别选择投退。

RCS－923A 部分性能与 RCS－931A/B/D 相似，此外还具有以下性能特征：①装置具有失灵启动功能，其分相判别的相电流元件动作后，输出两组启动接点，与外部保护动作接点串联后在线路、母联或分段断路器失灵时启动失灵保护；②装置具有三相不一致保护功能，当断路器某相断开，线路上出现非全相时，可经三相不一致保护回路延时跳开三相，三相不一致保护功能可由控制字选择是否经零序或者负序电流开放；③装置具有带延时的过流保护功能（两段相过流、两段零序过流）；④装置具有充电保护功能，当向故障母线（线路）充电时，可及时跳开本断路器。

1.5.2　220kV 线路保护原理

电流保护、距离保护作为线路保护，只能根据线路一侧的电气量变化动作，这类保护不能快速区分本线路末端和相邻线路的始端故障，因此只能采取阶段式的配合关系实现对故障部分的切除。这类保护无法满足 220 kV 及以上电压等级的电力系统对稳定性和快速性的要求，只能作为后备保护，因此线路需要快速的主保护。

纵联保护由于能够反映被保护线路上任何一点的故障并瞬时跳闸，因而被定义为高压线路的主保护。纵联保护是指将线路一侧电气量信息传到另一侧去，安装于线路两侧的保护对两侧的电气量同时比较。由于光纤信号不受电磁干扰，在价格上也日渐实惠，近年来，光纤通道已成为纵联保护的主要通道形式。

根据保护动作原理，纵联保护可分为两大类：

（1）方向比较式纵联保护。如纵联方向、纵联距离保护。这类保护是将本侧的功率方向、阻抗是否在规定方向、区段内的判定结果等信号传到对侧，每侧保护根据两侧的判定结果，区分是区内还是区外故障。这类保护在通道中传输的是逻辑信号传输的信息量较少，对信息可靠性要求较高。

（2）纵联电流差动保护。这类保护是将本侧电流波形或相位传输到对侧，每侧保护根据对两侧波形和相位比较的结果区分是区内还是区外故障。这类保护在通道中传输的是电气量信号，传输的信息量大，并要求两侧信息同步采集，对通道要求较高。

以双电源线路为例，从以下 3 个方面说明线路内部和外部故障时的变化特征。规定电流参考方向以母线流向线路为正方向，电压参考方向以母线高于大地为正方向。

（1）电流全量特征。根据基尔霍夫电流定律（KCL）可知：在集中参数电路中，任何时刻，对任意一节点，所有支路电流相量和等于零，表示为 $\sum \dot{I} = 0$。对于图 1－24 输电线路 MN 可以认为是一个节点。线路内部 k_1 点故障时，两端电流都是从母线流向线路，其相量和 $\sum \dot{I} = \dot{I}_M + \dot{I}_N + \dot{I}_{k_1}$。线路外部 k_2 点故障时，流过线路的是穿越性电流，其相量和 $\sum \dot{I} = \dot{I}_M + \dot{I}_M$。

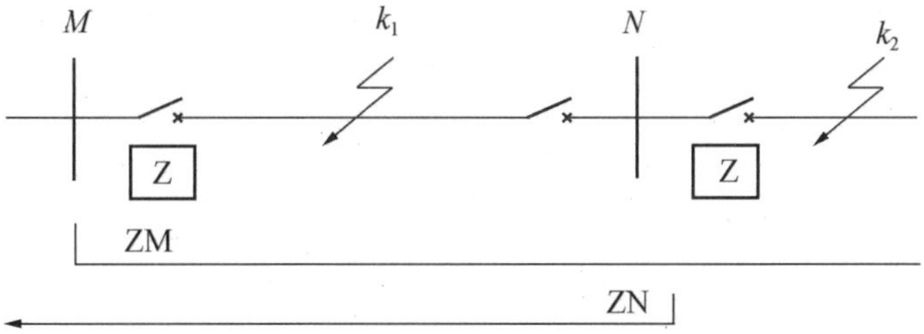

图 1－24 线路内、外部故障

(2)功率方向特征。按照规定的正方向，线路内部故障、外部故障时的功率流向如表 1－6 所示。“＋”表示电流、电压的实际方向与参考方向一致，“－”表示电流、电压的实际方向与参考方向相反。

表 1－7 线路故障时的功率流向

	$\dot{U}_M$	$\dot{I}_M$	$\dot{S}_M = \dot{U}_M \times \dot{I}_M$	$\dot{U}_N$	$\dot{I}_N$	$\dot{S}_N = \dot{U}_N \times I_N$
外部故障	+	+	+	+	−	−
内部故障	+	+	+	+	+	+

(3)两端距离方向特征。纵联距离元件中常以距离Ⅱ段作为测量元件，距离Ⅱ段继电器采用方向元件，距离元件参考方向如图 1－24 箭头所示。当线路内部 k_1 点和线路外部 k_2 点故障时，两端距离方向元件的特征如表 1－8 所示。

表 1－8 线路两端距离方向元件特征

	区内 k_1 故障	区内 k_2 故障
M 端距离元件方向	正向距离Ⅱ段内部	正向距离Ⅱ段外部
N 端距离元件方向	正向距离Ⅱ段内部	反向距离Ⅱ段内部

随着通信技术的日益成熟，在高压输电线路上通常选用电流纵差保护作为主保护。电流纵差保护按相进行两侧电流幅值及相位的比较，线路两侧同时按相切除故障相。具有原理简单、不需要 TV 输入、不受系统振荡及负荷的影响、对全相和非全相运行中的故障均能正确选相并跳闸等优点。

按规定的电流参考方向，以图 1－24 为例，动作电流(差动电流)为

$$I_{act} = |\dot{I}_M + \dot{I}_N| \quad (1-4)$$

制动电流为

$$I_{brk} = |\dot{I}_M - \dot{I}_N| \quad (1-5)$$

动作电流与制动电流对应的工作点位于比率制动特性曲线上方(图 1－25)，继电器动作。

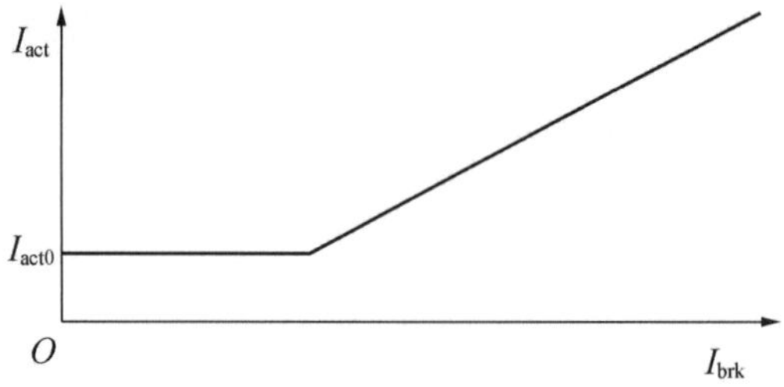

图 1－25　电流差动保护动作特性

当输电线(图 1－26a)发生内部故障时，如图 1－26b 所示。

动作电流：

$$I_{act} = \sum I^g = |I^g M + I^g_N| = I^g_K \quad (1-6)$$

制动电流：

$$I_{brk} = |I^g_M - I^g_N| \quad (1-7)$$

因为 $I_{act} > I_{brk}$，继电器动作。凡是在线路内部短路时有流出的电流，都称为动作电流。

当输电线发生外部故障时，如图 1－26c 所示。

动作电流：

$$I_{act} = \sum I^g = |I^g_M + I^g_N| = 0 \quad (1-8)$$

$$I_{brk} = |I^g_K + I^g_K| = 2|I^g_K| \quad (1-9)$$

因为 $I_{act} < I_{brk}$，继电器不动作。可见凡是穿越的电流不产生动作电流，只产生制动电流。

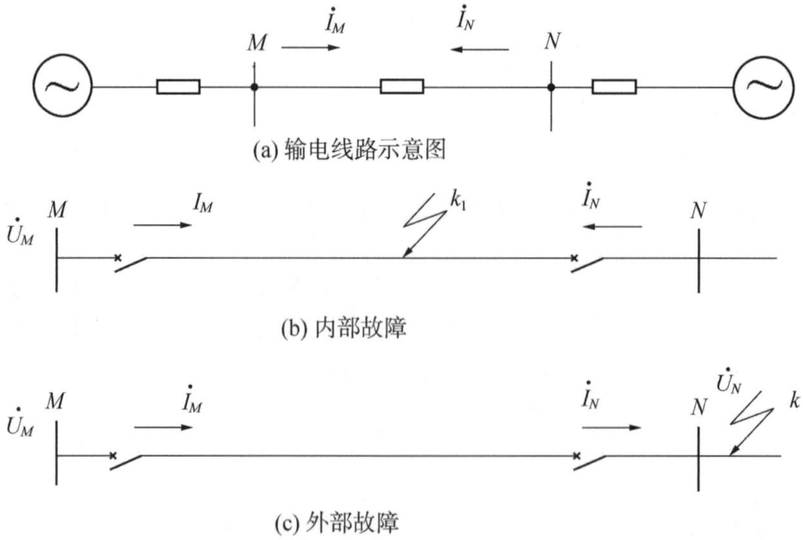

图 1－26　分析线路短路特征

下面以 RCS－931B 为例介绍纵联差动保护工作原理和方框图。

1. 工作原理

RCS－931BM 高压线路保护的光纤电流纵差保护配置有分相电流差动保护和零序电流差动保护两种。其中，分相电流差动保护包括工频变化量差动和相电流差动。

工频变化量差动保护的差动电流 $\Delta I_{act\varphi} = |\Delta I_M^g + \Delta I_N^g|$，即为线路两侧电流变化量矢量：和的幅值。制动电流为线路两侧电流变化量的标量和，即 $\Delta I_{brk\varphi} = \Delta I_{M\varphi} + \Delta I_{N\varphi}$。动作方程为 $\Delta I_{act\varphi} > \Delta I_{brk\varphi}$。由此可见，工频变化量差动保护有以下特点：不受负荷电流的影响，因此负荷电流不会产生制动电流；受过渡电阻的影响也较小；在单侧电源线路上发生短路，只要短路前有负荷电流，短路后无电源侧的工频变化量电流也会形成动作电流。

相电流差动保护的差动电流为线路两侧电流矢量和的幅值，制动电流为线路两侧电流矢量差的幅值，原理及表达式同电流纵差保护的基本原理。动作方程为 $I_{act\varphi} > 0.75I_{brk\varphi}$。

零序电流差动保护比较的是线路两端的零序电流。零序差动电流为线路两侧零序电流矢量和的幅值，即 $I_{act0} = |I_{M0}^g + I_{N0}^g|$；制动电流为线路两侧零序电流矢量差的幅值，即 $I_{act0}|I_{M0}^g - I_{N0}^g|$。其动作方程为 $I_{act0} > 0.75I_{brk0}$。零差保护也不反映负荷电流，而且受过渡电阻的影响较小，对于经高过渡电阻接地故障时，有较高的灵敏度。

由此可见，各种电流差动保护的原理基本相同，只是所比较的电气量有所不同，并且各有其特点。

线路的光纤电流纵差保护中还设置了后备保护。后备保护通常是三段式距离和零序电流保护，当光纤通道异常、电流差动保护退出运行时，起后备保护的作用。

光纤纵差保护还具有“直跳”和“远传”的功能，当本侧失灵、过电压等保护动作时，可通过远传或直跳功能使对侧断路器跳闸。

2. 逻辑方框图(图 1－27)

(1)差动保护投入指屏上“主保护压板”、压板定值“投主保护压板”和定值控制字“投纵联差动保护”同时投入。

(2)“A 相差动元件”“B 相差动元件”“C 相差动元件”包括变化量差动、稳态量差动Ⅰ段或Ⅱ段、零序差动，只是各自的定值有差异。

(3)三相开关在跳开位置或经保护启动控制的差动继电器动作，则向对侧发差动动作允许信号。

(4)TA 断线瞬间，断线侧的启动元件和差动继电器可能动作，但对侧的启动元件不动作，不会向本侧发差动保护动作信号，从而保证纵联差动不会误动。TA 断线时发生故障或系统扰动导致启动元件动作，若“TA 断线闭锁差动”整定为“1”，则闭锁电流差动保护；若“TA 断线闭锁差动”整定为“0”，且该相差流大于“TA 断线差流定值”，仍开放电流差动保护。

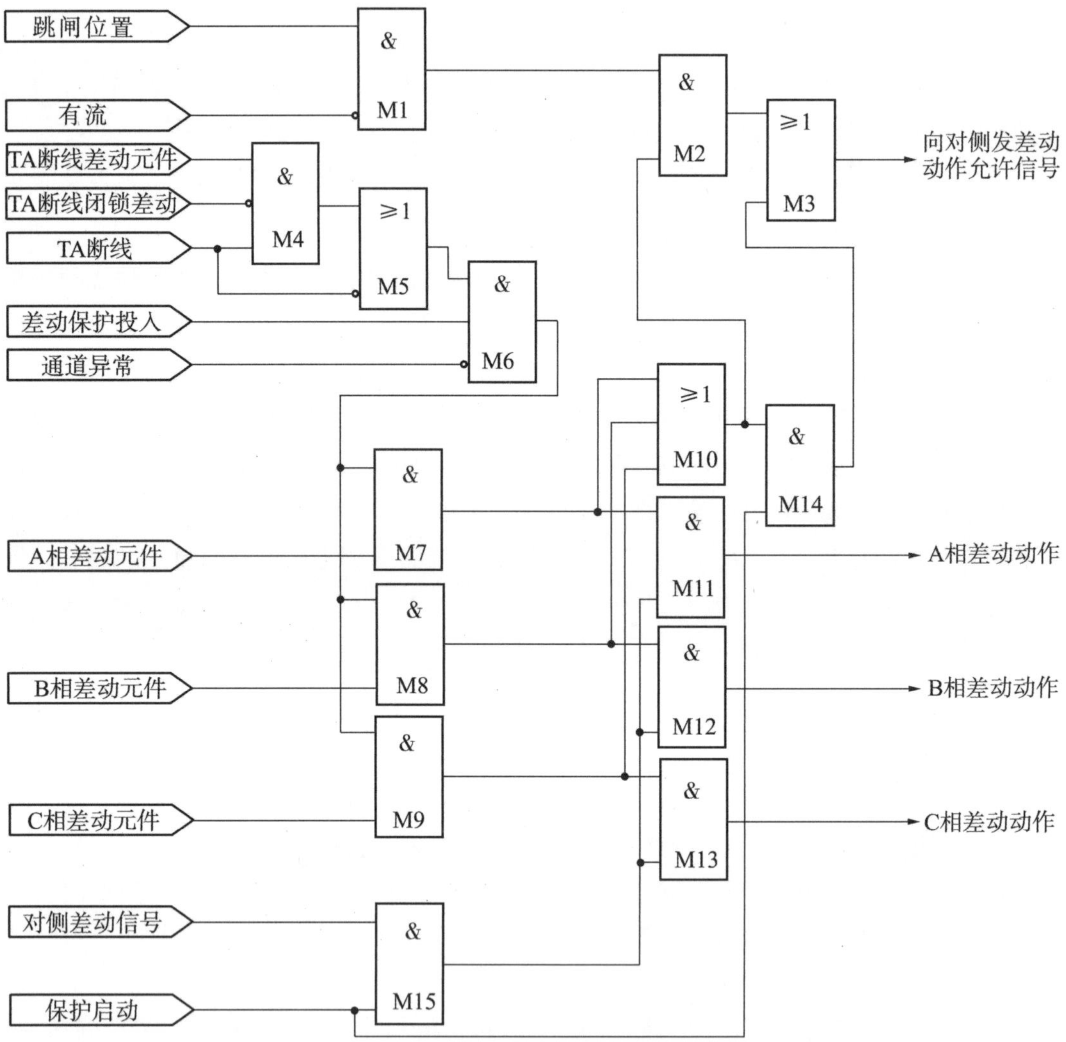

图 1-27　电流差动保护方框图

后备保护通常在主保护或断路器拒动时，用以切除故障，主要包括线路电流保护和距离保护：

1. 线路电流保护

阶段式电流保护用于反应输电线路的相间故障，是继电保护中最简单、最可靠的保护，其包括以下形式：

(1) 瞬时(无时限)电流速断保护。瞬时电流速断保护是反应电流增大而瞬时动作的保护，又称第 I 段保护。其保护范围不超过本线路的全长，如图 1-28 所示。以保护 2 为例，当本线路末端 k_1 点短路时，希望速断保护 2 能够瞬时动作切除故障。而当相邻线路 BC 的始端(习惯上又称为出口处) k_2 点短路时，按照选择性的要求，速断保护 2 不应该动作，因为该处的故障应由速断保护 1 动作切除。但是实际上，k_1 点和 k_2 点短路时，从保护 2 安装处所流过的短路电流的数值几乎是一样的，保护 2 无法区分 k_1 点和 k_2 点的短路。因此，希望 k_1 点短路时速断保护 2 能动作，而 k_2 点短路时又不动作的要求不可能同时得到满足。同样的，保护 1 也无法区别 k_3 和 k_4 点的短路。

解决这个问题要从保护装置动作定值的整定上保证下一条线路出口处短路时不动作。在继电保护技术中，称为按躲开下一条线路出口处短路时最大短路电流的条件整定。短路电流随距离的变化如图 1－28 所示的曲线Ⅰ和曲线Ⅱ。Ⅰ表示最大的短路电流，一般是最大运行方式下三相短路电流；Ⅱ表示最小的短路电流，一般是最小运行方式下两相短路电流。为了保证电流速断保护 1 动作的选择性，其动作电流必须整定得大于 k_4 点短路时可能出现的最大短路电流；对保护 2，根据同样的原则，其动作电流必须大于 k_2 点的最大短路电流。图中两条水平线即代表两个速断保护的整定值，其与最小短路电流交点就是其保护最小范围，与最大短路电流交点就是其最大保护范围。可见电流速断保护范围小于被保护线路全长，用百分数表示该值恒小于 1，动作时间通常为 10～40 ms。在高压电力网中常用作辅助保护，用以快速切除线路近端的短路故障。

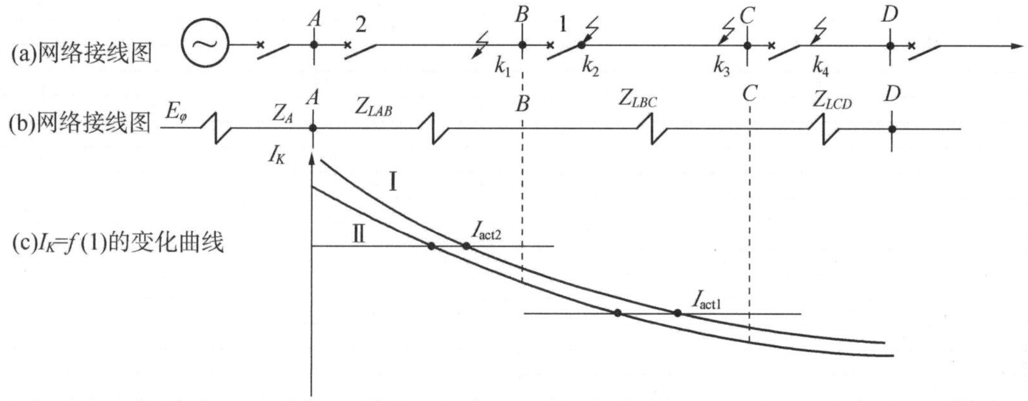

图 1－28　电流速断保护特性

（2）带时限过电流保护。瞬时电流速断只能保护线路近端故障，无法保护线路全长，因此不能独立使用，需配合时限电流速断保护使用。带时限过电流保护又称第Ⅱ段保护，可以保护线路的全长。由于能保护全线路，在相邻下一线路始端短路时，保护也能启动，即保护延伸到了下一线路的一部分。为满足选择性要求，其动作时限要比下一线路瞬时速断保护大一个时限 Δt，其动作电流也要与下一线路瞬时速断的动作电流相配合。现以图 1－29的保护 2 为例，说明限时电流速断保护的整定方法。设保护 1 装有瞬时电流速断保护，其动作电流为 I'_{act1}，它与短路电流变化曲线的交点 M 即为保护 1 瞬时电流速断的保护范围。当在此点发生短路时，短路电流即为 I'_{act1} 瞬时速断保护刚好能动作的电流。根据以上分析，保护 2 的限时电流速断不应超过保护 1 瞬时电流速断的保护范围，因此在单侧电源供电的情况下，它的动作电流就应该整定为 I'_{act2}。早期机电式继电器由于其误差较大，一般将 Δt 整定为 0.5 s 左右，现在的微机保护可以整定为 0.2～0.35 s。

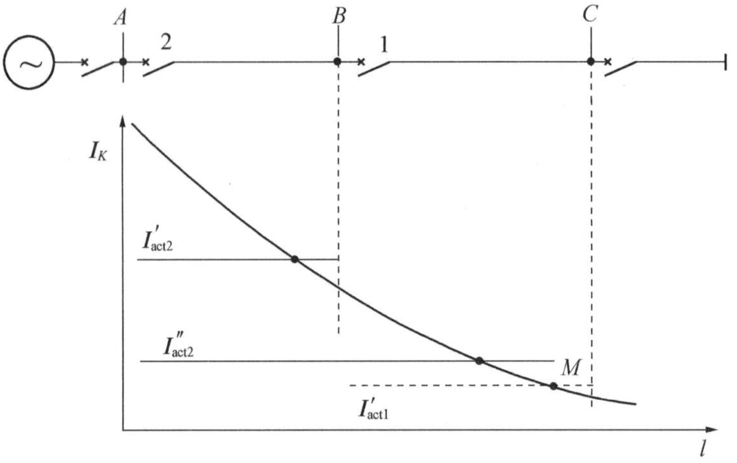

图 1-29 限时电流速断动作特性分析

(3)定时限过电流保护。定时限过电流保护又称第Ⅲ段电流保护，其动作电流按躲过最大负荷电流来整定。它在线路发生短路时启动，并以时间来保证动作的选择性，其动作时限与通过的电流水平(大于过电流元件的启动值)无关。它不仅能保护本线路的全长，还能保证相邻线路的全长，起后备保护的作用。实际应用中常由几个定时限(包括无时限)过电流保护组成多段式线路过电流保护。各段的启动电流、动作时限及灵敏度均不相同。对于双侧电源的情况，有的保护段需经功率方向判别元件控制。特殊情况下，为了满足电力系统运行方式变化较大的需要，有的保护段需依靠电流元件与电压元件协同工作，称为电流电压保护。

如图 1-30 所示，保护 1 位于电网末端，t_1 是保护装置固有时间。对于保护 2，为了保证 k_1 点短路动作的选择性，则其动作时间 $t_2 > t_1$，增加了一个时间差。以此类推，保护的动作时限越靠近电源端，延时越长。但是当故障越靠近电源端时短路电流越大，而此时过电流保护动作时间反而越长，这是其中一个很大的缺点。所以一般用过电流保护作为本线路和相邻元件的后备保护。

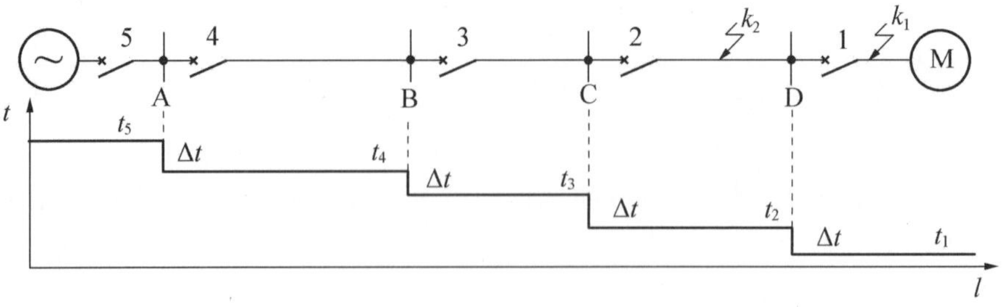

图 1-30 单侧电源放射性网络中过电流保护

(4)阶段式电流保护的配合。瞬时电流速断、限时电流速断和定时限过电流保护三者的特点各不相同，利用三者的优点将这 3 种保护组合在一起，构成阶段式电流保护，具体应用中可以任两种组合，也可以3种同时采用。如图1－31所示，保护1采用瞬时电流速断；保护2可采用0.5 s的过电流保护，若要保护CD段全长也可以加瞬时电流速断保护，构成二段式保护；保护3可以是两段式，也可以是三段式。越靠近电源，过电流保护动作时限越长，因此，一般都需装设三段式保护。对主保护的灵敏度有要求时也可设两级限时速断，构成四段式保护。在三段或四段式保护中，瞬时速断是辅助保护，其作用是弥补主保护性能缺陷，快速切除靠近保护安装处的短路故障；限时速断是主保护；过电流保护是本线路的后备保护，也作为下一线路保护的远后备。

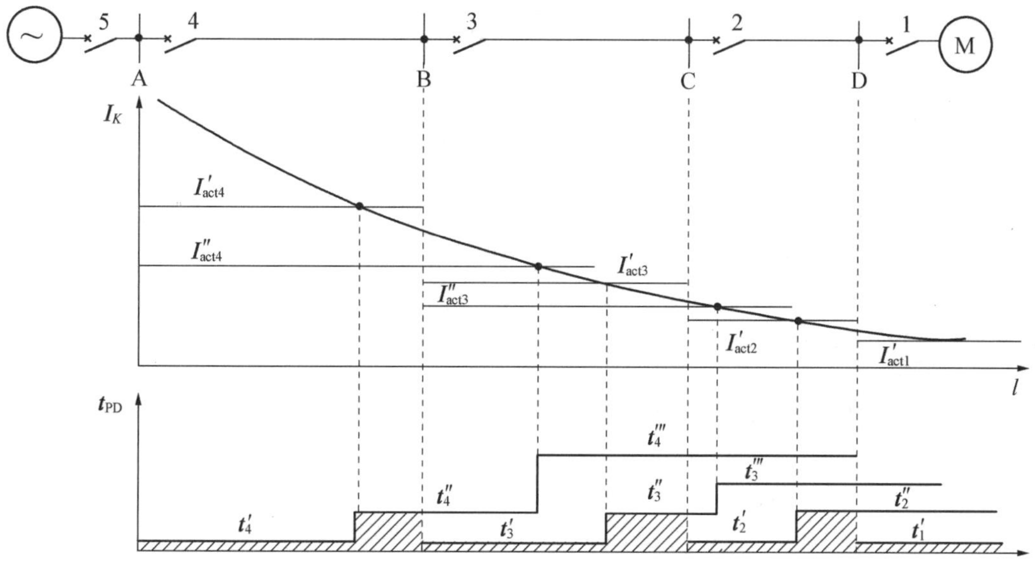

图1－31　阶段式电流保护的配合示意图

使用阶段式电流保护最主要的优点就是简单、可靠，并且一般情况下也能够满足快速切除故障的要求。

(5)线路的零序电流保护。零序电流保护反映直接接地系统中线路的接地短路故障。与相间电流保护一样，也可构成阶段式保护。通常采用三段式保护，第Ⅰ段为零序电流速断，只能保护线路一部分；第Ⅱ段为零序限时电流速断，可以保护线路全长，并与相邻线路相配合；第Ⅲ段为零序过流保护，作为本线路及相邻线路的后备保护。零序电流保护具有如下特点：

①只能用于保护直接接地系统中发生的单相及两相接地短路故障；②动作时间快、保护范围相对稳定、易于实现相邻保护间的选择配合等优点；③有较高的灵敏度，可反映线路高电阻接地是否故障；④保护定值不受负荷电流的影响，也基本不受其他中性点不接地电网短路故障的影响，所以保护延时段灵敏度允许整定较高。

RCS－931B系列的零序保护方框图如图1－32所示。

某F级燃气轮机电厂线路保护RCS－931B系列设置了速跳的Ⅰ段零序方向过流和3个带延时段的零序方向过流保护，Ⅰ、Ⅱ段零序受零序正方向元件控制，Ⅲ段零序则由用户选择不经方向元件控制。

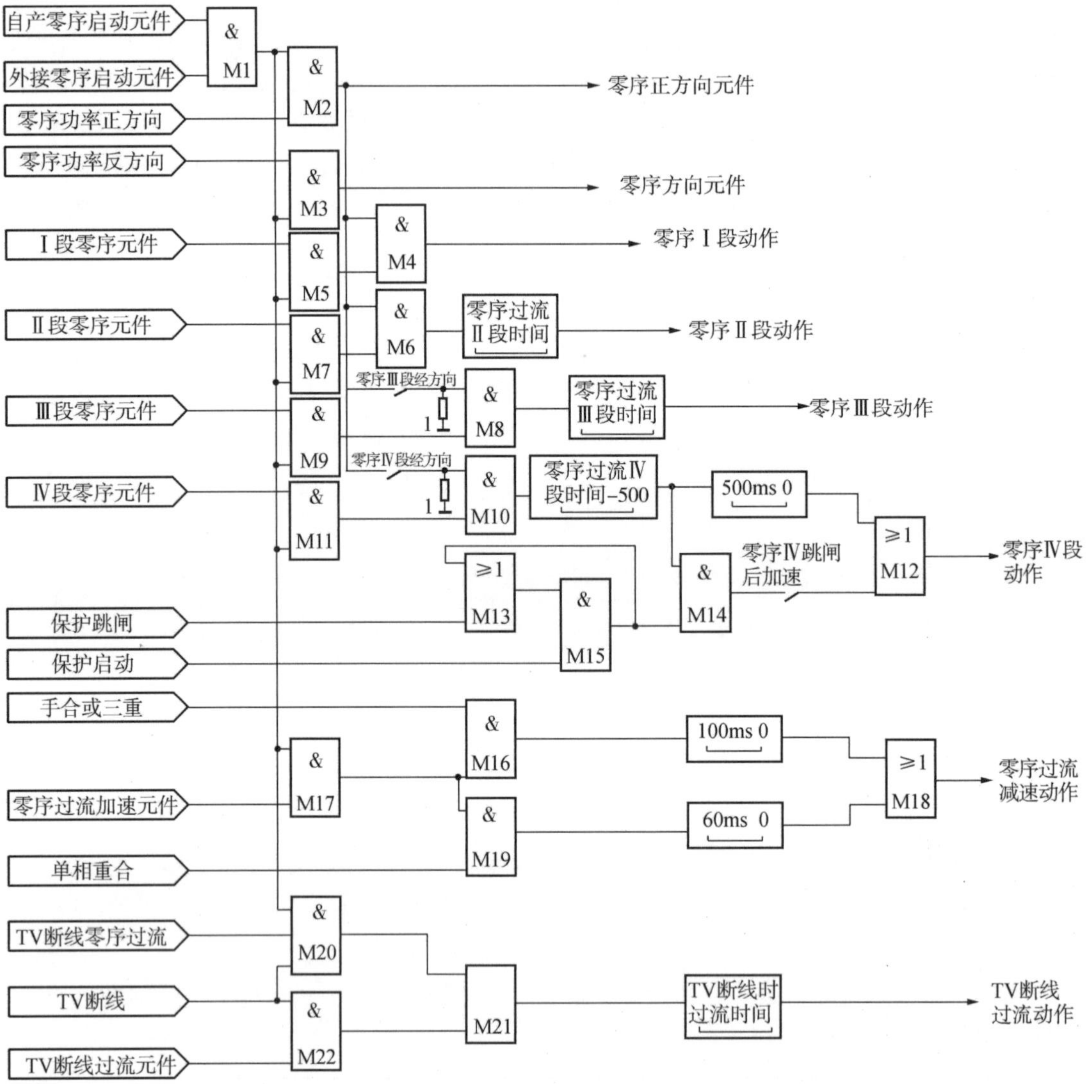

图1-32　零序保护方框图

2. 距离保护

距离保护是反应故障点至保护安装地点之间的距离(或阻抗)，并根据距离的远近而确定动作时间的一种保护装置。故障点距离保护安装点越近，其测量阻抗越小，动作时间越短；相反，故障点距离保护安装点越远，其测量阻抗越大，动作时间越长。

距离保护主要用于输电线路保护，一般是二段式或四段式。Ⅰ、Ⅱ段带方向性，作本线路的主保护，其中Ⅰ段保护的保护范围为80%～90%，Ⅱ段保护的保护范围为本线路全长并作相邻线路的后备保护。Ⅲ段可带方向或不带方向(有的还设有不带方向的Ⅳ段)，作本线及相邻线路的后备保护。

根据距离保护的原理和特性，在电力系统发生振荡时，距离保护的阻抗元件将会误动。如按最长的振荡周期考虑，Ⅰ、Ⅱ段阻抗元件因动作时间短，无法躲过系统振荡的时间，而Ⅰ段阻抗因其动作时间较长，则可躲过系统振荡。此外，当发生TV断线时阻抗元件也会误动。因此在距离保护中，都设有振荡闭锁和 T′V 断线闭锁，防止发生上述两种情况时距离保护误动。

RCS－931BM 距离保护方框图如图 1－33 所示。

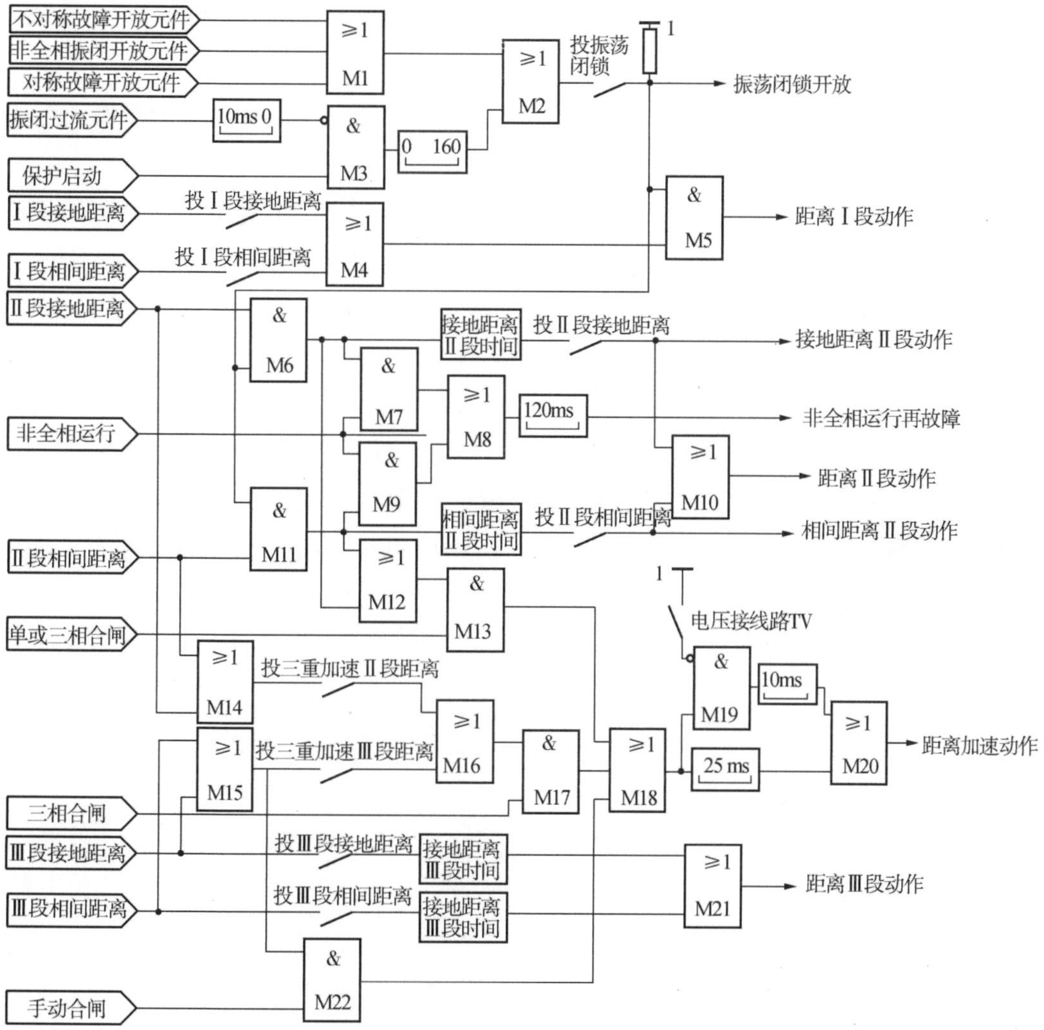

图 1－33 距离保护方框图

1.5.3 220kV 线路重合闸

在电力系统的线路故障中，架空线路故障大部分都是瞬时性故障。例如，由雷电引起的绝缘子表面闪络、大风引起的碰线、鸟类以及树枝等物体掉落在导线上引起的短路等，当线路被断路器迅速断开以后，电弧即行熄灭。故障点的绝缘强度重新恢复，外界物体(如树枝和鸟类等)也被电弧烧掉而消失。此时如果把断开的线路断路器再合上，就能恢复正常供电，因此，称这类故障是瞬时性故障。除此之外也有永久性故障。例如，由于线路倒杆、断线、绝缘子击穿损坏等引起的故障，在线路被断开之后仍然存在。这时即使再合上电源，线路还要被继电保护再次断开，因而就不能恢复正常的供电。

由于输电线路上的故障具有以上的性质，因此，在线路被断开以后再进行一次合闸就能在多数情况下重合成功，从而提高了供电的可靠性和连续性。因此在电力系统中采用了自动重合闸装置。

下面介绍自动重合闸装置的基本功能和原理。

(1)启动方式。自动重合闸装置是高压线路的自动装置。其启动方式有两种，即保护启动和不对应启动。当线路故障，保护动作跳闸的同时，启动重合闸装置，重合闸启动后，待开关跳闸经一个延时，发出合闸脉冲，这种启动方式称为保护启动。在线路正常运行时，如发生开关偷跳，装置可根据合闸按钮与开关的位置不对应状态，启动重合闸，发出合闸脉冲，这种方式称为不对应启动。

(2)重合次数。根据我国电力系统的运行习惯和要求，重合闸装置一般只重合一次。为此在装置中设置一个充电电容，这个电容在开关合闸、正常运行时充电，充电时间为15～20 s，只能提供一次合闸的能量。当开关在分闸位置时，用开关的常闭辅助触点，将电容放电，使电容不能充电。线路发生永久性故障重合后再次跳闸，充电电容要等15～20 s后才能再次发合闸脉冲，况且开关一旦跳闸，其常闭触点已将电容放电回路接通，不会再充电，因此能够保证只重合一次。

(3)重合方式。根据有关规程和要求，重合闸装置必须具备以下几种可供选择的重合方式。

①单重方式。当线路发生单相故障时，继电保护动作跳闸，跳闸的同时启动重合闸。开关跳闸后，经单重时间，装置发出合闸脉冲。当线路发生相间故障，保护动作跳三相，虽然保护动作的同时发出了启动重合闸的命令信号，但由于选定方式为“单重”，开关三相跳闸时，重合闸装置闭锁重合闸，不发合闸脉冲，保证单相跳闸能重合，三相跳闸不重合。

②三重方式。选择三重方式时，无论线路发生单相或相间故障，重合闸均使开关三相跳闸，然后再重合三相。

③综重方式。选择综重方式时，线路发生单相故障，跳单相，重合单相。发生相间故障时，开关三相跳闸，重合三相。

④停用方式。当选择重合闸为停用时，装置即闭锁重合闸。无论线路发生单相或相间故障，均使开关跳三相不重合。

(4)重合时间。重合闸装置在开关跳闸之后，需要经一个延时，再发出合闸脉冲。这是考虑躲开开关跳闸时间和故障点的熄弧时间。再加一个可靠系数，以保证重合时，故障已确实消失，如果是瞬时故障，不等故障点熄弧就重合，相当于重合到故障点上，导致保护再次动作跳闸，重合失败。重合闸装置中的重合时间分为三重时间和单重时间两种，应能够分别整定，一般单重时间较长，三重时间较短。

当线路发生单相故障跳单相后，由于另外两健全相与故障相之间存在着互感，又由于高压线路对地有电容电流，互感电流和电容电流都经故障线路、故障点和电源点形成回路，这个回路中的电流称为“潜供电流”。“潜供电流”延长了故障点的熄弧时间，因此，高压线路的综合重合闸装置的单重时间应考虑潜供电流的影响，单重时间应长一些。潜供电流的大小与线路长短、电压等级及线路是否有并联电抗器有关，单重时间的整定应视具体情况而定。

线路发生相间故障跳三相后，由于三相都已断开，感应电流、电容电流均不存在。因此，故障点的熄弧时间很短，重合时间不需要很长，只要保证开关三相跳开，稍加一点裕度即可。

对自动重合闸装置的基本要求如下：

①手动或由自动控制装置合闸、分闸时，不启动、并闭锁重合闸。而且手动合闸于故障线路时，应加速跳闸。

②有加速功能，无论手合或自动重合后均能与保护配合，实现加速跳闸。

③重合方式功能完善，可供选择。

④单重和三重时间可分别整定。

⑤功能完善，能与各种类型的保护配合。如有些高压线路出于对系统稳定的考虑，对线路故障后保护的切除及重合时间有一定的要求，超过这个时间，即使是单相、瞬时故障也不允许重合。这个时间整定范围一般在250 ms以内，称为“有效时间”。

⑥应能够反映断路器传动机构气压及压力，当这些压力降低、不允许重合闸时，应立即将重合闸闭锁。此时，无论线路发生何种故障均跳三相，不重合。

⑦当线路发生单相故障保护动作跳开单相后，在非全相运行过程中，如又发生另一相或两相的故障，即所谓“相继故障”，保护应能有选择性地予以切除。上述故障如发生在单相重合闸的脉冲发出以前，则在故障切除后能进行三相重合；如发生在重合闸脉冲发出以后，则切除三相不再进行重合。

⑧在发电厂一次系统为单元式接线(发电机变压器组直接带线路)时，为保证机组的安全，应考虑重合闸只选择单重方式，不能使用三重方式。

目前，我国大部分地区的高压输电线路，只采用单相重合的方式，一般不采用三重和综重方式。

RCS－931重合闸逻辑方框图如图1－34所示。

①TWJA、TWJB、TWJC分别为A、B、C三相的跳闸位置继电器的接点输入。

②保护单跳固定、保护三跳固定为本保护动作跳闸形成的跳闸固定，单相故障，故障相无电流时该相跳闸固定动作，三相跳闸，三相电流全部消失时三相跳闸固定动作。

③外部单跳固定、外部三跳固定分别为其他保护来的单跳启动重合、三跳启动重合输入由本保护经无流判别形成的跳闸固定。

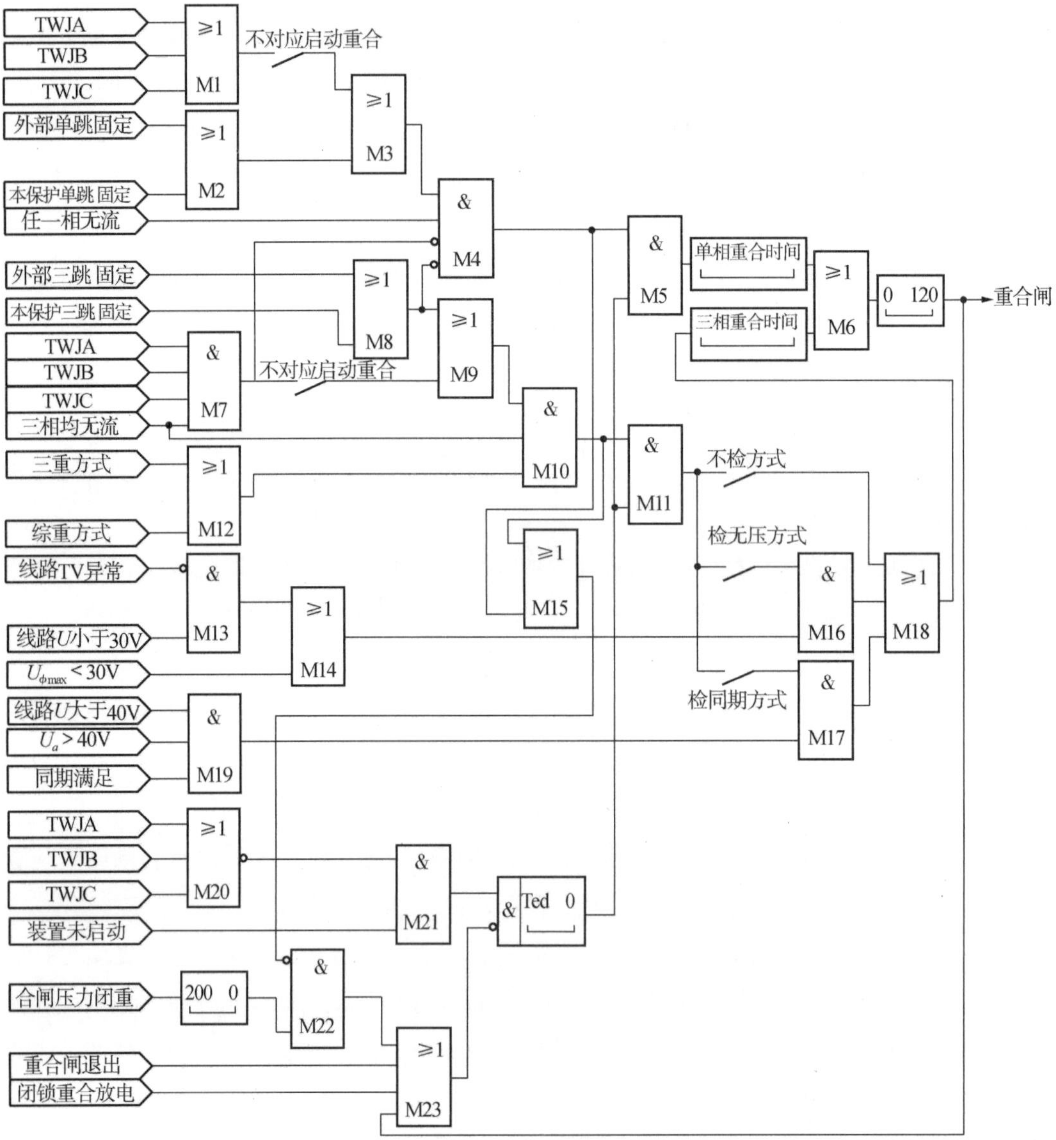

图 1-34 重合闸逻辑方框图

④重合闸退出指重合闸方式把手置于停用位置，或定值中重合闸投入控制字置“0”，则重合闸退出。本装置重合闸退出并不代表线路跳闸退出，保护仍是选相跳闸的。要实现线路重合闸停用，需将沟三闭重压板投上。当重合闸方式把手置于运行位置(单重、三重或综重)且定值中重合闸投入控制字置“1”时，本装置重合闸投入。

⑤TV 断线时重合放电。

⑥重合闸充电在正常运行时进行，重合闸投入、无 TWJ、无压力低闭重输入、无 TV 断线和其他闭重输入经 15 s 后充电完成。

⑦本装置重合闸为一次重合闸方式，用于单开关的线路，一般不用于 3/2 开关方式，

可实现单相重合闸、三相重合闸和综合重合闸。

⑧重合闸的启动方式有本保护跳闸启动、其他保护跳闸启动和经用户选择的不对应启动。

⑨若开关三跳动作、其他保护三跳启动、重合闸或三相 TWJ 动作，则不启动单重。

⑩三相重合时，可选用检线路无压重合闸、检同期重合闸，也可选用不检而直接重合闸方式。检无压时，检查线路电压或母线电压小于 30V 时，检无压条件满足，而不管线路电压用的是相电压还是相间电压；检同期时，检查线路电压和母线电压大于 40 V 且线路电压和母线电压间的相位在整定范围内时，检同期条件满足。正常运行时，保护检测线路电压与母线 A 相电压的相角差，设为 ϕ；检同期时，检测线路电压与母线 A 相电压的相角差是否在(ϕ - 定值)至(ϕ + 定值)范围内。因此，不论线路电压用的是哪一相电压还是哪一相间电压，保护都能够自动适应。

1.6 220kV 母线保护

1.6.1 母线保护概述

母线是电厂中最重要的电气设备之一，起着汇集和分配电能的作用。母线上连接的设备多、电气接线复杂、电压等级高、与电网联系紧密，因此，母线故障的性质一般比较严重，对电力系统的安全危害较大。母线故障开始阶段多数表现为单相接地故障，而随着电弧的移 动，故障往往发展为两相或三相接地短路。母线上连接元件的后备保护虽然可以切除母线故障，但时间较长，系统电压长时间降低，会破坏系统稳定性。综上所述，装设能够快速、准确、有选择地切除故障的母线保护十分必要。

1.6.2 母线保护原理

各种类型的母线保护就其对母线接线方式、电网运行方式、故障类型以及故障点过渡电阻等方面的适应性而言，仍以按电流差动原理构成的母线保护为最佳，母线差动保护是电力系统发电厂及变电站高压母线的主保护。

1. 母线差动回路的构成

母线差动回路由母线大差动和各段母线的小差动组成。

母线大差动：除母联断路器和分段断路器以外，母线所有其余支路构成的大差动回路。大差动不受母线运行方式的影响，用于判别母线区内和区外故障。

各段母线小差动：与该段母线相连的各支路电流构成的差动回路，其中包括与该段母线相关联的母联断路器和分段断路器。小差动元件与各支路隔离开关位置有关，软件自动识别，对小差动电流实时组合。各段母线小差动用于故障母线的选择。

CT 极性规定：支路 CT 极性为母线侧；母联断路器为Ⅱ母侧。如图 1 - 35 所示。

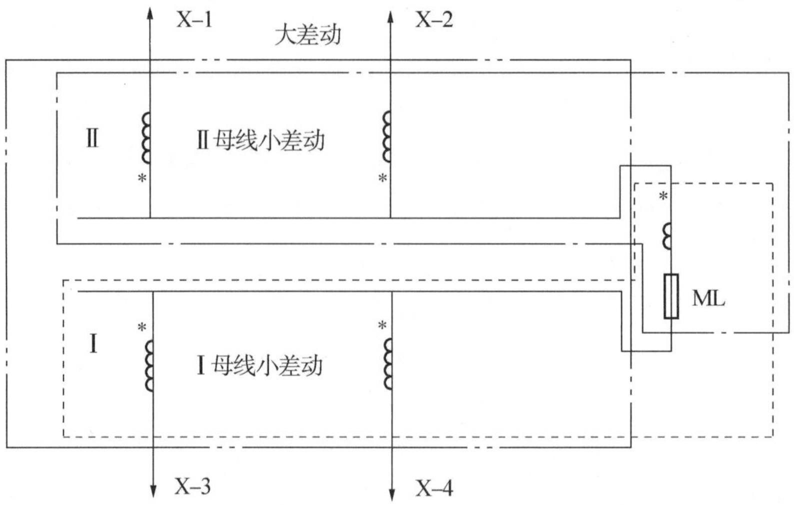

图1–35　母差保护原理简图

Ⅰ母线小差动差动电流：

$$I_{d1}=|I_3+I_4-I_M| \tag{1-10}$$

Ⅱ母线小差动差动电流：

$$I_{d2}=|I_3+I_4+I_M| \tag{1-11}$$

母线大差动差动电流：

$$I_d=|I_1+I_2+I_3+I_4| \tag{1-12}$$

式中，I_1 为X–1支路电流；I_2 为X–2支路电流；I_3 为X–3支路电流；I_4 为X–4支路电流；I_M 为流过母联的电流。

2. 母差保护的原理

规定了CT的正极性端在母线侧，电流参考方向规定线路流向母线为正方向。正常运行时，在母线所有连接元件中，流入的电流和流出的电流相等。

即

$$\sum I=|I_1+I_2+I_3+I_4|=0 \tag{1-13}$$

母差保护范围外故障时，如线路3上发生故障，如图1–36所示。此时线路1、2、4短路电流流向母线，为正值；线路3电流流出母线，为负值；把母线看成电路上的一个结点，由基尔霍夫电流定律，通过某一结点的所有支路电流代数和等于零，所以差动电流为零，差动保护不动作。

有

$$I_d=|I_1+I_2+I_3+I_4|=0 \tag{1-14}$$

此时

$$|I_3|=|I_1+I_2+I_4| \tag{1-15}$$

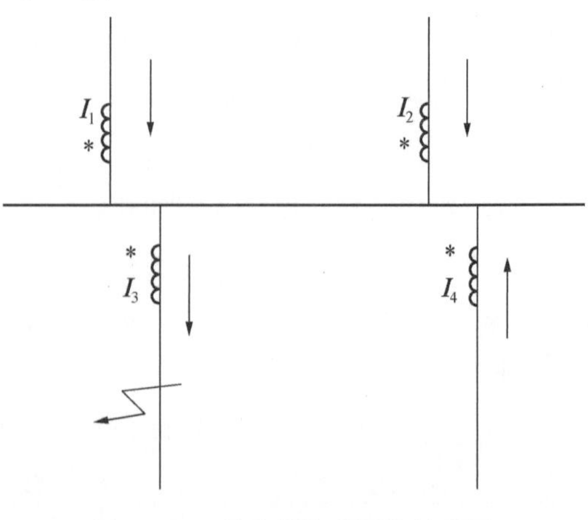

图1–36　母差保护范围外故障图

母差保护范围内故障时，如图 1－37 所示，各元件实际短路电流都是由线路流向母线，和参考方向一致，都是正值，此时差动电流很大，差动保护动作。

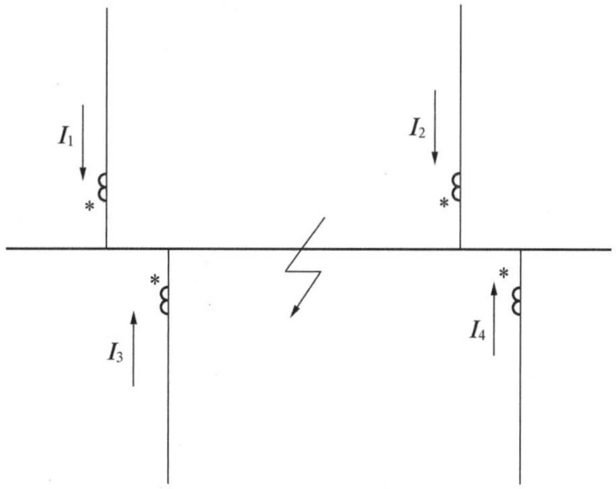

图 1－37 母差保护范围内故障图

此时

$$I_d = I_1 + I_2 + I_3 + I_4 \tag{1-16}$$

为了防止由于差动保护或断路器失灵保护的出口回路被误碰或出口继电器损坏等原因导致母线保护动作，增加了复合电压闭锁。

3. 母差保护逻辑框图(图 1－38)

双母线的母差保护，根据目前的母差保护原理，在一次系统转换运行方式的过程中，应投入互联功能。在倒闸操作时，两条母线的隔离开关跨接在两母线之间，如果这时母线发生故障，母差保护无法正确判断。因此，这时应投入互联方式，即非选择方式，不进行故障母线的选择，一旦发生故障同时切除两段母线上的所有单元。

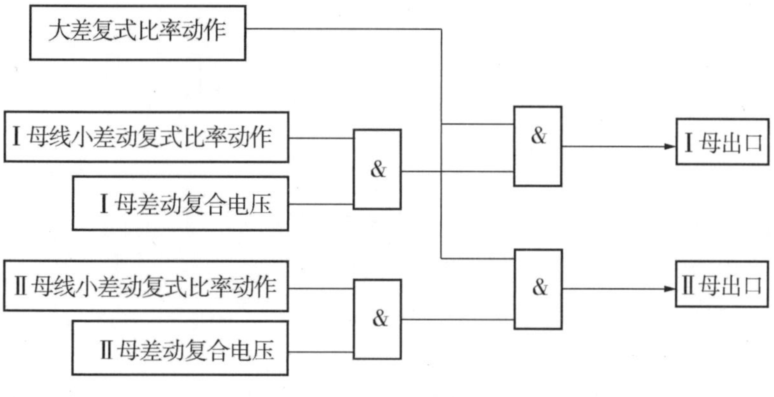

图 1－38 母差保护逻辑框图

母联死区保护。母线并列运行时，当故障发生在母联断路器与母联 CT 之间时，母联断路器侧母线段跳闸出口无法切除该故障，而 CT 侧母线段的小差元件不会动作，这种情况称之为死区故障。

如图1-39所示，母线并列运行时，当故障点在母联断路器LK与母联CT之间时，大差动启动，Ⅰ母线小差动不动作，Ⅱ母线小差动动作跳母联断路器LK、支路3L、4L，但故障仍然存在。由于母差已动作于Ⅱ母，母联断路器LK已跳开，大差动不返回，母联CT有电流，判死区故障，经延时闭锁母联CT，母联电流不计入小差动，跳Ⅰ母的1L、2L。

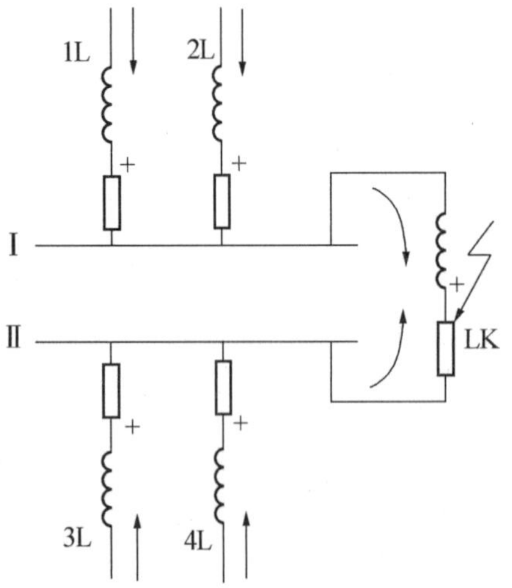

图1-39　死区故障保护原理(双母并列运行)

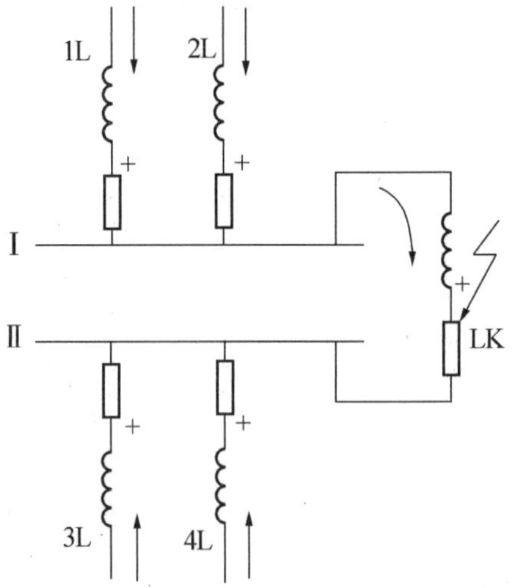

图1-40　死区故障保护原理(双母分列运行)

如图1-40所示，母线分列运行时，因为母联CT已闭锁，此时母联电流不计入小差，所以保护可直接跳故障母线，避免了故障切除范围的扩大。

母联失灵保护。当保护向母联断路器发跳闸指令后，经整定延时母联电流仍然大于母联失灵电流定值时，母联失灵保护经两母线电压闭锁后切除两母线上所有连接元件。只有母差保护和母联充电保护才启动母联失灵保护。

如图1-41所示，当Ⅰ母故障时，母线大差启动，Ⅰ母线小差动动作跳支路开关1L、2L，但母联断路器LK应跳而未跳开，母联失灵过电流，经延时闭锁母联CT，母联电流不计入小差动，Ⅱ母线小差动有电流，母差保护动作跳支路开关3L、4L。

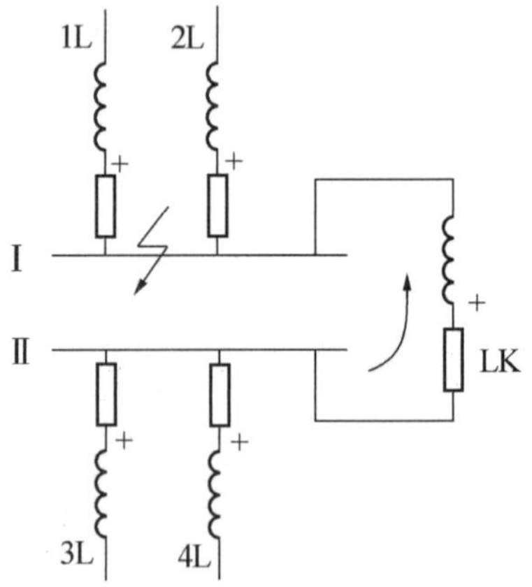

图1-41　母差失灵保护原理图

上述两个保护有共同之处，即故障点在母线上，跳母联断路器经延时后，大差动元件不返回且母联CT仍有电流，跳两段母线。因此可以共用一个保护逻辑，如图1-42所示。

母联充电保护。双母接线主接线的其中一条母线停电检修后，可以通过母联断路器对检修母线充电以恢复双母运行。此时投入母联充电保护，当检修母线有故障时，可跳开母联断路器，切除故障。

母联充电保护的启动需同时满足三个条件：①母联充电保护压板投入；②其中一条母线已失压，且母联断路器已断开；③母联电流从无到有。

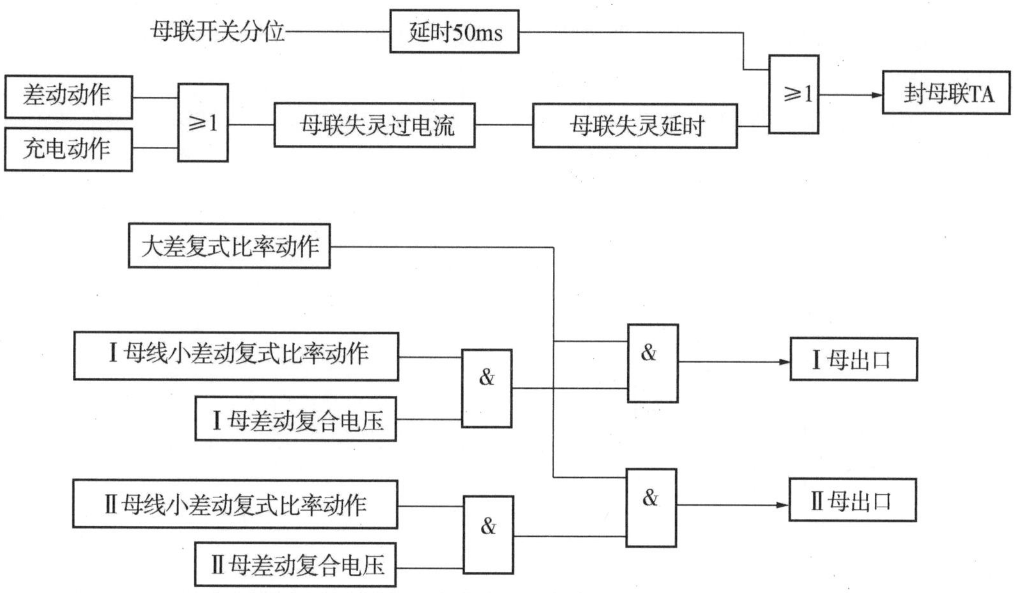

图 1－42　母联失灵保护、死区故障保护实现逻辑框图

母联充电保护逻辑框图如图 1－43 所示。

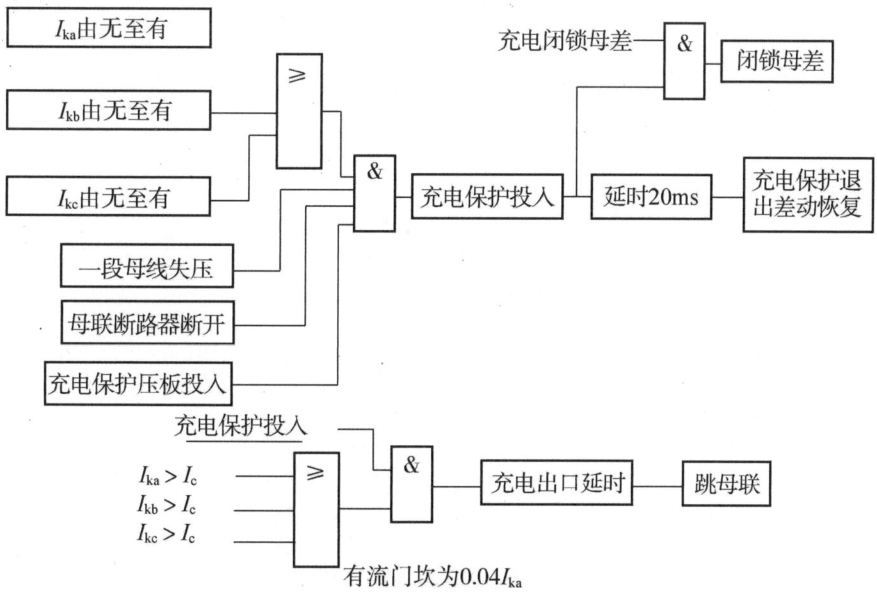

有流门坎为$0.04I_{ka}$

I_{ka}：母联A相电流

I_{kc}：母联C相电流

I_{kb}：母联B相电流

I_c：充电保护电流定值

图 1－43　母联充电保护逻辑框图

母联充电保护投入后，当母联任意一相电流大于充电电流定值，经整定延时跳开母联断路器，不经复合电压闭锁。充电保护投入期间是否闭锁差动保护可设置保护控制字的相关项进行选择。

母联过电流保护。母联过电流保护可以作为母线解列保护，也可以作为线路(变压器)的临时应急保护。母联过电流保护压板投入后，当母联任一相电流大于母联过电流定值，或母联零序电流大于母联零序过电流定值时，经可整延时跳开母联断路器，不经复合电压闭锁。

母联过流保护逻辑框图如图 1－44 所示。

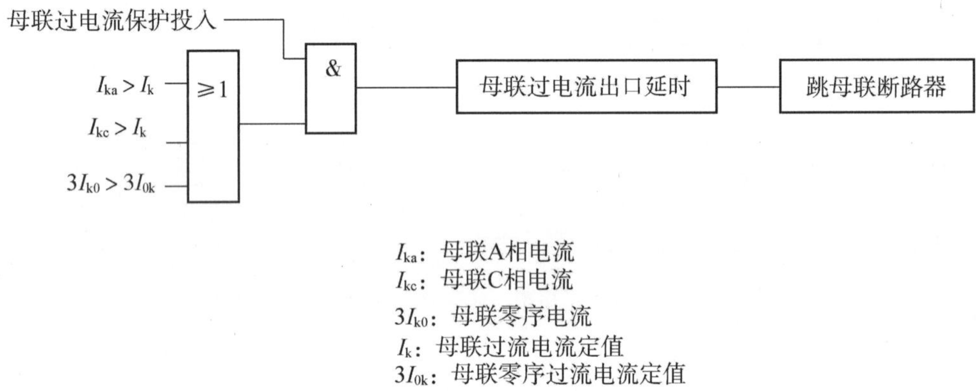

图 1－44　母联过电流保护逻辑图

电流回路断线闭锁。母差 CT 断线差电流大于 CT 断线定值，延时 9 s 发 CT 断线告警信号，同时闭锁母差保护。电流回路正常后，0.9 s 自动恢复正常运行。CT 断线逻辑框图如 1－45 所示。

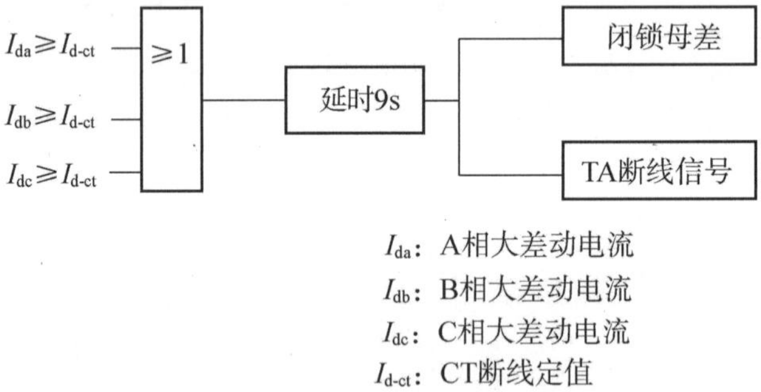

图 1－45　CT 断线逻辑框图

母联电流回路断线，并不会影响保护对区内、区外故障的判别，只是会失去对故障母线的选择性。因此，母联断路器电流回路断线不需要闭锁差动保护，只需转入母线互联(单母方式)即可。母联电流回路正常后，需手动复位恢复正常运行。由于母联断路器的电流不计入大差动，母联电流回路断线时上一判据并不会满足。而此时与该母联断路器相连的两段母线小差动电流都会越限，且大小相等、方向相反。

母联断路器断线逻辑框图如图 1 - 46 所示。

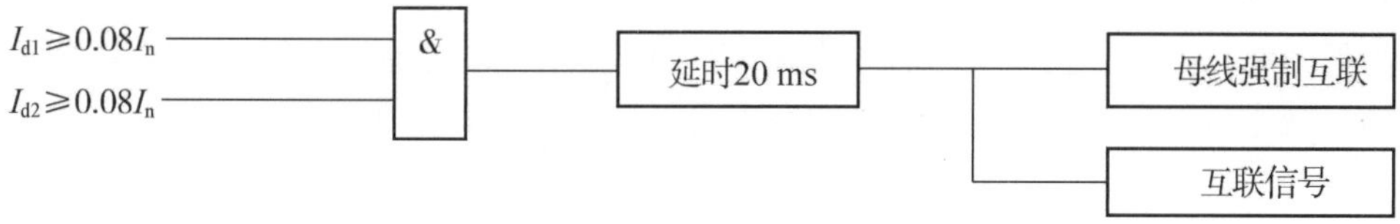

图 1 - 46 母联断路器断线逻辑框图

电压回路断线告警。任何一段非空母线差动电压闭锁元件动作后延时 9s 发 CT 断线告警信号。除了该段母线的复合电压元件将一直动作外，对保护没有其他影响。

断路器失灵保护。断路器失灵保护是指当故障线路或元件的继电保护装置动作发出跳闸脉冲后，断路器拒动作时，能够以较短的时限切除同一母线上的其他相关断路器，以使停电限制在最小范围的一种近后备保护。

断路器失灵启动接入母线保护盘有两种方式：

(1)第一种接入方式：接入的量包括其他保护跳闸接点闭合和该断路器依然有电流两个信息，然后由母线保护装置经复合电压闭锁发跳闸命令。

(2)第二种接入方式：接入的量只是其他保护跳闸接点闭合的信息，判断该断路器是否有电流、是否有负序或零序电流、该连接元件接在哪条母线以及复合电压闭锁和计延时工作都由母线保护装置完成。

常用的为第一种接入方式：

①外部启动母联失灵保护。若有外部母联保护装置动作于母联断路器失灵，由该母联保护的失灵启动装置提供一个失灵启动接点给本装置。本装置检测到外部母联失灵启动接点闭合后，启动母联断路器失灵出口逻辑，当母联电流大于母联失灵定值(同母联失灵保护中的定值)，经失灵复合电压闭锁，按可整定的“母联失灵延时”跳开Ⅰ母线或Ⅱ母线连接的所有断路器。

母联外部失灵启动逻辑框图如图 1 - 47 所示。

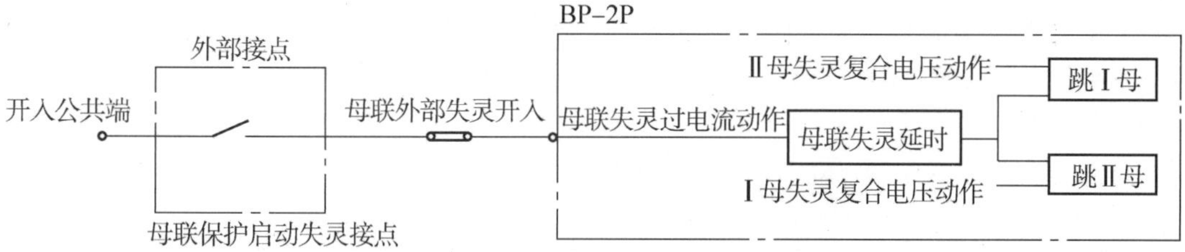

图 1 - 47 母联外部失灵启动逻辑框图

②断路器失灵保护。断路器失灵保护可以与母线保护共用跳闸出口，采用自带电流检测元件方式。

当母线所连的某断路器失灵时，由该线路或元件的失灵启动装置提供一个失灵启动接点给本装置。本装置检测到某一失灵启动接点闭合，且该元件电流三相任一相过电流(可整定是否也经零序电流或负序电流过电流)，启动该断路器所连的母线段失灵出口逻辑，经失灵复合电压闭锁，按可整定的“失灵出口延时 1”跳开联络开关，“失灵出口延时 2”跳开该母线连接的所有断路器。

对于变压器或发变组间隔，设置“解除失灵保护电压闭锁”的开入接点。如某支路失灵整定为不经电压闭锁，当该支路启动失灵保护开关接点和“解除失灵保护电压闭锁”的开入接点同时动作后，自动实现解除该支路所在母线的失灵保护电压闭锁。

若没有失灵启动装置，本装置本身可以实现检测断路器失灵的过电流元件。将元件保护的保护跳闸接点引入装置。分相跳闸接点则分相检测电流，三相跳闸接点则检测三相电流。对于 220 kV 系统，母差装置引入线路保护的三跳接点和单跳接点以及变压器保护的三跳接点。

失灵过电流逻辑框图如图 1-48 所示。

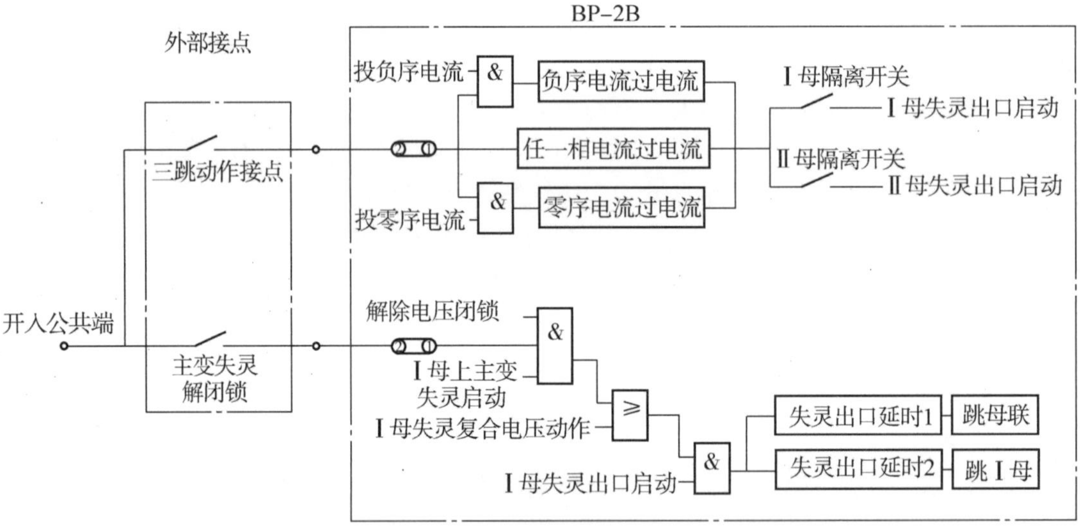

图 1-48　失灵过电流逻辑框图

③失灵电压闭锁元件。失灵的电压闭锁元件，与差动的电压闭锁类似，也是以低电压（线电压）、负序电压和 3 倍零序电压构成的复合电压元件。只是使用的定值与差动保护不同，需要满足线路末端故障时的灵敏度。同样失灵出口动作，需要相应母线段的失灵复合电压元件动作。

母线分列运行的说明。对于分段母线（双母线或单母分段），当母线断路器断开，母线分列运行时，需要考虑以下两种情况。

如图 1-49 所示，母线分列运行时，Ⅱ母故障，Ⅰ母上的负载电流仍然可能流出母线。特别是在Ⅰ、Ⅱ母线分别接大、小电源或者母线上有近距离双回线时，电流流出母线的现象特别严重。此时，大差动灵敏度下降。因此，装置的大差动比率元件采用 2 个定值，母线并列运行时，用比率系数高值；母线分列运行时，用比率系数低值。装置根据母线运行状态自动切换定值。

如图 1-50 所示，母线分列运行时，死区故障，故障点位于母联的开关和 CT 之间。装置直接封母联 CT，此时差动保护只出口跳Ⅱ母。

装置通过自动和手动两种方式判别母线是并列运行还是分列运行。自动方式是将母联

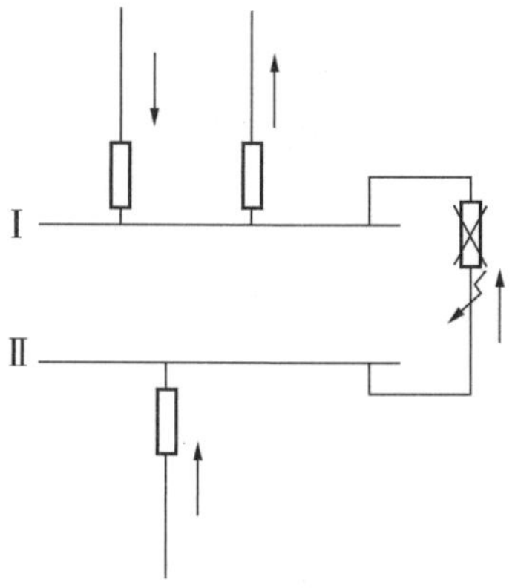

图1－49 母线分列运行Ⅱ母故障

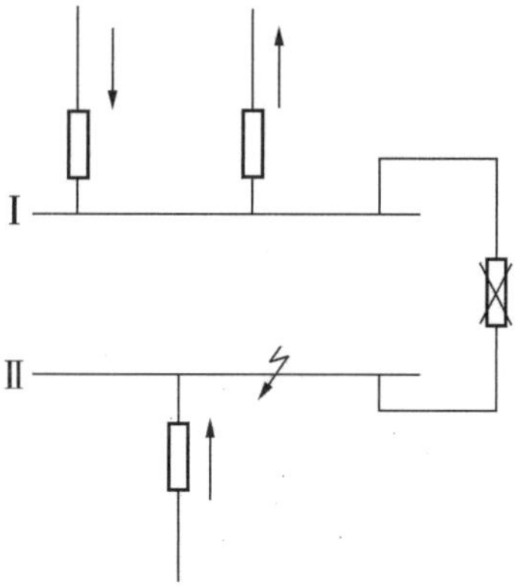

图1－50 母线分列运行死区故障

(分断)断路器的常开和常闭辅助接点引入装置的端子，若开关的常开和常闭接点不对应，装置默认为开关合，同时发开入异常告警信号；手动方式是运行人员在母联(分段)断路器断开后，投“母线分列压板”，在合母联(分段)断路器前，退出该压板。以上两种方式中，手动方式优先级最高。即若投“母线分列压板”，装置认为母线分列运行；若退“母线分列压板”，装置根据自动方式判别母线运行状态。

1.6.3 母线保护装置的运行与维护

保护装置正常运行时，液晶屏显示母线一次主接线图和装置状态信息，相应的电源开关应合上，保护切换把手切换至对应位置，面板上监视装置电源、运行和通信状态的指示灯应闪亮，面板上所有告警灯熄灭。具体运行状态如表1－9所示。

表1－9 母线保护装置的具体运行状态说明1

序号	设备名称	运行状态说明
1	直流电源开关	保护装置投入运行，直流电源开关应合上
2	交流电压断路器	保护装置投入运行，交流电压断路器应合上
3	交流电源断路器	保护装置投入运行，交流电源断路器应合上
4	保护切换把手QB(指母线保护屏上的)	母线差动保护投入时切换至“差动投”位置；母线差动保护退出时切换至“差动退”位置
5	保护切换把手QB(指失灵保护屏上的)	母线失灵保护投入时切换至“失灵投”位置；母线失灵保护退出时切换至“失灵退”位置
6	“保护电源”灯	正常运行时闪亮，表示保护元件工作电源正常
7	“保护运行”灯	正常运行时闪亮，表示保护元件工作正常
8	“保护通信”灯	正常运行时闪亮，表示保护主机与管理机之间通信正常
9	“保护复位”按钮	按下按钮可使保护主机强行复位，运行人员未经允许不能操作
10	“闭锁电源”灯	正常运行时闪亮，表示闭锁元件工作电源正常

续表 1-9

序号	设备名称	运行状态说明
11	“闭锁运行”灯	正常运行时闪亮，表示闭锁元件工作正常
12	“闭锁通信”灯	正常运行时闪亮，表示闭锁主机与管理机之间通信正常
13	“闭锁复位”按钮	按下按钮可使闭锁主机强行复位，运行人员不操作
14	“管理电源”灯	正常运行时闪亮，表示管理机与液晶显示使用的电源正常
15	“操作电源”灯	正常运行时闪亮，表示操作回路使用的电源正常
16	“对比度”按钮	用于调节液晶显示屏的亮度
17	“管理复位”按钮	按下按钮可使管理机强行复位，运行人员未经允许不能操作

当母线倒闸操作或是母线一次设备故障以及母线保护装置自身故障时，装置上相应的告警信号灯点亮，具体运行状态说明如表 1-10 所示。

表 1-10　母线保护装置运行状态说明 2

装置指示灯	液晶界面显示	可能原因	导致的后果
“CT 断线”亮	装置告警记录	CT 电流比设置错误	闭锁差动保护
		CT 极性接反	
		接入母差装置的 CT 断线	
		其他持续使差电流大于 CT 断线定值的情况	
“PT 断线”亮，对应母线的差动开放、失灵开放灯亮	电压闭锁记录 装置告警记录	电压相序接错	保护元件中该段母线失去电压闭锁
		PT 断线	
		母线停运	
		保护元件电压回路异常	
“互联”亮	母线互联信息	倒母线操作中，母线处于经隔典开关互联的状态	保护进入无选择状态，母差保护动作直接切除互联的母线
		投入互联压板	
		保护控制字中强制母线互联设置为“投”	保护进入无选择状态，母差保护动作直接切除互联的母线
		母联断路器断线	
“开入异常”亮	事件记录和开入校验信息	隔离开关辅助接点与一次系统不对应	装置将自动修正，若不能自动修正则告警
		失灵接点误启动主变失灵解闭锁误启动	闭锁失灵出口
		母联断路器的常开与常闭接点不对应	确认联络开关处于合位
		误投“分列运行”压板	保护进入母线分列运行状态

续表 1－10

装置指示灯	液晶界面显示	可能原因	导致的后果
“开入变位”亮	事件记录和运行方式变位记录，主界面自动刷新	隔离开关辅助接点变位	装置响应外部开入量的变化
		母联断路器接点变位	
		失灵启动接点变位	
“闭锁异常”亮	自检记录	闭锁元件硬件故障	闭锁元件退出
“保护异常”亮	自检记录	保护元件硬件故障	保护元件退出
“出口退出”亮	保护控制字显示	保护控制字中出口接点被设为退出状态	保护动作后只发信号，不能出口跳闸
“母联过电流”亮	具体的保护动作信息	母联过电流保护动作	保护跳母联断路器
“充电动作”亮	具体的保护动作信息	母线充电保护动作	保护跳母联断路器
“差动动作”亮，对应母线段的差动动作、差动开放、失灵开放灯亮	具体的保护动作信息	母线差动保护动作	保护跳母联断路器和切除相应的故障母线
“失灵动作”亮，对应母线段的失灵动作、差动开放、失灵开放灯亮	具体的保护动作信息	母线失灵（或死区）保护动作	若母联断路器失灵（或死区发生故障），则保护动作切除所有经母联开关连接的母线
			若连接于母线上的其余开关失灵则保护动作跳母联开关，切除失灵开关所在母线

（1）对应母线段的差动动作、差动开放、失灵开放灯是指液晶显示屏左侧的“差动动作Ⅰ”“差动开放Ⅰ”“失灵开放Ⅰ”灯（对应Ⅰ母），以及“差动动作Ⅱ”“差动开放Ⅱ”“失灵开放Ⅱ”灯（对应Ⅱ母）；“差动动作Ⅲ”“差动开放Ⅲ”“失灵开放Ⅲ”灯备用。

（2）当来“装置异常”中央信号，同时“闭锁异常”“保护异常”灯亮时，应立即退出相应的保护装置，联系继电保护人员进行检查处理。

（3）当来“开入异常”中央信号，同时“开入异常”灯亮时，若不是因运行人员误投“分列运行”压板引起，则联系继电保护人员进行检查处理。

（4）当来“PT 断线”中央信号，同时“PT 断线”灯亮时，若不能复位信号，应及时联系继电保护人员进行检查处理。

（5）当来“CT 断线”中央信号，同时“CT 断线”灯亮时，若不能复位信号，应立即退出相应的保护装置，联系继电保护人员进行检查处理。

第2章

发电机

2.1 发电机概述

2.1.1 发电机基本工作原理

转子绕组通以直流励磁电流，建立磁场，当转子旋转时，磁场随轴一起旋转并顺次切割定子各相绕组，由于定子绕组与励磁磁场之间的相对切割运动，定子绕组中将会感应出大小和方向周期性变化的三相对称交流电源。

2.1.2 发电机类型

发电机的分类方法有很多。

(1)按工作原理分类，可分为同步发电机和异步发电机。异步发电机较少使用，目前被广泛使用的大型发电机都是同步发电机。

(2)按原动机分类，可分为汽轮发电机、水轮发电机、燃气轮发电机、柴油发电机等。

(3)按冷却介质分类，可分为空冷发电机、氢冷发电机和水冷发电机。水冷发电机冷却效果最好，但运行要求高。

某F级燃气轮机发电厂采用QFR-400-2-20型发电机，为全氢冷同步汽轮发电机。

2.1.3 发电机氢气控制系统

发电机内空气和氢气不允许直接置换，以免形成具有爆炸浓度的混合气体。随着设备运行，发电机内氢气不可避免地会混合在密封油中，并随着密封油回油被带出发电机，有时还可能出现其他漏气点。因此机内氢压总是呈下降趋势，氢压下降可能引起机内温度上升，故机内氢压必须保持在规定的范围之内。另外，氢气中的含水量过高也会对发电机造成多方面的不良影响。

发电机氢气控制系统专用于氢冷型汽轮发电机，具有以下功能：①使用中间介质(一般为CO_2)实现发电机内部(以下简称机内)气体置换；②通过压力调节器自动保持发电机内氢气压力在需要值；③通过氢气干燥器除去发电机内氢气中的水分；④通过漏液探测器监测发电机内漏油水情况，超限时发出报警信号；⑤采用真空净油型密封油系统的发电机，由于供给的密封油经过真空净化处理，所含空气和水分甚微，机内氢气纯度可以保持在较高的水平；⑥通过氢气压力/纯度监测装置，在发电机正常运行工况下，对机内氢气压力、纯度、湿度，以及进氢流量进行监测，超限时发出报警信号；⑦在发电机气体置换过程中，对机内各气体成分含量进行监测；⑧通过漏氢监测装置对各取样点漏氢情况进行监测，超限时发出报警信号。

2.2 发电机的结构及特点

2.2.1 发电机总体结构

全氢内同步冷发电机有如下优点：

(1)氢气的密度比空气小，氢冷发电机可降低风摩损耗和通风损耗，这是因为风摩损耗和通风损耗与冷却气体的密度成比例，此外还可降低发电机噪声。

(2)氢气有更大的导热系数和表面散热系数，因此氢冷发电机单位体积有效材料的输出功率比空冷大，发电机的最大有效输出功率也更大。

(3)氢冷发电机定子机座是密封结构，氢气在机内循环，这样避免了灰尘和水汽进入发电机内部，降低了检修和维护费用。

(4)由于与氧气和水汽隔绝，发电机绝缘系统更不容易发生电晕，同时即使发生电晕，也不会产生臭氧损害绝缘，因此延长了定子线棒的寿命。

发电机通常由定子、转子、端盖、机座及轴承等部件构成。同步发电机剖面图如图2－1所示。

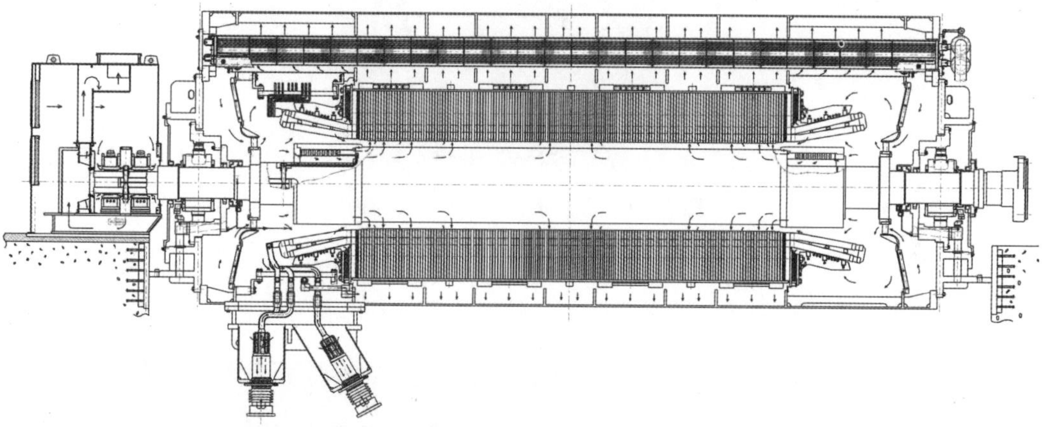

图2－1　同步发电机剖面图

2.2.2 定子部分

发电机的定子由机座、定子铁芯、定子绕组、端盖等部件组成。

(1)定子通风。定子采用单风区全径向通风，冷却气体在铁芯两端从定子线棒端部和转子护环之间进入气隙，再沿径向经过铁芯风道流入铁芯背部。冷却气体冷却铁芯和定子线棒后进入沿轴向布置在机座顶部的冷却器，冷却后由转轴两端的轴流风扇鼓入发电机内部再次循环。

(2)定子机座、隔振结构和端盖定子机座的主要作用是支撑和固定定子铁芯和定子绕组，机座材料采用轧制焊接钢板，机座外皮采用大尺寸的整板下料以减少焊缝，使机座具有良好的气密性，同时能承受氢爆产生的压力，结构上还要满足发电机的通风和密封要求。

为了防止转子磁极和定子铁芯之间的磁拉力所导致的铁芯倍频振动传递到机座和基础上，定子铁芯和机座间采用弹性隔振结构。

弹性隔振结构在铁芯径向具有一定的柔性，在切向可以支撑铁芯的重量和承受短路力矩。弹性隔振由 8 块立式弹簧板构成，弹簧板上部与内定子接合，下部与机座焊接，如图 2－2 所示。

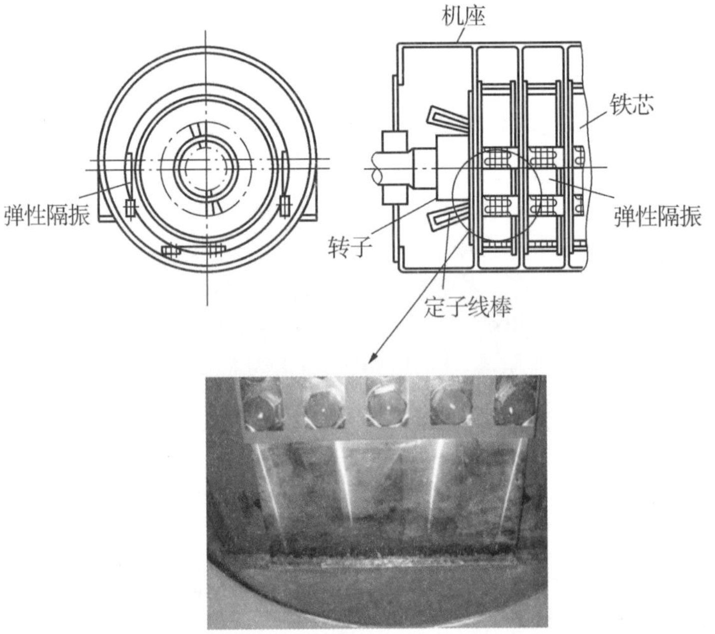

图 2－2　同步发电机弹性隔振结构

(3)定子铁芯。定子铁芯采用低损耗硅钢片，将扇形片冲制和涂漆后叠压成定子铁芯，如图 2－3 所示。定子铁芯由外圆的定位筋和铁芯中部的穿心螺杆压紧成牢固的整体。

图 2－3　同步发电机定子铁芯

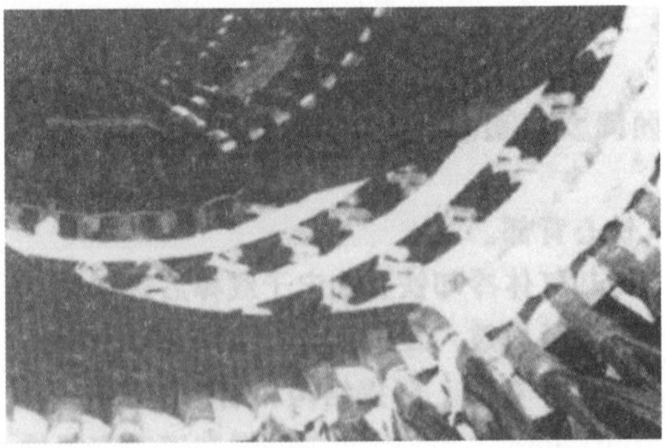

图 2－4　同步发电机定子线圈

(4)定子线圈。发电机的定子线圈为单匝线圈，为了降低涡流损耗，线棒由多股双玻璃丝包扁铜线构成，股线进行罗贝尔换位，如图 2－4 所示。股线胶化成形后，表面包主绝缘。

(5)出线套管。在机座下方有6个出线套管，其中3个出线端，3个中性点。定子电流在发电机集电环侧经定子引线、出线套管、离相封闭母线到变压器。定子出线套管为氢内冷瓷套管。以每个出线瓷套端子为中心，从出线盒向下吊装着若干组穿心式电流互感器(current transformer)分别提供给测量仪和继电保护使用。

2.2.3 转子部分

发电机的转子主要由转子铁芯、励磁绕组(转子线圈)、护环、风扇等组成。

(1)转子通风。冷却气体从中心环和转轴之间的空隙进入护环下的区域。一部分进入由端部垫块形成的S风道表面冷却转子线圈端部，经大齿甩风槽进入气隙。

转子铜线底部设有轴向风道，气体从转子本体两端进入槽底风道后沿轴向向转子中部流动，经铜线径向风孔冷却铜线后进入气隙，再进入定子铁芯径向风道。同步发电机转子通风结构如图2-5所示。

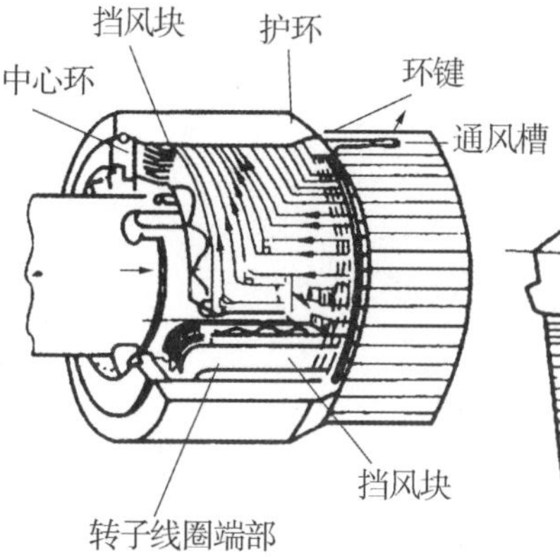

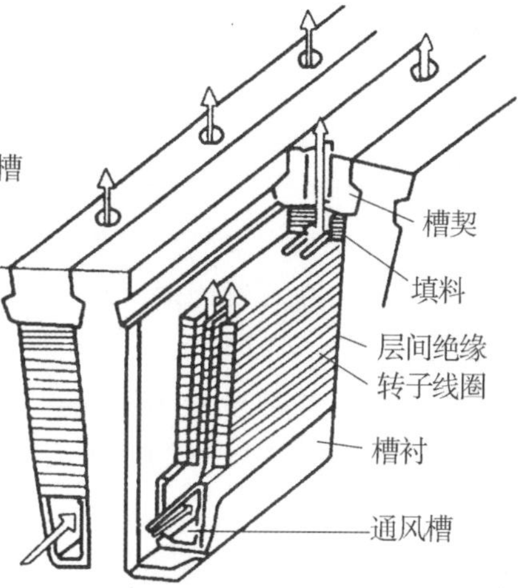

图2-5 同步发电机转子通风结构图

(2)转轴。转轴由Ni-Cr-Mo-V合金钢整体锻造而成。如图2-6所示，在转轴本体大齿中心沿轴向均匀地开了多个横向月形槽，又在励端轴柄的小齿中心线上开有两条均衡槽，以均衡磁极中心线位置的两条磁极引线槽。这些都是为了均匀转轴上正交两轴线的刚度，从而降低倍频振动。在大齿上开有阻尼槽，使发电机在不平衡负载时可以减少在横向槽边缘处的阻尼电流和由此引起的在尖角处的温度急剧升高的效应，有效地提高发电机承受负序的能力。

图2-6 转轴本体

(3)转子绕组。转子绕组采用具有良好机械性能和抗蠕变性能的含银铜线。转子绕组匝间垫条和绕组主绝缘分别采用环氧玻璃布板和玻璃坯布一纸槽衬。转子绕组端部运行时承受很大的离心力，同时负载变化时铜线发生轴向伸缩，护环内壁装有在高温下具有良好机械性能和绝缘性能的绝缘筒，端部绕组匝间垫有高机械强度的绝缘垫条。转子绕组在槽内用高强度的合金钢和铍青铜槽楔固定，如图2-7所示。

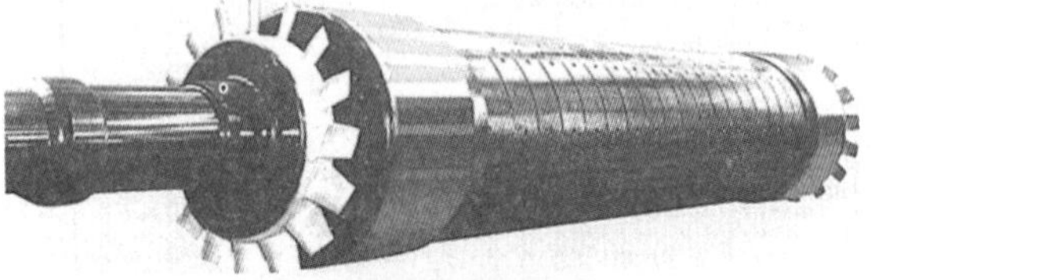

图2-7　转子绕组

图2-8　护环

(4)护环。护环对转子绕组端部起固定、保护、防止变形的作用，承受转子的弯曲应力、热套应力和绕组端部及本身的巨大离心力，如图2-8所示。

护环热套在转轴上，用环键固定。转子绕组端部被套在护环下，保证运行时绕组端部与直线部分间的径向相对变形最小。护环绝缘内表面与铜线接触的部分设有滑移层，这种结构允许转子绕组在轴向无约束地热膨胀，避免产生附加应力。为了减少转子端部的漏磁损耗，护环采用非磁性材料。

(5)风扇。转轴两端设有两个轴流式风扇。风叶材料为耐腐蚀铝合金，按相关规范对风叶作全部可靠性检测，如X光探伤等。风叶固定在风扇座环上，风扇座环材料为Ni-Cr-Mo合金钢，热套在转轴上。风扇及风扇座如图2-9所示。

图2-9　风扇及风扇座

2.3　发电机出口断路器

2.3.1　发电机出口断路器概述

现在许多电厂的单元接线在发电机出口装设断路器，称为发电机出口断路器(generator circuit-breaker，GCB)。GCB的特性是动作快速，开断电流大，使电气设备运行更加可靠。同时也使电气接线运行方式更加灵活，大大方便运行人员的操作及维护。

发电机出口断路器(GCB)的主要优点如下：

(1)发电机组正常解列后的厂用电源是电网通过主变压器倒送电经厂高变提供的，无论是机组启动还是停运都无需进行厂用电切换操作。

(2)当发电机内部故障或热力系统原因引起机组跳闸，GCB 自动断开，厂用电自动由主变厂高变倒入，可做到无扰动切换厂用电，各种厂用辅机不会因发电机跳闸而改变工作状态，厂用电的可靠性大为提高。

(3)当主变压器或厂高变内部故障时(图 2－10)，GCB 可以快速切除故障电流(图 2－11)，减少变压器爆炸起火的可能性。

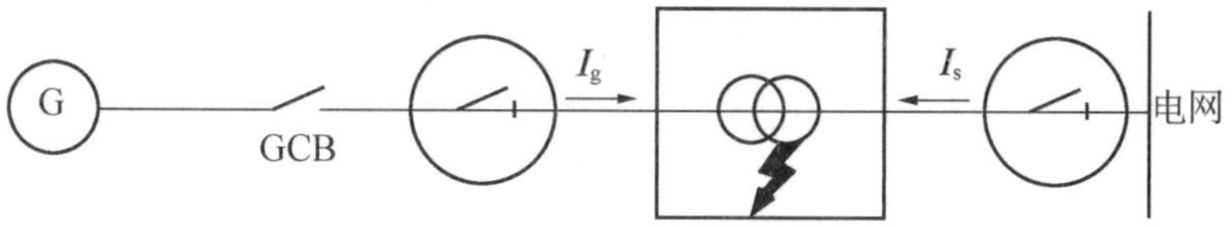

图 2－10 主变故障示意图

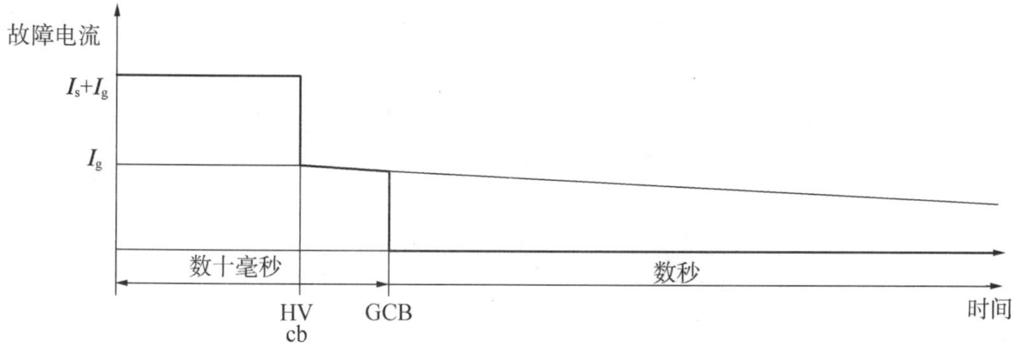

图 2－11 故障电流断开时间

2.3.2 发电机出口断路器结构和原理

以某 F 级燃气轮机发电厂为例，该厂采用瑞士 ABB 高压技术有限公司的 HECS－100XL 型 SF_6 断路器，其额定电流为 18 kA，开断电流为 100 kA。如图 2－12 所示为 GCB 外观图，该装置主要由以下几部分组成：GCB 主柜、GCB 冷却器、就地控制柜、GCB 液压弹簧操作机构、就地操作机构等。

(1)GCB 主柜(图 2－13)。GCB 主柜内有以下设备：发电机出口断路器(Q_0)、发电机出口隔离开关(Q_9)、SFC 启动隔离开关(Q_{91})、发电机侧接地开关(Q_{81})、主变侧接地开关(Q_{82})等。发电机出口断路器本体内充有 SF_6 气体(图 2－14)，具有优良的灭弧能力，能分合额定电流及短路电流，断路器动作时间为 20～50ms。发电机出口隔离开关(Q_9)及 SFC 启动隔离开关(Q_{91})无分合电流能力，其位置状态可在位于外壳侧面的观察窗看到，分合动作时间为 2～3 s。发电机侧接地开关(Q_{81})及主变侧接地开关(Q_{82})在设备转为检修状态时合上，其位置状态也可在位于外壳侧面的观察窗看到，其动作时间为 2～3 s。CT 及电压互感器(potential transformer，PT)均用于保护及测量。

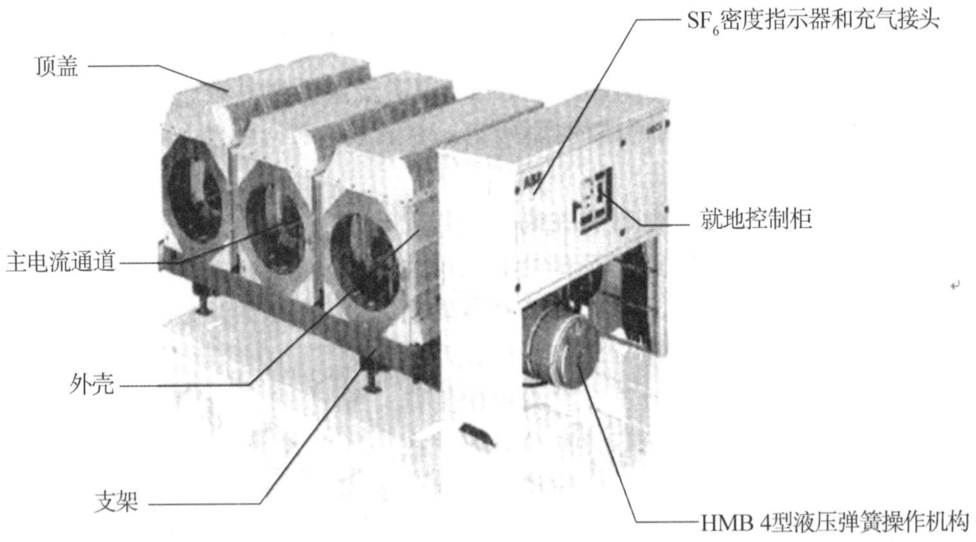

图 2－12　GCB 外观图

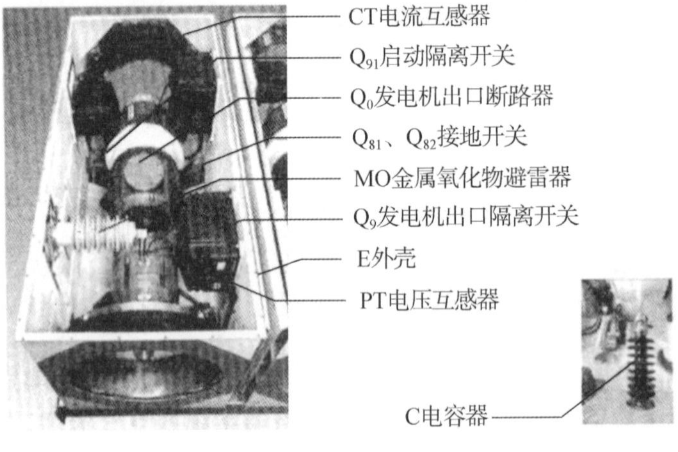

图 2－13　GCB 主柜结构图

如图 2－14 所示，加压的 SF_6 气体在断路器中用作灭弧介质，除出口断路器(Q_0)本体内充有 SF_6 气体外，整个 GCB 柜内是空气，由 GCB 冷却器对其进行冷却。当 SF_6 气体压力过低时，将闭锁 GCB 分、合闸回路的操作。

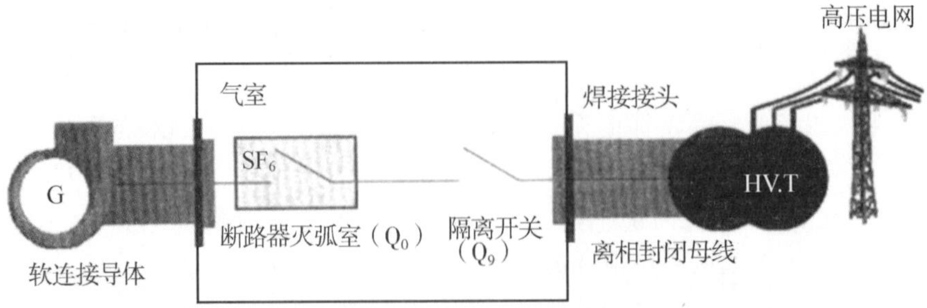

图 2－14　GCB 内部气体分布图

(2) GCB 液压机构。如图 2 - 15a 所示，分闸时电磁阀在高压油作用下，转换到分闸位置。工作缸活塞下部的高压油注入低压油箱，工作缸活塞向下运动带动断路器转向分闸位置。缓冲系统在分闸过程即将终止时，产生阻尼作用以减少分闸冲击力，液压支撑力确保工作活塞保持在分闸位置，断路器处于分闸位置，并在工作活塞缸上下方差动力的作用下，保持在分闸位置。如图 2 - 15b 所示，合闸时电磁阀在高压油作用下，转换到合闸位置，将高压油注入工作缸活塞下方。工作缸活塞上、下方均为高压油，由于活塞下方面积大于上方面积，工作缸的向上作用力使断路器转向合闸位置。工作缸活塞的缓冲系统在合闸过程即将终止时产生阻尼作用，以降低合闸冲击力，液压支撑力确保工作活塞保持在合闸位置。操作机构任何的操作都将造成碟形弹簧装置的压力降低并改变碟形弹簧的变形量。碟形弹簧压缩量的改变将通过齿轮传动系统带动限位开关，使液压泵自动打压，使高压油腔中油压升高。当达到额定油压后，液压泵自动停泵。

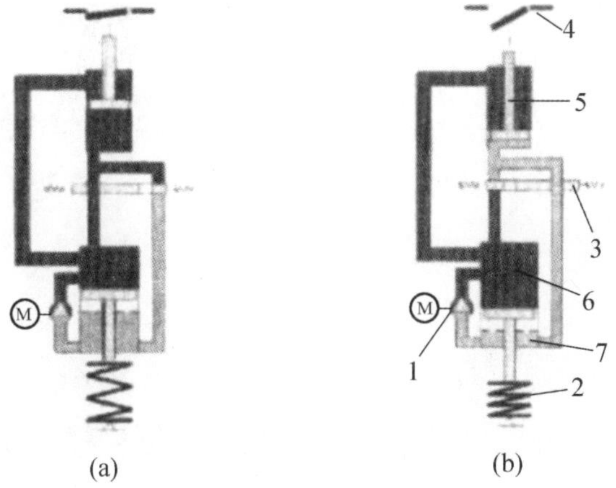

图 2 - 15　GCB 液压机构原理图

1—液压油泵；2—储能弹簧；3—电磁阀；4—GCB；
5—工作缸活塞；6—高压邮箱；7—低压邮箱

(3) GCB 冷却器。如图 2 - 16 所示，冷却器里有两个完全分开的冷却回路，冷却回路配有电动风扇。回路 3、4 用于清新冷却空气，通道 1、2 用于断路器系统的空气流通。以风扇的吸力为动力，由通道 2 将柜内的热空气(浅色部分)吸入冷却器内，同样 GCB 外的冷空气(深色部分)也是由风扇产生的吸力由通道 3、4 进入 GCB 冷却器内，在 GCB 冷却器内通过热传导使冷空气吸收热空气的热量并从通道 5 排出冷却器外，而经过冷却的热空气由通道 1 重新进入 GCB 内，如此不断

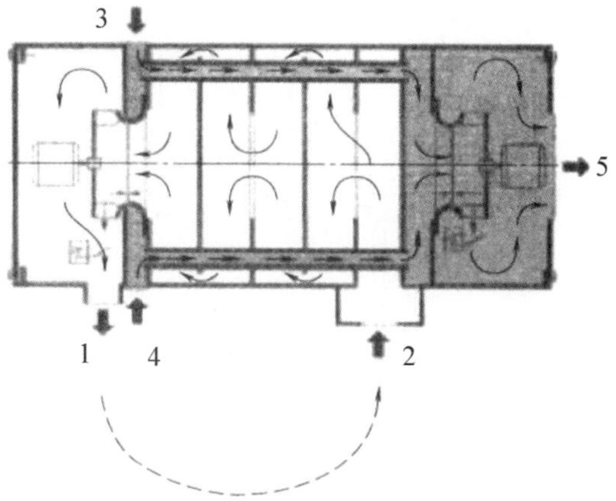

图 2 - 16　GCB 冷却器原理图

循环对 GCB 进行冷却。合上出口断路器 Q_0 时，空气冷却器即投入运行。

发电机出口断路器共配 12 台冷却风扇，每相两组共 4 台，正常运行时每相只投入一组两台冷却风扇运行，另外一组两台冷却风扇处于自动备用状态，定期自动切换到备用冷却风扇运行。根据机端电流启动。当 Q_0 合位时，由 DCS 判断机端电流大于 12000 A，开出控制接点至 GCB 控制柜启动风扇。当机端电流降至 10000 A 以下，则该接点返回，使风扇停运。当冷却器的出口空气温度超过规定值后，发出冷却风温度高报警。一旦空气冷却器发生全停故障，发电机出口断路器能够在全电流 18 kA 的情况下继续运行 30 min，接着必须手动减载，发电机电流减小到 13 kA 可稳定运行。

(4) 就地操作机构。发电机出口隔离开关、接地开关、启动隔离开关由电动机驱动，另外各配有一个如图 2-17 所示的手柄操作机构和相应钥匙，供必要时手动分合和检修时锁定刀闸位置。所有电动机操动机构均可用手动曲柄进行操作。

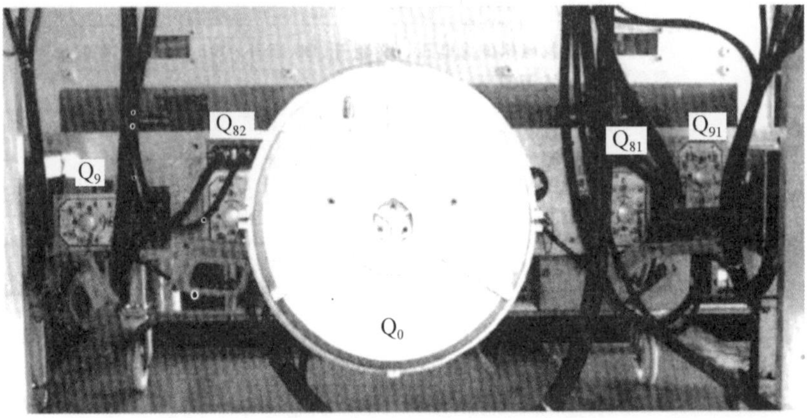

图 2-17　就地操作机构图

图 2-17 中，Q_{91} 为 SF 启动隔离开关；Q_0 为发电机出口断路器；Q_{81} 和 Q_{82} 为接地开关；Q_9 为出口隔离开关。

(5) GCB 的闭锁逻辑。发电机出口接线图如图 2-18 所示，具体操作如表 2-1 所示。

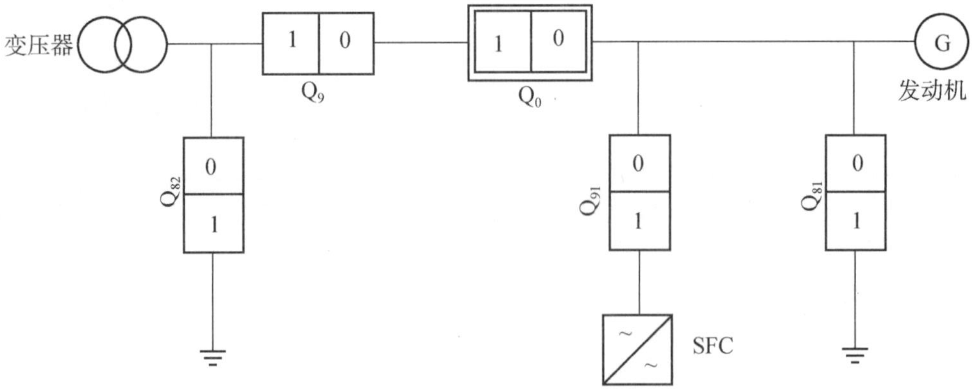

图 2-18　发电机出口接线图

表 2-1 GCB 隔离开关分合闸联锁条件

试验项目	操作条件(全部满足才能操作)	操作地点
发电机出口开关(Q_0)合闸试验	Q_{81} 断开、Q_{91} 断开、Q_9 合上 短接 X11.1 ～ X11.2(模拟同期条件满足)	远方
发电机出口开关(Q_0)合闸试验	Q_9 断开、Q_{91} 断开	就地
发电机出口开关分闸试验	无	远方、就地
出口刀闸合闸试验(Q_9)合闸试验	主变母线侧地刀 GS303 断开、Q_{91} 断开、Q_{81} 断开、Q_{82} 断开、Q_0 断开，没有机械操作	远方、就地
出口刀闸(Q_9)分闸试验	Q_0 断开，没有机械操作	远方、就地
SFC 出口刀闸(Q_{91})合闸试验	Q_0 断开、Q_{81} 断开、Q_9 断开，没有机械操作	远方
SFC 出口刀闸(Q91)分闸试验	没有机械操作	远方
发电机侧地刀(Q_{81})合闸试验	发电机出口开关发电机侧无电压、Q_9 断开、Q_0 断开、Q_{91} 断开，没有机械操作	就地
发电机侧地刀(Q_{81})分闸试验	没有机械操作	就地
主变侧地刀(Q_{82})合闸试验	主变高压侧刀闸断开、主变电压侧无电压、Q_9 断开，没有机械操作	就地
主变侧地刀(Q_{82})分闸试验	没有机械操作	就地

2.4 发电机及辅助系统的运行和故障处理

2.4.1 发电机本体的运行和维护

在发电机投运前应完成下列检查项目：

(1)确认下列辅助系统处于良好状态：氢气系统、密封油系统、氢气冷却器闭式冷却水系统、轴承润滑油系统、顶轴油系统。

(2)检查电气连接，确认发电机的出口断路器及发电机励磁回路开关位置状态是否正确。

(3)确认发电机内氢气和氢气冷却器闭式冷却水系统均满足规定。

(4)确认定子绕组和转子绕组的绝缘电阻均合格：定子绕组绝缘电阻 $R>5$ MΩ(2500 V 绝缘电阻表)；转子绕组绝缘电阻 $R>1$ MΩ(500 V 绝缘电阻表)。

(5)其他安全注意事项：①在运行中可能有少量氢气泄漏出来，所以在发电机周围 10 m 范围内应严禁烟火；②少量氢气可能通过油密封混入轴承润滑油中，所以润滑油系统中的抽油烟风机必须处于连续运行状态；③从发电机出线套管漏出的氢气可能在封闭母线中汇集起来，平时巡检时需检查漏氢在线监测装置是否有报警；④当对发电机充氢、排氢或提取氢气样品时，操作过程应严格按照操作规程进行。

电力系统中，同期方式可分为自同期和准同期两种。

自同期方式是将未加励磁电流的发电机的转速升到接近电网频率，滑差角频率不超过允许值，且机组的加速度小于某一给定值的条件下，首先合上并列断路器 QF(图 2-19)，接着立刻合上励磁开关，给转子加上励磁电流。在发电机电动势逐渐增长的过程中，由电力系统将并列的发电机组拉入同步运行。自同期并列最突出的优点是操作简单。限于当时控制水平，在电力系统发生事故，频率波动较大的情况下，应用自同期并列可以迅速把备用机组投入电网运行，所以一度被广泛应用于水轮发电机组，作为处理系统事故的重要措施之一。但因合闸瞬间发电机定子吸收大量无功功率，导致合闸瞬间系统电压下降较多，对其他用电设备的正常工作将产生影响，所以自动同期并列方法现已很少采用。

准同期方式是将待并发电机在投入系统前调节调速器和励磁装置，使发电机转速接近同步转速，使机端电压接近系统电压，在频差、压差满足给定条件时，选择在零相角差到来前的合适时刻合上断路器，断路器触电闭合瞬间引起的冲击电流小于允许值，发电机迅速被拉入同步运行。准同期方式的主要优点是操作时冲击电流可以很小，对电网不会产生大的扰动，不会对发电机组产生大的损伤，是发电厂和变电所最广泛使用的同期方式。

准同期并列的操作可分为自动和手动并列两种。

(1)自动准同期。确认发电机转速达 3000 r/min 后，依次合上发电机出口隔离开关、灭磁开关，发电机自动升压至额定值。在同期装置上将“同期方式”转换开关打到“自动”位置，待同期条件自动调整满足后，同期装置自动将发电机与电网并列。

(2)手动准同期。确认发电机转速达 3000 r/min 后，依次合上发电机出口隔离开关、灭磁开关，发电机自动升压至额定值。在同期装置上将“同期方式”转换开关打到“手动”位置，手动调节机组频率及机端电压。压差、频差均满足条件后，观察整步表上指针位置，当指针旋转至 12 点钟位置前某一合适时刻时，手动操作合闸按钮进行并列。

自动准同期装置一般由三个控制单元组成，如图 2-19 所示，包括：

(1)频差控制单元：检测机端电压 U_G 与系统电压 U_X 间的滑差角频率 ω_s，当频差不满足条件时，通过调速器调节发电机转速，使 U_G 频率接近于 U_X 频率。

(2)压差控制单元：检测机端电压 U_G 与系统电压 U_X 间的电压差，当压差不满足条件时，通过调节励磁来调节机端电压 U_G，使它与系统电压 U_X 之间的压差小于允许值。

(3)合闸信号控制单元：当发电机与系统间频差和压差都满足并列条件时，选择合适的时间发出合闸信号，使并列断路器 QF 合闸时，相角差 δ_i 接近零或控制在允许范围内。

发电机与电网系统进行准同期并列时，需满足以下几个条件：电压相等(电压差小于

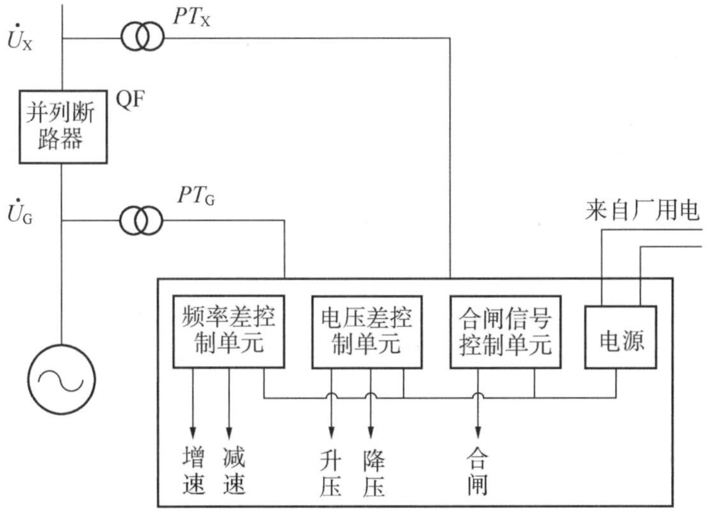

图 2－19　自动准同期控制系统

5%)、电压相位一致、频率相等(频率差小于 0.1 Hz)、相序相同(一般需要在安装和检修期核对清楚)。

发电机在运行过程中，应严格按照规程要求进行监视和巡视检查，并定期维护。检查与监视内容包括:

(1)机内温度。随时监测下列各种温度，在任何工作条件下，以下每个温度测量值都不应超过规定的最高值以及最低值：①定子铁芯温度；②机内冷、热氢温度；③轴瓦温度；④转子绕组温度。

(2)轴承振动。在线监测轴振动和/或轴承座振动情况，振动值不应超过其规定值。

(3)氢气、闭式冷却水和润滑油等介质的参数：①氢气湿度和纯度等；②机内氢压；③密封油压力，进、出油温度等；④轴承润滑油油压力，进、出油温度等；⑤氢气冷却器的进、出水温度等；⑥机内氢压必须高于水压 0.04 MPa，以防止在事故状态，水进入机内；⑦保持密封油压高于氢压(0.056 ±0.02)MPa，以防止氢气外泄。

随时检查机内湿度，保持机内氢气湿度值低于规定值以便消除机内结露和转子部件产生应力腐蚀的可能性。定期检查机内氢气纯度，如果纯度降到了规定值，应排出一些机内氢气，然后再补充一些氢气来提高机内氢气纯度。但每次置换的氢气量不应超过10%的氢气总量，以避免机内氢气温度变化太大。

(3)发电机漏液检测装置。定期检查位于机座下面的液位信号器中的液位状态。若发现有油、水，应及时放尽，并迅速找出原因，加以消除。

(4)电刷。定期检查电刷的运行情况。当出现火花时，检查电刷压力是否分布均匀，刷辫与刷块之间是否有松动现象等。定期检查接地电刷与转轴的接触状况。

发电机正常运行期间，应记录以下参数：所有电气数据，包括有功功率、无功功率、功率因数、电压、电流、频率等；轴承振动；上述所有温度值；上述冷却介质及润滑介质的参数。

2.4.2 发电机氢气控制系统的运行和维护

每日均应检查、监视以下项目：①监视漏液探测装置上的油水探测报警器内是否有油水，如发现油水则应排放；②氢气干燥装置是否正常运行；氢气纯度、压力、露点温度指示是否正常；③发电机转子风扇压力是否正常(这一检查可帮助在氢纯度分析仪出故障时，确定氢气纯度)；④或判断发电机冷却回路是否有故障；⑤漏氢检测装置是否探测到漏氢情况。

每周检查项目：①氢气压力/纯度检测装置的过滤干燥器(如有时)中的干燥剂更换；②氢气系统管路中的排污阀门，尤其是氢气压力/纯度检测装置和吸附式氢气干燥装置管路上的排污阀门，每周均需做一次排污，以排除可能积存的液体。

每月检查监视：排污(排放)阀门开启，排油污、水分。

每6个月的监检事项：①报警用开关、继电器类和安全阀RV–101的动作试验；②氢气压力/纯度检测装置校验；③CO_2汇流排加热器通电检查。

每12个月的检查事项：①氢气干燥器风机电动机和加热器绝缘电阻测量，氢气干燥器运行条件检查；②压力表等指示仪表和继电器类的检查、清扫。

每48个月检查事项：检查氢气干燥剂(再生氧化铝)情况，必要时更换干燥剂；检查风机电动机，必要时更换电机轴承；测量风机电动机和加热器的绝缘电阻；氢气干燥器运行条件检查；氢气压力/纯度检测装置检查，校验仪表及变送器；检查并更换气体过滤器中的滤芯；检查气体阀门的阀芯，必要时更换；漏氢检测装置检查，校验仪表及变送器；氢气供应装置检查，检查氢气减压器，必要时更换；检查所有气体阀门(波纹管截止阀)，检查阀芯，必要时更换；系统各类报警接点的动作测试，如氢气压力、氢气纯度、氢气湿度、漏氢及漏液等超限报警点的动作测试；对发电机及外部管道做整体气密试验，检查系统泄漏情况；检查系统的运行条件。

2.4.3 发电机本体故障与处理

按故障的性质可分为三类：机械故障、热力故障和电气故障。

(1)机械故障：汽轮发电机属高速旋转机械，机械故障占有较大的比例，主要表现为：转子振动、轴承振动超标；转动部件松动、破裂、甩出；定子铁芯松动；定子端部线圈及引线振动；异常噪声；轴承、密封瓦磨损；漏氢、漏水及漏油；超速：分为事故超速(从危急保安器动作转速至3600 r/min)和严重超速(3600 r/min)两类。我国12台次毁机事故统计中70%为严重超速，30%为事故超速，其中3台为200 MW机组。

(2)热力故障：大型汽轮发电机电磁负荷大，600 MW级汽轮发电机定子单根线棒电流已达10000 A，定子电流密度已达9～11 A/mm^2，转子电流密度已达10～12 A/mm^2，材料利用率高，因此单位体积的发热量大，尤其是内冷发电机利用水或高氢压的氢气直接冷却，将损耗带走，一旦冷却系统故障将迅速产生高温。若不及时发现，将烧坏绝缘，进而产生电气故障，造成严重的事故，这类故障主要表现为：定子线圈及引线过热；定子铁芯过热；转子线圈过热；集电环和电刷过热；转子结构件过热(负序引起)。

(3)电气故障：大型汽轮发电机随着容量的增大，其额定电压逐步增加，目前600～1000 MW级的发电机额定电压已高达24～26 kV，要求发电机具有高强度的绝缘性能，一旦受到机械振动或高温过热的破坏，以及绝缘本身的污染或者老化，将会引起严重的电气事故，主要表现为：定子绕组及引线绝缘击穿，接地、相间短路；转子绕组及引线绝缘击穿，接地、匝间短路；集电环接地、正负极短路；轴电流和机组磁化。

电气事故尤其是定子绕组的电气事故是各类事故中破坏性最强的，可能造成毁机的严重后果。但是大多数电气事故的首发原因都不是电气绝缘故障，而是由机械故障和热力故障引发的，因此分析这类事故要抓住首发原因，早期发现和消除机械故障和热力故障，以避免重大电气事故的发生。

从国内外的各种统计数据可见定子绕组和引线(包括冷却水系统)的故障占第一位，其次是转子绕组。定子绕组常见的故障如下：股线断裂；漏水；冷却通道堵塞，水量不够或断水；接头焊接缺陷；线圈间存在遗留异物；手包绝缘缺陷；绝缘磨损。上述故障的发展将导致电气绝缘击穿，造成接地短路事故，因此应大力加强定子绕组的在线监测和故障诊断，防止重大事故的发生。

2.4.4 发电机氢气控制系统故障与处理

氢气压力、湿度和纯度达不到要求时，说明发电机氢气冷却系统出现了故障。

当计算的氢气泄漏量大于2%/天时，根据漏氢处理应急预案要组织人员进行查漏。据统计发电机常见的氢气泄漏点有：氢气干燥器底部疏水阀；与氢气系统相连阀门法兰；氢气纯度仪前排气阀门法兰；发电机密封油氢气侧回油窥视孔法兰；发电机密封有系统正常运行时连续吹扫流量计及其相连软管；氢气干燥器前的排气阀；氢气干燥器流量计外漏；氢纯度分析仪软管连接头；发电机靠励磁机侧密封轴瓦螺栓；窥视孔；发电机端盖及其螺栓；发电机下部法兰；发电机人孔；密封油阀门；氢气干燥器疏油阀；发电机振动监测系统贯穿件。

不论是何种原因引起的发电机氢气湿度上升，都要及时降低发电机的湿度，可以投运氢气干燥器磁力风机，降低氢气的湿度。必要时用干燥的新氢气频繁地吹扫发电机。

氢气湿度过高的可能原因及处理方法如下：制氢站氢气湿度超标，对发电机补氢管线进行湿度化验，判断湿度是否超标。氢气冷却器泄漏，从氢冷器排气阀出口检测冷却水中是否含有氢气，如果确定某个冷却器泄漏，当氢冷器漏水量超过每班 500 cm^3 时，应切除氢冷器，发电机降功率到60%额定值。在不超过 24 h 前提下，尽可能停运发电机，消除氢冷器泄漏点或更换备用氢冷器。氢气干燥器运行不正常，定子冷却水漏向氢气侧，确认氢气补集器内是否有气泡，如有气泡，检测确认是否为氢气。如确认是氢气，依据发电机规程进行操作。密封油中水含量超标。对密封油进行取样，水含量超标，投入密封油滤油机，同时进一步查找密封油水含量超标原因。

氢气纯度直接影响发电机的效率，氢气纯度下降则气体密度增加，可引起通风损耗增加，即发电机效率下降，最终使得电厂的经济利益受到一定影响。当发电机氢气纯度下降接近98%时，组织现场人员进行发电机氢气排污。影响发电机氢气纯度的主要因素主要有以下几个方面：①发电机气体置换时，死角置换不彻底；②若有氮气接入氢系统时，误开相关阀门；③发电机氢气冷却器泄漏，氢气湿度上升而造成纯度下降；④测量仪表出现问题；⑤氢站所制氢气品质差；⑥发电机密封油系统运行不正常。

针对以上几种原因，为防止发电机氢气纯度降低，我们在生产运行中应从以下几个方面入手，保证发电机氢气纯度在规定范围内。

(1)发电机进行气体置换时，置换过程中对死角气体进行吹扫，基本可以排除发电机气体置换时死角置换不彻底的问题。

(2)检查无氮气系统接入发电机氢气系统，发电机经氮气置换后及时将氮气与氢气系统隔离。

(3)正常情况下，发电机内氢气压力略高于发电机氢气冷却器内冷却水的压力。

(4)对于仪表故障可以通过仪控人员校表，再结合化学科取样测量，基本可以判断是否为测量仪表故障的情况。

(5)氢站所制氢气品质差，通过补排氢无法提高氢气纯度，若发生发电机氢气纯度低，通过补排氢长时间无法使氢气纯度提高，则应考虑氢站制氢原因。

(6)发电机密封油系统运行情况，是影响发电机氢气纯度的一个重要因素，因此维持密封较低含水量，控制密封油温度处于规定范围的较低水平，也是保证发电机内氢气纯度的重要环节。

第3章

变压器

3.1 变压器概述

3.1.1 变压器原理与结构

变压器是一种静止的电气设备，它利用电磁感应原理将一种电压等级的交流电能转变成另一种电压等级的交流电能。变压器用途一般分为电力变压器、特种变压器及仪用互感器(PT和CT)。电力变压器按冷却介质可分为油浸式和干式两种。

变压器根据电磁感应原理工作，图3－1所示为单相变压器的原理图。图中，在闭合的铁芯上，绕有两个互相绝缘的绕组，其中，接入电源的一侧叫一次绕组，输出电能的一侧为二次绕组。当交流电源电压 U_1 加到一次绕组后，就有交流电流 I_1 通过该绕组，在铁芯中产生交变磁通 Φ。这个交变磁通不仅穿过一次绕组，同时也穿过二次绕组，两个绕组分别产生感应电动势 E_1 和 E_2。这时，如果二次绕组与外电路的负载接通，便有电流 I_2 流入负载，即二次绕组有电能输出。

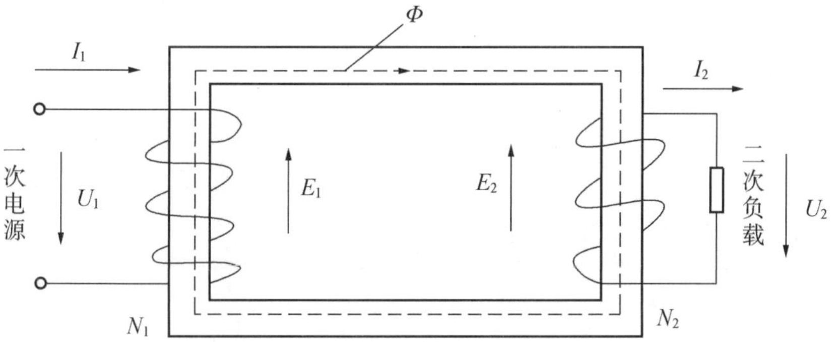

图3－1 单相变压器的原理图

根据电磁感应定律可以导出

一次绕组感应电动势为

$$E_1 = 4.44fN_1\Phi_m \tag{3-1}$$

二次绕组感应电动势为

$$E_2 = 4.44fN_2\Phi_m \tag{3-2}$$

式中，f 为电源频率；N_1 为一次绕组匝数；N_2 为二次绕组匝数；Φ_m 为铁芯中主磁通幅值。

由式(3－1)、式(3－2)得出

$$\frac{E_1}{E_2}=\frac{N_1}{N_2} \tag{3-3}$$

由此可见，变压器一、二次侧感应电动势之比等于一、二次绕组匝数之比。

由于变压器一、二次侧的漏电抗和电阻都比较小，可以忽略不计，因此可近似地认为一次电压有效值 $U_1 \approx E_1$，二次电压有效值 $U_2 \approx E_2$。于是

$$\frac{U_1}{U_2}=\frac{E_1}{E_2}=\frac{N_1}{N_2}=K \tag{3-4}$$

式中，K 为变压器的电压比。

变压器一、二次绕组因匝数不同将导致一、二次绕组的电压高低不等，匝数多的一边电压高，匝数少的一边电压低，这就是变压器能够改变电压的道理。

如果忽略变压器的内损耗，可认为变压器二次输出功率等于变压器一次输入功率，即

$$U_1I_1=U_2I_2 \tag{3-5}$$

式中，I_1 为变压器一次电流的有效值；I_2 为变压器二次电流的有效值。

由此可得出

$$\frac{I_1}{I_2}=\frac{N_2}{N_1}=\frac{1}{K} \tag{3-6}$$

由此可见，变压器一、二次电流之比与一、二次绕组的匝数比成反比。即变压器匝数多的一侧电流小，匝数少的一侧电流大，也就是电压高的一侧电流小，电压低的一侧电流大。

油浸式电力变压器的典型结构如图 3-2 所示，包括铁芯、绕组、绝缘、分接开关、油箱、冷却装置、储油柜、压力释放装置(防爆管或安全气道)、吸湿器、气体继电器和高低压绝缘套管。

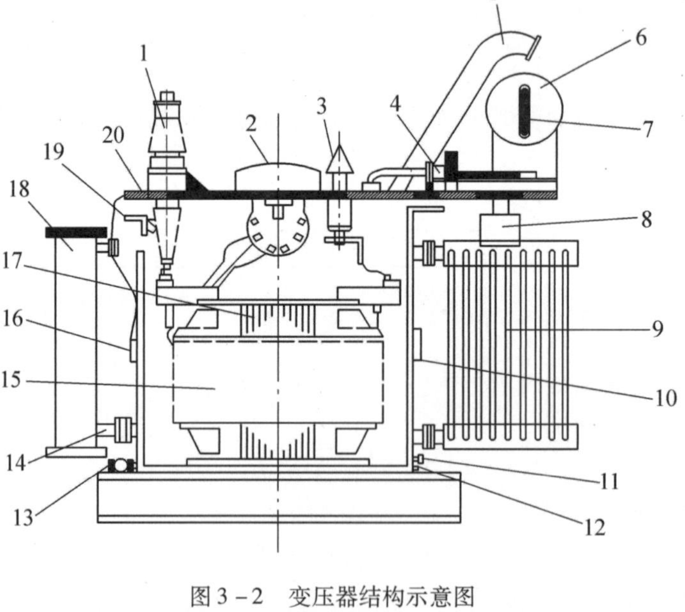

图 3-2　变压器结构示意图

1—高压套管；2—分接开关；3—低压套管；4—气体继电器；5—压力释放装置(放爆管)；6—储油柜(油枕)；7—油位计；8—吸湿器(呼吸器)；9—散热器；10—铭牌；11—接地螺栓；12—取油样阀门；13—放油阀门；14—连接阀门；15—绕组(线圈)；16—信号温度计；17—铁芯；18—净油器；19—油箱；20—变压器油

(1)铁芯。铁芯结构变压器的铁芯是磁路部分，由铁芯柱和铁扼两部分组成。绕组套装在铁芯柱上，而铁扼则用来使整个磁路闭合。铁芯的结构一般分为芯式和壳式两类。

芯式铁芯的特点是铁扼靠着绕组的顶面和底面，但不包围绕组的侧面。壳式铁芯的特点是铁扼不仅包围绕组的顶面和底面，而且还包围绕组的侧面。由于芯式铁芯结构比较简单，绕组的布置和绝缘也比较容易，因此我国电力变压器主要采用芯式铁芯，只在一些特种变压器(如电炉变压器)中才采用壳式铁芯。常用的芯式铁芯如图 3 – 3 所示。近年来，大量涌现的节能型配电变压器均采用卷铁芯结构。

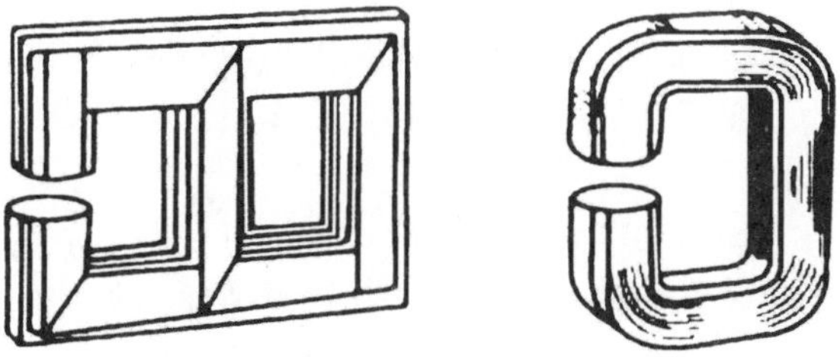

(a) 三相三柱式截面图　　(b) 单相卷铁芯截面图

图 3 – 3　常见的芯式铁芯

铁芯材料由于铁芯为变压器的磁路，所以其材料要求导磁性能好，导磁性能好才能使铁损小。故变压器的铁芯采用硅钢片叠制而成。硅钢片有热轧和冷轧两种，由于冷轧硅钢片在沿着辗轧的方向磁化时有较高的导磁系数和较小的单位损耗，其性能优于热轧硅钢片，因此国产变压器均采用冷轧硅钢片。国产冷轧硅钢片的厚度有 0. 35 mm、0. 30 mm、0. 27 mm 等几种。片厚则涡流损耗大，片薄则叠片系数小，因为硅钢片的表面必须涂覆一层绝缘漆以使片与片之间绝缘。

(2)绕组。绕组是变压器的电路部分，一般用绝缘纸包的铝线或铜线烧制而成。根据高、低压绕组排列方式的不同，绕组分为同芯式和交叠式两种。对于同芯式绕组，为了便于绕组和铁芯绝缘，通常将低压绕组靠近铁芯柱。对于交叠式绕组，为了减小绝缘距离，通常将低压绕组靠近铁扼。

(3)绝缘。变压器内部主要绝缘材料有变压器油、绝缘纸板、电缆纸、皱纹纸等。

(4)分接开关。为了供给稳定的电压、控制电力潮流或调节负载电流，均需对变压器进行电压调整。目前，变压器调整电压的方法是在其某一侧绕组上设置分接开关，以切除或增加一部分绕组的线匝，以改变绕组的匝数，从而达到改变电压比的有级调整电压的方法。这种绕组抽出分接以供调压的电路，称为调压电路。变换分接以进行调压所采用的开关，称为分接开关。一般情况下是在高压绕组上抽出适当的分接，这是因为高压绕组一侧常套在外面，引出分接方便；二高压侧电流小，分接引线和分接开关的载流部分截面小，开关接触触头也较容易制造。

变压器二次侧不带负载，一次侧也与电网断开(无电源励磁)的调压，称为无载调压；带负载进行变换绕组分接的调压，称为有载调压。

有载调压分接开关由切换开关、选择开关和操作机构等组成。切换开关是专门承担切换负载电流的部分，它的动作是通过快速机构按一定程序快速完成的。选择开关是按分接顺序使相邻时刻要换接的分接头预先接通，并承担连续负载的部分。切换开关和选择开关，两者通称为开关本体，一般都安装在变压器的油箱内，切换开关在切换负载电流时产生电弧，会使油质劣化。因此必须装在单独的绝缘筒(油箱)内，使之与变压器油箱内的油隔离开。

(5)油箱。油箱是油浸式变压器的外壳，变压器的器身置于油箱内，箱内灌满变压器油。油箱结构根据变压器的大小分为吊器身式油箱和吊箱壳式油箱两种。

吊器身式油箱多用于6300 kVA及以下的变压器，其箱沿设在顶部，箱盖是平的。因为变压器容量小，所以重量轻，检修时易将器身吊起。

吊箱壳式油箱多用于8000 kVA及以上的变压器，其箱沿设在下部，上节箱身做成钟罩形，故又称钟罩式油箱。检修时无需吊器身，只将上节箱身吊起即可。

(6)冷却装置。变压器运行时，由绕组和铁芯中产生的损耗转化为热，必须及时散热，以免变压器过热造成事故。变压器的冷却装置起散热作用。根据变压器容量大小不同，采用不同的冷却装置。

对于小容量的变压器，绕组和铁芯所产生的热量经过变压器油与油箱内壁的接触，以及油箱外壁与外界冷空气的接触而自然地散热冷却，无需任何附加的冷却装置。若变压器容量稍大些，可以在油箱外壁上焊接散热管，以增大散热面积。对于容量更大的变压器，则应安装冷却风扇，以增强冷却效果。

当变压器容量在50000 kVA及以上时，应采用强迫油循环水冷却器或强迫油循环风冷却器。与前者的区别在于循环油路中增设一台潜油泵，对油加压以增加冷却效果。这两种强迫循环冷却器的主要差别为冷却介质不同，前者为水，后者为风。

(7)储油柜。储油柜(曾称油枕)位于变压器油箱上方，通过气体继电器与油箱相通，如图3-4所示。

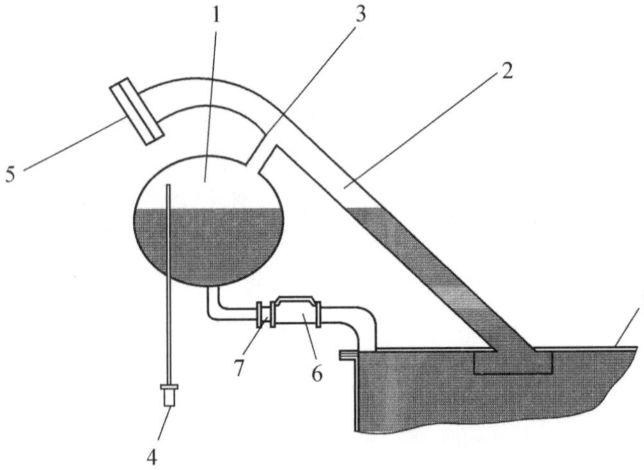

图3-4　防爆管与变压器储油柜间的连通

1—储油柜；2—防爆管；3—油枕与防爆管的连通道；4—吸湿器；
5—防爆膜；6—气体继电器；7—碟形阀；8—箱盖

当变压器的油温变化时，其体积会膨胀或收缩。储油柜的作用就是保证油箱内总是充满油，并减小油面与空气的接触面，从而减缓油的老化。

(8)压力释放装置(又称防爆管、安全气道)。位于变压器的顶盖上，其出口用玻璃防爆膜封住。当变压器内部发生严重故障，而气体继电器失灵时，油箱内部的气体便冲破防爆膜从安全气道喷出，保护变压器不受严重损害。

(9)吸湿器。为了使储油柜内上部的空气保持干燥，避免工业粉尘的污染，储油柜通过吸湿器与大气相通。吸湿器内装有用氯化钙或氯化钴浸渍过的硅胶，它能吸收空气中的水分。当它受潮到一定程度时，其颜色由蓝色变为粉红色。

(10)气体继电器。位于储油柜与箱盖的联管之间。在变压器内部发生故障(如绝缘击穿、匝间短路、铁芯事故等)产生气体或油箱漏油等导致油面降低时，接通信号或跳闸回路，保护变压器。

(11)高、低压绝缘套管。变压器内部的高、低压引线是经绝缘套管引到油箱外部的，它起着固定引线和对地绝缘的作用。套管由带电部分和绝缘部分组成，带电部分包括导电杆、导电管、电缆或铜排。绝缘部分分外绝缘和内绝缘。外绝缘为瓷管，内绝缘为变压器油、附加绝缘和电容性绝缘。

变压器的技术参数一般都标在铭牌上。按照国家标准，铭牌上除标出变压器名称、型号、产品代号、标准代号、制造厂名、出厂序号、制造年月以外，还需标出变压器的技术参数数据。需要标出的技术数据如表3－1所示。变压器除装设标有以上项目的主铭牌外，还应装设标有关于附件性能的铭牌，需分别按所用附件(套管、分接开关、冷却装置)的相应标准列出。

表3－1 电力变压器铭牌所标出的项目

<table>
<tr><th></th><th>标注项目</th><th>附加说明</th></tr>
<tr><td rowspan="12">所有情况下</td><td>相数(单相、三相)</td><td></td></tr>
<tr><td>额定容量(6 kVA或MVA)</td><td>多绕组变压器应给出各绕组的额定容量</td></tr>
<tr><td>额定频率(Hz)</td><td></td></tr>
<tr><td>各绕组额定电压(V或kV)</td><td></td></tr>
<tr><td>各绕组额定电流(A)</td><td>三绕组自耦变压器应注出公共线圈中长期允许电流</td></tr>
<tr><td>联结组标号、绕组联结示意图</td><td>6300 kVA以下的变压器可不画联结示意图</td></tr>
<tr><td>额定电流下的阻抗电压</td><td>实测值，如果需要应给出参考容量，多绕组变压器应表示出相当于100%额定容量时的阻抗电压</td></tr>
<tr><td>冷却方式</td><td>有几种冷却方式时，还应以额定容量百分数表示出相应的冷却容量；强近油循环变压器还应注出满载下停油泵和风扇电动机的允许工作时限</td></tr>
<tr><td>使用条件</td><td>室内、户外使用，超过或低于1000m海拔等</td></tr>
<tr><td>总重量(kg或t)</td><td></td></tr>
<tr><td>绝缘油重量(kg或t)</td><td></td></tr>
<tr><td>绝缘的温度等级</td><td>油浸式变压器A级绝缘可不注出</td></tr>
<tr><td rowspan="3">某些情况下</td><td>温升</td><td>当温升不是标准规定值时</td></tr>
<tr><td>联结图</td><td>当联结组标号不能说明内部连接的全部情况时</td></tr>
<tr><td>绝缘水平</td><td>额定电压在3 kV及以上的绕组和分级绝缘绕组的中性端</td></tr>
</table>

续表 3－1

	标注项目	附加说明
某些情况下	运输重(kg 或 t)	8000 kVA 及以上的变压器
	器身吊重、上节油箱重(kg 或 t)	器身吊重在变压器总重超过 5 t 时标注，上节油箱重在钟罩式油箱时标出
	绝缘液体名称	在非矿物油时
	有关分接的详细说明	8000 kVA 及以上的变压器标出带有分接绕组的示意图，每一绕组的分接电压、分接电流和分接容量，极限分接和主分接的短路阻抗值，以及超过分接电压 105% 时的运行能力等
	空载电流	实测值：8000 kVA 或 63 kV 级及以上的变压器
	空载损耗和负载损耗(W 或 KW)	实测值：8000 kVA 或 63 kV 级及以上的变压器；多绕组变压器的负载损耗应表示各对绕组工作状态的损耗值

电力变压器型号表示方法如图 3－5 所示。

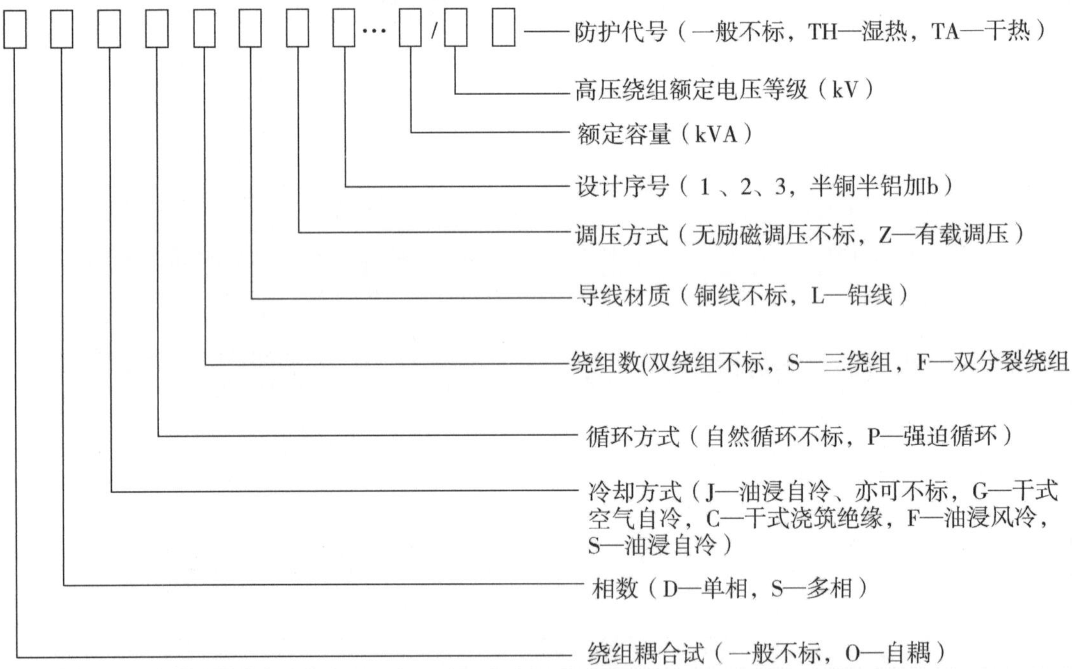

图 3－5　电力变压器型号表示方法

变压器分单相和三相两种，一般均制成三相变压器以直接满足输配电的要求。小型变压器有制成单相的，特大型变压器做成单相后，组成三相变压器组，以满足运输的要求。

变压器的额定频率即是所设计的运行频率，我国为 50 Hz。

额定电压是指变压器线电压(有效值)，它应与所连接的输变电线路电压相符合。我国输变电线路的电压等级(即线路终端电压)为0.38 kV、3.6 kV、10 kV、35 kV、63 kV、110 kV、220 kV、330 kV、500 kV。故连接于线路终端的变压器(称为降压变压器)，其一次额定电压与上列数值相同。

考虑线路的电压降，线路始端(电源端)电压将高于等级电压，35 kV以下的要高5%，35 kV及以上的高10%，即线路始端电压为0.4 kV、3.15 kV、6.3 kV、10.5 kV、38.5 kV、69 kV、121 kV、242 kV、363 kV、550 kV。故连接于线路始端的变压器(即升压变压器)，其二次额定电压与上列数值相同。变压器产品系列以高压的电压等级区分，为10 kV及以下20 kV、35 kV、110 kV系列和220 kV系列等。

额定容量是指在变压器铭牌所规定的额定状态下，变压器二次侧的输出能力(kVA)。对于三相变压器，额定容量是三相容量之和。变压器额定容量与绕组额定容量有所区别：双绕组变压器的额定容量即为绕组的额定容量；多绕组变压器应对每个绕组的额定容量加以规定，其额定容量为最大绕组的额定容量；当变压器容量因冷却方式而变更时，则额定容量是指最大的容量。

变压器的额定电流为通过绕组线端的电流，即为线电流(有效值)。它的大小等于绕组的额定容量除以该绕组的额定电压及相应的相系数(单相为1，三相为$\sqrt{3}$)。

单相变压器额定电流为

$$I_N = \frac{S_N}{U_N} \tag{3-7}$$

式中，I_N分别为一、二次额定电流；S_N为变压器额定容量；U_N分别为一、二次额定电压。

三相变压器额定电流为

$$I_N = \frac{S_N}{\sqrt{3}U_N} \tag{3-8}$$

三相变压器绕组为星形连接时，线电流为相电流；三角形连接时，线电流等于$\sqrt{3}$倍的相电流。

变压器同侧绕组是按一定形式连接的。三相变压器或组成三相变压器组的单相变压器，则可以为星形、三角形连接等。星形连接是各相线圈的一端接成一个公共点(中性点)，其余端子接到相应的线端上；三角形连接是三个相线圈互相串联形成闭合回路，由串联处接至相应的线端。

对于高压绕组，星形、三角形、曲折形等连接分别用符号Y、D、Z表示；对于中压和低压绕组分别用符号y、d、z表示。有中性点引出时则分别用符号YN、ZN和yn、zn表示。

变压器按高压、中压和低压绕组连接的顺序组合起来就是绕组的连接组，例如，变压器按高压为0，低压为yn连接，则绕组连接组为Dyn(Dyn11)。

变压器接在电网上运行时，变压器二次电压将由于种种原因发生变化，影响用电设备的正常运行，因此变压器应具备一定的调压能力。根据变压器的工作原理，当高、低压绕组的匝数比发生变化时，变压器二次电压也随之变化，达到改变变压器匝数比即可达到调压的目的。变压器调压方式通常分为无载调压和有载调压两种方式。二次侧不带负载，一次侧又与电网断开时的调压为无载调压；在二次侧带负载下的调压为有载调压。

当变压器二次绕组开路，一次绕组施加额定频率的额定电压时，一次绕组中所流过的

电流称为空载电流 I_0，变压器空载合闸时有较大的冲击电流。当变压器二次侧短路，一次侧施加电压使其电流达到额定值，此时所施加的电压称为阻抗电压 U_Z，变压器从电源吸取的功率即为短路损耗。以阻抗电压与额定电压 U_N 之比的百分数表示，即

$$u_z = \frac{U_Z}{U_N} \times 100(\%) \qquad (3-9)$$

变压器负载运行时，由于变压器内部的阻抗压降，二次电压将随负载电流和负载功率因数的改变而改变。电压调整率即说明变压器二次电压变化的程度大小，为衡量变压器供电质量的数据，其定义为：在给定负载功率因数下(一般取0.8)，二次空载电压 U_{2N} 和二次负载电压 U_2 之差与二次额定电压 U_{2N}的比，即

$$u_z = \frac{U_{2N} - U_2}{U_{2N}} \times 100\% \qquad (3-10)$$

式中，U_{2N}为二次额定电压，即二次空载电压；U_2 为二次负载电压。

电压调整率是衡量变压器供电质量好坏的物理量。

变压器的效率 η 为输出的有功功率与输入的有功功率之比的百分数。通常中小型变压器的效率达到90%以上，大型变压器的效率在95%以上。

温升变压器的温升，对于空气冷却变压器是指测量部位的温度与冷却空气温度之差；对于水冷却变压器是指测量部位的温度与冷却器入口处水温之差。

油浸式变压器绕组和顶层油温升限值：因为A级绝缘在98℃时产生的绝缘损坏为正常损坏，而保证变压器正常寿命的年平均气温是20℃，绕组最热点与其平均温度之差为13℃，所以绕组温升限值为98℃ - 20℃ - 13℃ = 65℃。油正常运行的最高温度为95℃，最高气温为40℃，所以顶层油温升限值为95℃ - 40℃ = 55℃。

冷却方式变压器的冷却方式有多种，如干式自冷、油浸式风冷等，各种方式适用于不同种类的变压器。

3.1.2 大型变压器的性能及结构特点

1. 大型变压器的性能

变压器负载运行时，有两项重要的性能指标：一是电压变化率，反映变压器供电电压的质量指标；二是效率，反映变压器运行时的经济指标。根据这两个性能指标可分别画出两条运行特性曲线，即外特性曲线和效率特性曲线。

电压变化率是指一次侧加50 Hz额定电压、二次空载电压与带负载后在某功率因数下的二次电压之差，与二次额定电压的比值，即

$$\Delta U = \frac{U_{20} - U_2}{U_{2N}} = \frac{U_{2N} - U_2}{U_{2N}} \qquad (3-11)$$

电压变化率是表征变压器运行性能的重要指标之一，它的大小反映了供电电压的稳定性。

用相量图可以推导出电压变化率的表达式：

$$\Delta U = \beta(R_S^* \cos\varphi_2 + X_S^* \sin\varphi_2) \qquad (3-12)$$

式中，$\beta = I_2/I_{2N}$，称为负载系数。

由表达式可知，电压变化率的大小与负载大小、性质及变压器的本身参数有关。

当变压器带阻性负载($\varphi_2=0$)和阻感性负载($\varphi_2>0$)时，ΔU 为正值，这时二次端电压比空载时低；带阻容性负载($\varphi_2<0$)时，ΔU 可能为正值，也可能为负值。当 $|X_S^*\sin\varphi_2|>R_2^*\cos\varphi_2$ 时，ΔU 为负值，说明二次电压比空载时高。

当电源电压和负载功率因数一定时，二次端电压随负载电流变化的规律，即 $U_2=f(I_2)$，称为变压器的外特性。它可以通过实验求得。功率因数不同时的几条外特性曲线绘于图 3-6 中，可以看出，当 $\cos\varphi_2=1$ 时，U_2 随 I_2 的增加而下降得并不多；当 $\cos\varphi_2$ 降低时，即在感性负载时，U_2 随 I_2 增加而下降的程度加大，这是因为滞后的无功电流对变压器磁路中的主磁通的去磁作用更为显著，使一次绕组电动势 E_1 和二次绕组电动势 E_2 有所下降的缘故。但当 $\cos\varphi_2$ 为负值时，即在容性负载时，超前的无功电流有助于磁作用，主磁通会有所增加，E_1 和 E_2 亦相应加大，使得 U_2 随 I_2 的增加而提高。以上叙述表明，负载的功率因数对变压器外特性的影响很大。

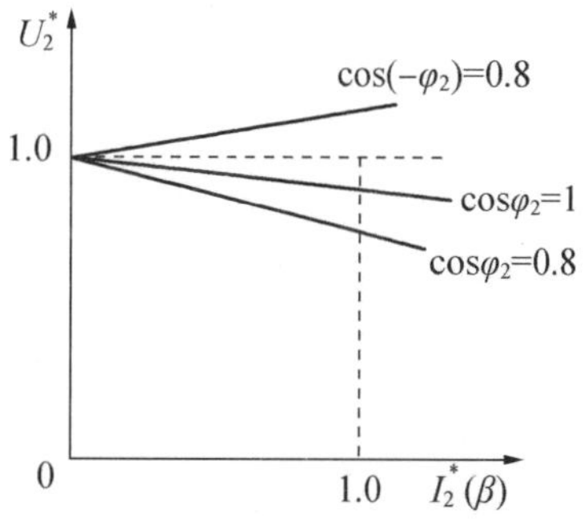

图 3-6　变压器外特性

在图 3-6 中，纵坐标用 $U_2^*=U_2/U_{2N}$ 之值表示，而横坐标用 $I_2^*(\beta)=I_2/I_{2N}$ 表示，使得在坐标轴上的数值都在 0～1 之间，或稍大于 1，这样做是为了便于不同容量和不同电压的变压器相互比较。

电压变化率反映了供电电压的稳定性，是变压器的一个重要性能指标。ΔU 越小，说明变压器二次绕组输出的电压越稳定，因此要求变压器的 ΔU 越小越好。常用的电力变压器从空载到满载，电压变化率约为 3%～5%。

变压器从电源输入的有功功率 P_1 和向负载输出的有功功率 P_2 可分别用下式计算

$$P_1 = U_1I_1\cos\varphi_1 \tag{3-13}$$

$$P_2 = U_2I_2\cos\varphi_2 \tag{3-14}$$

两者之差为变压器的损耗 ΔP，它包括铜损耗 P_{Cu} 和铁损耗 P_{Fe} 两部分，即

$$\Delta P = P_{Cu} + P_{Fe} \tag{3-15}$$

变压器的铁损耗包括基本铁损耗和附加铁损耗两部分。基本铁损耗包括铁芯中的磁滞损耗和涡流损耗，它取决于铁芯中磁通密度的大小、磁通交变的频率和硅钢片的质量等。附加损耗则包括铁芯叠片间因绝缘损伤而产生的局部涡流损耗、主磁通在变压器铁芯以外的结构部件中引起的涡流损耗等，附加损耗约为基本损耗的 15%～20%。

变压器的铁损耗与一次绕组上所加的电源电压大小有关，而与负载电流的大小无关。当电源电压一定时，铁芯中的磁通基本不变，故铁损耗也就基本不变，因此铁损耗又称“不变损耗”。

变压器的铜损耗分为基本铜损耗和附加铜损耗两部分。基本铜损耗是由电流在一次、

二次绕组电阻上产生的损耗，而附加铜损耗是指由漏磁通产生的集肤效应使电流在导体内分布不均匀而产生的额外损耗。附加铜损耗约占基本铜损耗的3%～20%。在变压器中铜损耗与负载电流的平方成正比，所以铜损耗又称为"可变损耗"。

变压器的输出功率 P_2 与输入功率 P_1 之比称为变压器的效率 η，即

$$\eta = \frac{P_2}{P_1} \times 100\% = \frac{P_2}{P_2 + \Delta P} \times 100\% = \frac{P_2}{P_2 + P_{Cu} + P_{Fe}} \times 100\% \qquad (3-16)$$

由于变压器没有旋转的部件，不像电机那样有机械损耗存在，因此变压器的效率一般都比较高，中小型电力变压器效率在95%以上，大型电力变压器效率可达99%以上。

变压器在不同的负载电流 I_2 时，输出功率 P_2 及铜损耗 P_{Cu} 都在变化，因此变压器的效率 η 也随负载电流 I_2 的变化而变化，其变化规律通常用变压器的效率特性曲线来表示，如图3-7中所示，图中 $\beta = I_2/I_{2N}$ 称为负载系数。

当变压器的不变损耗等于可变损耗时，变压器的效率最高，通常变压器的最高效率位于 β = 0.5～0.6之间。

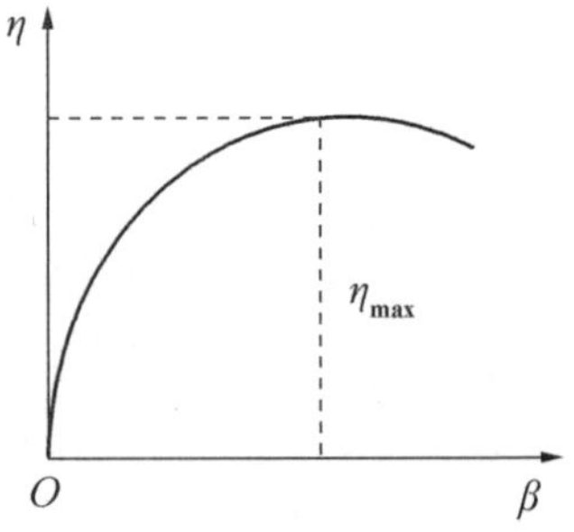

图3-7　变压器效率曲线

2. 大型变压器结构特点

主要从常用材料和技术参数等方面考虑。同时，变压器常用材料主要分为：导电材料、导磁材料、绝缘材料等三种。

电阻率低的（$\rho = 10^{-8} \sim 10^{-4}\ \Omega \cdot cm$）材料可作导电材料，例如大量使用的铜材、铝材就是导电材料。

导线中有交流电通过时，因导线内部和边缘部分所交链的磁通量不同，导致导线截面上的电流产生不均匀分布，电流趋向表面，相当于导线有效面积减少，这种现象称为趋肤效应。随着工作频率的提高，趋肤效应影响也越大。

开关电源变压器工作频率一般在20 kHz以上，选择线径时应考虑到电流的趋肤效应。所取线径应小于两倍穿透深度。穿透深度指的是由于趋肤效应，交流电沿导线表面开始能达到的径向深度。当导线为圆导线时，穿透深度为：

$$\Delta H = 66.1/f^{1/2} \qquad (3-17)$$

式中，ΔH 为穿透深度，mm；f 为电流频率，Hz。

变压器的结构中漆包线、铜皮和铜管（使用水降温结构）等均采用导电材料。

把物体放在磁场 H 中，物体被磁化，其磁化强度 M（或磁通密度 B）与 H 的关系为：

$$M = XH, B = \mu_0 \cdot \mu H = \mu_0 (H + M) \qquad (3-18)$$

式中，X 为物质的磁化率；μ_0 为真空磁导率；μ 为磁导率，$\mu = 1 + H$。

按照 X 或 μ 的大小可将物质分为三类：$X < 0$，即 $\mu < 1$，这类物质称为抗磁性物质，这类物质的 M 与 H 方向反向；$0 < X < 1$，即 $\mu > 1$，这类物质称为顺磁性物质，这类物质的 M 与 H 方向同向；$X > 1$，且 $\mu > 1$，这类物质称为铁磁性物质。具有铁磁性（铁氧体属亚铁

磁性)的材料就是磁性材料。铁磁性(或亚铁磁性)物质在温度升高到某个温度时就转化为顺磁性物质，该温度叫居里温度。

磁性材料可分成金属磁性材料、铁氧体磁性材料。金属磁还可分为晶态合金(如我们经常用到的硅钢和坡莫合金)、非晶态合金(如钴基非晶，铁基非晶)及超微晶合金。金属磁的居里点 T_c 及饱和磁通密度 B_s 明显高于铁氧体，其电阻率却大大低于铁氧体。

磁性材料按其磁特性的特点，还可分为永磁(硬磁)、软磁、旋磁、矩磁及压磁材料。了解这些分类及各类的特性，才能正确使用磁性材料。工频变压器使用硅钢片，高频变压器使用磁芯。

电阻系数在 $10^8 \sim 10^{20}\ \Omega\cdot\text{cm}$ 范围内的物质，称为绝缘材料。绝缘体也称电介质、非导体。绝缘材料可以隔离带电或不同电位的导体，散热冷却、机械支撑、固定、储能、灭弧，改善电位梯度，防潮防霉及保护导体。变压器的结构中包括骨架、绝缘纸、塑料薄膜等均采用绝缘材料。

变压器的主要参数包括：额定功率、匝比、温升、绝缘电阻。

额定功率指在规定的频率和电压下变压器能长期工作而不超过温升的输出功率。

变压器二次绕组的匝数与一次绕组的匝数之比称为匝比。在一般情况下，匝比就是输出电压与输入电压之比，所以匝比又称为变压比。

温升。主要对电源变压器而言，指变压器通电工作后，其温度上升至稳定值时，这时变压器温度高出周围环境的温度数值，温升越小越好。有时参数中用最高工作温度代替温升。

绝缘电阻。理想的变压器各绕组线圈之间和各线圈与铁芯之间，在电气上是完全绝缘的。这是由于绝缘材料或工艺原因会有一定的漏电电流，还达不到理想的绝缘。如果电源变压器的绝缘电阻过低，就可能出现一、二次间短路或铁芯外壳短路，造成电路设备损坏或机壳带电的危险。

另外还有一些参数如效率、频带宽度、漏电感等在使用、修理过程接触较少。

3.1.3 有载调压变压器原理及结构

变压器存在阻抗，在功率传输中，将产生电压降，并随着用户侧负荷的变化而变化。系统电压的波动加上用户侧负荷的变化将引起电压较大的变动。在实现无功功率就地平衡的前提下，当电压变动超过定值时，有载调压变压器在一定的延时后会动作，对电压进行调整，并保持电压的稳定。变压器在负载运行中能完成分接电压切换的称为有载调压变压器。

变压器有载调压的原理：变压器的高压绕组终端区隔一些线匝就抽出一个接头，电源接在不同的抽头上，高压绕组的实际线匝数就不同，而低压绕组的线匝数是固定的。变化的高压绕组匝数和不变的低压绕组匝数就构成了不同的变比，根据变压器变压的原理，低压绕组可以随高压绕组接不同的抽头而变出不同的电压。高压绕组的抽头可以在线圈的电源侧，也可以在中心点侧，这都不能改变其基本原理。所以 220 kV 以下的变压器抽头一般设在电源侧，更高电压的变压器抽头就设在高压绕组的中心点侧。变压器一般都带抽头，以便现场根据实际电压来调整电压值。但是无载调压占多数，主要是一般地区的电压变化不那么频繁、幅度不那么大，可以不用时时调整；但有些地方对于电压要求比较严，有些地方的电压常常变化，就得使用有载调压了。

有载调压就是将上述绕组抽头都接在有灭弧能力的开关上，在外部通过远方控制手或自动调节电源与这些抽头连接，从而达到随时调整低压绕组输出电压的目的。调整时，这些开关先与需要的那个抽头接上，然后断开原来接通的抽头，因为有电压的运行电流存在，所以跳开的开关与我们使用的其他电源开关一样，要灭弧后断开。

为了供给稳定的电压、控制电力潮流或调节负载电流，均需对变压器进行电压调节，变压器调压的方法是在其某一侧绕组上设置分接，以切除或增加一部分绕组的线匝，以改变绕组的匝数，从而达到改变电压比的有极调压方法，这种绕组抽出分接以供调压的电路称为调压电路。

即

$$U_1 : U_2 = N_1 : N_2 \tag{3-19}$$

得

$$U_2 = U_1 \times N_2 / N_1 \tag{3-20}$$

有载调压利用有载分接开关，在保证不切断负载电流的情况下，变换高压绕组分接头，改变高压匝数进行调压。

有载调压变压器结构示意图如图 3-8 所示。

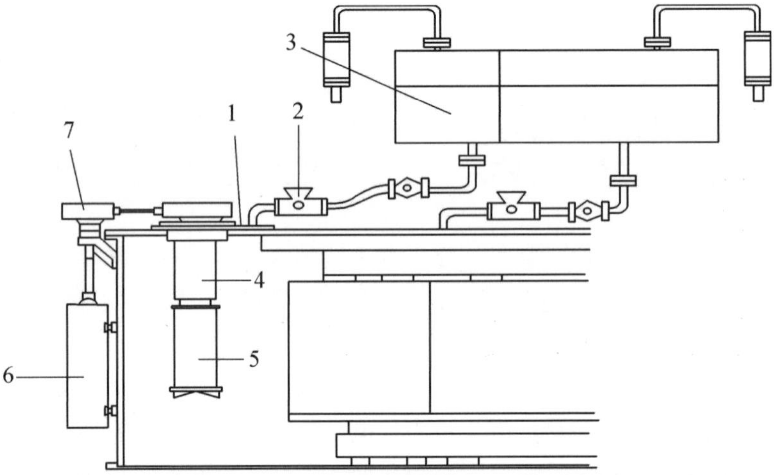

图 3-8　有载调压变压器结构示意图

1—有载分接开关顶；2—保护继电器；3—有载分接开关储油柜；

4—有载分接开关油室与切换开关；5—分接选择；6—电动机构；7—角度齿轮、联轴

其中有载分接开关的两项基本功能：①在开路情况下“选择”一个分接头；②在不中断通过电流的情况下把功率“切换”或“调换”到所选的分接头上。

有载分接开关所分的类型有：负载电流从接通分接到预选分接的调换可通过电阻过渡或电抗器过渡来完成，即分为电阻式有载分接开关和电抗式有载分接开关。有载分接开关还可分为真空有载分接开关和油浸式有载分接开关。有载分接开关的组合结构图如图 3-9 所示。

图 3－9 有载分接开关的组合结构图

有载调压变压器的优缺点如下：

有载调压变压器的优点：保证电压质量。供电变压器的任务是直接向负荷中心供应电力，一次侧直接接到主电压网(220 kV 及以上)或接到地区供电电网(35～110 kV)。这类变压器不但向负荷提供有功功率，也往往同时提供无功功率，而且一般短路阻抗较大。随着地区负荷变化，如果没有配置有载调压变压器，供电母线电压将随之变化。我国《电力系统技术导则(试行)》规定了“110 kV 及以下变压器，宜考虑至少有一级电压的变压器采用带负载调压方式”。因此，对直接向供电中心供电的有载调压变压器，在实现无功功率分区就地平衡的前提下，随着地区负荷增减变化，配合无功补偿设备并联电容器及低压电抗器的投切，调整分接头，以便随时保证对用户的供电电压质量。

有载调压变压器的缺点：不能改变无功需求平衡状态。当系统无功功率缺额时，负荷的电压特性可以使系统在较低电压下保持稳定运行。但如果无功功率缺额较大时，为保持电压水平，有载调压变压器动作，电压暂时上升，将无功功率缺额全部转嫁到主网，从而使主网电压逐渐下降，严重时可能引发系统电压崩溃。

同时，变压器配置有载调压分接头，降低变压器运行的可靠性。

3.2 发电机组的变压器配置情况

主变(表 3－2)：

表 3－2 主变压器技术参数

主变型号	SFP10－480000/220	产地	河北保定
生产厂	保定天威保变电气股份有限公司		
额定容量/MVA	480	额定频率/Hz	50
联接组标号	Yn，d11	相数	3

续表 3 - 2

<table>
<tr><td rowspan="2">额定电压/kV</td><td>高压绕组</td><td colspan="2">242</td></tr>
<tr><td>低压绕组</td><td colspan="2">20</td></tr>
<tr><td>冷却方式</td><td colspan="3">ODAF（导向强迫油循环风冷）</td></tr>
<tr><td rowspan="9">绝缘水平</td><td rowspan="3">雷电冲击全波（kV 峰值）</td><td>高压端子</td><td>950</td></tr>
<tr><td>高压中性点端子</td><td>400</td></tr>
<tr><td>低压端子</td><td>125</td></tr>
<tr><td rowspan="3">雷电冲击截波电压（kV 峰值）</td><td>高压端子</td><td>1050</td></tr>
<tr><td>高压中性点端子</td><td>—</td></tr>
<tr><td>低压端子</td><td>140</td></tr>
<tr><td rowspan="3">工频耐受电压（kV 有效值）</td><td>高压端子</td><td>140</td></tr>
<tr><td>高压中性点端子</td><td>200</td></tr>
<tr><td>低压端子</td><td>55</td></tr>
<tr><td rowspan="4">温升限值/K</td><td>顶层油</td><td colspan="2">55</td></tr>
<tr><td>高压绕组</td><td colspan="2">65</td></tr>
<tr><td>低压绕组</td><td colspan="2">55</td></tr>
<tr><td>油箱、铁芯和金属结构件</td><td colspan="2">77</td></tr>
<tr><td colspan="2">阻抗电压/%及偏差/%</td><td>主分接</td><td>14 ±5</td></tr>
<tr><td colspan="2" rowspan="2">绕组电阻（Ω，75℃）</td><td>高压绕组主分接</td><td>约 0.11</td></tr>
<tr><td>低压绕组主分接</td><td>0.0016</td></tr>
<tr><td colspan="2">额定频率额定电压时空载损耗/kW</td><td>≤185</td><td>≤185</td></tr>
<tr><td colspan="2">额定频率 1.1 倍额定电压时空载损耗/kW</td><td>约 295</td><td>约 295</td></tr>
<tr><td colspan="2" rowspan="2">负载损耗（kW，75℃）</td><td>主分接</td><td>≤965</td></tr>
<tr><td>其中杂散损耗</td><td>约 210</td></tr>
<tr><td colspan="3">效率/%（在额定电压、额定频率、主分接的效率，换算到 75℃，功率因数 =1 时）</td><td>不低于 99.76</td></tr>
<tr><td rowspan="2">空载电流/%</td><td>100% 额定电压时</td><td colspan="2">0.3</td></tr>
<tr><td>110% 额定电压时</td><td colspan="2">0.75</td></tr>
<tr><td colspan="3">铁芯柱磁通密度/T（额定电压、额定频率时）</td><td>1.75</td></tr>
<tr><td>噪声水平 dB/A</td><td>自然冷却</td><td>100% 强迫风冷</td><td>小于 75</td></tr>
<tr><td colspan="2" rowspan="2">可承受的 4 秒对称短路电流/kA</td><td>高压绕组</td><td>约 7.5</td></tr>
<tr><td>低压绕组</td><td>约 52.6</td></tr>
<tr><td colspan="3">短路后绕组平均温度计算值/℃</td><td>不超过 120</td></tr>
<tr><td colspan="2" rowspan="3">局部放电水平（PC）</td><td>高压绕组</td><td>≤100</td></tr>
<tr><td>高压中性点端子</td><td>≤100</td></tr>
<tr><td>高压中性点端子</td><td>≤100</td></tr>
</table>

续表3-2

绕组连同套管的 $\tan\delta$/%		高压	≤0.5
		高压中性点	≤0.5
		低压	≤0.5
		无线电干扰水平/μV	≤500
安装重量/t		器身	185
		上节油箱重	17.4
		油量	46
		总重	266.5
冷却器	冷却器型式	YF	
	冷却器数量	5组(含1组备用)	
	冷却器重量/t	约5×2.2(含备用)	
	冷却器风扇数量	5×3(含备用)	
	总的风扇功率/kW	5×(3×1.5)(含备用)	
套管	制造厂及型号	高压套管	南瓷厂
		低压套管	南瓷厂
		高压套管中性点套管	南瓷厂
	额定电流/A	高压套管	1600
		低压套管	18000
		高压套管中性点套管	1250
	绝缘水平(BIL/AC)/kV	高压套管	950/395
		低压套管	200/85
		高压套管中性点套管	400/200
	套管局部放电水平(PC)	高压套管	≤10
		低压套管	≤10
		高压套管中性点套管	≤10
	套管的有效爬距/mm	高压	7812
		低压	810
		高压中性点	3906
	套管的干弧距离/mm	高压	2330
		低压	515
		高压中性点	1090

续表 3 – 2

<table>
<tr><td rowspan="13">电流互感器</td><td rowspan="4">高压侧</td><td>台数</td><td>3</td></tr>
<tr><td>准确级</td><td>5P30/5P30/0.5</td></tr>
<tr><td>电流比</td><td>1500/1A</td></tr>
<tr><td>二次容量</td><td>30VA/30VA/20VA</td></tr>
<tr><td rowspan="4">高压中性点</td><td>台数</td><td>2</td></tr>
<tr><td>准确级</td><td>10P20/10P20</td></tr>
<tr><td>电流比</td><td>300—600/1A</td></tr>
<tr><td>二次容量</td><td>30</td></tr>
<tr><td rowspan="5">分接开关(无载)</td><td>制造厂</td><td>保定天威集团</td></tr>
<tr><td>型号</td><td>DWX</td></tr>
<tr><td>额定电流</td><td>2000</td></tr>
<tr><td>分接级数</td><td>5</td></tr>
<tr><td>短路耐受性能</td><td>按 JB/T8637</td></tr>
<tr><td rowspan="4">压力释放装置</td><td>制造厂</td><td colspan="2">美国 Qualitrol</td></tr>
<tr><td>规范</td><td colspan="2">208</td></tr>
<tr><td>台数</td><td colspan="2">2</td></tr>
<tr><td>释放压力/MPa</td><td colspan="2">0.07</td></tr>
<tr><td colspan="2">可承受的最高连续运行电压(对地)/V</td><td colspan="2">220</td></tr>
<tr><td colspan="2">雷电冲击全波实验电压(峰值)</td><td colspan="2">—</td></tr>
<tr><td colspan="2">无需检修的操作次数和运行时间</td><td colspan="2">随变压器</td></tr>
<tr><td>电气寿命</td><td>—</td><td>机械寿命</td><td>10000</td></tr>
<tr><td rowspan="6">瓦斯继电器</td><td>厂家</td><td colspan="2">德国 EMB</td></tr>
<tr><td>型号</td><td colspan="2">BF80</td></tr>
<tr><td colspan="2">全部风扇退出运行后，主变满载运行所允许的时间</td><td>20 min</td></tr>
<tr><td colspan="2">一组风扇退出运行，变压器允许长期运行的负载</td><td>约 85%</td></tr>
<tr><td colspan="2">二组风扇退出运行，变压器允许长期运行的负载</td><td>约 65%</td></tr>
<tr><td colspan="2">三组风扇退出运行，变压器允许长期运行的负载</td><td>约 30%</td></tr>
</table>

高备变(表3－3)：

表3－3 高备变技术参数

主变型号	SZ10－16000/220	冷却方式	自然冷却
额定容量/MVA	16	额定频率/Hz	50
联接组标号	YN，Yn0＋d	相数	3
额定电压/kV	高压绕组	220	
	低压绕组	63	
绝缘水平	雷电冲击全波(kV峰值)	高压端子	950
		高压中性点端子	400
		低压端子	75
		低压中性点端子	75
	雷电冲击截波电压(kV峰值)	高压端子	1050
		高压中性点端子	—
		低压端子	85
		低压中性点端子	85
	工频耐受电压(kV有效值)	高压端子	395
		高压中性点端子	200
		低压端子	35
		低压中性点端子	35
温升限值/K	顶层油	55	
	高压绕组	65	
	低压绕组	65	
	油箱、铁芯和金属结构件	77	
阻抗电压/%及偏差/%		主分接	8(±5%)
绕组电阻(Ω，75℃)		高压绕组主分接	6.6
		低压绕组主分接	0.0056
额定频率额定电压时空载损耗/kW		19	
额定频率1.1倍额定电压时空载损耗/kW		28	
负载损耗(kW，75℃)		主分接	76
		其中杂散损耗	4.0
空载电流/%	100%额定电压时	0.2	
	110%额定电压时	1.0	
噪声水平dB/A	60(0.3米)		
可承受的4秒对称短路电流/kA		高压绕组	1.34
		低压绕组	46.7

续表 3-3

短路后绕组平均温度计算值/℃			≤250
局部放电水平(PC)		高压绕组	≤100
		高压中性点端子	/
		高压中性点端子	≤100
绕组连同套管的 tanδ/%		高压	≤0.5
		高压中性点	/
		低压	≤0.5
		无线电干扰水平/μV	≤500
散热器	散热器型式	PC480	
	散热器数量	10 组	
	散热器总重量/t	4.3	
套管	制造厂及型号	高压套管	传奇套管公司　BRDLW 型
		低压套管	常州变压器厂　BW 型
		高压套管中性点套管	传奇套管公司　BRDLW 型
		低压套管中性点套管	常州变压器厂　BW 型
	额定电流/A	高压套管	1000
		低压套管	2000
		高压套管中性点套管	1000
		低压中性点套管	1000
	绝缘水平(BIL/AC)/kV	高压套管	950/395
		低压套管	200/85
		高压套管中性点套管	400/200
		低压中性点套管	125/55
	套管局部放电水平(PC)	高压套管	≤10
		低压套管	≤10
		高压中性点套管	/
		低压中性点套管	/
	套管的有效爬距/mm	高压	7820
		低压	750
		高压中性点	3906
	套管的干弧距离/mm	高压	2330
		低压	515
		高压中性点	1090

续表 3-3

电流互感器	高压侧	台数	
		准确级	
		电流比	
		二次容量	
	高压中性点	台数	2
		准确级	10P20/10P20
		电流比	100/1A
		二次容量	30VA，30VA
	分接开关(有载)	制造厂	德国 MR
		型号	MⅢ500Y 型
		额定电流	500A
		分接级数	17
		短路耐受性能	
压力释放装置	制造厂	美国 Qualitrol	
	规范	208	
	台数	1	
	释放压力/MPa	0.055	
短路耐受性能	热稳定(3s)	8kA	
	动稳定(峰值)	20kA	
可承受的最高连续运行电压(对地)/V		230	
雷电冲击全波实验电压(峰值)/V		550	
无需检修的操作次数和运行时间		电气寿命	不低于 20 万次
		机械寿命	不低于 80 万次
瓦斯继电器	厂家	德国百利门公司	
	型号	04-10 型	

厂高变（表3－4）：

表3－4　厂高变技术参数

<table>
<tr><td>主变型号</td><td>S10－16000/20</td><td>冷却方式</td><td>自然冷却</td></tr>
<tr><td>额定容量/MVA</td><td>16</td><td>额定频率/Hz</td><td>50</td></tr>
<tr><td>联接组标号</td><td>D，yn1</td><td>相数</td><td>3</td></tr>
<tr><td rowspan="2">额定电压/kV</td><td>高压绕组</td><td colspan="2">20</td></tr>
<tr><td>低压绕组</td><td colspan="2">6.3</td></tr>
<tr><td rowspan="12">绝缘水平</td><td rowspan="4">雷电冲击全波（kV 峰值）</td><td>高压端子</td><td>125</td></tr>
<tr><td>高压中性点端子</td><td>—</td></tr>
<tr><td>低压端子</td><td>75</td></tr>
<tr><td>低压中性点端子</td><td>75</td></tr>
<tr><td rowspan="4">雷电冲击截波电压（kV 峰值）</td><td>高压端子</td><td>140</td></tr>
<tr><td>高压中性点端子</td><td>—</td></tr>
<tr><td>低压端子</td><td>85</td></tr>
<tr><td>低压中性点端子</td><td>85</td></tr>
<tr><td rowspan="4">工频耐受电压（kV 有效值）</td><td>高压端子</td><td>55</td></tr>
<tr><td>高压中性点端子</td><td>—</td></tr>
<tr><td>低压端子</td><td>35</td></tr>
<tr><td>低压中性点端子</td><td>35</td></tr>
<tr><td rowspan="4">温升限值/K</td><td>顶层油</td><td colspan="2">55</td></tr>
<tr><td>高压绕组</td><td colspan="2">65</td></tr>
<tr><td>低压绕组</td><td colspan="2">65</td></tr>
<tr><td>油箱、铁芯和金属结构件</td><td colspan="2">77</td></tr>
<tr><td colspan="2">阻抗电压/%及偏差/%</td><td>主分接</td><td>8（±5%）</td></tr>
<tr><td colspan="2" rowspan="2">绕组电阻（Ω，75℃）</td><td>高压绕组主分接</td><td>0.148</td></tr>
<tr><td>低压绕组主分接</td><td>0.0055</td></tr>
<tr><td colspan="2">额定频率额定电压时空载损耗/kW</td><td colspan="2">15</td></tr>
<tr><td colspan="2">额定频率1.1倍额定电压时空载损耗/kW</td><td colspan="2">22</td></tr>
<tr><td colspan="2" rowspan="2">负载损耗（kW，75℃）</td><td>主分接</td><td>72</td></tr>
<tr><td>其中杂散损耗</td><td>4</td></tr>
<tr><td rowspan="2">空载电流/%</td><td>100%额定电压时</td><td colspan="2">0.3</td></tr>
<tr><td>110%额定电压时</td><td colspan="2">1.5</td></tr>
<tr><td>噪声水平 dB/A</td><td>60（0.3米）</td><td></td><td></td></tr>
<tr><td colspan="2" rowspan="2">可承受的4秒对称短路电流/kA</td><td>高压绕组</td><td>14.7</td></tr>
<tr><td>低压绕组</td><td>46.7</td></tr>
</table>

续表 3－4

<table>
<tr><td colspan="2" rowspan="2">短路后绕组平均温度计算值/℃</td><td colspan="2">≤250</td></tr>
<tr><td colspan="2">符合 GB/T15164 要求</td></tr>
<tr><td colspan="2" rowspan="3">局部放电水平(PC)</td><td>高压绕组</td><td>≤100</td></tr>
<tr><td>高压中性点端子</td><td>—</td></tr>
<tr><td>高压中性点端子</td><td>≤100</td></tr>
<tr><td colspan="2" rowspan="3">绕组连同套管的 tanδ/%</td><td>高压</td><td>≤0.5</td></tr>
<tr><td>高压中性点</td><td>—</td></tr>
<tr><td>低压</td><td>≤0.5</td></tr>
<tr><td rowspan="3">散热器</td><td>散热器型式</td><td colspan="2">PC480</td></tr>
<tr><td>散热器数量</td><td colspan="2">8 组</td></tr>
<tr><td>散热器总重量/t</td><td colspan="2">3.5</td></tr>
<tr><td rowspan="19">套管</td><td rowspan="4">制造厂及型号</td><td>高压套管</td><td>常州变压器厂　BW 型</td></tr>
<tr><td>低压套管</td><td>常州变压器厂　BW 型</td></tr>
<tr><td>高压套管中性点套管</td><td>—</td></tr>
<tr><td>低压套管中性点套管</td><td>常州变压器厂　BW 型</td></tr>
<tr><td rowspan="4">额定电流/A</td><td>高压套管</td><td>1000</td></tr>
<tr><td>低压套管</td><td>2000</td></tr>
<tr><td>高压套管中性点套管</td><td>—</td></tr>
<tr><td>低压中性点套管</td><td>1000</td></tr>
<tr><td rowspan="4">绝缘水平(BIL/AC)/kV</td><td>高压套管</td><td>200/95</td></tr>
<tr><td>低压套管</td><td>125/55</td></tr>
<tr><td>高压套管中性点套管</td><td>—</td></tr>
<tr><td>低压中性点套管</td><td>125/55</td></tr>
<tr><td rowspan="4">套管局部放电水平(PC)</td><td>高压套管</td><td>≤10</td></tr>
<tr><td>低压套管</td><td>≤10</td></tr>
<tr><td>高压中性点套管</td><td>—</td></tr>
<tr><td>低压中性点套管</td><td>—</td></tr>
<tr><td rowspan="3">套管的有效爬距/mm</td><td>高压</td><td>1330</td></tr>
<tr><td>低压</td><td>750</td></tr>
<tr><td>高压中性点</td><td>—</td></tr>
</table>

续表 3-4

电流互感器	高压侧	台数	1；2；2
		准确级	0.5；5P20；5P30
		电流比	1000/1A；18000/5A；1000/1A
		二次容量	20VA；50VA；30VA
	高压中性点	台数	—
		准确级	—
		电流比	—
		二次容量	—
	分接开关(无载)	制造厂	沈变开关有限公司
		型号	WDJ 型
		额定电流	600A
		分接级数	5
		短路耐受性能	—
压力释放装置	制造厂	美国 Qualitrol	
	规范	208	
	台数	1	
	释放压力/MPa	0.055	
雷电冲击全波实验电压(峰值)		—	
无需检修的操作次数和运行时间		电气寿命	—
		机械寿命	不低于 80 万次
瓦斯继电器	厂家	德国百利门公司	
	型号	04-10 型	

高压厂用/备用变(表3－5)：

表3－5 高压厂用/备用变技术参数

<table>
<tr><td>额定容量/MVA</td><td>16</td><td>冷却方式</td><td>自然冷却</td></tr>
<tr><td>相数</td><td>3</td><td>联接组标号</td><td>D，yn1</td></tr>
<tr><td>额定电压/kV</td><td colspan="3">高压绕组 20； 低压绕组 6.3</td></tr>
<tr><td rowspan="3">绝缘水平</td><td colspan="3">a. 雷电冲击全波(kV 峰值)：
高压端子 125 高压中性点端子/
低压端子 75 低压中性点端子 75</td></tr>
<tr><td colspan="3">b. 雷电冲击截波电压(kV 峰值)：
高压端子 140 高压中性点端子/
低压端子 85 低压中性点端子 85</td></tr>
<tr><td colspan="3">c. 工频耐受电压(kV 有效值)：
高压端子 55 高压中性点端子/
低压端子 35 低压中性点端子 35</td></tr>
<tr><td>温升限值/K</td><td colspan="3">顶层油 55 高压绕组 65
低压绕组 65 油箱、铁芯和金属结构件 77</td></tr>
<tr><td colspan="4">阻抗电压/%及偏差/%： a. 主分接：8(±5%)</td></tr>
<tr><td>绕组电阻(Ω，75℃)</td><td colspan="3">a. 高压绕组： 主分接 0.148
b. 低压绕组： 主分接 0.0055</td></tr>
<tr><td colspan="4">额定频率额定电压时空载损耗(kW)： 15</td></tr>
<tr><td colspan="4">额定频率 1.1 倍额定电压时空载损耗(kW)：22</td></tr>
<tr><td>负载损耗(kW，75℃)</td><td colspan="3">主分接 72 其中杂散损耗 4.0</td></tr>
<tr><td>空载电流/%</td><td colspan="3">a. 100%额定电压时：0.3；
b. 110%额定电压时： 1.5</td></tr>
<tr><td>噪声水平 dB/A</td><td>60(0.3 米)</td><td>变压器负载能力</td><td>符合 GB/T 15164 要求</td></tr>
<tr><td colspan="4">可承受的 4 秒对称短路电流(kA)：
高压绕组 14.7 低压绕组 46.7 短路后绕组平均温度计算值≤250℃</td></tr>
<tr><td>局部放电水平(PC)</td><td colspan="3">高压绕组≤100
高压中性点端子/；
低压绕组≤100</td></tr>
<tr><td>绕组连同套管的 tanδ</td><td colspan="3">高压套管 tanδ(%)≤0.5；
高压中性点端子 tanδ(%)/；
低压套管 tanδ(%)≤0.5</td></tr>
<tr><td>安装重量/t</td><td colspan="3">器身： 上节油箱重：
油量： 总重：</td></tr>
</table>

续表 3-5

附件参数			
a. 散热器：			
散热器型式	PC480	散热器数量	8 组
散热器总重量/t	3.5		
b. 套管			
制造厂及型号	高压套管　常州变压器厂，BW 型 低压套管　常州变压器厂，BW 型 高压套管中性点套管　/ 低压套管中性点套管　常州变压器厂，BW 型		
额定电流/A	高压套管 1000　低压套管 2000 高压套管中性点套管/　低压中性点套管 1000		
绝缘水平(BIL/AC)/kV	高压套管 200/95　低压套管 125/55 高压套管中性点套管/　低压中性点套管 125/55		
套管局部放电水平(PC)	高压套管≤10　低压套管≤10 高压套管中性点套管/　低压中性点套管/		
套管的有效爬距/mm	高压套管 1330　低压套管 750 高压套管中性点套管/　低压中性点套管/		
套管电流互感器	装设在高压侧：台数：1；2；2 ； 准确级：0.5；5P20；5P30 电流比：1000/1A ；18000/5A；1000/1A 二次容量：20VA；50VA；30VA 装设在高压中性点：台数/　准确级/ 电流比/　二次容量/		
c. 压力释放装置			
规范及台数	208 型，1 台	释放压力 MPa：	0.055
制造厂	美国 Qualitrol 公司		
d. 分接开关(无载)			
制造厂	沈变开关有限公司	型号	WDJ 型
额定电流	600A	分接级数	5
雷电冲击全波试验电压(峰值，kV)：　/			
无需检修的操作次数和运行时间：　电气寿命/　机械寿命：不低于 80 万次			
e. 瓦斯继电器			
厂家	德国百利门公司	型号	04-10 型

3.3 变压器的冷却系统

油浸式电力变压器的冷却方式，按其容量的大小有油浸自冷式、油浸风冷式、强迫油循环水冷却及强迫油循环风冷却等方式。

SFP10－480000/220 型主变压器采用的是强迫油循环风冷却方式(ODFA)，变压器安装有6组 YF 型总功率为 5×(3×1.5)kW 的送油风冷式冷却器，其中1组备用，冷却器挂在低压侧变压器本体上。变压器上部的热油经过油泵从变压器油箱上部导入冷却器的冷却管内，在流动时被空气冷却，再从下部经油泵压入变压器油箱内。冷却用空气由风机从冷却器本体送至风扇箱一侧，吸取的变压器油的热量，在冷却器前面释放。

强迫油循环冷却器由冷却器本体和风机组成。冷却器通过将镀锌翅片插在冷却管上，通过扩管机拉动圆锥形扩管头，使冷却管与翅片紧密地结合在一起，保证了良好的导热性。

冷却器运行时需要达到以下标准：变压器投入或推出运行时，工作冷却器均可通过控制开关投入与停止；当运行中的变压器顶层油温或变压器负荷达到规定值时，辅助冷却器应自动投入运行；当切除故障冷却器时，备用冷却器应自动投入；冷却器冷却系统按负荷情况自动或手动投入或切除相应数量的冷却器。

变压器送油风冷却器因长期使用，空气入口处表面会附着昆虫或灰尘，这样会导致冷却器性能降低，因此必须定期清扫。对已停机的冷却器用压缩空气进行清扫，此外根据温度上升的变化(比初始值高出5%～10%)及污垢程度，2～3 年进行一次高压水冲洗。标准式冷却器(风扇箱和冷却器本体)清扫时，从冷却器里面(变压器油箱的一侧)清扫冷却器及冷却器的联管。用空气清扫的方法：用5 kg/cm2G 的空气吹散附着物，一台冷却器清扫时间为30 min。高压水冲洗方法：尽量用30～50 kg/cm2G 的高压水冲洗，这样效果比较好；一般使用消防栓，没有时使用汽车清洗器；一台冷却器的清洗时间为30 min。低噪声型冷却器(风扇箱、冷却器本体和风洞)清扫时，风扇箱、冷却器本体清扫方式同上，风洞下如果用了保护网，先拆下保护网从风洞内部清扫。风洞没有梯子时，从下部放入折叠式梯子，靠在内部加强板上，尽量不要弄扁吸音材料，用高压水清洗时，不要直接往吸音材料上喷水。另外，冷却器的冷却管两端为防锈涂了漆，要仔细检查这一部分(特别是易积水的下部)的涂漆情况，如有漆剥落应进行补喷。

3.4 电力变压器的运行和故障处理

3.4.1 变压器的正常运行与维护

1. 变压器中性点运行方式及规定

(1)各变压器中性点接线方式：主变高压侧中性点经接地隔离开关直接接地；启备变高压侧中性点经接地线直接接地，低压侧中性点经接地隔离开关及电阻接地(高阻接地)；厂高变低压侧中性点经接地隔离开关及电阻接地(高阻接地)，全部低压厂用变低压侧中性点经接地线直接接地。

(2)各变压器中性点运行方式：正常运行时，启备变高压侧中性点经接地线直接接地，低压侧中性点的接地隔离开关合上；厂高变低压侧中性点接地隔离开关合上，全部低压厂用变低压侧中性点经接地线直接接地。主变高压侧中性点的接地隔离开关按中调要求执行。

(3)220 V 变压器停送电操作前，必须先将变压器中性点直接接地后才可进行操作。操作完成后根据中调对中性点接地方式的要求，再拉开(或不拉开)中性点接地隔离开关。

(4)倒换变压器中性点接地隔离开关时，应先合上原不接地变压器的中性点接地隔离开关后，再拉开原直接接地变压器的中性点接地隔离开关，原则是保证电网不失去接地点。

(5)当 220 kV 母线并列运行时，必须保证有一台主变中性点接地隔离开关合上；当 220 kV 母线分段运行时，必须保证每一段 220 kV 母线上有一台主变的中性点接地隔离开关合上。

(6)变压器由运行转检修时，应将中性点接地隔离开关拉开。

(7)如中调对 220 kV 变压器的中性点接地有特殊规定，按中调要求执行。

2. 变压器的绝缘规定

(1)变压器在检修后或停运 7 天以上，再次投运前，应测量其绝缘阻值和吸收比，并记录结果。

(2)如无特殊规定，3000 V 以下至 500 V 的电气设备或回路，采用 1000 V 及以上的绝缘电阻表。

(3)变压器绝缘电阻的允许值不做具体规定，但必须符合以下标准：吸收比 R_{60}/R_{15} 不低于 1.3 或极化指数 R_{600}/R_{60} 不低于 1.5。

(4)测量变压器绕组绝缘电阻不合格时，应及时汇报当值值长，联系检修人员查找原因并及时处理，绝缘电阻合格后方可投入运行。

3. 220 kV 变压器有载调压分接开关操作的有关规定

变压器的有载调压分接头接在变压器的高压侧，如系统电压发生变动或厂用电负载变化需调整电压时，只需改变高压侧分接头开关位置即可达到低压侧所需的电压来保证厂用电的质量，它能在额定容量范围内带负载调整电压。变压器有载调压分接开关操作规定如下：

(1)需经值长同意后，才能进行有载调压分接开关的操作。

(2)有载调压分接开关操作必须是一人操作，一人监护。

(3)当变压器电流超过额定电流的 1.1 倍时，不允许操作调压分接开关。

(4)有载调压分接开关正常操作时，应采用远程控制，在特殊情况时，经值长同意后，可在就地电动操作。

(5)应逐级调压，分接变换操作必须在一个分接变换完成，且检查无异常情况后，方可进行第二次分接变换。同时监视分接抽头就地和远程指示位置一致，变压器低压侧电压、电流的变化等情况，如在完成一次分接抽头交换操作后，变压器低压侧电压无变化，应停止操作，查明原因。

(6)电动操作时，按下操作按钮后，不得持续按着操作按钮，以防连续切换数级。

(7)当 220 kV 系统电压高于变压器分接头电压的 5% 时，应及时进行调整。

(8)当变压器调压抽头油箱绝缘油的色谱分析数据出现异常(主要为乙炔和氢的含量超标)或油位异常升高或降低，不允许分接变换操作。

(9)每次变压器调压分接开关操作后，都应将操作时间、分接位置、电压变化情况及累计动作次数进行记录。

(10)在变压器供机组厂用电期间，应该加强监视变压器低压侧电压，变压器低压侧电压应控制在6.3(1 ±5%)kV之间，如电压不在此范围，应调整变压器的有载抽头。

分接开关操作中发生下列异常情况时应作如下处理，并及时汇报。

(1)操作中若发生连续动作时(连续升或连续降)，应在指示盘上出现第二个分接位置时立即切断操作电源。

(2)若分接头停在两挡的中间位置，则应手摇到就近适当的分接位置。

(3)远程电气控制操作时，计数器及分接位置指示正常，而电压表和电流表又无相应变化，应立即切断操作电源，中止操作。

(4)分接开关发生拒动、误动；电压表和电流表变化异常；电动机构或传动机械故障；分接位置指示不一致；内部切换异声；过压力的保护装置动作；看不见油位或大量喷漏油及危及分接开关和变压器安全运行的其他异常情况时，应禁止或中止操作。

4. 变压器无载调压抽头有关规定

(1)主变、厂高变、干式变为无载调压，必须断开变压器各侧电源，并做好安全措施后由维修人员改变其调压抽头，分接头变换完毕后，应注意分接头位置的正确性，同时应确认线圈直流电阻在允许范围并检查锁紧位置，并对分接头变换情况做好记录，以便随时核查。

(2)变压器直流电阻的要求。1.6 MVA以上变压器，各相绕组电阻相互间的差别不应大于三相平均值的2%，无中性点引出的绕组，线间差别不应大于三相平均值的1%；1.6 MVA及以下的变压器，相间差别一般不大于三相平均值的4%，线间差别一般不大于三相平均值的2%；与以前相同部位测得值比较，其变化不应大于2%。

5. 油浸式变压器早期故障在线监测仪有关规定

主变、厂高变和启备变都安装了变压器早期故障在线监测仪，包括变压器油在线监测和变压器套管在线监测。变压器油在线监测系统主要监视主变、厂高变和启备变油中氢气含量。变压器套管在线监测系统监视主变和启备变高压侧套管的介质损耗值。当变压器油中氢气含量超过装置设定的一级或二级报警值，或者变压器套管介质损耗值超过系统设定值时，集控楼电子设备间的变压器在线监控电脑中会有相应的报警信息发出，此时应立即通知检修人员进行处理。

6. 主变冷却器的运行方式和规定

(1)主变冷却器采用强迫导向油循环风冷(ODAF)的冷却方式，共有五组冷却器，当四组冷却器正常运行时，可以满足主变满载运行冷却要求。每组冷却器包括一台潜油泵和三台冷却风扇。

(2)主变冷却器配置了全停保护，投入“冷却系统全停延时跳闸保护”。当冷却系统全停后，上层油温不超过75℃，延时1 h跳主变高压侧断路器；若上层油温超过75℃，延时20 min跳主变高压侧断路器。

(3)在主变上电前应手动逐台试验主变冷却器工作是否正常。

(4)主变五组冷却器每月应倒换一次，轮流退出作备用。

(5)主变在长期空载运行或长期带厂用电运行时，不允许无冷却器运行。运行选择方式为一组工作，一组备用，一组辅助，两组停止。发电机并网运行后，运行选择方式为两组工作，两组辅助，一组备用。

(6)主变冷却器系统由两路三相380 V/50 Hz交流电源供电，两者互为备用，通过冷却系统控制箱内的交流电源选择开关选择其中一路为工作电源，另一路为备用电源。正常运行时，工作电源投入运行，备用电源处于备用状态，当运行中的工作电源发生故障时，会自动转由备用电源供电。当故障的工作电源恢复正常后，又自动转由工作电源供电。

(7)主变冷却器两路电源应每半年切换一次。

(8)当合上主变高压侧断路器对主变充电后，运行人员应该就地检查各运行方式转换开关处于“工作”位置的主变冷却器是否已自动投入运行，无异常现象。

(9)主变运行中，冷却器的投入台数按照主变上层油温决定，可手动投退。上层油温正常情况下，应该控制在75℃以下。

(10)正常情况下，禁止切换正处于运行状态的冷却器组的运行方式选择开关。

3.4.2 变压器正常运行中的监视与维护

值班人员应按现场规程定期监视、检查运行中和备用中的变压器及其附属设备，以便了解和掌握变压器的运行状态。

1. 变压器的监视

变压器在运行中，值班人员应根据控制盘上的仪表(有功、无功、电流表、温度表等)来监视变压器的运行状态，使负载电流不超过允许值，电压不得过高，温度在允许范围内等，并每小时记录表计数据一次。若变压器在过载条件下运行，除应积极采取措施(如改变运行方式、降低负载等)外，还应加强监视并将过载情况记在记事本上。

厂用变压器的检查维护周期内应根据现场实际情况及有关制度进行检查。

2. 油浸式变压器的正常检查与维护

①值班人员应按岗位职责，对油浸式变压器及其附属设备进行全面维护和检查。

②检查储油柜及充油套管内油位高度应正常，油色应透明稍带黄色，其外壳无漏油、渗油现象。

③检查变压器瓷套管应清洁无裂纹并无放电现象，引线接头接触良好无过热现象。

④检查变压器上层油温不超过允许温度。自冷油浸式变压器上层油温应在85℃以下，强油风冷变压器上层油温应在75℃以下。同时，监视变压器温升不超过规定值，并做好温度检查记录。

⑤检查变压器的声音应正常。变压器在运行中一般有均匀的“嗡嗡”声。如内部有“噼啪”的放电声，则可能是绕组绝缘有击穿现象；如声音不均匀，则可能是铁芯和穿心螺母有松动现象。发现以上异常声音时，应迅速向值长汇报。

⑥协助化学人员做好变压器绝缘油的定期取样工作。运行人员应及时掌握化验结果，及时发现变压器中可能存在的异常情况。

3. 干式变压器的正常维护和检查

干式变压器以空气为冷却介质，比起油浸式变压器具有体积小、质量小、安装容易、维护方便，没有火灾和爆炸危险等特点。在运行中的正常检查维护内容如下：

①高低压侧接头无过热，电缆头无漏油、渗油现象；

②绕组的温升，根据变压器采用的绝缘等级，监视温升不得超过规定值；

③变压器室内无异味，运行声音正常，室温正常，其室内吹风通风设备良好；

④支持绝缘子无裂纹、放电痕迹；

⑤变压器室内屋顶无漏水、渗水现象。

4. 变压器的特殊检查项目

在下列情况下应对变压器进行特殊巡视检查，增加巡视检查次数：新设备或经过检修、改造的变压器投运 72 h 内；有严重缺陷时；气象突变(如大风、大雾、大雪、冰雹、寒潮等)时；雷雨季节特别是雷雨后；高温季节、高峰负载期间；变压器急救负载运行时。当出现上述状况时，检查项目如下：

①当系统发生短路故障或变压器故障跳闸后，应立即检查变压器系统有无爆裂、断脱、变形、移位、焦味、烧伤、闪络、烟火及喷油现象；

②下雪天气，应检查变压器引线接头部分是否有落雪后立即融化或冒蒸汽现象，导线部分有无冰柱；

③雷雨天气，检查瓷套管有无放电闪络现象，并检查避雷器放电记录器的动作情况；

④大风天气应检查引线摆动情况及有无搭挂杂物；

⑤大雾天气，检查瓷套管有无放电闪络现象；

⑥气温骤冷或骤热，应检查变压器的油位及油温是否正常，伸缩节导线及接头是否有变形或发热现象；

⑦变压器过载时对变压器的温度、温升进行特别检查，其冷却系统的风扇、油泵运行正常；

⑧变压器异常运行期间(如轻瓦斯动作)应对变压器的外部进行检查；

⑨大修及新安装的变压器在试运行期间，对变压器的声音、电流、温度、引线套管等部位进行检查无异常及过热现象，同时变压器本体应无漏油、渗油现象，气体继电器内无气体。

3.4.3　变压器投入运行前的准备

(1)变压器投入运行前应做好的准备工作

变压器投入运行前应做好下列工作：

①有关工作票已结束，拆除临时安全措施，恢复常设遮栏及标示牌；

②检查变压器高低压侧断路器、隔离开关均在断开位置；

③按要求测试变压器的绝缘电阻，将结果记录，并与以前所测值比较，如有异常应立即报告处理；

④如果是有载调压变压器投入运行，有载分接头开关电动操作试验应正确无误；

⑤检查变压器的保护投入正常，保护装置无异常现象。

(2)油浸式变压器投入运行前应进行的检查工作

油浸式变压器投入运行前按下列要求进行检查：

①检查储油柜和充油套管的油色和油位正常；

②气体继电器充满油，内部无气体；

③检查变压器顶部无遗留物，各部分引线接触良好，套管瓷绝缘子清洁，无放电痕迹；

④检查油箱，冷却器无渗油、漏油现象；

⑤检查吸湿器硅胶颜色正常，呼吸畅通；

⑥变压器接地线牢固；

⑦检查油路各阀门位置正确；

⑧确认压力释放设备正常；

⑨检查照明、消防设备正常并已投入运行；

⑩检查变压器就地控制柜已送电，就地控制柜的辅助电源已送上；

⑪确认变压器分接开关位置正确；

⑫分别试验启动各组冷却器，检查油泵，风扇运行正常，阀门位置正确，无异常声音或过大振动，试验完成后应将冷却器的选择开关放在正常运行选择位置；

⑬检查母线、避雷器及其断路器等设备是否正常。

(3)干式变压器投入运行前的检查工作

干式变压器投入运行前应进行下列检查：

①检查所有紧固件、连接件、标准件无松动；

②检查变压器本体及套管无异物；

③检查安装于变压器外罩上的温度显示器外观正常(温度显示器在变压器充电后将自动投入运行)；

④检查变压器的铁芯是否良好及永久性接地；

⑤高低压绝缘电阻的测试合格。

检查变压器外罩前后柜门已关好锁紧。

3.5 变压器的故障与处理

变压器发生下列情况之一应立刻停止运行：

(1)变压器的油箱内有强烈而不均匀的噪声和放电的声音，内部有爆裂声，变压器在运行中出现强烈而不均匀的噪声且振动加大。

(2)变压器储油柜或防爆管向外喷油。

(3)变压器在正常负载和正常冷却方式下，变压器油温不断升高。

(4)油色变化过快，在取样进行分析时，可以发现油内含有碳粒和水分，油的酸价增高，闪光点降低，绝缘强度降低。这说明油质急剧下降，很容易引起绕组与外壳间发生击穿事故。

(5)瓷套管发现大的碎片和裂纹，或表面有放电及电弧的闪络痕迹时，尤其在闪络时，会引起套管的击穿，因为这时发热很剧烈，套管表面膨胀不均，甚至会使套管爆炸。

(6)变压器着火，此时应将变压器从电网切断后用消防设备进行灭火。在灭火时，须遵守消防规程的有关规定。

对于上述故障，在一般情况下，变压器的保护装置会动作，将变压器两侧的断路器自动跳闸，如保护因故未动作，则应立即手动停用变压器，再由检修人员进行检修。

变压器常见异常和故障处理：

(1)变压器油位过高或过低。变压器的油位是随变压器内部油量的多少、油温的高低、变压器所带负载的变化、周围环境温度的变化而变化的。此外，由于变压器箱体各部焊缝和放油门不严造成渗漏油也会影响变压器油位的变化。值班人员如果发现变压器的油位高于油位线时，应通知检修人员放油，使油位降低到油位线以下。当变压器油位过低，低于变压器上盖时，会使变压器的引接线部分暴露在空气中，降低这部分的绝缘强度，有可能造成闪络。运行值班人员如发现油位过低、看不到油位计的油位时，应对变压器各部位进行检查，查明原因，并通知检修人员加油。

如果变压器有漏油现象，漏油量不大时，可临时采取堵漏的方法，并及时补油。变压器油位下降时，若在运行中进行补油，应将“重瓦斯”保护退出，补油后运行24h，变压器运行无异常，再将“重瓦斯”保护投入。

当变压器的引出线采用充油套管时，套管油位随气温影响变化较大，不得满油或缺油。发现油位过高或过低时，应放油或加油。

(2)变压器油温升高。

①检查变压器测温装置是否正常，温度表是否指示正确。

②检查变压器是否过载，如果是因为过载引起温度过高，应调整发电机出力或改变运行方式使变压器负载降到额定值，保持变压器温度在报警值以下。

③如果未过载，检查变压器冷却系统的运行情况。如果运行中的冷却器故障而备用冷却器或辅助冷却器在油温高于其启动值又未能自动投入，应切换冷却系统运行选择方式，将备用的冷却器切换至运行方式。

④检查冷却装置的各阀门开启正确，散热器表面无大量的积垢。

⑤在正常负载和正常冷却条件下，变压器油温较平时高出10℃以上或变压器负载不变，油温不断上升，而检查结果证明冷却装置及冷却管路良好，且温度计、测点无问题，则认为变压器已有内部故障(如铁芯故障或绕组匝间短路等)。此时运行人员应加强对变压器的负载监视。进行变压器油的色谱分析，经过综合判断，查明原因，停止变压器运行。

(3)变压器油色不正常。变压器内的绝缘油可以增加变压器内各部件间的绝缘强度，还可以使变压器的绕组和铁芯得到冷却，并且具有熄灭电弧的作用。在检查变压器的过程中，对油色、油位的变化要密切监视。并根据油色、油位的变化，判断变压器的异常。变压器在运行中，由于长期受温度、电场及化学复合分解的作用，会使油质劣化。油质劣化的原因主要是空气和温度的影响。

在变压器中，空气在油箱内的空间与油面接触，而空气中危害最大的是氧气。油被空气氧化后，生成各种有机酸类，可能造成油质劣化。变压器长期通过负载电流时，绕组温度升高，在油温70℃以下时，油几乎很少发生变质，当温度达到120℃或更高时，油将发生氧化。值班人员在变压器跳闸及正常巡视检查时，若发现变压器油位计中油的颜色发生变化，应汇报值长通知检修人员，取油样进行分析化验。当化验后发现油内含有碳粒和水分，油的酸价增高、闪点降低、绝缘强度也降低，这说明油质已急剧劣化、变压器内部存在故障。因此，运行人员应尽快联系投入备用变压器，停止该变压器的运行。在正常检查巡视中，运行人员观察储油柜的油色应是透明带黄色。如呈现红棕色，则说明出现油质劣化现象，应通知有关部门进行油化验，并根据化验结果决定是否进行油处理或更换新油。

(4)变压器过载。变压器的过载运行分为两种情况，即正常过载和事故过载。

①变压器正常过载。变压器在运行中负载是经常变化的。日负载曲线的负载率大多小于1。负载曲线有高峰和低谷，在高峰期间可能过载，绝缘寿命损失将增加；而欠负载运行时，绝缘寿命损失将减小。只要将在大负载期间(高峰期间)多损耗的绝缘寿命和在小负载(低谷)期间少损失的绝缘寿命互相补偿，仍可获得变压器的使用年限，不增加变压器寿命损失的过载称为正常过载。

在正常过载时，油浸自冷变压器为额定值的1.3倍，强迫循环风冷变压器为额定值的1.2倍。在过载期间，绕组最热点的温度不超过140℃，上层油温不超过90℃。运行人员在变压器过载时，应遵照现场运行规程中允许的过载规定执行。

②变压器事故过载。当发电厂及电力系统发生事故时，为了保证对重要用户的连续供电，故允许变压器在短时间内(消除故障所必须用的时间)过载运行，称为事故过载。事故过载以牺牲变压器的寿命为代价，但如果严格执行变压器事故过载规定的数值和时间，不会过分牺牲变压器的寿命。

变压器事故过载的时间和数值，根据不同的冷却方式和环境温度，应按照制造厂的规定执行。在无制造厂规定时，应按表3－6执行。

表3－6　变压器允许过载倍数和时间

过载倍数	1.30	1.45	1.60	1.75	1.00	1.40	3.00
允许持续时间/min	120	80	30	15	7.5	3.5	1.5

变压器过载期间，冷却系统的冷却器全部开启投入。应特别注意，变压器有严重缺陷时，如铁芯烧损、线圈匝间故障修复后，不应过载运行。

变压器在过载时，其各部分的温度比额定负载时高，使绝缘材料的机械、电气性能变坏，逐渐失去绝缘材料原有的性能，产生绝缘老化现象。这种绝缘材料虽有一定的电气强度，但变得干燥而又脆弱，在发生外部故障或正常运行中冲击产生电动力的作用下，很容易损坏。绝缘的老化程度主要受温度的影响。

运行中的变压器过载时，出现电流指示超过额定值，有功、无功电能表指针指示增大，可能伴有“变压器过载”及“变压器超温”等报警信号。

值班人员在发现上述异常现象时，应按下述原则处理：

复归报警，汇报值长，记录过载运行时间；调整负载的分配情况。联系值长采用切换、转移的方法，减少该变压器所带的负载；及时调整运行方式，若有备用变压器时，应将备用变压器投入并列运行，分担一部分负载；属于正常过载，可根据正常过载的时间严格执行。

应增加对该变压器的检查次数，加强对变压器温度的监视，不得超过规定值。变压器存在有较大缺陷(如冷却系统不正常、油质劣化、色谱分析异常等)时，不允许变压器过载运行。

(5)变压器内部发出不均匀的异响。变压器在正常运行中发出的声音应是均匀的“嗡嗡”声，这是由交流电通过变压器绕组时，在铁芯内产生周期性的交变磁通引起的。随着磁通的变化，引起铁芯的振动，而发出响声。由于制造技术、结构材料不同的差异，使变压器这种响声有所差异，但基本上都是均匀的“嗡嗡”声，这是正常现象。如果产生不均匀响声或其他异响都属于不正常现象。运行人员应根据声音进行分析判断，查明原因。

①由于大动力设备启动时产生沉闷的“嗡嗡”声。如厂高变带有大容量的给水泵、循环水泵等电动机，启动电流较大，引起负载骤然变化，如果属于这种现象是短时的，启动完毕后可恢复正常。若变压器的负载为电弧炉或大容量整流电源时，五次谐波分量较大，致使变压器内产生“哇哇”声。

②在用电设备的高峰期间，由于变压器过载，使变压器内发出很高而又沉闷的“嗡嗡”声。

③在长期运行和反复冲击下运行的变压器，使个别部件松动，变压器内发出异响。如因负载突变，某些零件过度松动，造成变压器内部有部件松脱。如果变压器轻载或空载时，使某些离开叠层的硅钢片端部发生共振，造成变压器内部有一阵一阵的“哼哼”声，如铁芯的穿心或紧固螺钉不紧，使铁芯松动，造成变压器内部有周期性的强烈不均匀的“呼呼”声。

④若系统内发生短路故障或接地，在通过较大的短路电流时致使变压器内部发出沉重的“嗡嗡”声，在故障点切除后，变压器的声音恢复正常。

⑤由于内部接触不良或绕组击穿对铁芯或外壳发生间歇放电时，使变压器发出“吱吱”或“劈啪”的放电声。如果铁芯谐振，使变压器内发出“嗡嗡”和尖细的“哼哼”声，这种声音呈周期性变粗或变细。

⑥变压器内部发生短路故障，将产生电动力，发出的声音是“嗡咚”的冲击声。

(6)变压器冷却装置故障。在变压器冷却装置的运行中，冷却系统故障主要是指冷却器的电源失电，风扇、潜油泵的电机故障以及冷却水系统发生异常。上述故障将会使变压器冷却装置全部或部分停止运行。值班人员应根据不同现象进行处理。

①冷却系统全部停运。此时应严密监视变压器上层油温变化情况，尽快查明原因设法恢复。冷却系统一时不能恢复，允许变压器在额定负载下运行，主变最长允许运行时间不超过1 h；当上层油温超过75℃时，主变最长允许运行时间不超过20 min。

②当变压器控制盘上出现“备用冷却器投入”或“备用冷却器投入后故障”信号，说明工作、辅助位置的冷却器跳闸或备用冷却器投入后又跳闸。这种情况可能是由于油泵或风扇电机故障引起的。运行人员应检查工作、备用冷却器跳闸原因，并根据情况倒换冷却器的运行方式，尽快恢复冷却器的运行。

(7)运行中变压器发出“轻瓦斯”保护动作信号。当变压器轻瓦斯信号动作时，运行值班人员应立即查明原因，进行处理。气体保护动作信号的原因有以下三个方面：

①因滤油、加油和冷却系统不严密使空气进入变压器或因温度下降、漏油使油位降低。

②变压器内部轻微故障，而产生微量气体。

③发生穿越性短路，保护的二次回路故障引起的误动作。

如果经变压器外部检查未发现任何异常时，应严密监视变压器的运行情况，如电流、电压及声音的变化，并记录轻瓦斯动作的时间和间隔，此时重瓦斯不得退出运行。值班人员还应检查变压器储油柜油色和油位、气体继电器中的气体量及颜色，收集气体继电器中的气体，判明气体性质。必要时取油样进行化验并进行色谱分析。

④如果轻瓦斯保护多次动作发出信号或间隔时间逐渐缩短，则应尽快安排变压器停用。

⑤气体中不含可燃性成分，且是无色无臭的，说明聚集的气体为空气，此时变压器仍可运行，继续观察。

⑥如果气体有可燃性，则说明变压器内部有故障，应停止变压器运行。并根据气体性质来鉴定变压器内部故障的性质。若为黄色可燃性气体，即为木质故障；若为淡灰色强烈臭味可燃性气体，即为绝缘纸或纸板故障；若为灰色和黑色易燃的气体，即为短路后油被烧灼分解的气体。

(8)变压器保护动作跳闸。变压器在运行中，当断路器自动跳闸时，值班人员应按以下步骤迅速处理：

①当变压器的断路器自动跳闸后，应检查备用变压器是否联动投入。如无备用变压器时，应倒换运行方和负载分配，维持运行系统及设备的正常供电。

②检查确认保护动作的原因，判明保护范围和故障性质。

③了解系统有无故障及故障性质。

④若属于人员误碰、保护有明显误动作或者变压器后备保护动作(过电流及限时过电流)的情况，在故障点切除后，应对变压器进行外部检查确认无异常，并查明故障点确在变压器以外，经请示值长同意，可不经外部检查对变压器试送电一次。

⑤如属于差动、重瓦斯或电流速断等主保护动作，故障时又有明显冲击现象，则应对变压器进行详细检查，并在停电后进行测定绝缘试验等。在未查清原因以前禁止将变压器投入运行，减少变压器的损坏程度或扩大故障范围。如重瓦斯保护动作，判明为变压器内部发生的故障。重瓦斯保护动作后使变压器跳闸，运行人员处理时，应用取样瓶在气体继电器排气门处收集气体，取得气体后可根据气体继电器内积累的气体量、颜色和化学成分，初步判断故障的情况和性质。根据气体的多少可以判断故障的程度，若气体是可燃的，则气体继电器动作的原因是变压器内部故障所致。气体的鉴别必须迅速进行，否则经一定的时间颜色就会消失。根据气体的颜色和性质可初步判断故障的性质和部位，若为黄色不易燃烧性气体，即为木质部分故障；若为淡灰色强烈臭味可燃性气体，即为绝缘纸或纸板故障；若为灰色或黑色易燃的气体，即为短路后油被烧灼分解的气体。根据鉴别情况，结合变压器的结构和绝缘材料，以及对变压器油的色谱分析和变压器电气试验，就可分析判断出变压器的故障部位，为检修变压器创造条件。

⑥详细记录故障现象、时间及处理过程。

(9)变压器着火的处理。

①变压器着火时，应立即断开变压器两侧电源，停运冷却器，隔离其他辅助电源。

②主变或厂高变着火时，应将该单元机组解列停机。

③如果变压器的消防装置未启动，应手动启动变压器灭火装置，通知消防人员，按照消防规程灭火。在变压器灭火过程中，可用干粉灭火器灭火。地面油坑着火时，可用黄沙或干粉灭火器灭火。

第4章

励磁系统

4.1 励磁系统概述

4.1.1 励磁系统的基本组成

励磁系统是同步发电机的重要组成部分，它是供给同步发电机励磁电源的一套系统。励磁系统是一种直流电源装置。励磁系统一般由两部分组成：一部分用于向发电机的磁场绕组提供直流电流，以建立直流磁场，通常称作励磁功率输出部分(或称励磁功率单元)；另一部分用于正常运行或发生故障时调节励磁电流，以满足安全运行的需要，通常称作励磁控制部分(或称励磁控制单元或励磁调节器)。

励磁功率单元向同步发电机转子提供直流电流，即励磁电流，以建立直流磁场。励磁功率单元有足够的可靠性并具有一定的调节容量。在电力系统运行中，发电机依靠电流的变化进行系统电压和本身无功功率的控制。因此，励磁功率单元应具备足够的调节容量以适应电力系统中各种运行工况的要求，而且它有足够的励磁顶值电压，电压上升速度具有较大的强励能力和快速的响应能力。

励磁调节器根据输入信号和给定的调节准则控制励磁功率单元的输出，是整个励磁系统中较为重要的组成部分。励磁调节器的主要任务是检测和综合系统运行状态的信息，以产生相应的控制信号，经放大后控制励磁功率单元以得到所要求的发电机励磁电流。系统正常运行时，励磁调节器就能反映发电机电压高低以维持发电机电压在给定水平。应能迅速反应系统故障，具备强行励磁等控制功能以提高暂态稳定和改善系统运行条件。

在电力系统的运行中，同步发电机的励磁控制系统起着重要的作用，它不仅控制发电机的端电压，而且还控制发电机无功功率、功率因数和电流等参数。

4.1.2 励磁系统的功能

励磁系统是发电机的重要组成部分，它对电力系统及发电机本身的安全稳定运行有很大的影响。励磁系统的主要作用有：

(1)机端电压调节：在发电机空载状态下，空载电势就等于发电机端电压，改变励磁电流可以改变发电机端电压。

(2)无功功率调节：发电机迟相运行时输出无功功率，发电机进相运行时吸收无功功率。

(3)提高电力系统的稳定性：包括静态稳定性、暂态稳定性及动态稳定性。

(4)灭磁功能：发电机发生事故或正常停机时，能对发电机进行自动灭磁，保证发电机的安全。

与常规燃煤机组励磁系统不同，燃气-蒸汽联合循环机组的励磁系统除了在机组正常运行时负责电压、无功功率调节之外，在机组启动过程中，还需配合 SFC，承担燃机点火和机组冲转的重任。

4.1.3 励磁系统的暂态性能指标

励磁系统的暂态性能指标有强行励磁顶值电压倍数、励磁电压上升速度和励磁电压上升响应时间。

(1)强行励磁顶值电压倍数，是指在强励作用下励磁功率单元输出的最大励磁电压与额定励磁电压的比值。强励倍数用于衡量励磁系统的强励能力，现代同步发电机励磁系统的强励倍数一般为 1.6～2。强励倍数越高，越有利于电力系统的稳定性。

(2)励磁电压上升速度，是指当强励作用时，在时间间隔为励磁机等效时间常数之内，顶值励磁电压与额定励磁电压差值的 0.632 倍的平均上升速度与额定电压之比。

(3)励磁电压上升响应时间，是另一个反映响应时间快慢的指标，是指励磁电压从额定值上升到 95% 顶值励磁电压的时间。

4.1.4 励磁系统的常用励磁方式

发电机励磁方式通常根据励磁电源来区分，主要分为以下 3 种方式：

(1)直流励磁机励磁方式。励磁电源是直流发电机，直流励磁机通常和同步电机装在同一轴上，由原动机带动旋转，励磁功率取自轴功率，与交流网络无关。

(2)他励硅整流励磁系统。这种励磁系统采用与发电机同轴的交流发电机作为交流励磁电源，经整流后，供给发电机励磁。这种励磁系统根据整流装置是静止还是旋转，可分为他励静止励磁系统和他励旋转式励磁系统。他励旋转式励磁系统由于和发电机同轴，不需要经过转子滑环及碳刷引入，故又称旋转无刷励磁方式。

(3)自励硅整流励磁系统。这种励磁电源取自发电机本身或发电机所在的电力系统，如在发电机出口处接一台励磁变压器，励磁变压器作为交流电源，通过静止可控硅整流，供给发电机励磁。在这种励磁系统中，励磁变压器、可控硅整流等都是静止元件，所以这种励磁系统又称静止励磁系统。自励硅整流励磁系统也有几种不同的形式，如果只用一台励磁变压器并联在发电机端，则称为自并励式。如果除励磁变压器外，还有与发电机定子回路串联的变压器作为交流励磁电源，则构成自复励形式等。

因为发电机的容量不断扩大，励磁电流可达数千，乃至上万安培，已经超过了直流励磁的制造极限，所以在现代大型发电机设备上不再采用直流励磁系统。下面只介绍目前 F 级燃气轮机电厂普遍采用的自并励励磁系统。

自并励励磁系统原理接线图如图 4-1 所示。在这种励磁方式中，发电机励磁电源取自发电机机端，经过励磁变压器 EXT 降压，可控硅整流器 SCR 整流后供给发电机励磁。自动励磁调节器 AVR 通过装在发电机出口的电压互感器 TV 和电流互感器 TA 采集实时的发电机电压、电流信号，按事先确定的调节准则控制触发三相全控整流桥可控硅的移相脉冲，从而调节发电机的励磁电流。使得发电机在运行时实现自动稳压，在并网时实现自动调节无功功率，提高电力系统的稳定性。启励电源一般取自厂用低压 380 V 母线，或者取自直流系统 220 V 或 110 V。

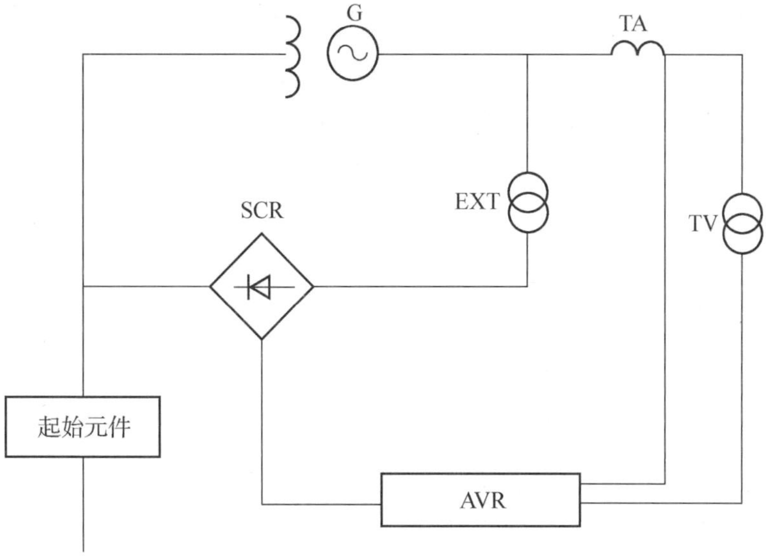

图 4－1 自并励励磁系统原理接线图

自并励励磁系统由于取消了励磁机，缩短了机组长度，因此具有维护工作量小、可靠性高、轴系稳定性好、励磁响应速度快等特点，这些优点使得自并励励磁系统得到了广泛采用。

4.1.5 可控硅整流装置

可控硅整流装置是励磁系统的重要组成部分，现代同步发电机的励磁电流，基本上来自交流电通过整流装置转换成的直流。整流装置主要采用晶闸管(thyristor)作为整流元件。

晶闸管的种类较多，可控硅整流管 SCR(silicon controlled rectifier)是晶闸管的一种，它和二极管一样是一种单方向导电的器件，但它不像二极管那样在正阳极状态就可以导通，晶闸管比二极管多了一个控制极，它必须在正阳极状态下，控制极加上触发电压才能导通。正是由于晶闸管的这一可控性，可控硅整流装置在励磁系统得到了广泛应用。

在诸多的可控硅整流装置接线方式中，三相全控桥式接线能够较好地平滑直流输出的波形。因此，在现代同步发电机励磁系统中，三相全控桥式接线已经成为通用的选项。

三相全控桥式整流电路的 6 个整流元件全部采用可控硅，这一电路称为三相全控桥式整流电路，其工作原理如图 4－2 所示。

图 4－2a 中 T_1、T_3、T_5 为共阴极组，T_2、T_4、T_6 为共阳极组。当控制角 $\alpha=0$ 时，各可控硅的触发脉冲在对应自然换流点施加，如图 4－2b 中的 d 点，a 相电压最高使得共阴极组 T_1 导通，b 相电压最低使得 T_6 导通，此时整流桥输出电压为 U_{ab}。这种状况持续到 g 点，由于此时 c 相电压变成最低，因此，共阳极组换成 T_2 导通，而共阴极组因为 a 相电压仍然最高，故 T_1 继续导通，此时整流桥输出电压为 U_{ac}。到了 e 点后，共阴极组则由 T_1 导通变成 T_3 导通，整流桥输出电压也变成 U_{bc}。以此类推，在三相正弦波电压的焦点 $d(\pi/6)$，$g(\pi/2)$，$e(5\pi/6)$，$h(7\pi/6)$，$f(9\pi/6)$，$i(11\pi/6)$都分别会自动发生一

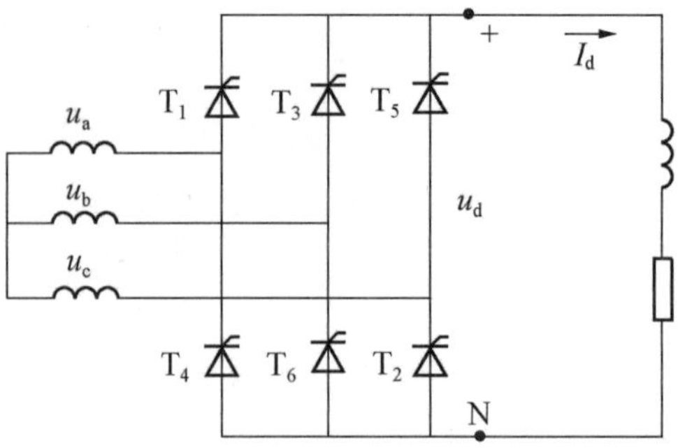

(a) 三相桥式全控整流电路

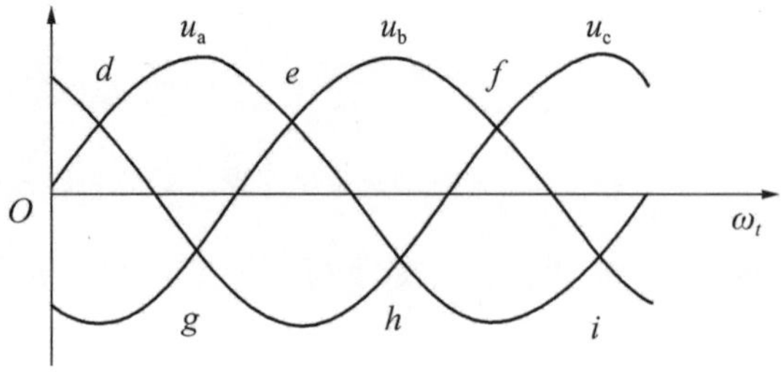

(b) 输入相电压波形

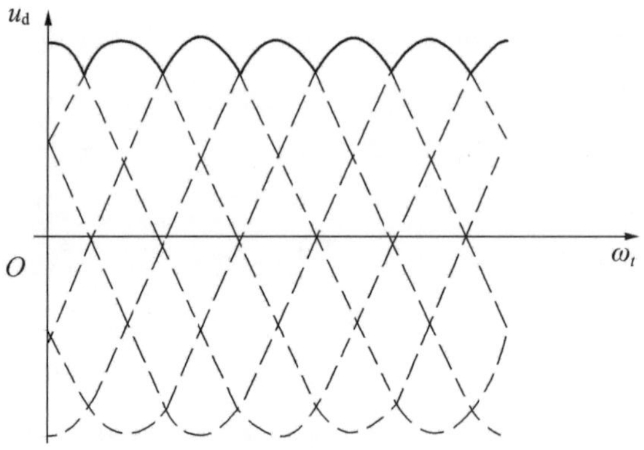

(c) 输出波形

图 4－2　三相全控桥式整流电路

次共阴极或共阳极组导通可控硅换相。因此，上述各点称为自然换流点。对应点位分别触发(T_6，T_1)，(T_1，T_2)，(T_2，T_3)，(T_3，T_4)，(T_4，T_5)，(T_5，T_6)可控硅导通。

当控制角 $\alpha>0$ 时给可控硅的触发脉冲在对应的自然换流点滞后 α 处施加，则换流点分别处在 $\pi/6+\alpha$，$\pi/2+\alpha$，$5\pi/6+\alpha$，$7\pi/6+\alpha$，$9\pi/6+\alpha$，$11\pi/6+\alpha$，如图4－3所示。

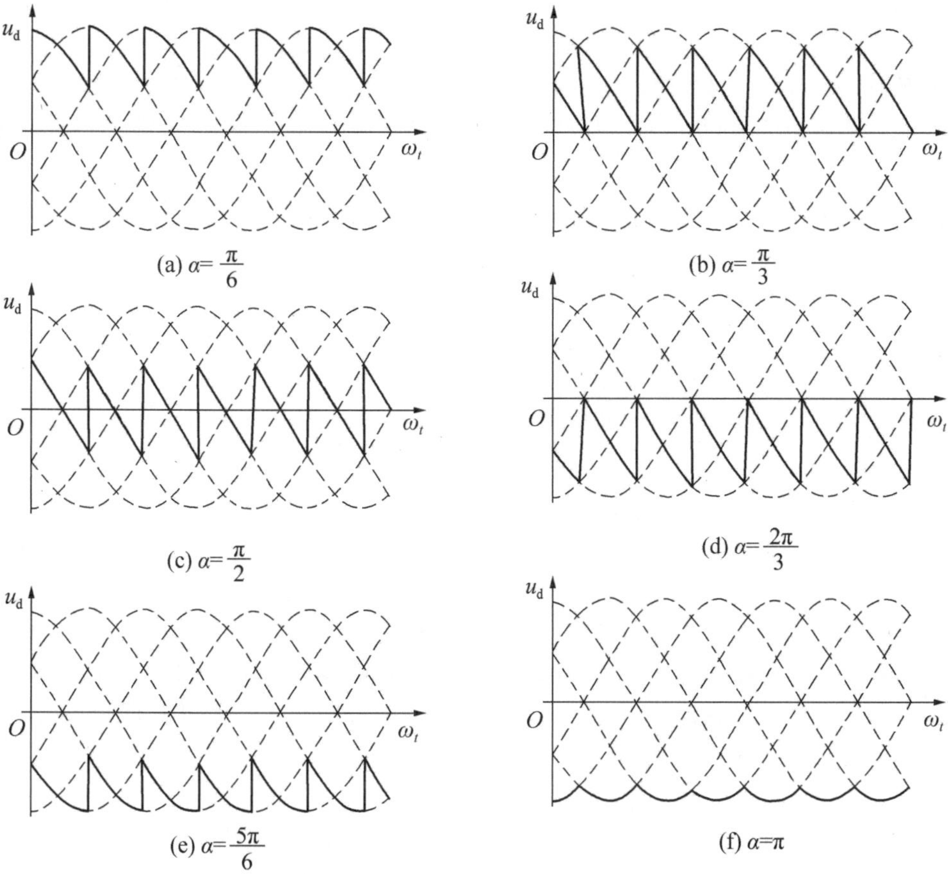

图4－3　不同控制角 α 下的输出波形

在图4－3中，假设自然换流点 d 之前，共阳极组 T_6 和共阴极组 T_5 导通，到达 d 点后，a 相电压开始成为最高，但因为 T1 在 $\omega_t=(\pi/6+\alpha)$ 以前没有施加脉冲，所以共阴极组维持 T_5 导通，共阳极组维持 T_6 导通，整流桥输出电压始终为 U_{cb}，$\omega_t=(\pi/6+\alpha)$ 时触发 T_1 导通，T_5 变为截止。因此，整流桥输出电压变为 U_{ab} 这种情况一直持续到 $\omega_t=(\pi/2+\alpha)$ 时触发 T_2 导通，T_6 变为截止，整流桥输出电压变为 U_{ac}。以此类推，图4－3分别给出了不同 α 时整流桥输出电压波形。

经过计算，在控制角 $0\leqslant\alpha\leqslant\pi/2$ 时，三相桥式全控整流电路输出的直流电压平均值为 0～1.35U（整流桥交流侧电压有效值）之间连续可调，整流桥工作在整流状态，将交流变为直流。而一旦 $\alpha>\pi/2$，输出的直流电压平均值就小于零，整流桥工作在逆变状态，将直流变为交流。在发电机励磁系统中，逆变工作状态主要在励磁系统强行减磁和灭磁时出现。

三相桥式全控整流电路的工作原理可以总结如下：

①在任意瞬间必须有两个可控硅导通，且共阴极组和共阳极组各一个才能形成导电回路。

②对于共阳极组的触发脉冲，必须保证 T_2、T_4、T_6 依次导通，因此，它们的触发脉冲之间相位差为 2π/3，对于共阴极组的触发脉冲要保证 T_1、T_3、T_5 依次导通，它们之间的触发脉冲的相位差也为 2π/3。

③由于共阴极组的可控硅是在电源电压的正半周触发导通，而共阳极组的可控硅是在负半周触发导通，因此同一相的两只可控硅的触发脉冲相位相差π。

④每隔π/3 要有一个可控硅换流，因此每隔 π/3 要触发一只可控硅，触发顺序是 $T_1 \to T_2 \to T_3 \to T_4 \to T_5 \to T_6 \to T_1$。

⑤只要负载电感足够大，在任意控制角下，元件导通的角度不变，即为 2π/3。

可控硅整流元件是励磁装置中的重要功率器件。在运行中需要采取适当的保护和抑制措施，防止元件的失常甚至损坏。

(1)过流保护。可控硅元件出现过电流的主要原因是过载、短路和误触发。通常采用熔断器来切除故障。

(2)过压保护。可控硅整流电路发生过电压的原因：一是由于装置拉、合闸等引起的过压；二是由于元件关断时产生的关断电压，还有因雷击等原因从电网侵入的浪涌电压。常用的过电压保护措施 主要有下述 3 种：

①阻容保护。阻容保护是利用电容两端电压不能突变，但能储存能量的特性，可以吸收瞬间的浪涌能量，抑制过电压。串联电阻主要是防止电容与回路电感产生谐振。阻容吸收回路经常并联在整流桥的直流输出部分，用于吸收整流桥本身产生的过电压。也可用于交流侧，抑制交流侧产生的过电压。

②非线性电阻。采用非线性电阻进行过电压保护主要用在两个地方：一是并联在转子励磁绕组两端，用于吸收诸如快速灭磁过程中在直流侧产生的过电压；二是接在励磁变压器的二次侧，用于抑制交流侧入侵的过电压。由于非线性电阻的压敏特性，正常运行时，非线性电阻呈现高阻态，只有很小的漏电流流过非线性电阻。一旦出现过电压，非线性电阻阻值急剧下降到很低的数值，从而将过电压限制在安全水平。

③避雷器。装设在励磁变压器的原边，用于限制大气过电压和操作过电压。如果机端已有防护措施限制大气过电压和操作过电压到安全水平，则在励磁变压器原边可以不再另外装设。

4.1.6 励磁调节系统

1. 励磁调节器任务及要求

励磁调节器是励磁控制系统中的重要组成部分，其基本任务是监测和综合励磁控制系统运行状态的信息，包括发电机机端电压、有功功率、无功功率、励磁电流和频率等，并产生相应的控制信号，控制励磁功率单元输出，达到自动调节励磁、满足发电机及其系统运行需要的目的。由于励磁调节器的主要作用是实现发电机电压的自动调节，因此又简称为自动电压调节器 AVR(automatic voltage regulation)。

自动励磁调节器在完成上述功能基础上，还必须满足下述要求：

①具有较小的时间常数，能迅速响应输入信息的变换。

②具有较高的调压精确度。

③要求调节灵敏度没有失灵区。

④保证调节系统运行稳定、可靠，调整方便，维护简单。

2. 励磁调节器的系统构成及工作原理

励磁调节器根据检测到的发电机的电压、电流或其他状态量的输入信号，按照给定的励磁控制准则自动调节励磁功率单元的输出。

励磁调节器一般由基本控制、辅助控制和励磁限制三大部分组成。图 4－4 表示出了励磁调节器的基本组成单元。

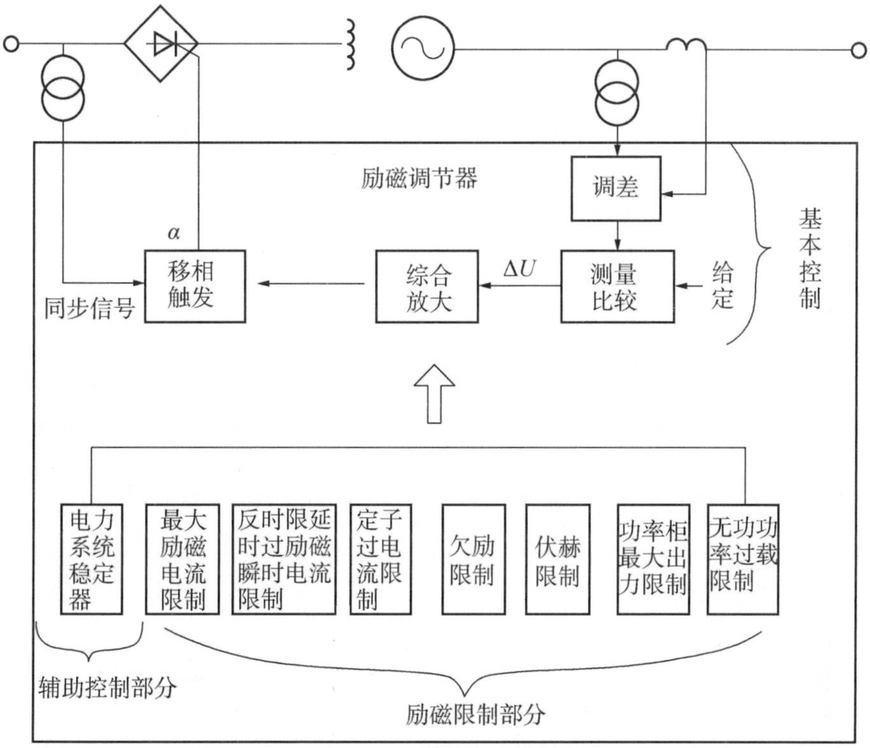

图 4－4　励磁调节器的基本组成单元

基本控制部分是励磁调节器的核心，它主要实现同步发电机的电压调节和无功分配等最为基本的控制功能。通常包括以下单元：测量比较单元、调差单元、综合放大单元和移相触发单元。

辅助控制部分主要是根据运行的需要，在基本控制部分之外，附加的一些稳定控制部分和补偿环节，用来改善电力系统的稳定性。主要包括电力系统稳定器 PSS(power system stabilizer)。

励磁限制部分主要是在各种异常运行情况下，提供必要的励磁限制信号，并闭锁基本控制信号和辅助控制信号以保证机组的稳定和安全运行，主要包括最大励磁电流限制、欠励限制、反时限延时过励磁瞬时电流限制、伏赫限制和无功功率过载限制、定子过电流限制等。

1)测量比较单元

测量比较单元其主要作用是将同步发电机机端电压互感器传来的三相交流电压，经过电压测量变压器降压，再经过整流器整流为所需要的直流信号电压，与给定的直流参考电压比较后，得出电压偏差信号，输出至综合放大单元。

测量比较单元通常由测量变压器、整流电路、滤波电路和电压比较、整定电路等环节组成。

2）调差单元

调差单元用于改变发电机电压调节特性斜率，实现并联运行机组间的无功功率合理分配。微机励磁调节器中，调差单元直接作用于电压给定环节。

调差系数 δ 用来表征发电机调差外特性曲线的变化趋势。调差特性曲线如图 4－5 所示。

调差系数的物理意义为同步发电机在功率因数等于零的情况下，无功功率从零变化到额定值时，发电机端电压变化的相对值。

习惯上规定，向下倾斜的特性曲线（即电压随无功负荷增加而下降）的调差系数为正，称为正调差；向上倾斜的特性曲线（即电压随无功负荷增加而上升）调差系数为负，称为负调差。运行中的同步发电机具有正调差系数，该值一般取 3%～5%。

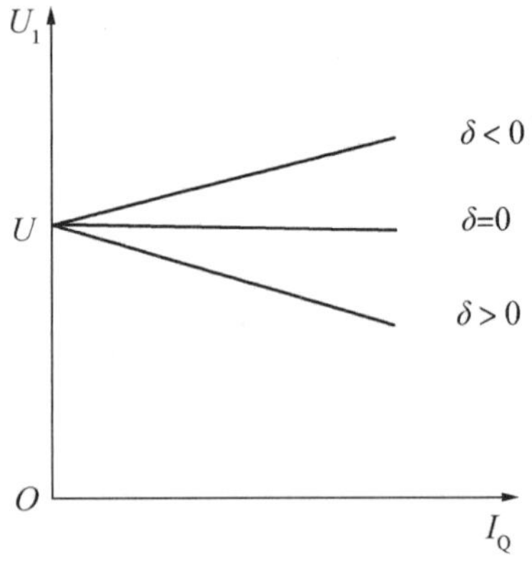

图 4－5　调差特性曲线

3）综合放大单元

综合放大单元的任务是：根据励磁装置应实现的功能，线性叠加测量偏差、辅助控制以及限制等信号，并加以放大，进而获得满足移相触发单元所需要的控制信号。

4）移相触发单元

①移相触发单元的作用。产生触发脉冲，用来触发整流桥中的可控硅，其触发脉冲的相位随综合放大单元输出的控制电压的大小而改变，达到调节励磁的目的。

②移相触发的基本原理。利用主回路电源电压信号产生一个与主回路电压同步的幅值随时间单调变化的同步信号，将其与来自综合放大单元的控制信号比较，在两者相等时产生触发脉冲。

③移相触发单元一般包括同步、移相脉冲形成和脉冲放大环节。

4.1.7　励磁系统的灭磁方式

1. 灭磁的作用与要求

灭磁的作用是当发电机内部及外部发生故障，诸如定子接地、定子匝间短路、定子相间短路以及发电机－变压器组短路时，能迅速切断发电机的励磁，并将蓄存在励磁绕组中的磁场能量快速消耗在灭磁回路中。

对灭磁的要求如下：

①灭磁时间应尽可能短，这是评价灭磁装置的一项重要技术指标。

②发电机灭磁时转子绕组两端的过电压不应超过允许值，其值通常取为转子额定励磁电压的 4～5 倍。

2. 常用灭磁方法及其特点

灭磁最直接的方法是将磁场回路断开，使磁场电流瞬间回到零，完成灭磁。但因为同步发电机励磁绕组具有很大的电感，所以在切断励磁回路进行灭磁的过程中，励磁绕组两端会产生很高的灭磁过电压。灭磁速度越快，即励磁回路中电流衰减得越快，灭磁过电压就越高。因此，在断开磁场回路的同时，要想办法将转子励磁绕组接入消能装置上迅速消耗其中的蓄能。理想的灭磁过程是指在保证灭磁过电压不超过转子励磁绕组允许值的前提下，转子电流按直线规律衰减，直到灭磁结束。

目前，在电力系统中常用的灭磁方式主要有5种。

(1)线性电阻灭磁。利用线性电阻放电灭磁是一种传统的灭磁方法。它很早就被用于同步发电机的灭磁保护。灭磁电阻越大，灭磁速度就越快，但数值过大会使励磁绕组承受过高的电压。线性电阻作为耗能器件，随着转子电流的降低，电阻上的电压也降低，电阻上的耗散功率成倍地降低，相对而言灭磁时间会延长。

(2)非线性电阻灭磁。非线性电阻灭磁是利用非线性电阻的非线性伏安特性，保证灭磁过程中灭磁电压能较好地维持在一个较高水平，从而保持电流快速衰减，达到灭磁的目的。

(3)逆变灭磁。逆变灭磁只适合于励磁电源采用全控整流桥的励磁系统。当需要灭磁时，将全控桥的控制角后退到最小逆变角，全控桥就可从整流状态过渡到逆变状态，转子励磁绕组中蓄存的能量就逐渐被反送回交流电源侧。

(4)灭弧栅灭磁。灭弧栅灭磁主要是利用在相距很短的金属电极间形成的电弧压降近似保持恒定的原理来获得较快的灭磁速度。

(5)由可控硅跨接器与灭磁电阻组成的灭磁方式。一组正反向并联的可控硅串联一个放电电阻后再并联在励磁绕组两端，当可控硅的触发器电路检测到转子过电压后，立即发出触发脉冲使可控硅导通，利用放电电阻吸收过电压能量。

典型的跨接器灭磁系统原理接线如图4－6所示。这种灭磁系统主要是考虑降低对灭磁开关的性能要求，可采用通用的灭磁开关。系统由并联连接的正、反向可控硅整流器V_2和V_1组成的跨接器与灭磁电阻相接后并接在励磁绕组两端。可控硅跨接器回路包括下列元件：

①反向过电压保护可控硅元件V_1及正向过电压保护元件V_2。

②包括过电压测量单元的可控硅触发回路。

③电源及电流监测报警回路。

在灭磁时为励磁电流提供通路的可控硅元件V_1的触发回路有多重的测量回路予以保证，在对灭磁开关发出跳闸指令时，由独立的触发回路使灭磁可控硅元件V_1导通，接通灭磁电阻。即使此触发回路故障，由灭磁开关断开时所产生的过电压亦足以使灭磁

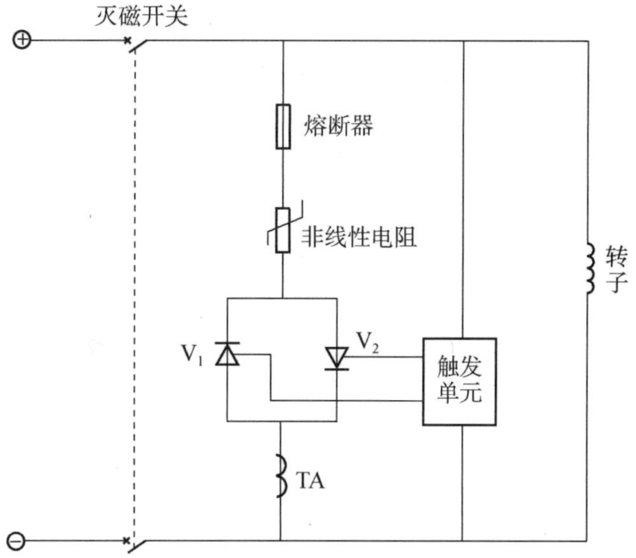

图4－6 非线性电阻跨接器灭磁系统原理

可控硅元件 V_1 导通。此外，可控硅元件自身亦可提供一种后备的灭磁保护措施。例如，当选择灭磁可控硅元件 V_1 的正向峰值阻断电压低于断路器产生的弧电压时，即使在上述两种触发回路均故障的情况下，此时可控硅元件 V_1 自身也可被此弧电压所强制触发而构成通路。这种操作方式，虽然导致可控硅 V_1 损坏，但是灭磁作用却得到了保证。

在正向过电压作用下，测量回路中的雪崩二极管将被导通，进而触发正向过电压保护可控硅元件 V_2，使正向过电压被吸收和抑制。一旦正向过电压保护元件导通，则必须立即切断整流器的触发脉冲，避免电源继续通过 V_2 向灭磁电阻续流。当正向过电压回路动作后，非同步状态仍在继续时，通常经过一段时间，需跳开磁场断路器进行灭磁。

4.2 励磁系统的应用实例

励磁系统包括励磁电源和励磁装置，其中励磁电源的主体是励磁变压器；励磁装置则根据不同的规格、型号和使用要求，分别由调节屏、控制屏、灭磁屏和整流屏几部分组合而成。

M701F 型燃气-蒸汽联合循环发电机组采用自并励静止励磁方式。励磁系统采用 UNITROL 5000 是 UNITROL 系列的第五代励磁调节器。静止励磁系统通过晶闸管整流桥控制励磁电流来调节同步发电机端电压和无功功率。

励磁电源通过励磁变压器从发电机机端取电；励磁装置由八台柜子组成，分别是发电机励磁进线柜(+EA)、四个整流柜(+EG_1 ~ +EG4)、直流母线出线柜(+EE)、灭磁开关柜(+ES)、AVR 励磁调节柜(+ER)。四个整流柜按 N-2 方式设计，即一个整流柜故障，不影响励磁装置正常运行；两个整流柜故障，装置仍能维持发电机端电压在额定值运行，但不能实现强励。

UNITROL 5000 励磁系统可分为 5 个主要部分，如图 4-7 所示。

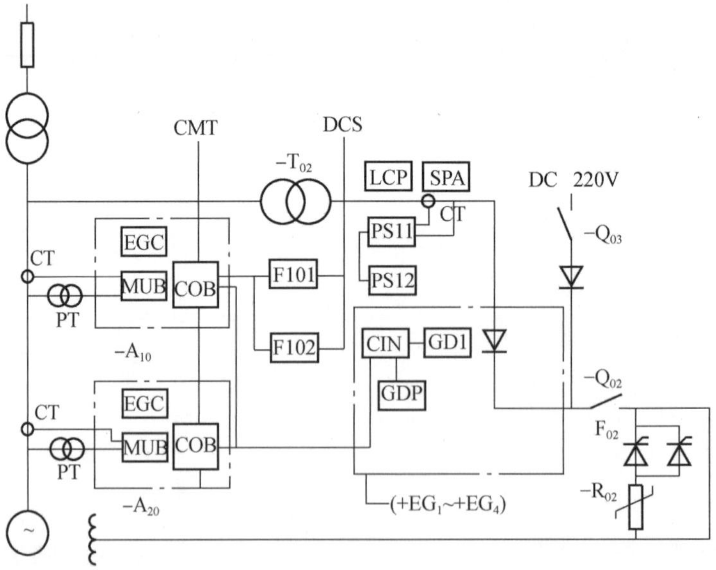

图 4-7 UNITROL 5000 励磁系统的组成

(1)励磁变压器($-T_{02}$)。励磁变压器采用三相干式变压器，容量4890 kVA，连接组标号Y/d11，满载二次线电压为830 V，一次电压20 kV。正常运行时，励磁系统由发电机机端电压经过励磁变压器供电，同步发电机的磁场电流经由励磁变压器($-T_{02}$)、晶闸管整流桥($+EG_1$～ $+EG_4$)和磁场断路器($-Q_{02}$)供给。励磁变压器将发电机机端电压降低到晶闸管整流桥所需的输入电压，在电气上将发电机电压与发电机磁场绕组之间隔离，并为晶闸管整流器提供整流阻抗，限制交流侧和直流侧的短路电流。

(2)两套相互独立的励磁调节器($-A_{10}$～ $-A_{20}$)。自动电压调节器采用冗余设计，每个调节器包含一个自动通道、一个手动通道和一个紧急手动通道，如图4-8所示。

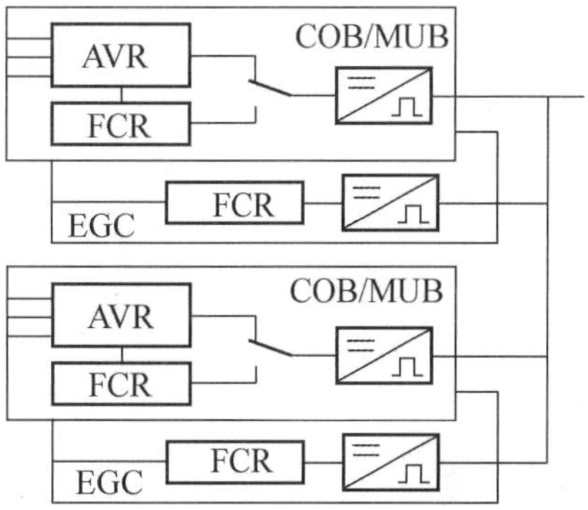

图4-8 自动电压调节器冗余配置图

该单元功能采用标准板卡，主要板卡及功能简述如下：

①控制板(COB)，采用微处理器，是该控制系统的心脏。主要功能包含了所有励磁调节功能，导通脉冲计算和产生，过励、欠励限制等，COB支持与就地控制单元(LCP)、手持编程器(SPA)和调试软件CMT工具的通信。

②测量单元板(MUB)，也采用了微处理器，辅以快速输入输出板(FIO)和电力信号板(PSI)来实现测量和控制信号的快速处理、电气隔离以及信号转换。

③扩展的门极控制器(EGC)，该板是备用通道，在自动和手动通道都有故障时实现励磁电流调节。此外，每个整流柜内配有功率柜接13板(CIN)、控制极驱动接口板(GDI)和晶闸管显示器(CDP)，用以实现每个功率柜脉冲的形成和触发回路。

(3)晶闸管整流器单元($+EG_1$～ $+EG_4$)。晶闸管整流装置整流方式为三相全控桥，具有逆变能力，整流柜数量4个，每柜可提供2000 A电流。如一个柜故障退出，其余的柜可满足包括1.1倍额定励磁和强励在内的各种运行工况的要求；如退出两个柜，能保证发电机在额定工况下连续运行。每个晶闸管元件设快速熔断器保护，以便及时切除短路故障电流，每柜的交流侧设浪涌吸收措施抑制尖峰过电压。冷却方式采用强迫风冷，风机采取冗余设计，具有100%备用，在风压或风量不足时备用风机自动投入。冷却风机电源为两路并自动切换。

(4)启励单元($-Q_{03}$)。应用了高频脉冲列触发技术，励磁系统在日常启停机过程中，已实现了无需外部辅助电源的残压启励，正常启励过程中，晶闸管整流器的输入端仅需要约10～20 V的电压即可正常工作，220 V直流系统仅仅提供40A的直流电流作为辅助后备措施(图4-9)，与其他励磁装置相比，大大简化了启励回路，同时也提高了开机成功率。

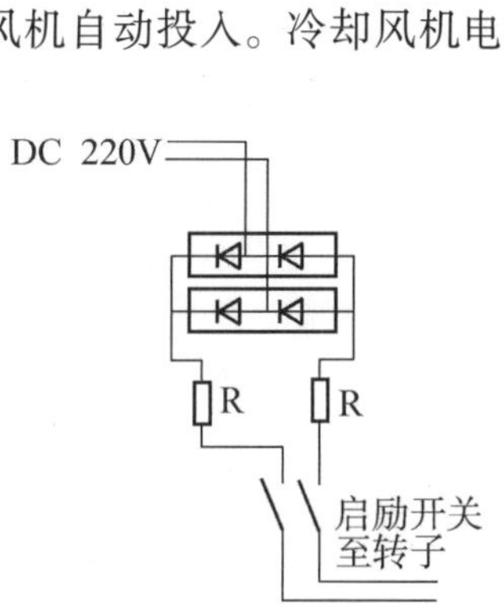

图4-9 启励回路

(5)灭磁单元($-Q_{02}$，$-F_{02}$，$-R_{02}$)。采用独特的Crowbar技术实现转子灭磁和过电压保护(图4-10)。正常停机时，采取逆变灭磁方式；事故停机状况下，采用灭磁开关和非线性电阻灭磁方式。当转子电压高于过电压定值时(无论正向还是反向过电压)，就触发晶闸管导通，将非线性电阻接入转子，消耗转子回路上的能量；跨接器还可作灭磁时的耗能回路，当发电机灭磁时，励磁调节器触发一个触发命令到跨接器，使发电机转子绕组接入灭磁电阻进行灭磁。

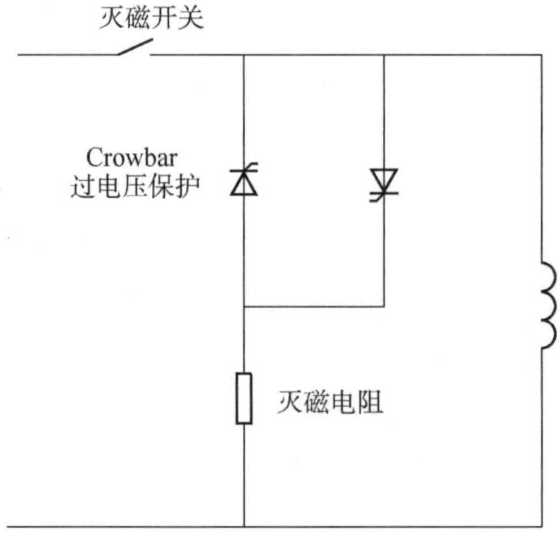

图4-10　灭磁和过电压保护回路

4.3　励磁系统的运行与维护

1. 励磁系统投入运行准备工作

①合上励磁调节器工作电源开关；

②合上灭磁开关的控制电源开关；

④合上整流柜风机的电源开关；

⑤合上整流加热器的电源开关(具体投退可根据环境温度和季节变化决定)；

⑥合上励磁启动变低压侧断路器与励磁变低压侧断路器的控制电源总开关和各自的控制电源开关；

⑥励磁启动变低压侧断路器和励磁变低压侧断路器的控制方式开关切换至“远程”位置；

⑦励磁系统没有报警和故障信息产生；

⑧励磁系统切换到远程控制方式；

⑨励磁系统切换到自动运行方式。

2. 启停过程励磁系统控制流程

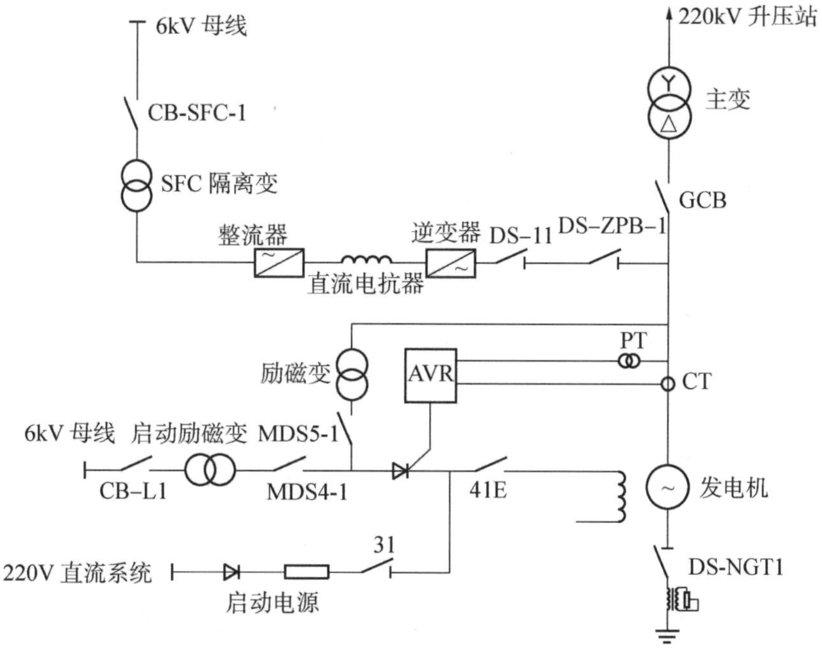

图 4－11 SFC 及励磁系统图

CB－SFC－1—隔离变高压侧断路器；CB－L1—启动励磁变 6 kV 进线断路器；
DS－11—启动#1 发电机的切换开关；DS－ZPB－1—SFC 启动隔离开关；
GCB—发电机出口断路器；MDS5－1—励磁变低压侧断路器；MDS4－1—启动励磁变低压侧断路器；
DS－NGT1—发电机中性点接地隔离开关；41E—灭磁开关；31—启励电源切换断路器

3. 发电机在 SFC 启动方式下启动、并网以及解列时的励磁系统控制流程

由燃机控制系统发出启动指令，励磁变低压侧断路器 MDS5－1、发电机中性点接地隔离开关 DS－NGT1 立即断开，#1SFC 启动#1 发电机的切换开关 DS11，启动励磁变低压侧断路器 MDS4－1 立即闭合。其后，SFC 启动隔离开关 DS－ZPB－1、启动励磁变 6 kV 进线断路器 CB－L1 闭合，最后闭合 SFC 隔离变高压侧断路器 CB－SFC－1。当上述操作完成后，由 TCS 发出闭合灭磁开关的指令，AVR 由“电压恒定”自动切换至“磁场电流恒定”方式运行。当燃机冲转至 510 r/min 时，AVR 自动切换至“电压恒定”方式运行，燃机继续升速到 700 r/min，而发电机机端电压升为 3.4 kV，燃机保持转速 700 r/min，并进行吹扫。清扫完成后，燃机进入点火阶段，转速降为 550 r/min。

此后燃机进入加速升速过程，直到转速升到 2000 r/min，当燃机转速为 2000 r/min，SFC 控制停止，首先断开灭磁开关。灭磁开关断开后，相继断开 CB－SFC－1、CB－L1，AVR 切换为“磁场电流恒定”，励磁变低压侧开关 MDS5－1、发电机中性点接地隔离开关 DS－NGT1 自动闭合以后，在 DCS 控制下，燃机转速达到额定值。手动合上灭磁开关，在燃机控制系统作用下，发电机电压自动上升，最后达到额定电压，发电机通过自动准同期装置并网。

当机组需要停机时，燃机控制系统发出停机指令，负载降到设定值后自动断开发电机出口断路器(GCB)，断开励磁变低压侧开关 MDS5－1，AVR 退出励磁控制，灭磁开关自动断开。

4. 启励升压操作

①自动升压。自动开机升压可以完全由机组 DCS 控制。在机组转速达额定转速后，运行人员在 DCS 上手动合上灭磁开关后，自动将发电机机端电压升至额定值。

②手动升压。机组转速达到额定转速后，设置自动励磁调节器启励方式为“U_t”或“I_f”，还可通过小键盘“ + ”“ – ”来设置发电机电压或励磁电流给定值，手动对发电机机端升压。

励磁装置的作用之一就是维持发电机机端电压保持在给定水平，作用之二就是合理分配并联机组之间的无功功率。这两个作用分别体现在发电机并网前、后，都是靠改变调节器的给定值来达到的。

在 AVC 未投入的情况下，通过 DCS 上的按键在并网前调节机端电压，并网后调节无功功率。AVC 投入的情况下，DCS 上的按钮就屏蔽了。

励磁装置正常运行时，通道采用自动方式运行。在通道发生故障时的切换顺序如下（假定励磁系统在通道 1 的自动方式下运行，通道 2 备用）：

通道 1 的自动调节器故障，装置自动切换至通道 2 的自动调节器运行；若通道 2 的自动调节器故障，则自动切回通道 1 的自动调节器运行，若通道 1 的自动调节器故障未消除，则自动切换至通道 2 的手动调节器运行；若通道 2 的手动调节器故障，则自动切换至通道 1 的手动调节器运行；若通道 1 的手动调节器故障，则自动切换至通道 2 的紧急备用通道运行；若通道 2 的紧急备用通道故障，则发跳闸信号使发电机跳闸。

励磁装置在本通道的自动方式下检测到故障切换至本通道的手动方式后，直到本通道的自动调节器故障消除才允许切回到自动方式运行。由手动方式运行切换至自动方式运行的操作，必须在励磁调节柜上的励磁控制盘上就地手动进行。

励磁装置的运行控制方式有远程和就地两种，远程控制在集控室进行，就地控制使用励磁调节柜上的就地控制盘进行。正常情况下，励磁装置应选择远程控制方式运行，只有当远程控制失效时才改为就地控制。

表 4 –1 列出了可用的远程控制和就地控制命令，“反馈指示”表示命令发出后励磁装置是否反馈信息给控制室。

表 4 –1　远程控制和就地控制命令

命　令	远程控制	就地控制	就地控制盘上对应英文标识	反馈指示
灭磁开关合上	√	√	F. C. BON	√
灭磁开关断开	√	√	F. C. BOFF	√
励磁投入	√	√	EXC. ON	√
励磁退出	√	√	EXC. OFF	√
通道 1 运行		√	CH. Ⅰ	√
通道 2 运行		√	CH. Ⅱ	√
运行方式——自动		√	AUTO	√
运行方式——手动		√	MANUAL	√
工作调节器给定点升高	√	√	RAISE	最大位置

续表 4-1

命　令	远程控制	就地控制	就地控制盘上对应英文标识	反馈指示
工作调节器给定点降低	√	√	LOWER	最小位置
无功功率调节器运行	√	√	PF/MVARON	√
无功功率调节器退出	√	√	PF/MVAROFF	√
PSS 投入		√		√
PSS 退出		√		√
控制方式——就地控制		√	LOCAL	√
控制方式——远程控制		√	REMOTE	
指示灯测试		√	LAMPTEST	
释放		√	RELEASE	

注：打"√"表示控制命令有效，命令发出后控制室有相应的反馈指示；带阴影的就地控制命令表示只有同时在就地控制盘上按下本键和"RELEASE"键才有效。

5. 运行期间励磁系统应当进行的定期检查

(1)控制室检查项目

①无限制器(低励、过励限制器)动作。

②工作调节器的设定点没有达到极限设定值。

③励磁电流、发电机电压和无功功率等参数显示平稳，无剧烈变化。

(2)就地励磁装置柜检查项目

①无报警动作。

②无非正常的噪声。

③柜内和柜门无积尘、无异物、无水汽凝结。

④交直流母排以及励磁调节器电路板等无放电、过热等现象。

励磁调节器不允许在手动调节器方式下长期运行。若自动调节器故障，应尽快修复。短期不能修复的情况应及时汇报上级领导，以便安排停机处理。

4.4 励磁系统事故处理

发电机励磁系统不能正常升压。现象：发电机启动至额定转速后，励磁装置下达启励令后，发电机不能建立初始电压，导致启励失败。

原因分析：机端残压不足，且启励回路异常；励磁变故障，无法正常为整流器提供电源；整流器故障，不能满足正常运行需要；控制系统异常。

处理方法：

(1)首先检查机端电压是否足够，再检查启励回路是否接通，启励电压是否送到发电机转子上。

(2)检查励磁装置内部的启励接触器是否工作正常。此项检查工作可以按照启励接触器工作原理图进行电器合、分实验。

(3)检查励磁变压器的工作回路是否接通。发电机在启励升压后，依靠励磁变压器给励磁装置提供整流电源，因此必须保证励磁变压器一次侧、二次侧工作回路正常。

(4)检查励磁装置的整流回路是否正常。

(5)有的机组在检修后，将转子与励磁输出的电缆反接。在下次启励时，转子电势的方向与启励电源的方向相反，也会造成启励失败，在检修结束后需注意。

发电机组失磁。现象：DCS 上发“发电机失磁”信号；发变组保护装置上“信号”“启动”灯亮；若失磁保护动作跳闸，则发变组保护装置上“跳闸”灯亮，发电机跳闸；励磁电流显示为零，无功功率指示为负值；定子电压、电流波动较大；有功功率降低。

处理方法：

(1)若失磁保护动作跳闸，则按保护动作后的有关规定处理，检查励磁回路，查明并消除故障后重新并网。

(2)若仅来“失磁”报警信号，而失磁保护未动作跳闸，则判明失磁原因，短时间内无法恢复励磁时，立即减负载到零后，将发电机解列。

(3)当失磁发展到非同期时，按机组振荡处理。

第5章

发电机与变压器保护

5.1 发电机－变压器组保护

5.1.1 发电机－变压器组保护范围和功能

发变组的保护范围区包括发电机、变压器、高压厂用变压器、励磁变压器和主变压器高压侧引线及500 kV侧部分。发变组保护装置的主要功能包括设备性能和设备安全等不同方面。

5.1.2 发电机－变压器组保护装置

保护装置采用许继公司新一代32位基于DSP技术的通用硬件平台。整体大面板、全封闭机箱、硬件电路采用后插拔式的插件式结构，CPU电路板采用6层板，表面贴装技术，提高了装置可靠性。机箱采用19英寸6U全宽机箱，抗干扰能力强。硬件框图如图5－1所示。

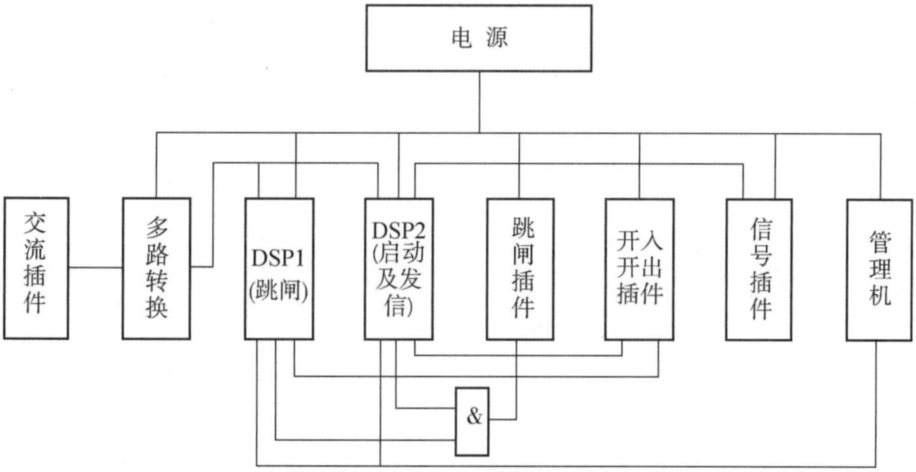

图5－1 硬件框图

装置有两个完全独立的、相同的CPU板，并各自具有独立的采样、A/D变换、逻辑计算功能，如图5－2所示。两块CPU板硬件电路完全一样，两块CPU板"与"启动出口。另有一块人机对话板，由一片DSP专门处理人机对话任务。人机对话担负键盘操作和液晶显示功能。正常时，液晶显示当前时间、机组的主接线、各侧电流、电压、差电流。人机对话中所有的菜单均为简体汉字。通过本公司为保护提供的软件，可对保护进行更为方便、详尽的监视与控制。

装置核心部分采用德州仪器公司(Texas Instruments)的32位数字信号处理器TMS320C32，主要完成保护的出口逻辑及后台功能，使保护整体精确、高速、可靠。

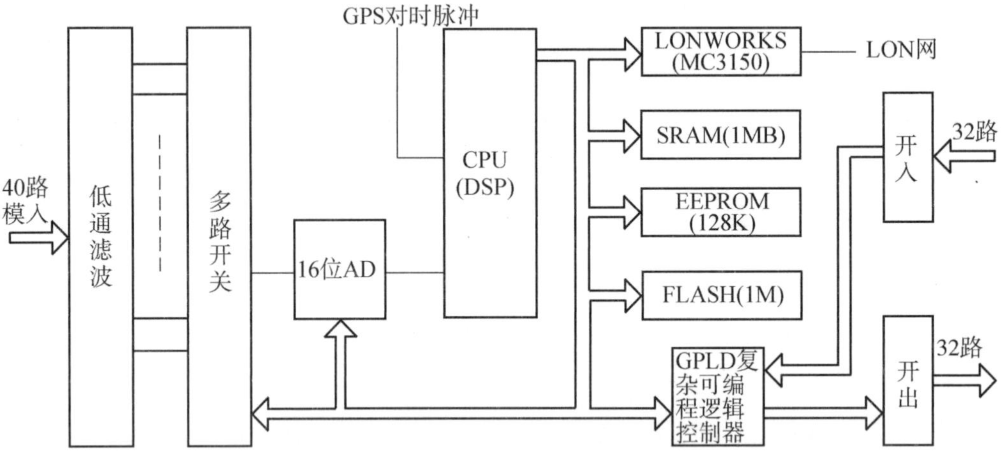

图5-2　CPU部分硬件框图

模拟量变换由2～3块交流变换插件完成，功能是将TA、TV二次电气量转换成小电压信号。保护出口和开入由两块跳闸出口插件和4块开入开出插件构成，完成跳闸出口、信号出口、开关量输入等功能。

软件平台采用ATI公司的RTOS系统Nucleus Plus。Nucleus Plus是一个经过测试的内核，保证软件运行的稳定性。

5.1.3　发电机-变压器组保护装置工作原理

1. 继电保护

研究电力系统故障和危及安全运行的异常工况，以探讨其对策的反事故自动化措施。因在其发展过程中曾主要用有触点的继电器来保护电力系统及其元件(发电机、变压器、输电线路等)，使之免遭损害，所以也称继电保护。基本任务是：当电力系统发生故障或异常工况时，在可能实现的最短时间和最小区域内，自动将故障设备从系统中切除，或发出信号由值班人员消除异常工况根源，以减轻或避免设备的损坏和对相邻地区供电的影响。

系统的继电保护，可以归纳以下几点整定计算的原则：

(1)高低压厂用变压器的电流、电压保护整定计算。

自20世纪80年代中期至今，高压厂变分支低电压闭锁过电流保护的动作电压按躲过电动机自启动计算，电流元件动作电流按电压元件末端两相短路时有足够灵敏度计算。按此原则整定，高压厂变分支低电压闭锁过电流保护动作电流都比较大，其动作电流能与各馈线的瞬时电路速断保护动作电流配合。同时在此动作电流时，考虑到各馈线FC回路高压熔断器误差后的熔断时间小于或等于0.1s，则厂用分支的电流、电压保护动作时间可用0.4～0.5s，而不必与低压厂变定时过电流保护的动作时间配合。除此之外，必须着重考虑厂用系统电动机自启动的情况，导致某些过电流保护，实际是带时限的电流速断保护。

(2)低压厂用变过电流保护的动作时间整定计算。

其动作电流如已与低压侧各馈线的电流速断保护的动作电流配合，同时此时低电压的熔断器时间已小于或等于0.1 s时，则低压厂变过电流保护的动作时间可用0.5 s；动作电流如与低压各馈线的延时电流速断保护的动作电流配合，则低压厂变过电流保护的动作时间可用0.6～0.7 s，一般最长动作时间不超过1 s。

(3)快速性、灵敏性和可靠性的考虑。

厂用系统一次设备短路概率相对高一些，而且短路电流也比较大，有时可能造成极严重的后果。因此，厂用系统继电保护整定计算时，在满足选择性要求的同时，要尽可能缩短保护动作时间，甚至对某些负荷，为缩短整个厂用系统的动作时限，可牺牲局部的选择性换得整体的快速性。

(4)校核变压器允许的自启动容量和自启动时母线残压。

在整个计算过程中，应校核变压器允许的自启动容量和自启动时母线残压，以保证电动机能可靠地启动。为保证电动机自启动成功，可用低电压保护切除足够容量的电动机，母线电压应保证足以使Ⅰ类电动机自启动成功。为保证变压器安全运行，除安装短路故障的后备保护外，应考虑加装躲过自启动且具有反时限特性的过负荷跳闸保护。并且在设计时要考虑变压器有足够的容量，以保证所有重要电动机的自启动。

(5)关于高压厂用系统中性点接地方式的选择问题。

目前，我国发电厂大型发电机组高压厂用系统中性点接地方式分为不接地方式和小电阻接地方式两种形式。针对中性点不接地方式，我国目前继电保护配置中遵循的主要原则包括两种：

①对于厂用系统中性点不接地方式单项接地保护作用于信号的情况：由实践经验可知，对于大机组的高压厂用系统，单项接地电流一般小于10 A，而当电缆发生单项接地时，几乎在短时间内均发展为电缆的相间短路。由此可见，高压(6 kV)厂用系统采用中性点不接地方式，须考虑高压厂用系统发生单项接地的保护配置。②对于厂用系统中性点不接地方式单项接地保护作用于跳闸的情况：当高压厂用系统单项接地电流超过10 A或接近10 A时，应作用于跳闸方式。

300 MW及以上机组高压厂用系统中性点不接地系统有条件时亦应作用于跳闸方式。300 MW及以上机组高压厂用系统单项接地电流不超过10 A，如果通过计算选择性和灵敏度满足要求时可采用带0.5～1 s延时作用于跳闸的单相接地保护。如果高压厂用系统的馈线没有特别长的电缆，并且当各馈线采用零序电流保护，其动作电流按躲过区外单相接地电流计算，而本设备发生单相接地时又有足够的灵敏度时，则对中性点不接地系统，馈线采用作用于跳闸的单相接地保护。而当单一馈线过长时，各馈线采用简单的零序过流保护就无法同时满足选择性和灵敏性的要求，对长度过长的单一馈线，可加装带方向的零序过电流保护或适当延长该馈线动作时间并作用于跳闸。

针对厂用系统中性点经小电阻接地方式，近年来，单机容量在300 MW及以上机组的高压厂用系统，为保证单项接地时零序过电流保护同时满足选择性和灵敏性的要求，高压厂用变压器多采用中性点经小电阻接地方式，其接地电阻值应遵循各级零序过电流保护既有选择性又有足够灵敏度，同时应保证单项接地电流在短时间内部加重一次设备的破坏。

(6)上下级保护时间级差的选择。

由于现在大机组的厂用系统保护基本上已不再采用电磁型时间元件，而采用微机保护或高精度时间元件，这样上下级保护时间级差可用0.3～0.4。

(7)元件保护。

元件继电保护按《电力装置的继电保护和自动装置设计规范》(GB50062—92),《继电保护和安全自动装置技术规程》(DL400—91),《防止电力生产重大事故的二十五项重点要求》(国电发〔2000〕589 号文)的要求来设置。发变组保护采用经两部鉴定,具有成熟运行经验的发变组微机保护装置。

装置具有以下保护功能:发电机保护;发电机差动保护;发电机后备阻抗或带电流记忆的低压过流保护;发电机匝间保护;发电机 100% 定子接地保护;发电机对称过负荷保护;发电机不对称过负荷保护;发电机逆功率保护;发电机失步保护;发电机转子一点接地保护;发电机转子二点接地保护;发电机过励磁保护;定子过电压保护;发电机低频保护;发电机励磁回路过负荷保护;发电机失磁保护;励磁变速断过流保护;启停机保护;发电机断路器失灵保护;励磁变温度保护;热工联锁保护;主变压器保护;主变差动保护;主变高压侧后备阻抗保护;主变零序间隙电流电压保护;主变零序过流保护;主变低压侧接地保护;断路器非全相保护;220 kV 断路器失灵保护;主变瓦斯保护;主变压器压力释放;主变压器冷却器全停;主变压器温度保护;高压厂变保护;厂高变差动保护;厂高变复合电压过流保护;厂高变分支过流保护;厂高变低压侧接地零序保护;厂高变瓦斯保护;厂高变压力释放;厂高变温度保护;厂高变冷却器全停;高压备变保护;高压备变差动保护;高压备变复合电压过流保护;高压备变零序间隙电流电压保护;高压备变零序过流保护;高压备变低压侧接地保护;220 kV 断路器失灵保护;高压备变瓦斯保护;高压备变压器压力释放;高压备变压器冷却器全停;高压备变压器温度保护。

2. 发电机出口断路器失灵启动

当发变组相关保护动作后需要跳开发电机出口断路器,而此时断路器拒动,则需要扩大保护动作范围来切除故障点。发电机出口断路器失灵启动保护由正序过电流元件和负序过电流元件作为附加判断依据,即有保护动作跳开发电机出口断路器,但出口开关没跳开,且过电流元件动作,则保护第一延时跳开发电机出口断路器,第二延时跳开主变高压侧断路器,厂高变低压侧断路器以及灭磁开关,并同时启动主变高压侧断路器失灵保护。

保护逻辑框图如图 5－3 所示。

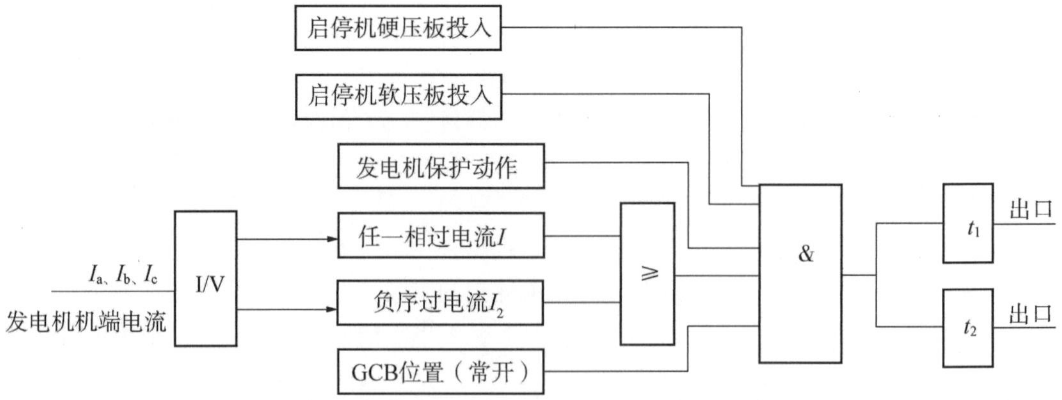

图 5－3　发电机出口开关失灵启动保护逻辑框图

3. 主变高压侧断路器失灵启动

当发变组相关保护动作需要跳开主变高压侧断路器，而断路器拒动，也同样需要扩大保护动作范围来切除故障点。主变高压侧断路器失灵启动由零序、负序过电流元件以及变压器各侧的电压作为附加判据。

保护逻辑框图如图5-4所示。

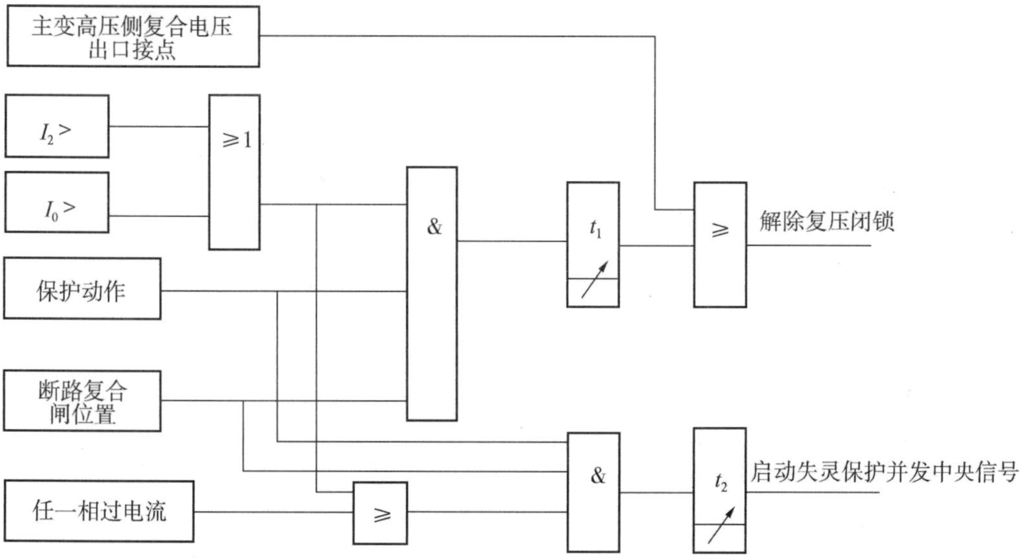

图5-4 主变高压侧断路器失灵启动保护逻辑图

4. 主变高压侧断路器非全相保护

当断路器发生非全相合闸或跳闸时，由于造成三相负载不平衡，负序电流在发电机转子表面感应出涡流，使发电机转子发热严重甚至损坏，非全相保护是保护发电机转子不致发热损坏的保护装置。

保护逻辑框图如图5-5所示。

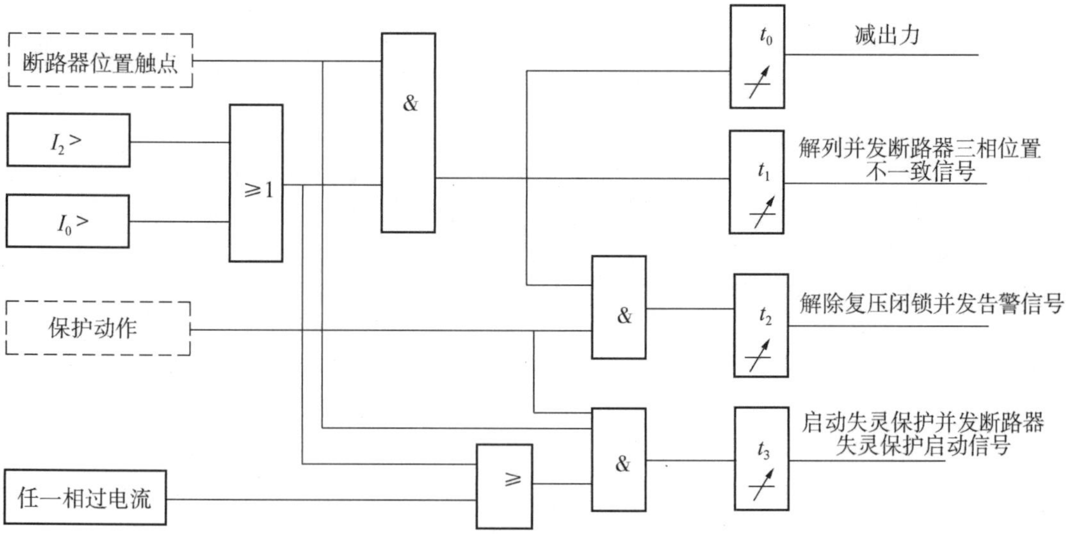

图5-5 发电机出口断路器失灵启动保护逻辑图

(4)热工保护。由燃机、汽机、余热锅炉主机发出的热工跳闸信号至发变组保护屏，使发电机跳闸的保护。

5.1.4 发电机-变压器组保护装置的运行和维护

1. 保护装置面板运行

所有的发变组保护装置模块(发电机、主变、厂高变、励磁变、非电气量保护)的面板上均设有6个信号灯。

(1)“信号CPU”灯。为绿灯，装置正常运行时，每秒闪烁5次，如果闪烁不正常说明信号CPU处于不正常运行状态。

(2)“跳闸CPU”灯。为绿灯，装置正常运行时，每秒闪烁5次，如果闪烁不正常说明跳闸CPU处于不正常运行状态。

(3)“装置故障”灯。为红灯，正常运行时熄灭，当装置发生故障时点亮。

(4)“启动”灯。为黄灯，正常运行时熄灭，当任一保护启动元件启动时点亮。

(5)“信号”灯。为红灯，正常运行时熄灭，当任一保护动作时点亮。

(6)“跳闸”灯。为红灯，正常运行时熄灭，当任一保护跳闸时点亮。

保护装置正常运行时，其屏后电源插件上+5 V、±15 V及+24 V电源指示灯指示正常，为常亮状态。装置面板上设有一个“复归”键，用于运行人员就地复归装置告警及动作信号。装置上其余按钮，运行人员未经允许不得操作。

2. 保护装置运行规定

(1)液晶显示屏作为人机接口及保护全部信息处理终端。正常运行时，显示主菜单，保护动作后显示保护动作或报警信息。

(2)保护装置运行时WFB-801保护装置直流开关DK_1、WFB-802保护装置直流开关DK_2、WFB-803保护装置直流开关DK_3应合上。

(3)发变组保护每次动作，无论是否跳闸，均有信号指示，同时打印机自动打印一份动作报告，装置面板上相应的出口指示灯点亮，直至信号被复归。

(4)发变组保护动作后的处理包括收集和保存动作打印报告；保护动作后打印机自动记录打印动作报告，记录动作类型、动作时间及动作参数；记录下保护动作行为，然后手动复归信号，可远程复归或是按装置面板上的“复归”按键复归；集中所有报告和记录分析动作原因；通知继保人员进行检查分析。

(5)发变组保护运行中，若装置自检发现故障，发出装置故障信号，或出现运行指示灯指示不正常、显示器显示不正常等现象时应做的处理包括退出其所属保护出口压板，断开故障装置的直流电源；保留全部打印数据，记录有关现象；立即联系继保人员检查处理，若打印机异常，而计算机保护无异常时，不必停用保护装置，只需联系继保人员对打印机进行适当处理。

(6)运行中来“PT断线”信号，“CT断线”信号，若不能复归信号，应立即联系继电保护人员检查处理。

5.2 发电机保护

5.2.1 发电机保护范围和功能

(1)发电机可能发生的故障和相应的保护装置。

①定子绕组相间短路。定子绕组相间短路会引起巨大的短路电流，严重时会烧坏发电机，需装设瞬时动作的纵联差动保护。

②定子绕组的匝间短路。定子绕组的匝间短路分为相同分支的匝间短路和同相异分支的匝间短路，两者都会产生巨大的短路电流而烧坏发电机，需要装设瞬时动作的专用的匝间短路保护。

③定子绕组的单相接地。定子绕组的单相接地是发电机易发生的一种故障。通常是因绝缘破坏使其绕组对铁芯短接，虽然此种故障瞬时电流不大，但接地电流会引起电弧灼伤铁芯，同时破坏绕组的绝缘，有可能发展为匝间短路或相间短路。因此，应装设灵敏度高的、反映全部绕组任一点接地故障的100%定子绕组接地保护。

④发电机转子绕组一点接地和两点接地。转子绕组一点接地后虽对发电机运行无影响，但若再发生另一点接地，则转子绕组一部分被短接造成磁势不平衡而引起机组剧烈振动，产生严重后果。由于大型燃气轮机发电机没有必要在发生一点接地后继续维持运行，因此，大型机组也可不装设两点接地保护。某F级燃气轮机电厂只装设了一点接地保护报警，两点接地保护没有作用于机组跳闸，当发生转子一点接地而无法找到接地点时，采取及时顺控停机的做法。

⑤发电机失磁。发电机失磁分为完全失磁和部分失磁，是发电机的常见故障之一，一般是由于励磁回路的故障而出现的励磁电流异常下降或消失引起的。失磁故障不仅对发电机造成危害，而且对系统安全也会造成严重影响，因此需装设失磁保护。

(2)发电机的异常运行状态及相应的保护装置。

发电机异常运行的危害不如发电机故障严重，但危及发电机的正常运行，特别是随着时间的延长，可能会发展成故障。因此，为防患于未然也要装设相应的保护。

①定子绕组负荷不对称运行。会出现因负序电流引起的发电机转子表层过热，需装设定子绕组不对称负荷保护。

②定子绕组对称过负荷。需装设对称过负荷保护(一般采用反时限特性)。

③转子绕组过负荷。需装设转子绕组过负荷保护。

④逆功率保护。并列运行的发电机可能因机炉的保护动作或人为误操作等原因将主汽阀关闭，从而导致逆功率运行，使汽轮机叶片与残留尾气剧烈摩擦过热而损坏，因此要装设逆功率保护。

⑤过激磁保护。为防止过激磁引起发热而烧坏铁芯，应装设过激磁保护。

⑥失步保护。因系统振荡而引起发电机失步异常运行，危及发电机和系统运行安全，要装设失步保护。

⑦其他保护。定子绕组过电压、低频运行、非全相运行及与发电机运行直接有关的热工方面的保护，对水内冷发电机还应装设断水保护等，另外，还应装设发电机的后备保护，如电流保护、电压保护、阻抗保护等。

5.2.2 发电机保护装置介绍

(1)纵联差动保护。纵联差动保护为定子绕组及其引出线的相间短路保护。

(2)横联差动保护。横联差动保护为定子绕组一相匝间短路保护。只有当一相定子绕组有两个及以上并联而构成两个或三个中性点引出端时，才装设该种保护。

(3)单相接地保护。单相接地保护为发电机定子接地保护。

(4)励磁回路接地保护。励磁回路接地保护为励磁回路的接地故障保护，分为一点接地保护和两点接地保护。

(5)低励、失磁保护。低励、失磁保护为防止大型发电机低励或失去励磁后，从系统中吸收大量无功功率而对系统产生不利影响，100 MW 及以上的发电机都装设这种保护。

(6)过载保护。过载保护为发电机长时间超过额定负载运行时作用于信号的保护。

(7)定子绕组过电流保护。当发电机纵差保护范围外发生短路，而短路元件的保护或断路器拒绝动作时，为可靠切除则应装设反应外部短路的过电流保护。这种保护兼作纵差保护的后备保护。

(8)定子绕组过电压保护。水轮发电机和大型汽轮发电机都装设过电压保护，以切除突然甩去全部负载后引起定子绕组过电压的故障。

(9)负序电流保护。电力系统发生不对称短路或三相负载不对称时，发电机绕组中就有负序电流。该负序电流产生反向旋转的磁场，相对于转子为两倍的同步转速，因此在转子中出现 100 Hz 的倍频电流，它会使转子端部、护环内表面等电流密度很大的部位过热，造成转子的局部灼伤，因此应装设负序电流保护。其动作时限完全由发电机转子承受负序发热的能力决定，不考虑与系统保护的配合。

(10)逆功率保护。当汽轮机主汽门误关闭，或机炉保护动作关闭主汽门而发电机出口开关未跳闸时，发电机失去原动力变成电动机运行，从系统吸收有功功率。这种工况对发电机并无影响，但由于汽轮机叶片旋转产生的鼓风摩擦损失，其末级叶片有可能过热而造成汽轮机事故，故大型发电机组必须装设逆功率保护，用于保护汽轮机。

①保护出口 1（全停 1）：跳发电机出口断路器，主变压器高压侧断路器，厂高变低压侧断路器，灭磁，机组跳闸，启动主变高压侧断路器失灵保护。

②保护出口 2（全停 2）：跳发电机出口断路器，灭磁，机组跳闸，启动发电机出口断路器失灵保护。

③保护出口 3（解列灭磁）：跳发电机出口断路器，灭磁，燃机甩负载，启动发电机出口断路器失灵保护。

④保护出口 4（解列）：跳发电机出口断路器，燃机甩负载，启动发电机出口断路器失灵保护。

⑤保护出口 5（减出力）：将发电机出力减至给定值。

⑥保护出口 6（程序跳闸）：先关主汽门，等待逆功率保护动作后，再跳发电机出口断路器，并灭磁，启动发电机出口断路器失灵保护。

⑦保护出口 7（信号）：保护动作后发出光信号。

⑧保护出口 10：跳 6kV(SFC 馈线，启动励磁变)断路器，机组跳闸。

发电机保护装置如表 5－1 所示。

表5－1　发电机保护装置

序号	保护名称	保护功能简介	动作行为
1	发电机差动保护	发电机定子线圈至引出线相间故障主保护	保护出口 2，7
2	发电机定子匝间保护	发电机内部匝间、相间短路以及定子绕组开焊的主保护	保护出口 2，7
3	100% 定子接地保护	发电机定子回路单相接地故障保护	保护出口 7(三次谐波) 保护出口 2，7(基波)
4	转子一、二点接地保护	发电机转子回路一、二点接地保护	保护出口 7 保护出口 2，7
5	低压记忆过流保护	发电机出口相间短路保护	保护出口 2，7
6	定子对称过载	发电机定子对称短路故障以及相邻元件对称故障的后备保护	保护出口 7 保护出口 2，7
7	定子负序过载	发电机三相负载不对称与定子不对称短路故障，以及相邻元件不对称故障的后备保护	保护出口 7 保护出口 2，7
8	发电机逆功率保护	汽轮机主汽门关闭、发电机出现有功功率倒送的异常运行工况的保护	保护出口 7 保护出口 4，7
9	定子过电压保护	防止发电机定子电压异常升高、破坏发电机定子线圈绝缘的保护	保护出口 3，7
10	发电机过激磁保护	发电机因频率降低或电压升高引起的铁芯工作磁密过高时的保护	保护出口 6，7
11	发电机失磁保护	励磁电流异常 T 降或全部失磁的保护	保护出口 5，7
12	发电机失步保护	发电机失去同步时的保护	保护出口 6，7 保护出口 4，7
13	发电机频率保护	发电机低频或过频运行时的保护	保护出口 7
14	发电机突加电压保护	发电机在盘车状态下，主断路器误合闸时的保护	保护出口 2，7
15	发电机启停机保护	发电机升速升励磁尚未并网前的定子接地短路故障的保护	保护出口 7，10
16	发电机低频过电流保护	发电机未并网前的定子绕组过电流保护	保护出口 7，10
17	发电机电流固路(CT)断线	CT 故障	保护出口 7
18	发电机电压回路(PT)断线	PT 故障	保护出口 7
19	发电机出口断路器失灵启动	发电机出口断路器失灵时的保护	保护出口 1，7

5.2.3 发电机保护装置工作原理

(1)发电机比率制动式差动保护。比率制动式差动保护是发电机定子绕组及其引出线相间短路故障的主保护。该保护在发电机中性点侧和出口侧装设同一型号和电流比的CT，保护范围即为这两组互感器之间的定子绕组及其引出线。根据比较两组CT的相位和幅值，通过三相差动元件运算，采用工频变化量比率制动原理，当发电机内部故障时，差动元件动作。当保护区内发生故障时，保护能够躲过暂态不平衡电流，不会误动。另外，为了防止在CT断线时保护误动作，保护装置设置有CT断线闭锁，CT断线闭锁保护可以通过控制字进行投退。

工频变化量比率差动保护完全反映差动电流及制动电流的变化量，不受正常运行时负载电流的影响，可以灵敏地检测发电机内部的轻微故障。同时工频变化量比率差动的制动系数较高，其耐受CT饱和的能力较强。

发电机差动保护动作方程为

当$I_{res} \leqslant I_{res.0}$时：

$$I_{op} \geqslant I_{op.0} \tag{5-1}$$

当$I_{res} > I_{res.0}$时：

$$I_{op} \geqslant I_{op.0} + S(I_{res} - I_{res.0}) \tag{5-2}$$

式中，I_{op}为差动电流；$I_{op.0}$为差动最小动作电流整定值；I_{res}为制动电流；$I_{res.0}$为最小制动电流整定值；S为比率制动特性的斜率。

各侧电流的方向都以指向发电机为正方向，如图5-6所示。

差动电流：

$$I_{op} = |I_t + I_n| \tag{5-3}$$

制动电流：

$$I_{res} = \left|\frac{I_t + I_n}{2}\right| \tag{5-4}$$

I_t、I_n分别为机端、中性点CT二次侧的电流，CT的极性如图5-6所示。

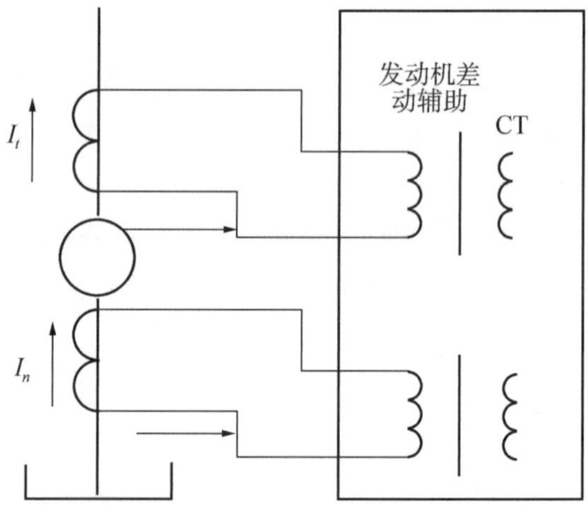

图5-6 电流极性接线示意图

CT断线判别：

当任一相差动电流大于0.15倍的额定电流时启动CT断线判别程序，满足下列条件即认为CT断线：本侧三相电流中至少一相电流为零；本侧三相电流中至少一相电流不变；最大相电流小于1.2倍的额定电流。

保护逻辑框图如图 5 -7 所示。

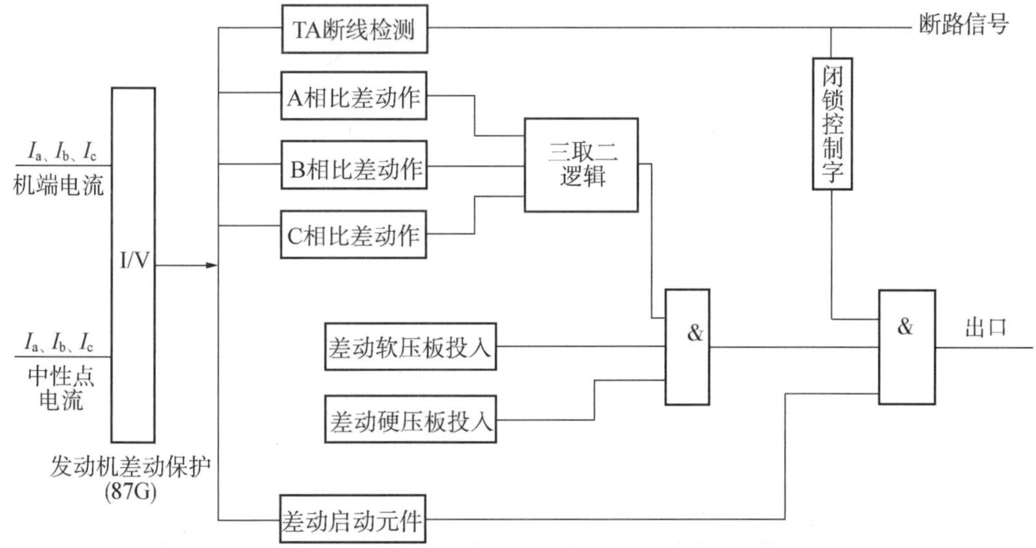

图 5 -7 发电机差动保护逻辑框图

(2)发电机定子匝间保护 。发电机定子匝间保护不仅作为发电机内部匝间短路的主保护，还可作为发电机内部相间短路及定子绕组开焊的保护。保护范围为发电机定子绕组。

发电机定子绕组发生内部短路，三相机端对中性点的电压不再平衡，因为机端 PT 中性点与发电机中性点直接相连且不接地，所以互感器开口三角绕组输出纵向 $3U$。保护判据为

$$|3U_0| > U_{set} \tag{5-5}$$

式中，U_{set}为保护的整定值。

当发电机正常运行时，机端不平衡基波零序电压很小，但可能有较大的三次谐波电压，为降低保护定值和提高灵敏度，保护装置中增设三次谐波阻波功能。为保证匝间保护的动作灵敏度，纵向零序电压的动作值一般整定较小，为防止外部短路时纵向零序不平衡电压增大造成保护误动作，须增设故障分量负序方向元件为选择元件，用于判别发电机发生了内部短路故障还是外部短路故障。

发电机并网后运行时，纵向零序电压元件及故障分量负序方向元件组成“与”门实现匝间保护。在并网前，因 $\Delta I_2 = 0$，则故障分量负序方向元件失效，仅由纵向零序电压元件经短延时实现匝间保护。并网后不允许纵向零序电压元件单独出口，为此，以过电流 $I > I_{set}$ 闭锁为判据，设定 $I_{set} = 0.06I_n$。

保护逻辑框图如图 5 -8 所示。

(3)发电机 100% 定子接地保护。发电机定子接地保护是发电机定子回路单相接地故障的保护。当发电机定子绕组任一点发生单相接地故障时，该保护按要求的时限动作于跳闸或信号。该保护由反映基波的零序过电压保护以及反映三次谐波的过电压保护组成。

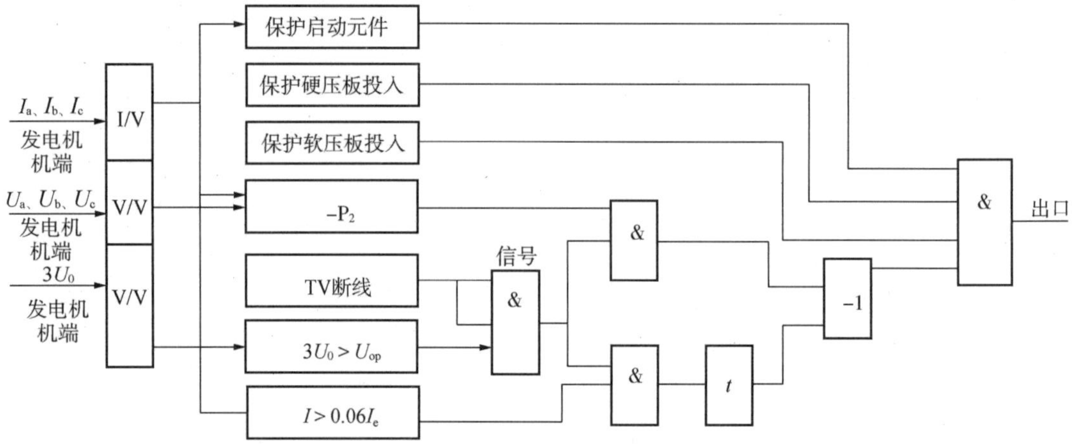

图5-8 发电机定子匝间短路保护逻辑框图

《防止电力生产重大事故的二十五项重点要求》中规定，200 MW及以上容量的发电机定子接地保护应投入跳闸。但必须将零序基波段保护与零序三次谐波段保护的出口分开，零序基波段保护投跳闸，零序三次谐波段保护投信号。

基波零序电压保护范围：发电机从机端算起的85%～95%的定子绕组。

三次谐波电压保护范围：发电机中性点附近的定子绕组。

基波零序电压动作判据为

$$|3U_0| > U_{op} \tag{5-6}$$

三次谐波电压动作判据为

方案1：

$$|\dot{U}_{3s}| \geqslant K'|\dot{U}_{3n}| \tag{5-7}$$

方案2：

$$|\dot{U}_{3s}+K_p\cdot\dot{U}_{3n}| \geqslant K''|\dot{U}_{3n}| \tag{5-8}$$

式中，$3U_0$为机端零序电压，保护设置PT断线闭锁；U_{op}为基波零序电压整定值；U_{3s}为发电机机端PT开口三角输出的三次谐波分量；U_{3n}为中性点PT输出的三次谐波分量；K'为方案1的制动系数；K''为方案2的制动系数。

保护逻辑框图如图5-9所示。

(4)发电机转子一点、两点接地保护。发电机励磁回路一点接地故障是常见的故障形式之一。励磁回路一点接地故障对发电机并未造成危害，但相继发生第二点接地，即转子两点接地时，由于故障点流过相当大的故障电流而烧伤转子本体，励磁绕组的电流增大有可能导致过热而被烧伤。

发电机转子一点、两点接地保护范围：发电机转子回路和励磁回路。

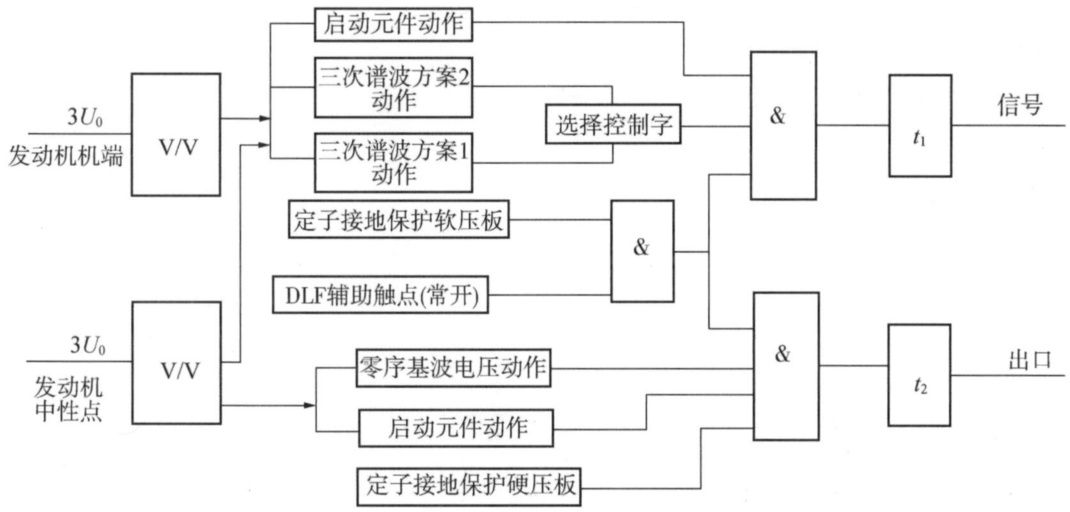

图 5－9 定子接地保护逻辑框图

①发电机转子一点接地保护。

保护原理：采用乒乓式开关切换原理，通过求解两个不同的接地回路方程，实时计算转子接地电阻阻值 R_g 和接地点位置 a。在发电机运行时轮流测量转子绕组正极、负极的对地电流，并根据测得的结果计算出转子绕组或励磁回路的对地电阻，从而判断出接地故障的位置及接地电阻的阻值。

如图 5－10 所示，S_1、S_2 为自动控制的电子开关；R_g 为接地电阻；a 为接地点位置；E 为转子电压；R、R_1 为两个测量电阻。

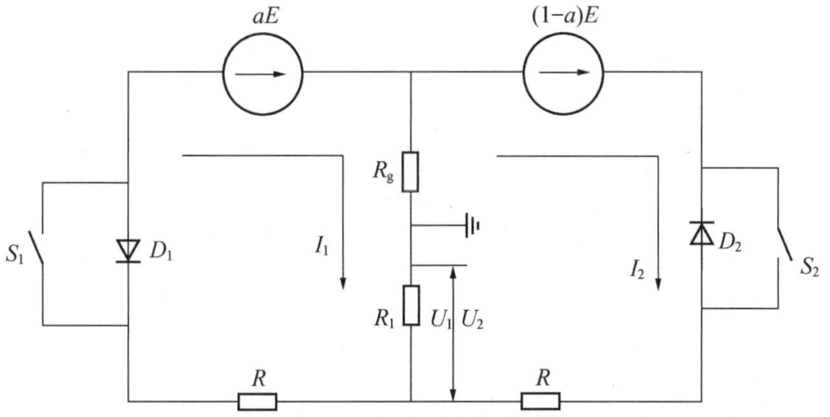

图 5－10 转子一点接地保护切换采样原理接线图

如果出现发电机转子一点接地故障，对发电机并未造成危害，但若再相继发生第二点接地故障，则将严重威胁发电机的安全。

②发电机转子两点接地保护。

发电机转子两点接地保护原理：在一点接地故障后，保护装置继续测量接地电阻和接地位置。此后若再发生转子另一点接地故障，则已测得的 a 值变化，当其变化值 Δa 超过

整定值时，保护装置就确认为已发生转子两点接地故障。发电机经转子两点接地保护延时跳闸。发电机转子两点接地保护判据为

$$|\Delta a| > a_{set} \tag{5-9}$$

式中，a_{set}为转子两点接地位置变化整定值。

保护逻辑框图如图5-11所示。

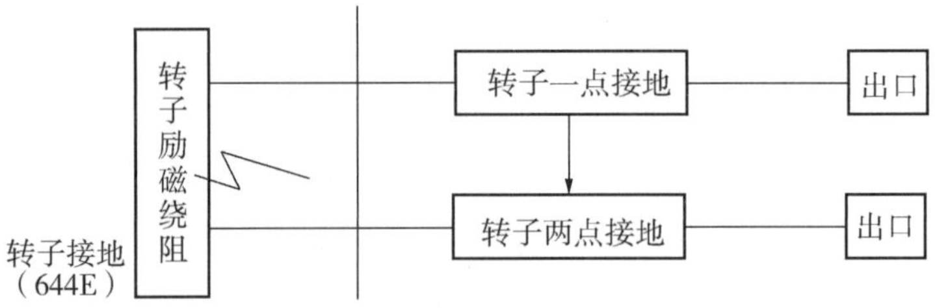

图5-11　转子接地保护逻辑框图

目前转子接地保护大多数采用注入式和乒乓式。由于保护原理的要求，这两种保护均不能双套化，否则会相互影响造成保护误动作。因此发变组保护中，转子一点、两点接地保护只能投一套。为不影响保护装置的测量，励磁柜中的励磁回路接地保护也是退出的。

(5)发电机低压记忆过电流保护。

低压记忆过电流保护是发电机发生外部相间短路及内部故障时的后备保护，电流带记忆功能。发电机外部故障时，流过发电机的稳态短路电流不大，有时甚至接近发电机的额定载电流，所以发电机的过电流保护一般采用低电压启动过电流继电器接于发电机中性点侧的CT上。低电压继电器接在机端PT的相间电压上，在发电机并网前发生故障时，保护装置也能动作。当发电机发生过载时，过电流继电器可能动作，但因这时低电压继电器不动作，保护被闭锁。

保护范围：发电机定子绕组及引出线。

保护原理：当满足以下两个条件，启动发电机低压记忆过电流保护。

①低电压元件动作

$$U < U_{op} \tag{5-10}$$

式中，U_{op}为低电压整定值；U为三个线电压中最小的一个。

②过电流元件动作

接于CT二次三相回路中，保护可有多段定值，每段电流和时限均可单独整定。当任一相电流满足下列条件时，保护动作。

$$I > I_{op} \tag{5-11}$$

式中，I_{op}为动作电流整定值。

保护逻辑框图如图5-12所示。

(6)发电机定子对称过载保护。

大型发电机组的定子、转子绕组的热容量和铜损的比值都较小，因而承受过载的能力比较差，容易导致过载的损害。而装于定子绕组内的热偶元件由于与铜导线隔着绝缘并且它本身就具有一定的热时间常数，且不能迅速反应负载变化，因此当热偶元件动作时，过

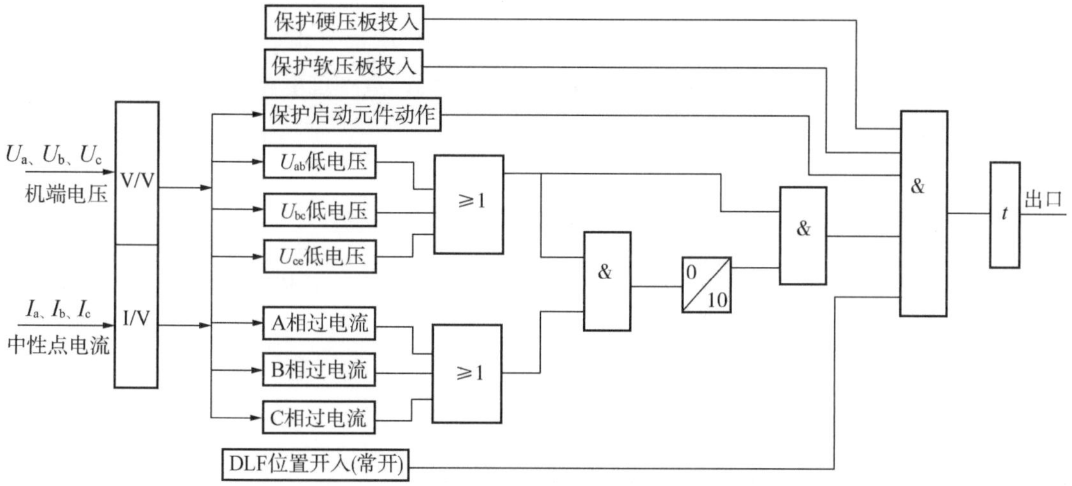

图5-12 低压记忆过流保护逻辑框图

载损害已经形成，需要专门配置过载保护。

发电机定子对称过载保护是防止发电机定子绕组的过载或外部故障引起的定子绕组过电流，它由定时限过载和反时限过电流两部分组成。

定时限过载按发电机长期允许的负载电流能可靠返回的条件整定。反时限过电流按定子绕组允许的过电流能力整定。发电机定子绕组承受的短时过电流倍数与允许持续时间的关系为

$$t = \frac{K}{I_*^2 - (1+\alpha)} \tag{5-12}$$

式中，K为定子绕组过载常数；I_*为定子额定电流为基准的标幺值；α为与定子绕组温升特性和温度裕度有关的参数，一般为0.01～0.02。

定子对称过载保护逻辑框图如图5-13所示。

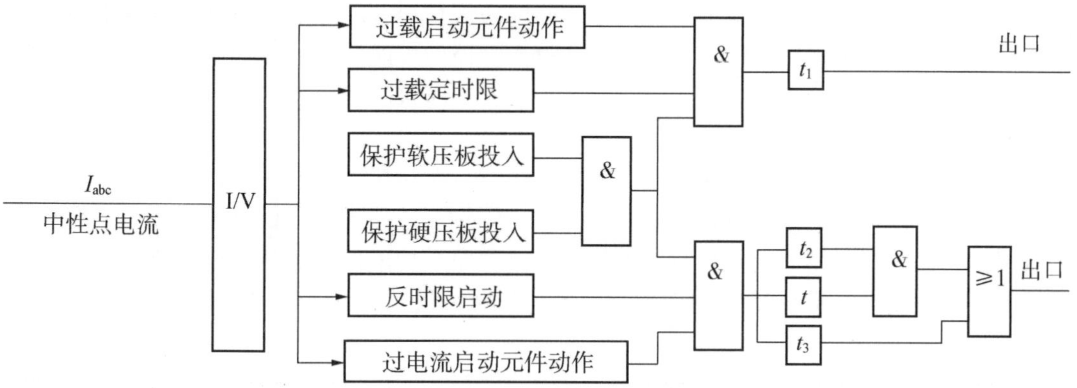

图5-13 定子对称过载保护逻辑框图

(7)发电机定子负序过载保护。

发电机定子负序(不对称)过载保护作为发电机不对称故障和不对称运行时，负序电流

引起发电机转子表面过热的保护，也可兼作系统发生不对称故障的后备保护。

该保护由负序过载(定时限)和负序过电流(反时限)两部分组成。负序过载(定时限)按发电机长期允许的负序电流下能可靠返回的条件整定；负序过电流(反时限)由发电机转子表层允许的负序过电流能力确定。

发电机短时承受负序过电流倍数与允许持续时间的关系式为

$$t = \frac{A}{I_{2*}^2 - I_{2\infty}^2} \tag{5-13}$$

式中，I_{2*}为发电机负序电流标么值；$I_{2\infty}$为发电机长期允许负序电流标么值；A为转子表层承受负序电流能力的时间常数。

保护逻辑框图如图5-14所示。

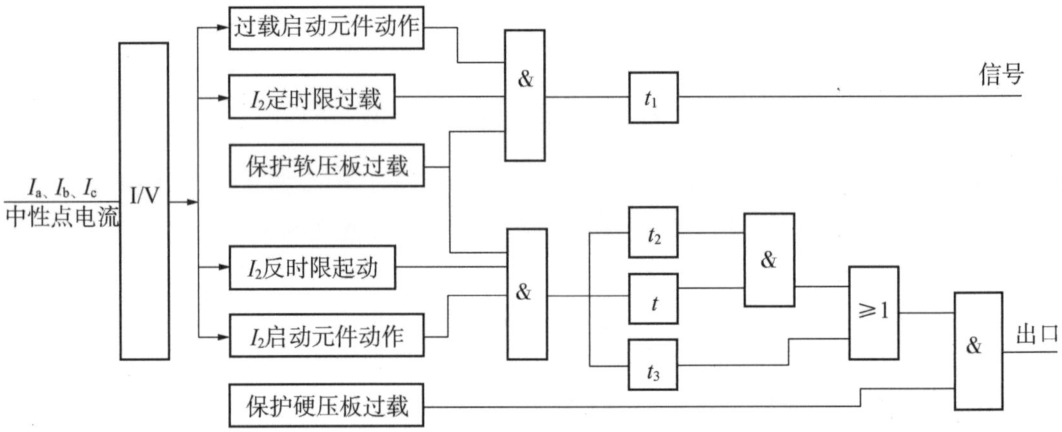

图5-14　定子负序过载保护逻辑框图

(8)发电机逆功率保护。

发电机在正常运行过程中，可能会出现燃气截止阀和汽轮机主汽门突然关闭的情况，此后随着燃气轮机和汽轮机驱动力的消失，发电机将迅速转变为电动机运行，即由向系统输出有功功率转变为从系统吸取有功功率，此即为逆功率。逆功率的运行，对发电机并无危害，但由于汽轮机的尾部叶片与残留蒸汽急速摩擦而可能产生过热现象，可能造成汽轮机事故。逆功率分为两个部分：一是作为保护装置程序跳闸的启动元件；二是作为逆功率保护元件。

发电机有功功率根据电压、电流正序量计算，与无功功率大小无关，当功率小于逆功率定值时，保护动作。发电机在过载、过激磁、失磁等各种异常运行保护动作后，需要程序跳闸时，保护先关闭燃气截止门和主汽门，由程序逆功率保护延时动作于跳闸。逆功率保护电压取自发电机机端PT，电流取自发电机机端CT，保护按三相接线。发电机有功功率的计算公式为

$$P = U_a \cdot I_a \cdot \cos\phi_a + U_b \cdot I_b \cdot \cos\phi_b + U_c \cdot I_c \cdot \cos\phi_c \tag{5-14}$$

式中，ϕ为功率因数角。

保护动作判据为

$$|P| > P_{set} \tag{5-15}$$

式中，P_{set}为逆功率保护动作整定值。

保护设有 2 段延时，短延时 t_1(15 s)用于发信号，延时 t_2(80 s)用于跳闸。

逆功率保护逻辑框图如图 5 - 15 所示。

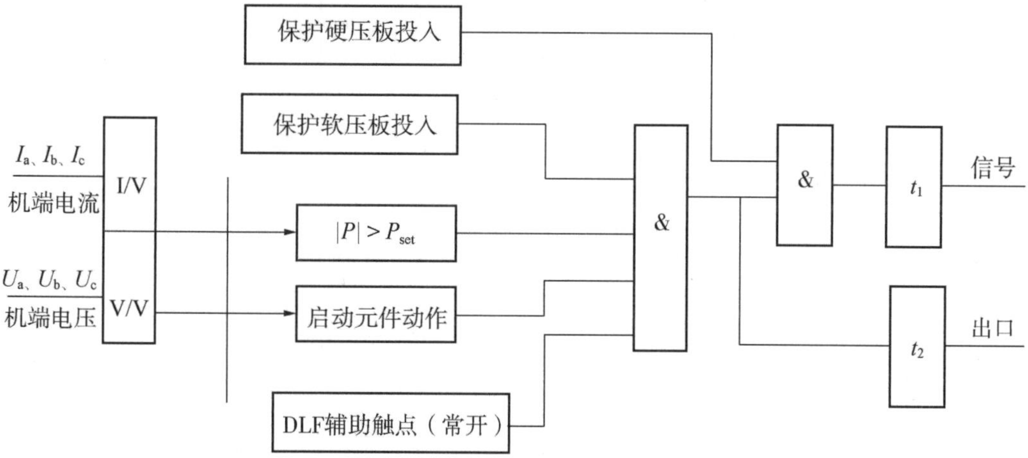

图 5 - 15　逆功率保护逻辑框图

程跳逆功率保护逻辑框图如图 5 - 16 所示。

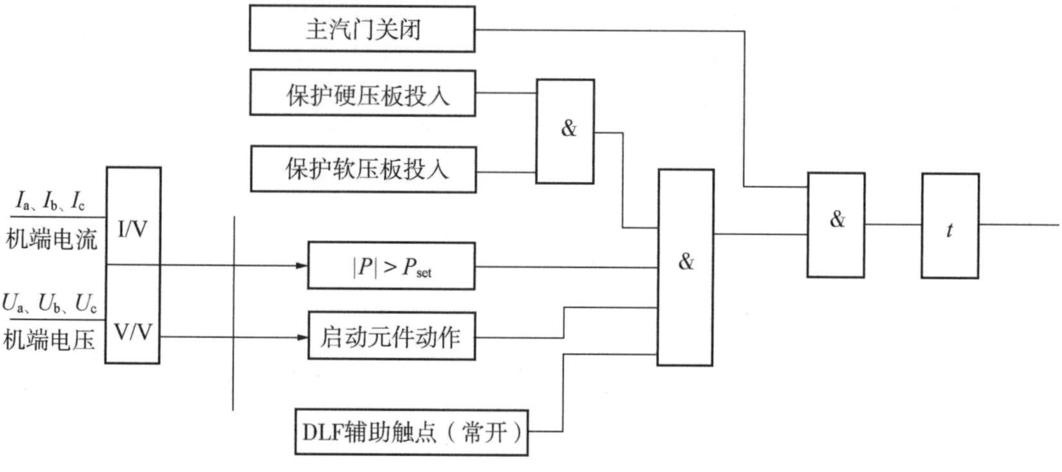

图 5 - 16　程跳逆功率保护逻辑框图

(9)机定子过电压保护。

发电机定子过电压保护是防止发电机在启动或并网过程中由于电压升高而损坏发电机的绝缘。发电机过电压保护所用电压值的计算不受频率变化的影响。过电压保护反应机端线电压，动作于跳闸。过电压保护可作为过电压启动、闭锁及延时元件。保护取三相线电压，当任一线电压大于整定值，保护即动作于跳闸。

保护逻辑框图如图 5 - 17 所示。

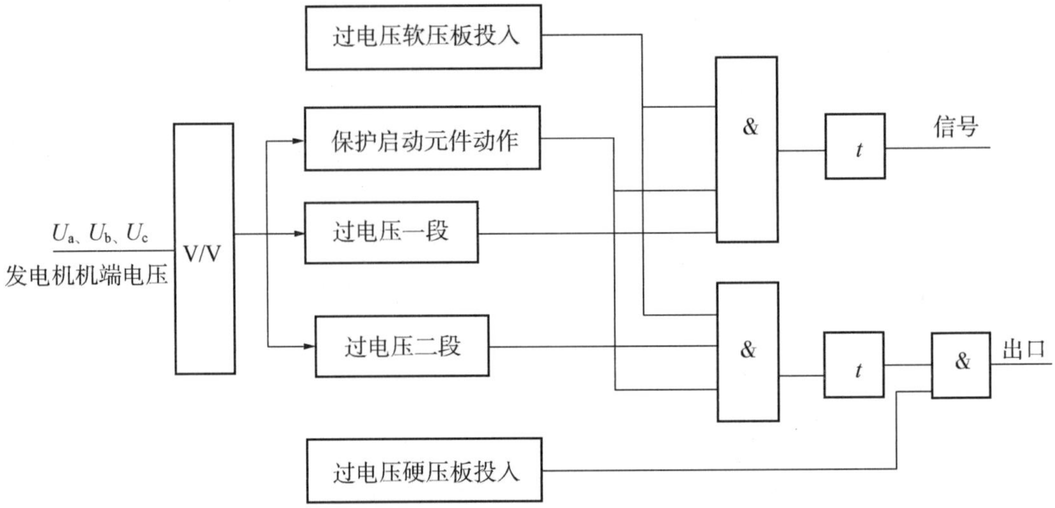

图 5-17　定子过电压保护逻辑框图

(10)发电机定子及主变过激磁保护。

过激磁保护防止发电机及主变过激磁，即当电压升高或频率降低时工作磁通密度过高引起绝缘过热老化的保护装置。发电机的工作磁密很接近饱和磁密。过激磁的危害之一是铁芯饱和，谐波磁密增强，使附加损耗加大，引起局部过热；另一个危害是铁芯漏磁通增强，使定位筋和铁芯中的电流急剧增加，引起局部过热。当过激磁保护作用于发电机时，电压取自发电机机端，当过激磁保护用于主变时，电压取自主变高压侧。过激磁保护的动作值应按发电机与主变压器的过激磁特性低值的磁密整定，通过计算电压标幺值跟频率标幺值的比值确定铁芯磁通密度情况，对发电机和主变压器都能起到保护作用。

保护逻辑框图如图 5-18 所示。

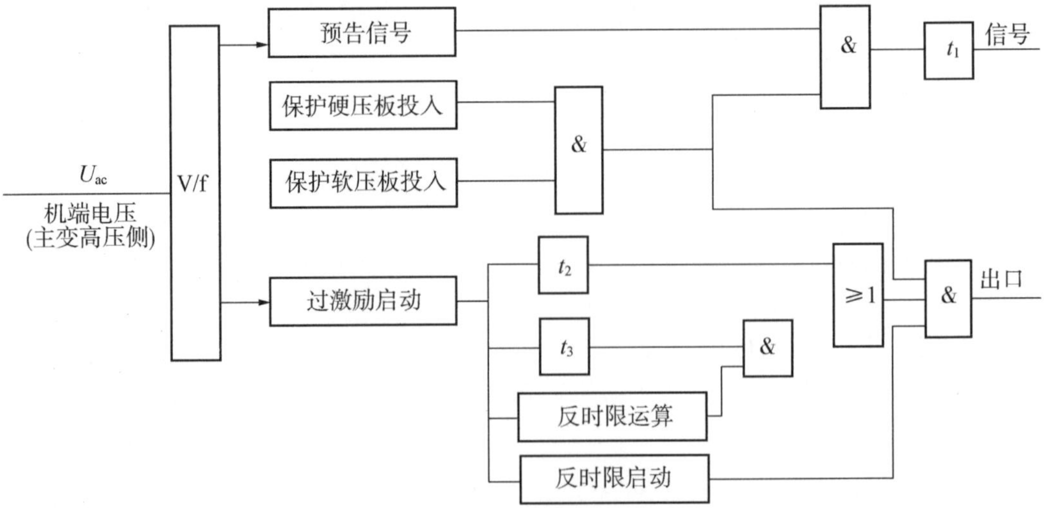

图 5-18　定子过激磁保护逻辑框图

(11)发电机失磁保护。

发电机励磁系统故障使励磁降低或全部失磁，从而导致发电机与系统失步，对机组本身及电力系统的安全造成重大危害，因此发电机组必须要装设失磁保护。发电机失磁时失磁保护一般不瞬时动作，这是因为失磁故障的危害毕竟不像内部短路表现得那样迅速，而且突然跳闸不仅会对发电机造成巨大冲击，还会对系统加重扰动，因此比较合理的方法是增加辅助鉴别判据，如监视母线电压，只要其不低于允许安全运行电压(一般为85% ~ 90%额定电压)，即表明失磁尚不致严重危及系统稳定运行，此时可考虑采取自动迅速降低处理。在进一步缩小机组失磁危害的基础上，维持机组稳定异步运行，以便于运行人员消除失磁故障，减少不必要的事故停机。如果母线电压已降低至允许限度，系统稳定运行受到威胁，保护应立即动作使机组跳闸。

发电机失磁保护主要判据包括：静稳极限励磁电压 $U_{fd}(P)$ 主判据，静稳边界阻抗主判据。

发电机失磁保护的辅助判据包括：励磁低电压、稳态异步边界阻抗、主变高压侧三相同时低电压判据，机端低电压判据。

保护逻辑框图如图 5－19 所示。

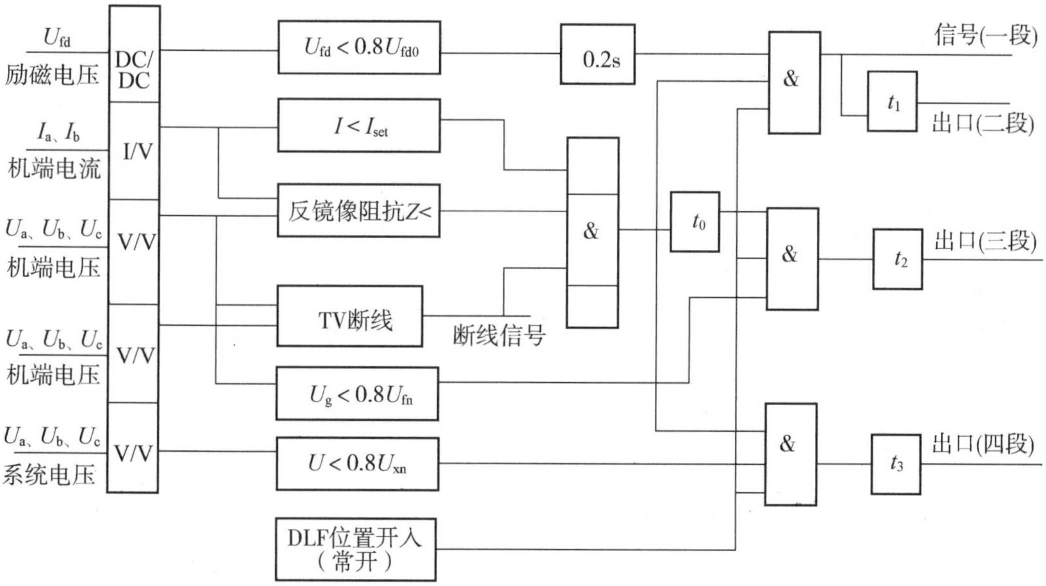

图 5－19 失磁保护逻辑框图

(12)发电机失步保护。

当发电机与系统发生失步时，将出现发电机的机械量和电气量与系统之间的振荡，这种持续的振荡对发电机组和电力系统产生很大影响：发电机机端电压严重下降，使厂用辅机工作稳定性遭到破坏，甚至导致全厂停机。发电机失步运行时，当发电机电势与系统等效电势的相位相差180°的瞬间，振荡电流的幅值接近机端三相短路时流经发电机的电流，且振荡电流在较长的时间内反复出现，会使定子绕组遭受热损伤或定子端部遭受机械损伤。振荡过程中产生对轴系的周期性扭力，可能造成大轴机械性损伤。振荡过程中在转子绕组中产生附加感应电流，引起转子绕组发热。有可能导致电力系统解列甚至系统崩溃事故。因此，在发电机运行过程中，必须投入失步保护。当系统发生非稳定性振荡并危及机组或系统安全时，该保护动作于跳闸。

发电机失步保护采用三阻抗元件，利用发电机正序电流、正序电压计算，可靠区分是发生了稳定振荡还是与系统失步，通过阻抗的轨迹变化来检测滑级次数并确定振荡中心的位置。保护逻辑框图如图 5－20 所示。

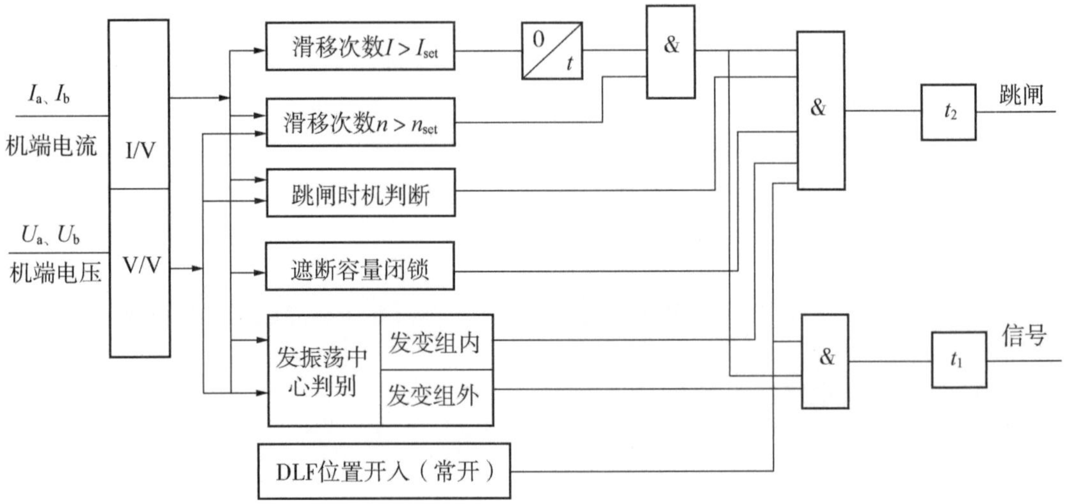

图 5－20　失步保护逻辑框图

(13) 发电机频率保护。

汽轮机的叶片都有自振频率。当发电机运行时，若频率接近或等于汽轮机叶片的自振频率时，就会产生共振，使汽轮机的叶片受到疲劳损伤。这种不可逆的疲劳损伤累计到一定限度会使叶片断裂，造成严重故障。因此，大型汽轮机有必要装设频率保护。

发电机频率保护分低频部分和高频部分。低频部分和高频部分各分为两段，当发电机并网运行时，低频一段(48 Hz)短延时发信，长延时跳闸发电机组，低频二段(47.5 Hz)延时跳闸发电机组；高频一段(50.8 Hz)短延时发信，高频二段(51.3 Hz)延时跳闸发电机组。

保护逻辑框图如图 5－21 所示。

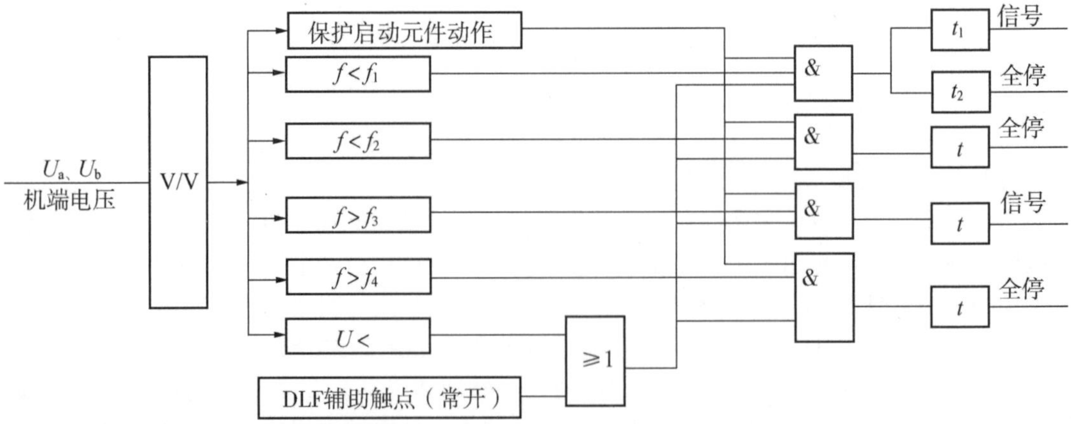

图 5－21　频率保护逻辑框图

(14)发电机突加电压保护。

发电机在盘车过程中发生出口断路器误合闸，系统三相工频电压突然加在发电机的机端，使同步发电机处于异步启动工况，由系统向发电机定子绕组倒送的电流(正序电流)在气隙中产生的旋转磁场在转子本体中感应工频或接近工频的电流，从而引起转子过热而损伤。

发电机突加电压保护由一个阻抗元件和一个过电流元件组成。保护经发电机出口断路器位置触点闭锁，且当误合电流过大，跳闸易造成断路器损坏时，闭锁跳闸发电机出口断路器。

当发电机停机或在盘车状态下，灭磁开关未合闸时发电机出口断路器误合闸，过电流元件快速动作于跳闸，同时，由于发电机处于同步电机的异步启动过程，阻抗元件延时动作于跳闸，构成双重化保护。当机组并网前出口断路器断开，而灭磁开关闭合时，过电流元件退出工作，此时，若正常并网，阻抗元件不动作，突加电压保护不会动作，若发生误合闸，阻抗元件则动作于跳闸。

保护逻辑框图如图 5－22 所示。

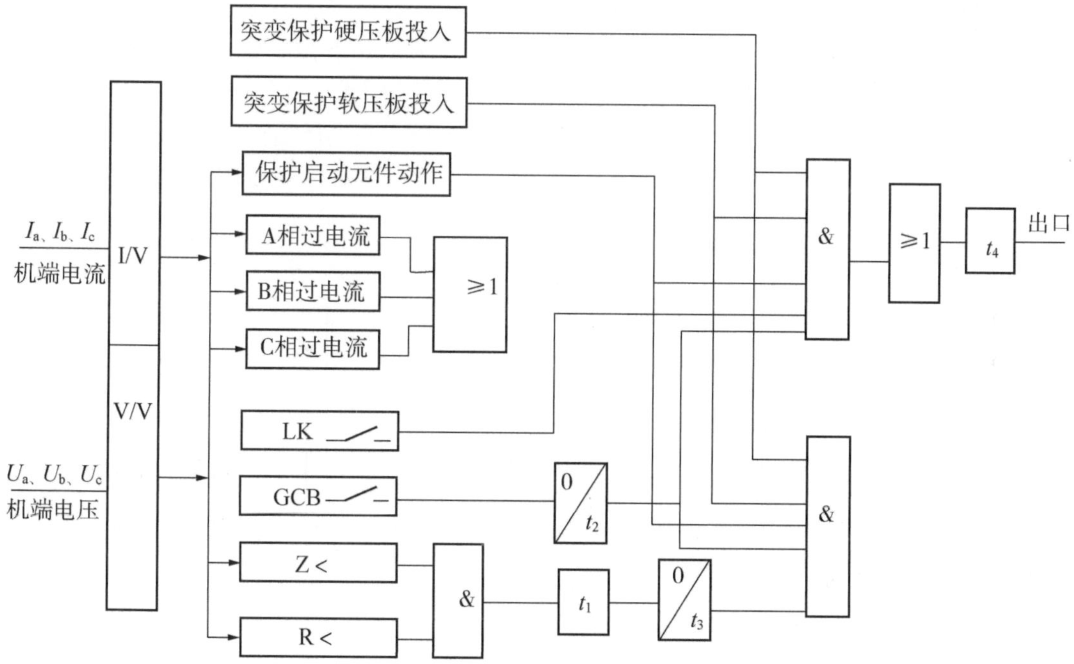

图 5－22　突加电压保护逻辑框图

图中 LK 为灭磁开关的位置触点，GCB 为发电机出口断路器位置触点。

(15)发电机启停机保护。

发电机启停机保护是发电机在启动过程中尚未并网前，用以反应相间故障和定子接地故障的保护。启停机保护采用基波零序电压原理，取自发电机机端 PT。该保护由零序过电压元件构成，采用了不受频率影响的算法，保证了启停机过程对发电机的保护。

在发电机并网前，出口断路器位置触点闭合，保护投入，发电机并网后保护自动退出运行。

保护逻辑框图如图 5－23 所示。

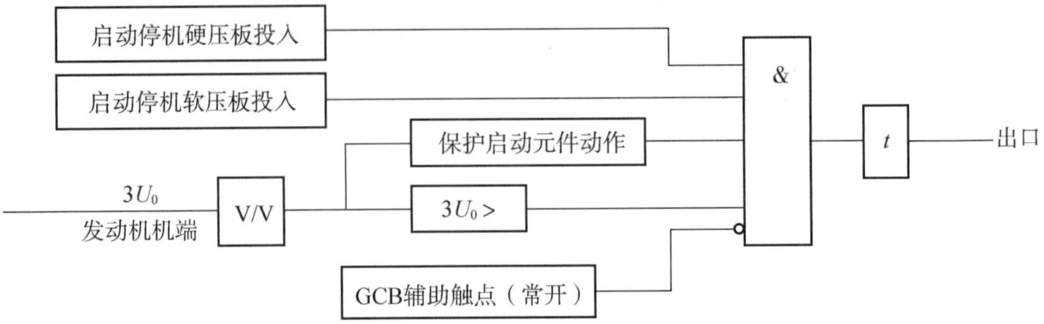

图 5－23　启停机保护逻辑框图

（16）发电机低频过电流保护。

当 SFC 启动发电机时的保护，SFC 投入运行期间虽然发电机的机端电压只有 3.4 kV，仅为发电机额定电压的 17% 左右，但由于其运行频率较低，对应的交流电抗也较小。若此时发电机发生相间短路，故障电流可能会严重烧毁发电机。因此，SFC 投入运行期间有必要装设低频过电流保护。该保护经 SFC 启动隔离开关辅助触点控制，在 SFC 投入运行时，保护投入；SFC 退出运行时，保护退出。

保护采集发电机机端 A 相电压及中性点侧三相电流，当电压值低于设定值并且电流值大于设定值时，保护动作使 SFC 隔离变高压侧开关及启动励磁变高压侧开关跳闸。

保护逻辑框图如图 5－24 所示。

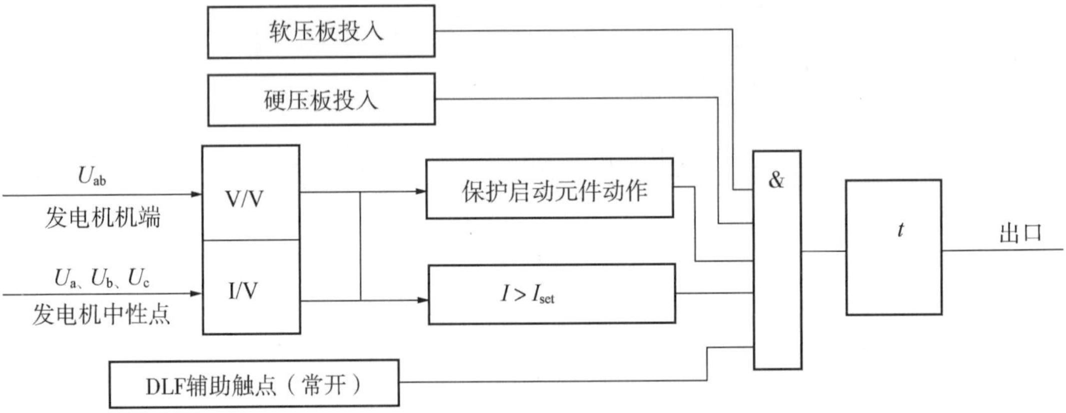

图 5－24　低频过电流保护逻辑框图

（17）发电机电压回路断线。

电压回路断线判别：通过比较两组 PT 二次侧的电压，当某一 PT 失去电压时继电器动作，瞬时发出电压回路断线信号。本判据可用于闭锁相关保护。

保护逻辑框图如图 5－25 所示。

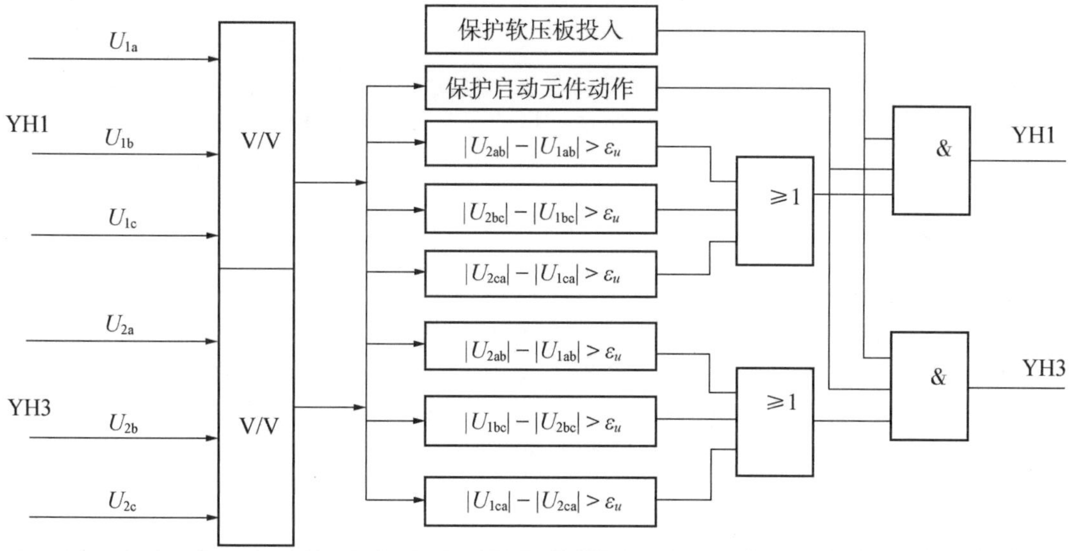

图5－25 电压回路断线逻辑框图

5.3 变压器保护

5.3.1 变压器保护范围和功能

(1)变压器的故障分类。

按故障点的位置来分，变压器的故障可分为油箱内的故障和油箱外的故障两大类。①油箱内的故障：变压器油箱内的故障主要有各侧的相间短路，单相接地短路及部分绕组之间的匝间短路。②油箱外的故障：变压器油箱外的故障，是指变压器绕组引出端绝缘套管及引出短线上的故障。主要有绝缘套管及引出线上的多相短路、单相接地短路等。变压器短路时，将产生较大的短路电流，使变压器严重过热，甚至烧坏变压器绕组或铁芯。特别是变压器油箱内的短路，伴随电弧的短路电流可能引起变压器着火。另外，短路电流产生电动力，可能造成变压器本体变形而损坏。

(2)变压器的不正常运行状态。

变压器的不正常运行状态主要有：系统故障或其他原因引起的过负荷或过电流；系统电压的升高或频率的降低引起的过电压及过激磁；不接地运行变压器中性点电位升高；变压器油箱油位异常；变压器温度过高及冷却器全停等情况。

当变压器处于不正常运行状态时，会加速绝缘老化，缩短变压器寿命，严重影响变压器安全经济的运行。

(3)变压器保护配置。

①短路故障的主保护。变压器短路故障的主保护主要有纵差保护、重瓦斯保护、压力释放保护和电流速断保护。另外，根据变压器的容量、电压等级及结构特点，可配置零差保护及分侧差动保护。

②短路故障的后备保护。目前，变压器上采用较多的短路故障后备保护主要有复合电压闭锁过流保护(简称复压闭锁过流保护)、零序过电流或零序方向过电流保护、负序过电流或负序方向过电流保护、复合电压闭锁功率方向保护、低阻抗保护等。

③不正常运行保护。变压器不正常运行保护主要有过负荷保护、过激磁保护、变压器中性点间隙保护、轻瓦斯保护、温度保护、油位保护及冷却器全停保护等。

5.3.2 变压器保护装置

(1)变压器保护简介。

①瓦斯保护。瓦斯保护指变压器内部各种短路故障和油面降低的保护。

②差动保护或电流速断保护。差动保护或电流速断保护指变压器绕组和引出线多相短路、高压侧绕组和引出线的单相接地短路及绕组匝间短路的保护。

③零序电流保护。零序电流保护指中性点直接接地的变压器发生外部接地短路的保护。

④过载保护。过载保护指变压器对称过载保护。

⑤过激磁保护。过激磁保护指变压器电压升高或频率降低时工作磁通密度过高发热而引起绝缘过热老化的保护。

(2)主变压器保护装置(表5-2)。

表5-2 主变压器保护装置

序号	保护名称	保护功能简介	动作行为
1	主变压器差动保护	主变内部相间短路、引出线单相接地短路及匝间短路故障主保护	保护出口1，7
2	主变压器阻抗保护	主变引出线、母线及相邻线路相间故障的后备保护	保护出口1，9，7
3	主变压器过激磁保护	主变因频率降低或电压升高引起的铁芯工作磁密过高时的保护	保护出口1，7
4	主变压器高压侧零序过电流保护	主变高压侧引线与母线单相接地短路故障的后备保护	保护出口1，9，7
5	主变压器高压侧间隙电流零序过电压保护	主变中性点不接地运行时单相接地故障的后备保护	保护出口1，7
6	主变压器低压侧接地保护	主变低压侧接地的保护	保护出口7
7	主变压器通风启动	主变电流达到定值时，启动冷却器运行	保护出口7
8	主变压器电流回路(CT)断线	CT故障	保护出口7

续表 5-2

序号	保护名称	保护功能简介	动作行为
9	主变压器电压回路(PT)断线	PT 故障	保护出口 7
10	主变压器瓦斯保护	主变内部相间、层间、匝间短路故障主保护	保护出口 1，7
11	主变压器压力释放	主变内部短路故障的保护	保护出口 1，7，由于出口压板未投入，保护出口 1 不会启动
12	主变压器冷却器全停	主变冷却器全停引起油温超过允许值造成变压器过热而损坏绕组绝缘的保护	保护出口 1，7
13	主变压器温度保护	主变内部故障和过载的保护	保护出口 1，7，由于出口压板未投入，保护出口 1 不会启动

注：1. 保护出口 1（全停 1）：跳发电机出口断路器，主变压器高压侧断路器，厂高变低压侧断路器，灭磁，机组跳闸，启动主变高压侧断路器失灵保护。
2. 保护出口 7（信号）：保护动作后发声光信号。
3. 保护出口 9：跳 220kV 母联断路器。

5.3.3 变压器保护装置工作原理

(1)变压器差动保护(主变、厂高变、启备变)。

比率制动式差动保护是变压器(主变、厂高变、启备变)的主保护，能反映变压器内部相间短路故障、高压侧单相接地短路及匝间层间短路故障。保护能正确区分励磁涌流、过激磁故障。

保护采取自适应提高定值的方式，防止外部故障时由于 CT 饱和引起差动误动，当差动电流中的三次谐波与基波的比值大于某一定值时，自动提高比率制动差动的动作值，同时改变比率制动系数和最小制动电流，进一步提高保护的可靠性。

差动动作方程为

$$\begin{cases} I_{op} > I_{op.0}(I_{res} \leqslant I_{res.0}) \\ I_{op} \geqslant I_{op.0} + S(I_{res} - I_{res.0}) \quad I_{res} > I_{res.0} \\ I_{res} > 1.1I_n \\ I_{op} > 1.2I_n + 0.7(I_{res} - 1.1I_n) \quad I_{res} > 1.1I_n \end{cases} \tag{5-16}$$

式中，I_{op}为差动电流；$I_{op.0}$为差动最小动作电流整定值；I_{res}为制动电流；$I_{res.0}$为最小制动电流整定值；S 为比率制动特性斜率；I_n 为基准侧 CT 的额定二次电流，$3 \leqslant n \leqslant 6$，各侧电流的方向都以指向变压器为正方向。

对于两侧差动和制动电流方程为

差动电流：

$$I_{op} = |\dot{I}_1 + \dot{I}_2| \tag{5-17}$$

制动电流：

$$I_{res} = |\dot{I}_1 - \dot{I}_2|/2 \tag{5-18}$$

式中，$\dot{I}_1, \dot{I}_2, \cdots \dot{I}_n$ 分别为变压器各侧 CT 二次侧的电流。

励磁涌流判别：

保护提供两种励磁涌流识别判据，可根据需要由控制字进行选用，当控制字设为“1”时，励磁涌流判据为波形畸变判据；当控制字设为“0”时，励磁涌流判据为二次谐波判据。惠州 LNG 电厂目前使用二次谐波判据。

CT 断线判据：当任一相差动电流大于 0.15 倍的额定电流时启动 CT 断线判别程序，满足下列条件认为 CT 断线：①本侧三相电流中至少一相电流不变；②最大相电流小于 1.2 倍的额定电流；③本侧三相电流中至少有一相电流为零。

由于启备变采用不同生产厂商的保护装置，差动保护的基本原理相同，在此不再赘述。保护逻辑框图如图 5-26 所示。

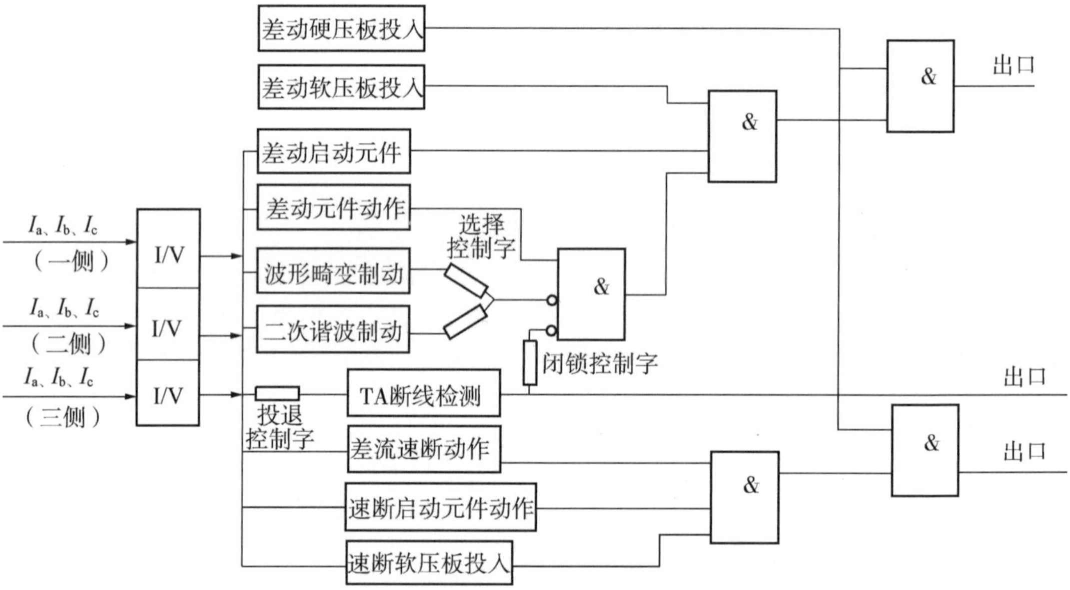

图 5-26　变压器差动保护逻辑框图

(2) 主变压器阻抗保护。

作为变压器引线、母线及相邻线路相间故障的后备保护，主变阻抗保护可实现偏移阻抗、全阻抗或方向阻抗特性。保护可以配置成多段多时限，每段的每个时限都独立为一个保护。

阻抗保护采用线电压及相电流之差的 0°接线方式，即 $\dot{U}_{ab}$ 和 $\dot{I}_{ab}$、$\dot{U}_{bc}$ 和 $\dot{I}_{bc}$、$\dot{U}_{ca}$ 和 $\dot{I}_{ca}$ 分别组成 3 个阻抗元件以“或”门输出。当 A、B、C 三相电流中任一相电流大于启动电流整定值时，开放阻抗保护。为防止 PT 断线时误动作，增设 PT 断线闭锁判据。低阻抗保护不设置振荡闭锁判据，因为其动作阻抗很小，它本身已有0.58 s 或1 s 的延时，足以躲开振荡。阻抗判据动作方程为

$$\left|\dot{U}_J - \frac{1}{2}I_J(1-\alpha)Z_{op}\right| \leqslant \left|\frac{1}{2}\dot{I}_J(1+\alpha)Z_{op}\right| \tag{5-19}$$

式中，U_J 为线电压；I_J 为与线电压相对应的相电流之差；Z_{op}为整定阻抗；α 为偏移因子，即灵敏角下反向偏移阻抗与整定阻抗之比。

保护逻辑框图如图 5－27 所示。

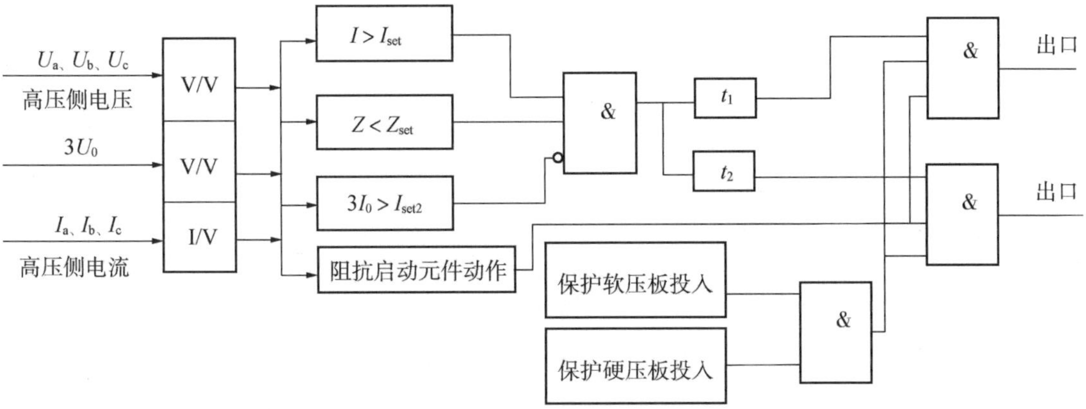

图 5－27　主高变压侧阻抗保护逻辑框图

(3)主变压器过激磁保护。

参照发电机定子过激磁保护。

(4)变压器高压侧零序过电流保护(主变、厂高变、启备变)。

零序过电流保护作为变压器或相邻元件接地故障的后备保护。在此以主变高压侧零序过电流保护为例，保护分两段，每段两时限。第一段第一时限跳母联断路器，第一段第二时限全发电机组；第二段第一时限跳母联断路器，第二段第二时限全停发电机组。

保护逻辑框图如图 5－28 所示。

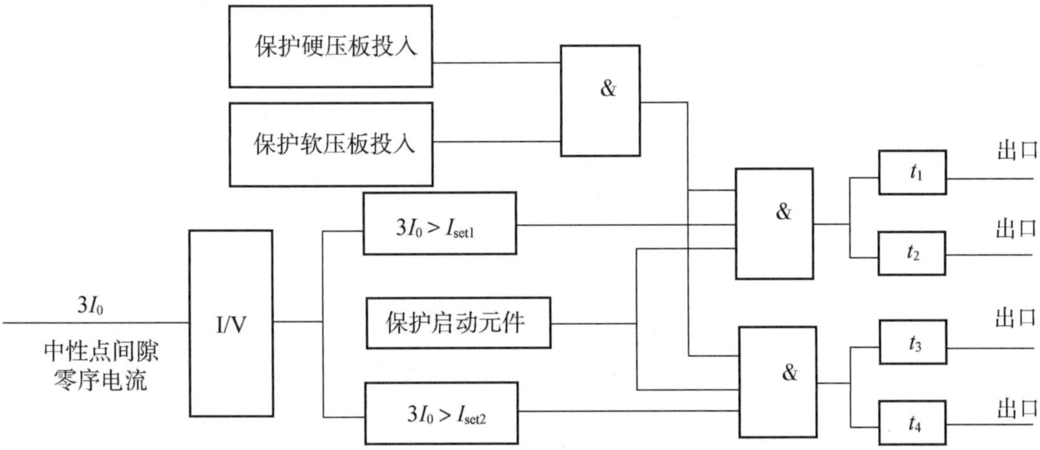

图 5－28　主变高压侧零序过流保护逻辑框图

(5)主变压器高压侧间隙电流零序过电压保护。

由于220 kV系统运行方式为仅一台主变压器中性点直接接地，其它两台主变压器中性点接地隔离开关断开，该保护适用于中性点不接地的主变压器。保护利用接于变压器高压母线PT的开口三角来反映$3U_0$。

保护由主变中性点间隙过电流元件与零序过电压元件组成“或”门输出，经短延时跳闸。作为变压器中性点不接地运行时单相接地故障的后备保护，其保护功能等同于零序过电压保护。当零序过电压间隙被击穿时，间隙零序过电流元件动作，经短延时跳闸。

保护逻辑框图如图5-29所示。

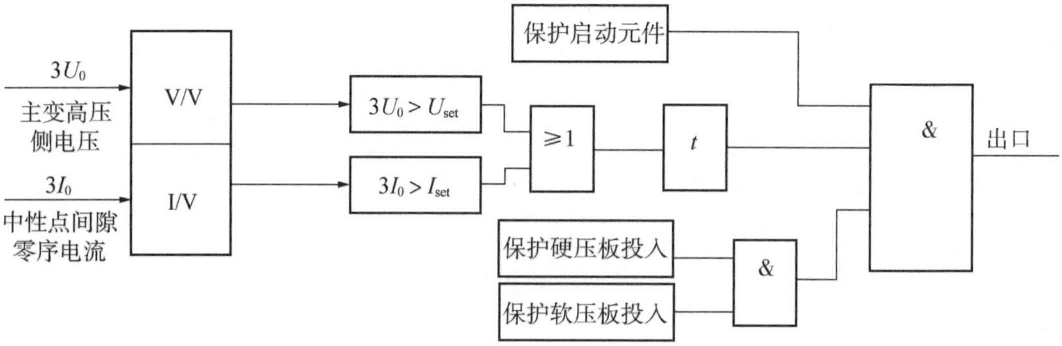

图5-29　主变间隙零序过电压保护逻辑框图

(6)主变压低压侧接地保护。

主变低压侧接地保护采用零序电压$3U_0$作为判据，零序电压取自主变低压侧PT，保护动作于发信。

保护逻辑框图如图5-30所示。

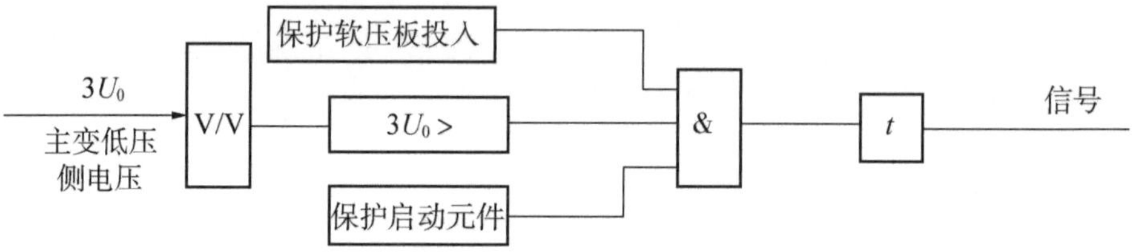

图5-30　主变低压侧接地保护逻辑框图

(7)变压器复合电压过电流保护(厂高变、启备变)。

复合电压过电流保护作为变压器或相邻元件的后备保护。保护取变压器低压侧和高压侧电流，经复合电压(低电压或负序电压)闭锁出口。

启备变保护原理相似，在此不再赘述。

以厂高变为例，复合电压过电流保护的电压信号取自6 kV母线PT电压回路，电流信号取自厂高变高压侧CT，该保护由复合电压元件和过电流元件“与”构成。保护动作于机组跳闸、主变高压侧断路器跳闸、厂高变低压侧断路器跳闸。

保护逻辑框图如图5-31所示。

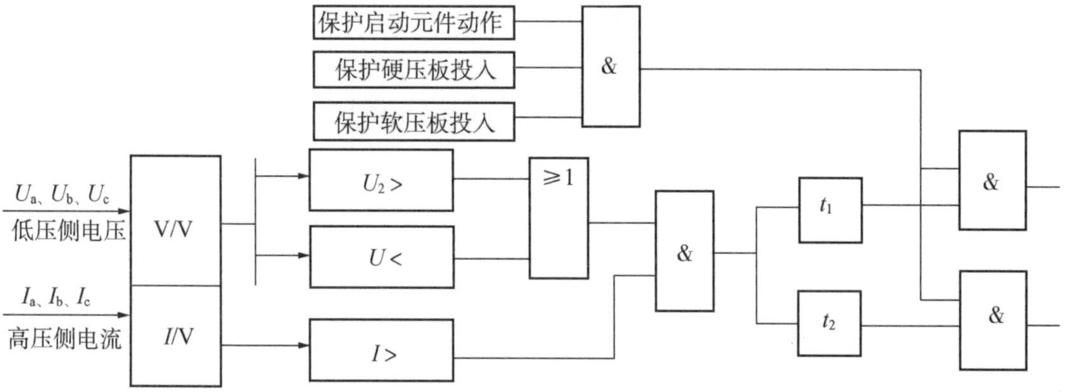

图 5－31 复合电压过电流保护逻辑框图

(8)变压器低压侧限时速断保护(厂高变、启备变)。

厂高变、启备变低压侧限时速断保护作为变压器低压侧引出线和 6 kV 厂用母线相间短路故障的保护。该保护的电流信号取自变压器低压侧 CT，由过电流元件加延时构成。当任一相电流大于速断整定值时动作，跳开变压器低压侧断路器，并闭锁厂用快切装置。

保护逻辑框图如图 5－32 所示。

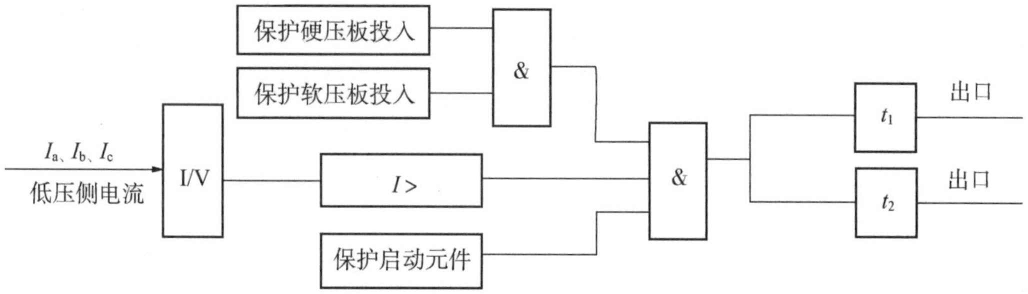

图 5－32 低压侧限时速保护逻辑框图

(9)励磁变保护。

励磁变保护设置有速断保护、过电流保护和过载保护。当励磁变任一相电流大于速断整定值时速断保护动作。过电流保护作为励磁变的后备保护，同样动作于跳闸。过载保护反应励磁变绕组的平均发热情况，保护动作于发信。

保护逻辑框图如图 5－33 所示。

(10)变压器非电气量保护。

变压器非电气量保护包括：重瓦斯、轻瓦斯、压力释放、冷却器全停、油温保护、绕组温度保护和油位保护等。发变组保护装置和启备变保护装置均实现了电气量保护与非电气量保护的彻底分离，由专门的非电气量保护装置来完成非电气量保护。以发变组的非电气量保护为例，不需要延时跳闸的非电气量通过压板直接去跳闸，需要延时跳闸的非电气量通过 CPU 延时后，由 CPU 发出跳闸信号。非电气量保护动作后，装置自动打印动作信息且可通过通信将信息传至监控系统。

保护逻辑框图如图 5－34 所示。

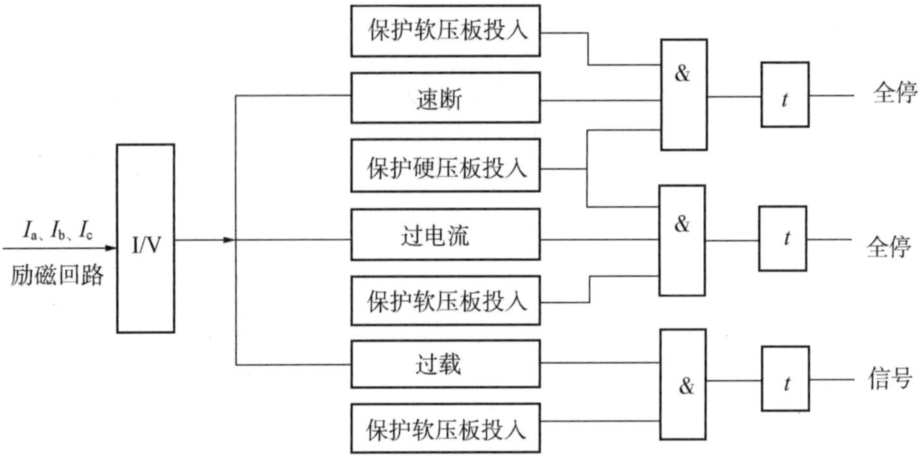

图 5-33　励磁变保护逻辑框图

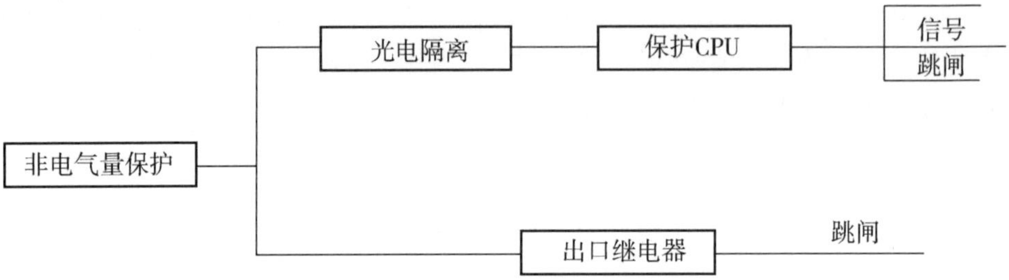

图 5-34　发变组非电气量保护逻辑框图

第6章

静态变频器(SFC)

6.1 SFC 系统概述

6.1.1 SFC 系统结构

由于燃气轮机启动时，要求先由外部装置带动机组转动，一直达到压气机能正常工作的转速，所有本机组设置了 SFC 装置，即静态频率转换装置。在本期工程配置中，三台机组共配置两套相互独立的 SFC 系统，每一套 SFC 系统均可单独启动任一台燃气轮机组，当一套 SFC 出现故障，燃气轮机仍然可以依靠另一套 SFC 启动。两套系统均设置有切换开关柜，通过切换开关来实现三台机组选择其中任一套 SFC 作为启动电源供给。SFC 系统结构如图 6-1 所示。

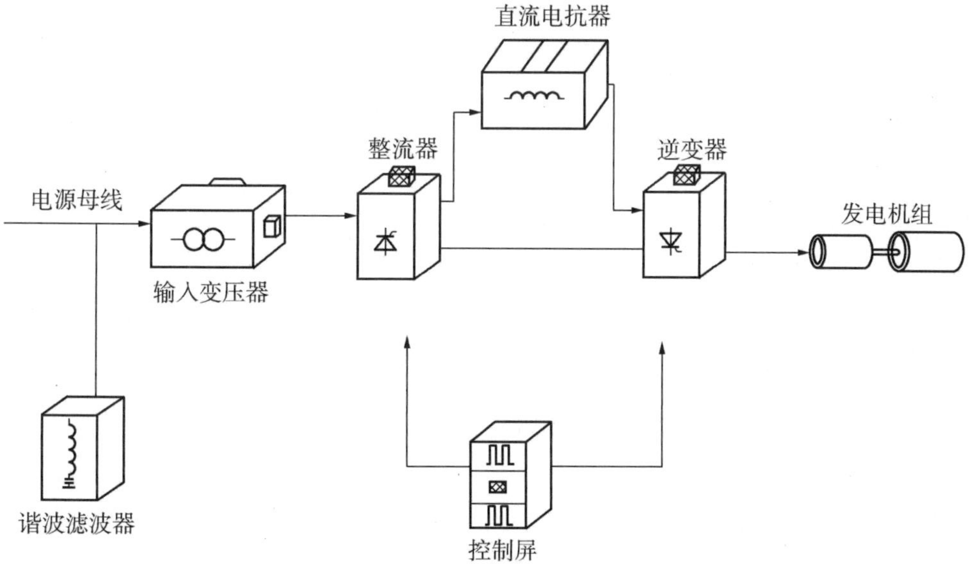

图 6-1　SFC 系统结构图

SFC 由谐波滤波器、输入变压器、整流器、直流电抗器、逆变器、控制屏、转子位置传感器、启动励磁变压器、SFC 选择切换柜等部分组成。各部分功能简介如下：

(1)输入变压器：为 SFC 系统提供电源，同时通过变压器漏抗限制晶闸管短路时的短路电流。

(2)谐波滤波器：其内部是由电感和电容组成谐振电路，用来吸收在整流和逆变过程中所产生的 5 次、7 次谐波，防止谐波对电厂其他电气设备造成影响，以及防止谐波反送到电网中造成对电网的谐波污染，同时可提高系统的功率因数。

(3)整流器：为三相桥式全控整流装置。通过对晶闸管导通角的控制把 50 Hz 交流电压转换为直流电压，并控制直流电流达到适当值。

(4)逆变器：通过对晶闸管相位的控制，把直流逆变成频率可变的交流，其频率从 0.05 ～ 33.3 Hz 平滑可调，使发电机加速平滑。

(5)直流电抗器：限制电流波纹，使直流电流波形更加平滑。

(6)控制屏：接受来自 DCS 的控制信号，控制和协调 SFC 系统各部件的工作，并有系统内部故障自我诊断、报警和保护功能。

(7)转子位置传感器：安装于发电机的转子转轴之上，用以测量转子的位置，其反馈信号为逆变器触发信号的参考信号。

(8)启动励磁变压器：在 SFC 拖动燃机透平期间，为发电机提供励磁电源。

(9)SFC 逻辑切换柜：接收来自 DCS 的指令，按照预定逻辑顺序对相应的断路器、隔离开关进行断开或闭合操作，以便完成所选 SFC 与被启动的机组之间的电气连接，达到启动机组的目的。

6.1.2 SFC 系统作用

大型燃气-蒸汽联合循环机组在启动、高盘冷却、水洗等过程中，整个轴系的驱动力矩均是由同步发电机作为同步电动机运行来提供的。当同步发电机作为同步电动机运行时，SFC 系统将取自机组母线的工频电源通过变频后，施加到发电机的定子上，使发电机变成调频调速的电动机转动起来，并同轴带动燃气轮机启动。

根据同步电机转速 n 与电源频率 f 的关系为

$$n = 60f/p \tag{6-1}$$

在同步电机极对数 p 一定时，改变电源频率 f 就可改变发电机的转速。由于加在发电机定子上的是变频后的交流电，使得燃气轮机转速按预先设定的速率加速上升。

当燃气轮机启动时，SFC 从单元机组厂用电系统取电，将电压和频率恒定的电源变换成电压和频率可变的电源，可变的电源施加于发电机定子线圈。同时，厂用系统给发电机转子提供励磁电压，在发电机转子上产生磁场，发电机定子产生的旋转磁场作用于磁体转子，使转子转动起来。SFC 就是通过对输出电压频率的改变，使发电机转子转速达到系统指定的转速。

6.1.3 SFC 启动发电机接线图

如图 6-2 所示，SFC 装置从 6 kV 厂用电取电，经过整流、逆变后通过切换开关给对应的发电机定子供电。在发电机出口断路器装置内还设置有 SFC 启动隔离开关，在机组启动前该隔离开关合上。SFC 给发电机定子提供变频后的电源，使发电机作为同步电动机带动燃机运行，SFC 退出运行后该隔离开关断开。

发电机中性点经单相接地变压器(接地变)接地，发电机中性点接地变一次侧设置有发电机中性点接地隔离开关，在 SFC 投入运行之前该接地隔离开关断开，以防止 SFC 整流器与逆变器之间发生接地故障时，会产生很大的直流电流经发电机中性点流过，从而烧毁接地变压器。当 SFC 退出运行后，发电机中性点接地隔离开关再次合上。

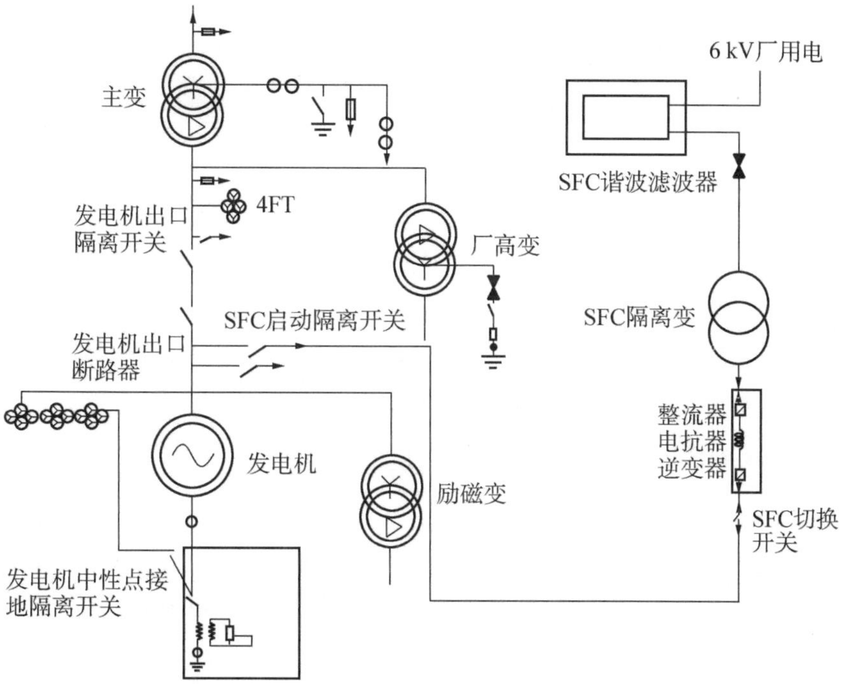

图 6－2　启动发电机接线图

6.1.4　SFC 系统主要参数

SFC 系统额定参数如下：

额定容量：6600 kVA

交流输入电压：3 相，6 kV，50 Hz

直流额定电压：4.1 kV

直流额定电流：1195 A

逆变输出电压：3 相，3.41 kV，0.05～3.33 Hz

额定功率：4900 kW

6.1.5　SFC 系统工作原理

1）主电源回路图

主电源回路由 SFC 隔离变压器、整流器、直流电抗器、逆变器组成，如图 6－3 所示。整流器采用三相六脉波全控晶闸管整流桥，将恒定的三相交流电压变成可变的直流电压。逆变器也是采用三相六脉波全控晶闸管整流桥，将整流桥输出的直流电压转变成变幅值和变频率的交流电压。这个可变的交流电源施加于发电机使发电机加速到指定的转速。

当机组启动时，发电机作为同步电动机运行，发电机定子绕组由 SFC 供电，厂用6 kV 电源经启动励磁变降压整流后向发电机转子绕组供电。在定子、转子电流共同产生的电磁力矩的作用下，使发电机转子旋转、升速。

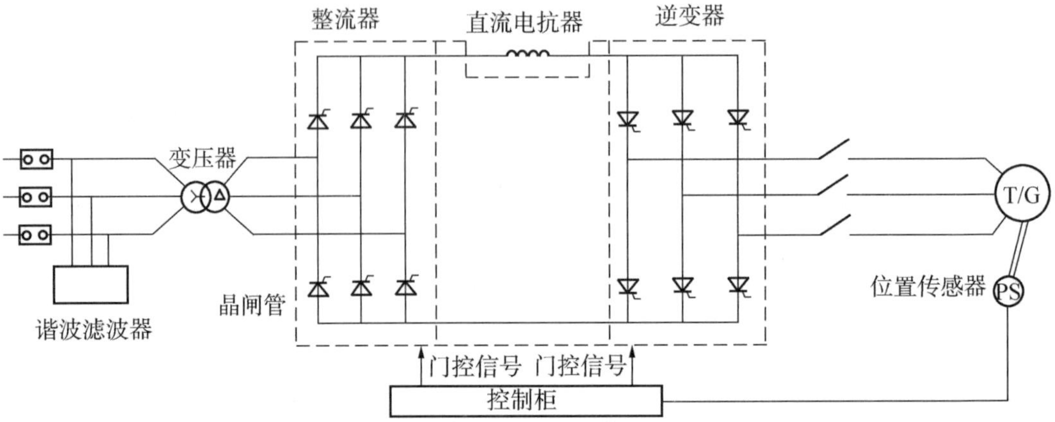

图 6－3　SFC 主电源回路图

2）整流器工作原理

如图 6－4 所示，整流器侧的直流电压稍微大于逆变器侧的直流电压 E_{di}（$E_{dr}>E_{di}$）。直流电流 I_d 等于电压差 $\Delta V=E_{dr}-E_{di}$除以直流回路电阻 R，该电流流过直流回路。

$$I_d = \Delta V/R \tag{6-2}$$

通过整流器的相控可以调节输出直流电压为任意值。直流电压是触发延迟角 α 的函数。

$$E_d \approx 1.35E_s\cos\alpha \tag{6-3}$$

式中，E_d 为输出直流电压；E_s 为输出交流电压（线电压）。

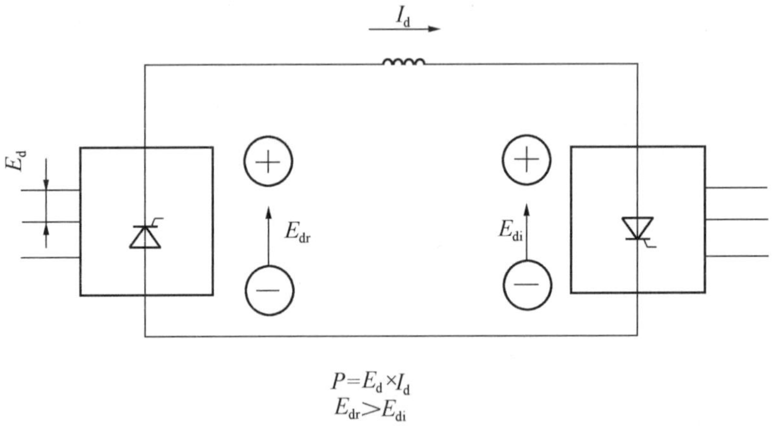

图 6－4　SFC 简化图

根据直流电流反馈控制自动调节整流器的触发延迟角 α。由式（6－3）可以看出，当触发角由 0°到 90°时，直流输出等效电压 E_{dr}为正，此时称为整流状态。E_{dr}的大小可通过改变触发角 α 调整，当触发角 α 大于 90°时，整流桥输出电压为负，即进入逆变状态。

（1）$\alpha=30°$。

图 6－5 为晶闸管触发角为 30°时的电压波形，其等效直流输出电压为 E_{dr}。

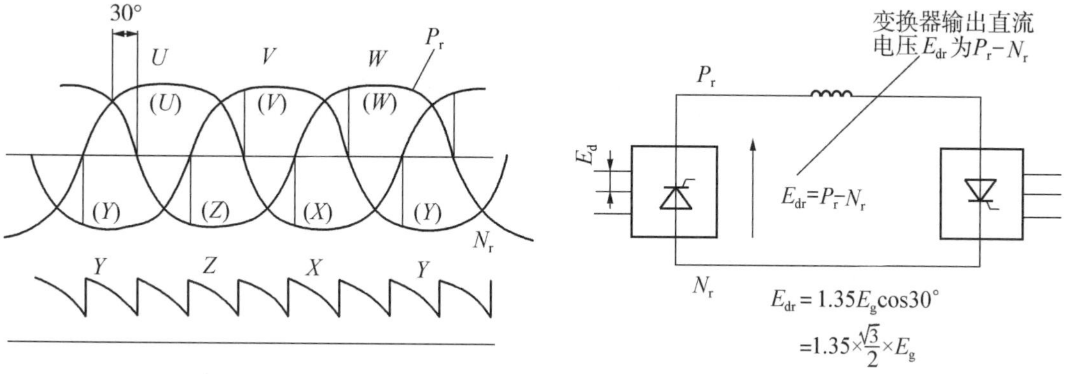

图 6-5 触发延迟角 α 等于 30°时的直流输出电压波形

（2）$\alpha=90°$。

图 6-6 为晶闸管触发角 α 为 90°时的电压波形，由图中可以看出，当触发角为 90°时，直流等效电压输出 E_{dr} 为 0°。

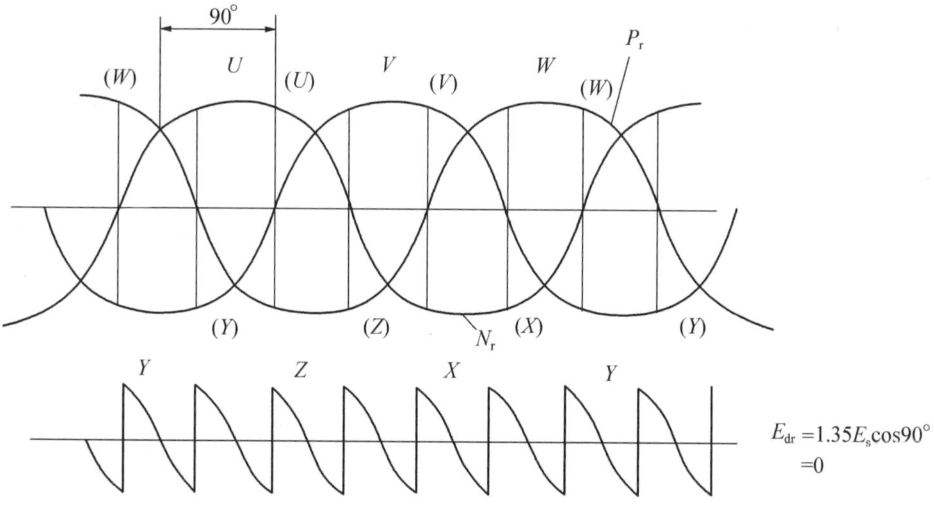

图 6-6 触发延迟角 α 等于 90°时的直流输出电压波形

（3）$\alpha=120°$。

图 6-7 为晶闸管触发角 α 为 120°时的电压波形，由图可以看出，当触发角由 0°到 90°时，直流输出等效电压 E_{dr} 为正，此时称为整流状态。E_{dr} 的大小可通过改变触发角 α 调整，当触发角 α 大于 90°时，整流桥输出电压为负，即进入逆变状态。

在 SFC 的逆变器处于脉冲换相模式时，为使逆变器能够完成换相，要求整流输出电流为直流脉冲波，即每隔 60°电角度要求整流输出电流截止为零，此时整流器采用将触发角 α 调整到大于 90°来完成整流电流的截止，即通常所说的逆变截止。

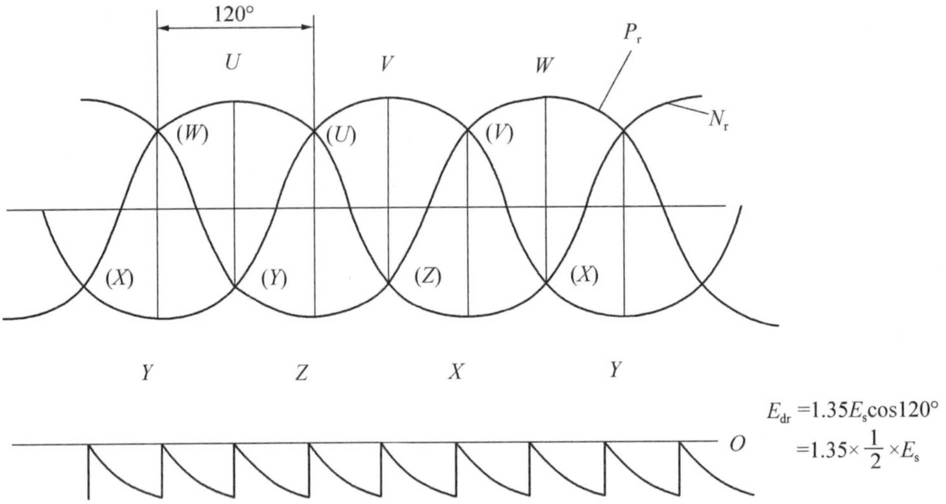

图 6－7　触发延迟角 α 等于 120°时的直流输出电压波形

3）直流电抗器工作原理

整流输出回路串接直流电抗器，对外相当于一个电流源。该电流源的交流阻抗近似无穷大，电抗器同时起着降低直流段电压波动并吸收逆变负载端无功功率的作用。

4）转子位置确定

SFC 采用电磁式转子位置检测器，能够精确检测转子的实际空间位置，从而准确触发逆变器晶闸管，实现逆变器换相。如图 6－8 所示，在转子的大轴上有一个凹凸形圆盘，它与转子同轴旋转。凹凸形圆盘四周按 120°角度分布，共安装了 3 个电磁式位置传感器探头（A、B、C），传感器探头安装在发电机每相定子绕组的等效轴线处，转子的磁极方向与凹凸形圆盘的对称轴线偏差 30°。当凹凸形圆盘的凸出部分扫过传感器探头，相应的传感器会输出一个电压幅值恒定的方波。通过三个传感器输出的方波信号，就可以准确检测到转子的实际空间位置。

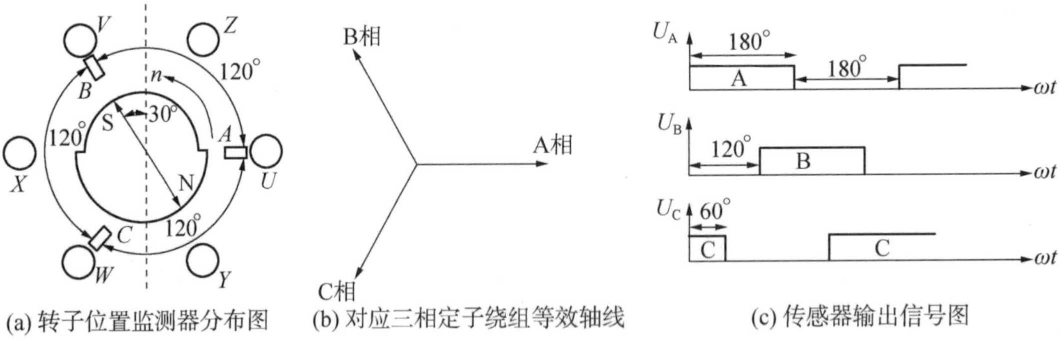

图 6－8　转子位置确定原理图

（5）逆变器工作原理

逆变器一般采用 120°通电型三相全控桥式电路。在正常运行时，不同桥臂的共阳极和共阴极各一个晶闸管导通，即每一时刻，只有两相定子绕组通过电流，该两相电流将产生一个定子合成磁势。在一个周期内，不同晶闸管导通时，产生的所有定子合成磁势矢量图如图 6－9 所示。

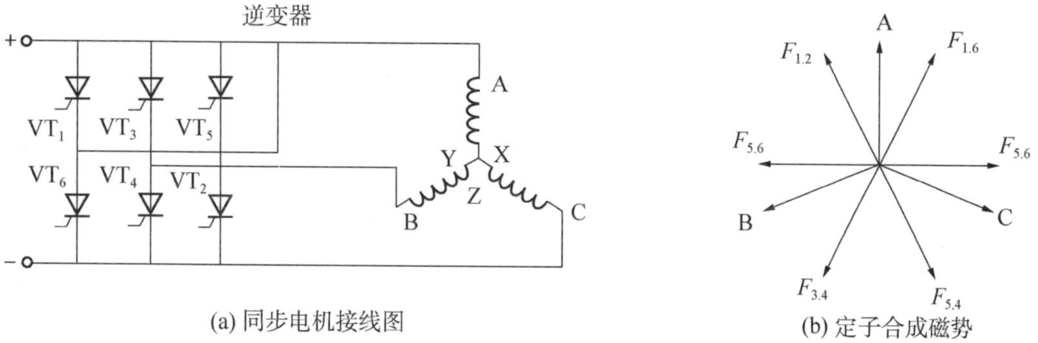

(a) 同步电机接线图　(b) 定子合成磁势

图 6－9　同步电机定子合成磁势图

根据电动机电磁转矩公式：

$$T_e = C_m F_s F_r \sin\theta \tag{6-4}$$

式中，C_m 为常数，与电机实际结构有关；F_s 为定子合成磁势幅值；F_r 为转子磁势幅值；θ 为定、转子磁势夹角，F_s 超前 F_r 时为正值。

当定子合成磁势超前转子磁势，且它们之间夹角小于 180°时，就可以产生驱动电磁转矩。如果该电磁转矩大于转子的机械力矩，则可以拖动同步电机向定子合成磁势的方向旋转。在实际应用中，当转子磁势随转子的旋转而逐步靠近定子合成磁势时，控制逆变器进行正确换相，使定子合成磁势朝转子旋转的方向跃进一定角度，就可以继续维持定子、转子的磁势有一定的夹角，从而不断产生驱动电磁转矩，拖动同步电机旋转。

逆变器根据安装在发电机转轴上的位置传感器提供的位置信号依次实现换相。逆变器的换相方式分为脉冲换相和负载换相，其中脉冲方式运行时换相超前角 $\gamma \approx 0°$，负载换相方式运行时 $\gamma \approx \gamma_0$，这里 γ_0 足以使逆变时的电流换相。

在启动的初期转速小于 300 r/min，发电机没有足够的电压输出实现逆变器的换相时，逆变器通过脉冲方式运行来实现换相。每隔 60°通过关断整流器的输出使流过逆变器的电流为零，将逆变器全部晶闸管截止，然后给换相后应导通晶闸管发触发信号使其导通，实现同步电机换相。当运行到 f 点时，立即控制 A 相、C 相换相，即换相超前角 $\gamma = 0°$。

当同步电机转速大于 300 r/min 时，由于脉冲换相方式引起的断续电流对同步电机的电磁转矩影响很大，这时采用负载换相方式运行。利用同步电机的感应电势，关断需截止的逆变器晶闸管，完成共极晶闸管自然换相。当运行到 d 点时，提前 60°发出 A 相晶闸管导通触发信号，即 $\gamma = 60°$。

脉冲换相时工作原理（$\gamma_0 = 0°$）如表 6－1 所示。

表 6-1 脉冲换相时工作原理(参照图 6-8 及图 6-9)

	对于图中 d 点	对于图中 f 点	对于图中 g 点	对于图中 h 点	对于图中 i 点	对于图中 j 点
换相前电流流向	C→A	C→B	A→B	A→C	B→C	B→A
换相前定、转子合成磁势	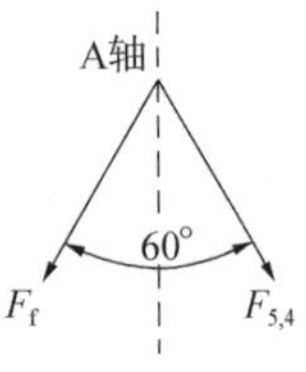	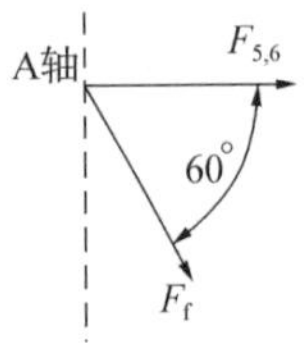	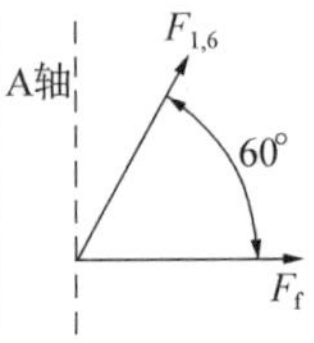	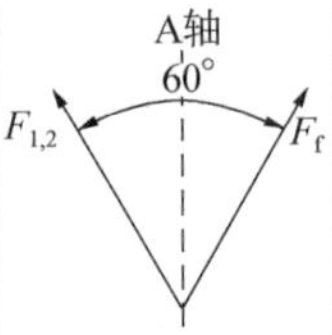	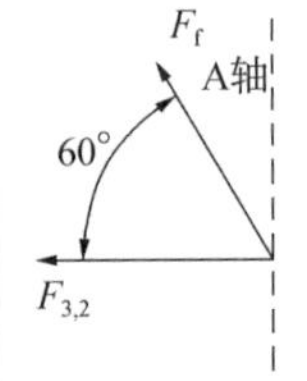	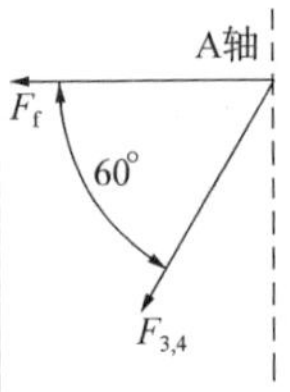
换相需导通晶闸管	VT_5、VT_6	VT_1、VT_6	VT_1、VT_2	VT_3、VT_2	VT_3、VT_4	VT_5、VT_4
换相后电流流向	C→B	A→B	A→C	B→C	B→A	C→A
换相后定、转子合成磁势	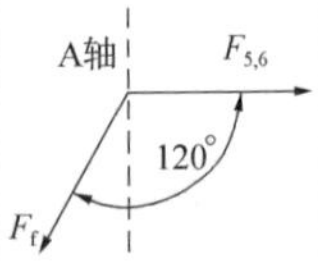	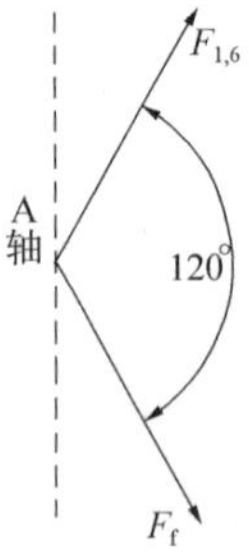	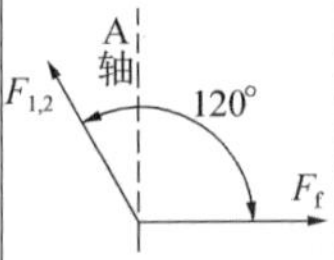	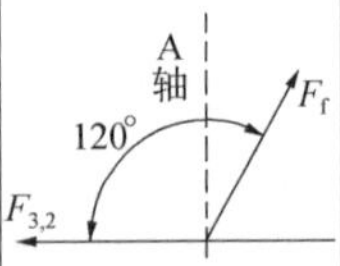	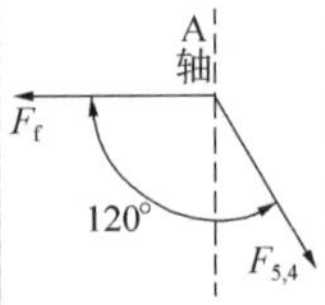	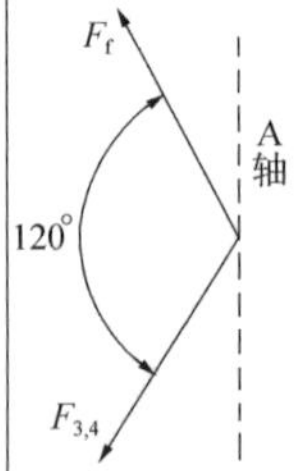
转子位置传感器输出	A=0 B=0 C=1	A=1 B=0 C=1	A=1 B=0 C=0	A=1 B=1 C=0	A=0 B=1 C=0	A=0 B=1 C=1

晶闸管触发逻辑	VT_1	当 A 位置传感器输出为 1，B 位置传感器输出为 0 时，发 VT_1 晶闸管导通触发信号，即 $A\overline{B}=1$
	VT_2	同上，当 $A\overline{C}=1$ 时，发 VT_2 晶闸管导通触发信号
	VT_3	同上，当 $B\overline{C}=1$ 时，发 VT_3 晶闸管导通触发信号
	VT_4	同上，当 $\overline{A}B=1$ 时，发 VT_4 晶闸管导通触发信号
	VT_5	同上，当 $\overline{A}C=1$ 时，发 VT_5 晶闸管导通触发信号
	VT_6	同上，当 $\overline{B}C=1$ 时，发 VT_6 晶闸管导通触发信号

由表 6-1 可以看出，采用脉冲换相方式($\gamma_0 = 0°$)运行时，每当转子旋转 60°，根据转子的空间位置，晶闸管会换相一次，不断维持定子、转子磁势的夹角在 60°~120°范围内变化，提供脉动的电磁转矩。

负载换相时工作原理（$\gamma_0=60°$）如表 6-2 所示。

表 6-2 负载换相时工作原理（参照图 6-8）

	对于图中 *d* 点	对于图中 *f* 点	对于图中 *g* 点	对于图中 *h* 点	对于图中 *i* 点	对于图中 *j* 点
换相前电流流向	C→B	A→B	A→C	B→C	B→A	C→A
换相前定、转子合成磁势	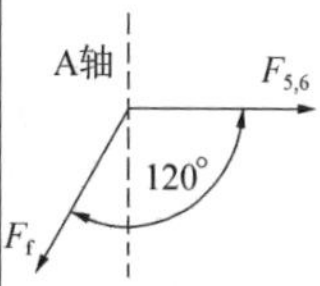	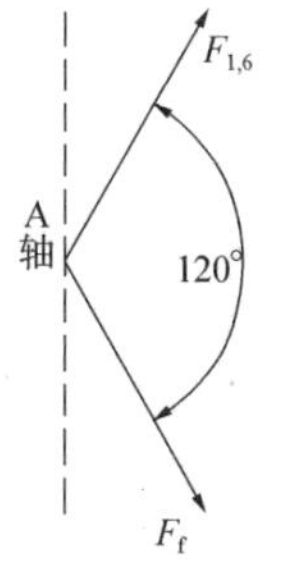	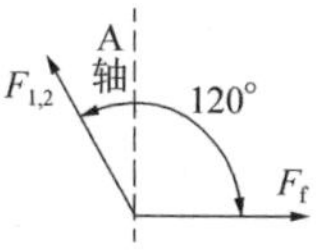	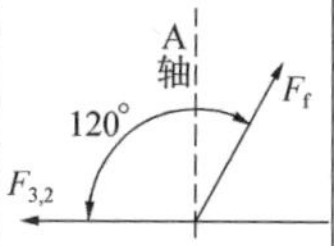	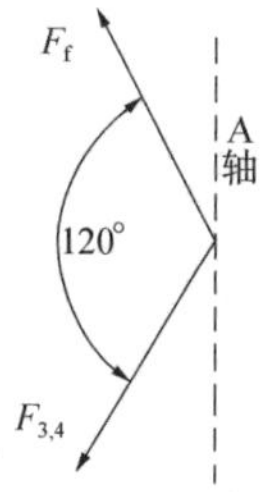	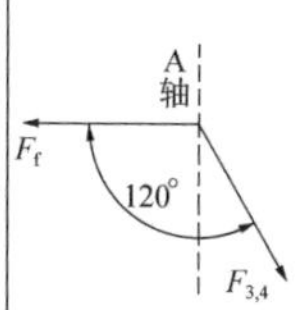
换相需导通晶闸管	VT_1、VT_6	VT_1、VT_2	VT_3、VT_2	VT_3、VT_4	VT_5、VT_4	VT_5、VT_6
换相后定子电流流向	A→B	A→C	B→C	B→A	C→A	C→B
换相后定、转子合成磁势	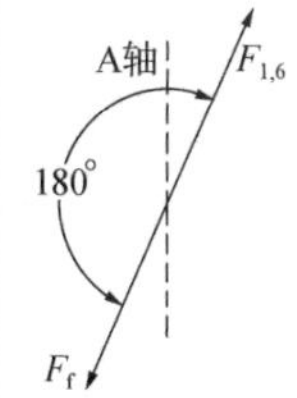	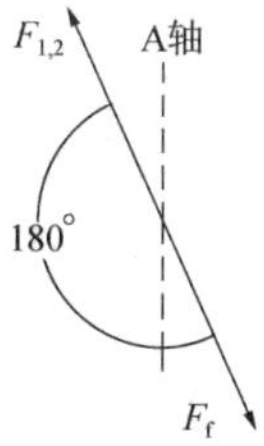	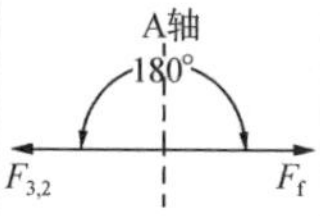	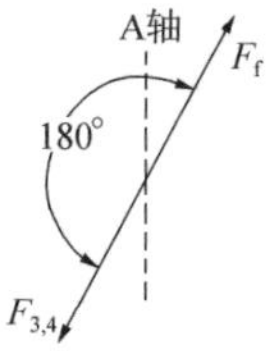	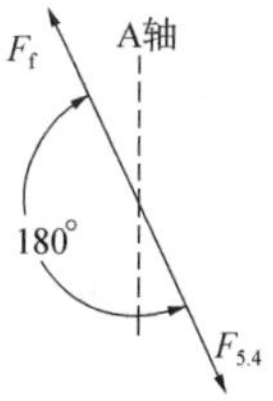	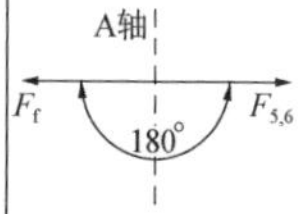
位置传感器输出的数值	A=0 B=0 C=1	A=1 B=0 C=1	A=1 B=0 C=0	A=1 B=1 C=0	A=0 B=1 C=0	A=0 B=1 C=1

晶闸管触发逻辑	VT_1	当 B 位置传感器输出为 0，C 位置传感器输出为 1 时，发 VT_1 晶闸管导通触发信号，即 $\overline{B}C=1$
	VT_2	同上，当 $A\overline{B}=1$ 时，发 VT_2 晶闸管导通触发信号
	VT_3	同上，当 $A\overline{C}=1$ 时，发 VT_3 晶闸管导通触发信号
	VT_4	同上，当 $B\overline{C}=1$ 时，发 VT_4 晶闸管导通触发信号
	VT_5	同上，当 $\overline{A}B=1$ 时，发 VT_5 晶闸管导通触发信号
	VT_6	同上，当 $\overline{A}C=1$ 时，发 VT_6 晶闸管导通触发信号

由表 6-2 可以看出，采用负载换相方式运行时，每当转子旋转 60°，根据转子的空间位置，晶闸管会换相一次，不断维持定子、转子磁势的夹角在 120°～180°范围内变化，提供脉动的电磁转矩。

SFC在机组转速达到300 r/min后，由脉冲换相方式转由负载换向方式运行，换相超前角γ_0由0°跃变为35°。从300 r/min开始，随着负载电流增大，晶闸管的换相重叠角也会逐渐增大。为了使换相可靠，SFC控制柜会将换相超前角由35°逐渐增加到55°。以$\gamma_0=50°$为例，当转子运行到图中的d点时，由上面分析可知此时需触发VT_1晶闸管导通，SFC控制柜根据当时的转速及转速加速度计算出转子继续旋转10°需要的时间t，然后经时间延时t后，才向VT_1晶闸管发触发信号。即$\gamma_0=50°$比$\gamma_0=60°$晚时间t向相应的晶闸管发 触发信号。由于换相超前角γ_0越小，提供的电磁转矩越大，因此，SFC采用这种负载换相方式，既保证了可靠性，又提高了工作效率。

6.1.6 运行时需要投入的保护

由于机组每次启动时都需要在低频低压工况下运行约23 min，因此，除了常规的发电机保护之外，有必要针对此特殊运行工况，装设一些发电机保护和对可能引起误动的保护进行闭锁，使发电机可以可靠、安全运行。

SFC投入运行期间需装设的保护如下。

(1)低频过电流保护。

SFC投入运行期间虽然发电机的机端电压只有3.4 kV，仅为发电机额定电压的17%，但是其运行频率较低，对应的交流电抗较小，此时发电机发生相间短路的故障电流，可能会严重烧毁发电机，因此，在SFC投入运行期间有必要装设低频过电流保护。该保护经断路器辅助触点控制，在SFC投入运行时，保护投入，SFC退出运行后保护自动退出。

(2)启停机保护。

虽然SFC投入运行期间，机端电压及频率较低，但仍可能出现较大的发电机定子单相接地故障电流。启停机保护作为发电机升速尚未并网前的定子接地短路故障的保护。保护采用基波零序电压原理，其零序电压取自发电机机端。该保护经发电机出口断路器辅助触点控制，在发电机并网前，保护投入，并网后保护自动退出。

在SFC直流侧发生接地时，由于SFC投入运行时，会先拉开发电机中性点接地隔离开关，不会产生很大的故障电流，而导致发电机中性点接地变压器损坏，因此无需安装SFC直流侧接地保护。

(3)发电机保护投退情况(表6-3)。

表6-3 发电机保护投退情况

保护名称	SFC投入运行时	SFC退出运行但发电机没有并网期间	发电机并网后
100%定子接地保护	×	√	√
逆功率保护	×	√	√
失磁保护	×	√	√
失步保护	×	√	√
频率保护	×	√	√
启停机保护	√	√	×
低频过电流保护	√	×	×
GCB失误启动	×	×	√

注：√表示保护投入，×表示保护退出。

6.2 静态变频器系统运行与监视

1. 系统启动

1)SFC 系统启动前检查

(1)检查确认 SFC 控制柜、SFC 逻辑控制柜、谐波滤波器柜、整流器柜、逆变器柜、直流电抗器柜、SFC 切换开关(DS－11/DS－12/DS－13 或 DS－21/DS－22/DS－23)柜、SFC 启动隔离开关的所有控制、动力、加热器电源均已合上，所有仪表、信号电源均正常，指示灯正确亮起。(DS－11、DS－12、DS－13 为#1SFC 分别启动#1、#2、#3 发电机的切换开关；DS－21、DS－22、DS－23 为#2SFC 分别启动#1、#2、#3 发电机的切换开关。)

(2)检查确认 SFC 系统所有设备均满足送电条件，SFC 隔离变高压侧断路器、SFC 切换开关、SFC 启动隔离开关、启动励磁变高压侧断路器、启动励磁变低压侧断路器、励磁变低压侧断路器、发电机中性点接地隔离开关、励磁断路器均在热备用状态；

本台机组所有附属系统均已满足 SFC 相应的启动要求(SFC 正常启动与高盘启动对附属系统的要求有所不同)。

2)系统启动选择

SFC 及励磁系统图如图 6－10 所示。

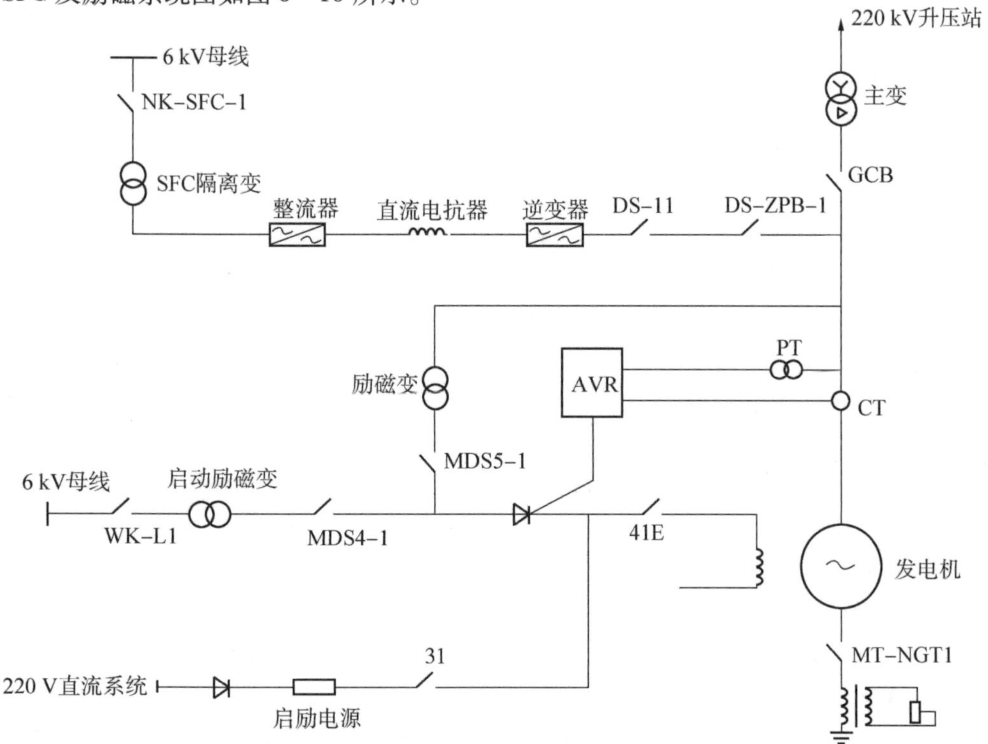

图 6－10 SFC 及励磁系统图

NK－SFC－1—SFC 隔离变高压侧断路器；WK－L1—SFC 启动励磁变进线断路器；DS－11—#1SFC 启动#1 发电机的切换开关；DS－ZPB－1—SFC 启动隔离开关；GCB—发电机出口断路器；MDS5－1—励磁变低压侧断路器；MDS4－1—启动励磁变低压侧断路器；MT－NGT1—发电机中性点接地隔离开关；41E—灭磁开关；31—启励电源切换开关

当点击选择某套SFC(#1SFC/#2SFC)，启动任意一台机组后，SFC系统以及励磁系统的断路器、隔离开关动作顺序为：发电机中性点接地隔离开关MT-NGT1将断开；励磁变低压侧断路器MDS5-1将断开；SFC和相应发电机之间的切换开关将合上；启动励磁变低压侧断路器MDS4-1将合上；SFC启动隔离开关DS-ZPB-1将合上；启动励磁变6 kV进线开关WK-L1将合上；SFC隔离变高压侧断路器NK-SFC-1将合上。

此时DCS上相应的"SFCREADY"指示灯变红。

①在SFC选择成功时，逆变器没有输出，发电机机端仍然无电压。

②当机组启动指令发出后，灭磁开关41E合上，逆变器开始工作，发电机作为同步电动机运行。

机组启动指令分为机组正常启动和高盘启动。机组正常启动时，带动发电机升速至2180 r/min左右自动退出运行；高盘启动时，SFC带动发电机升速至712 r/min左右维持该转速运行，直至由机组发出停运指令为止。

2. SFC系统运行监视

(1)控制盘运行监视。

SFC控制盘上共有四盏LED指示灯和两个操作按钮，分别是状态指示灯"OPERATE""STOP"和故障报警指示"MAJORFAILURE""MINORFAILURE"，以及手动紧急跳闸按钮"MANUALTRIP"、故障复位按钮"RESET"，其中SFC控制盘上的LED指示灯正确显示SFC的工作状态；"MAJORFAILURE"报警，是指SFC的主要故障；"MINORFAILURE"报警，是指SFC的次要故障。SFC发生紧急情况且保护装置拒动时，可按下"MANUALTRIP"按钮紧急停运SFC系统。消除故障报警后，SFC系统再次启动前需要按下故障复位按钮"RESET"。

SFC系统正常运行中，SFC控制盘的检查项目：

①检查SFC隔离变压器保护装置有无异常报警；

②检查SFC控制盘声音有无异常，如有无较大噪声、振动或放电声等；

③检查SFC控制盘有无焦糊味等异味；

④确认SFC控制盘进风滤网和出风口无异物堵塞。

(2)整流/逆变柜运行监视。

整流/逆变柜上的LED指示灯("OPERATE""STOP")正确显示其工作状态。SFC系统正常运行中，整流/逆变柜的检查项目：

①检查整流/逆变柜声音有无异常，如有无较大噪声、振动或放电声等；

②检查整流/逆变柜有无焦糊味等异味；

③确认整流/逆变柜风扇运行正常，进风滤网和出风口无异物堵塞。

(3)直流电抗器柜运行监视。

SFC系统正常运行中，直流电抗器柜的检查项目：

①监视直流电抗器室温度计指示在正常值；

②确认冷却风扇运行正常，空气进口及冷却风机出口畅通无堵塞；

③检查直流电抗器室声音有无异常，如有无较大噪声、振动或放电声等；

④检查直流电抗器室有无焦糊味等异味。

由于直流电抗器运行时会产生较强的磁场，监视时应非常注意。

（4）变压器运行监视。

SFC 系统正常运行中，SFC 变压器的检查项目：

①检查变压器油温、油位及绕组温度为正常值；

②检查变压器压力释放装置未动作；

③观察变压器外观、一次及二次连接均正常；

④检查变压器运行时的声音，无明显噪声和振动；

⑤检查 SFC 控制柜面板上的变压器保护装置有无异常报警。

（5）谐波滤波器柜运行监视。

SFC 系统正常运行中，谐波滤波器的检查项目：

①监视谐波滤波器柜控制面板上 5 次、7 次谐波装置的运行状态指示灯（on/off）与实际状态相符；

②监视谐波滤波器柜就地报警光字牌有无异常报警；

③检查谐波滤波器柜有无焦糊味等异味；

④检查谐波滤波器柜内声音有无异常，如有无较大噪声、振动或放电声等；

⑤确认风机运行正常，进风滤网和出风口无异物堵塞。

3. SFC 系统停运

（1）机组正常启动时的停运。

①机组转速升至 2000 r/min 时，SFC 开始逐渐减少输出电流，当机组转速升至 2180 r/min 左右时，SFC 自动退出运行。

②SFC 退出运行时，SFC 系统及励磁系统断路器、隔离开关的动作顺序为：

灭磁开关 41E 自动断开；SFC 隔离变高压侧断路器 NK－SFC－1 将断开；启动励磁变 6 kV 进线断路器 WK－L1 将断开；启动励磁变低压侧断路器 MDS4－1 将断开；SFC 启动隔离开关 DS－ZPB－1 将断开；发电机中性点接地隔离开关 MT－NGT1 将合上；SFC 和发电机之间的切换开关将断开；励磁变低压侧断路器 MDS5－1 将合上。

（2）机组高盘启动时的停运。

①高盘运行维持机组转速 712 r/min，当运行人员发出机组停运指令时，SFC 系统退出运行。

②SFC 退出运行时断路器、隔离开关动作顺序和机组正常启动时 SFC 退出运行的顺序一样。

6.3　静态变频器系统事故处理

1. SFC 故障处理原则

SFC 系统各个部件的监视参数和保护动作报警均汇总在 SFC 逻辑控制盘上。SFC 的故障分为主要故障“MAJORFAILURE”和次要故障“MINORFAILURE”两种。两种故障的分类方法及内容如表 6－4、表 6－5 所示。

（1）主要故障“MAJORFAILURE”。

发生主要故障时外 SFC 系统会断电自动停机，若发现 SFC 已报“MAJORFAILURE”故障但 SFC 仍在运行，则可考虑选择如下方法紧急停运 SFC 系统：

①立即在 DCS 上操作停运 SFC(在机组在高盘或正常启动过程中)。

②立即在对应 SFC 控制柜就地按下手动跳闸“MANUALTRIP”按钮。

(2)次要故障“MINORFAILURE”。

确认 SFC 系统已经停运，检查相应 SFC 系统的各断路器、隔离开关均已断开，并在发生次要故障时 SFC 系统可继续运行，但应在 GOT 界面上查明故障内容，并密切关注 SFC 设备运行情况，待 SFC 停机后通知检修人员作相应处理。

(3)紧急情况。

若出现火灾和危及人身、设备及系统安全的紧急情况时，应立即紧急停运 SFC 系统。在下面列出运行过程中的所有主要故障和次要故障。

主要故障：

主要故障如表6-4所示，将发“MAJORFAILURE”声光报警，并使 SFC 自动跳闸。

表6-4 SFC 主要故障“MAJORFAILURE”清单

项 目	故障显示灯名称	项 目	故障显示灯名称
1	变压器温度高	23	DC5V 电压低
2	变压器油位低	24	触发脉冲 DC24V 电压低
3	变压器瓦斯报警	25	高压触发脉冲电源电压低
4	变压器差动	26	线路电压低/MCCB 跳闸
5	整流器晶闸管触发脉冲丢失	27	DC 电源过载
6	整流器触发脉冲放大器故障	28	由于冷却风机和位置传感器回路引起跳闸
7	整流器断相	29	位置传感器回路过电流
8	整流器过电流	30	电源电压低
9	整流器浪涌吸收器故障	31	电流偏差—整流器/逆变器
10	整流器冷却空气温度高	32	加速时间延长
11	整流器冷却风机故障	33	超速
12	DC 电抗器温度高	34	手动跳闸
13	DC 电抗器冷却风机故障	35	控制器冷却风机主要故障
14	逆变器晶闸管触发脉冲丢失	36	MELSEC 故障(编程软件)
15	逆变器触发脉冲放大器故障	37	DC24V 电压低
16	逆变器断相	38	控制回路故障
17	逆变器过电流	39	紧急停机(外部)
18	逆变器浪涌吸收器故障	40	谐波滤波器熔断器熔断
19	逆变器冷却空气温度高	41	谐波滤波器电容器故障
20	逆变器冷却风机故障	42	谐波滤波器过热
21	DC 电源电压低	43	谐波滤波器过电流
22	DC15V 电压低	44	谐波滤波器风机故障

表 6－5　SFC 次要故障“MINORFAILURE”清单

项 目	故障显示灯名称	项 目	故障显示灯名称
1	整流器冷却风机次要故障	4	控制器冷却风机次要故障
2	DC 电抗器冷却风机次要故障	5	谐波滤波器/变压器风机次要故障
3	逆变器冷却风机次要故障	6	辅助回路 MCCB 跳闸

次要故障将发“MINORFAILURE”声光报警，SFC 可以继续运行。

2. SFC 常见故障处理

（1）整流器过电流保护动作。

现象：

①DCS 上报“整流器过电流保护动作”“发变组保护动作”等报警；

②SFC 控制柜上有“MAJORFAILURE”“整流器过电流保护”动作报警；

③机组跳闸，SFC 系统开关、隔离开关复位。

原因：

①整流器脉冲信号不正常；②整流器输入电压波形异常。

处理：

①检查整流器柜中的板卡 GPER，必要时更换板卡；

②检查整流器输入回路；

③在试验模式下检测整流器脉冲信号波形是否正常，若波形不正常，需要检查整流器柜中的板卡“GLER”和“GADR”，必要时更换板卡；

④在确认故障元件并检修正常后，需要复位“主要故障”报警。

（2）逆变器过电流保护动作。

现象：

①DCS 上报“逆变器过电流保护动作”“发变组保护动作”等报警；

②SFC 控制柜上有“MAJORFAILURE”“逆变器过电流保护”动作报警；

③机组跳闸，SFC 系统断路器、隔离开关复位。

原因：

①发电机转子位置传感器故障；②逆变器输出电压波形异常；③逆变器触发信号波形异常。

处理：

①检查发电机转子位置传感器，检修故障元件；

②检查逆变器输出回路，检修故障元件；

③检查逆变器柜中的板卡“GLER”和“GADR”，必要时更换板卡；

④在确认故障元件并检修正常后，需要复位“主要故障”报警。

（3）电流差动保护动作。

现象：

①DCS 上报“电流差动保护动作”“发变组保护动作”等报警；

②SFC 控制柜上有“MAJORFAILURE”“电流差动保护”动作报警；

③机组跳闸，SFC 系统断路器、隔离开关复位。

原因：

①发电机转子位置传感器故障；②整流器脉冲信号不正常；③整流器晶闸管故障；④整流器输入回路故障。

处理：

①检查发电机转子位置传感器，检修故障元件；

②检查整流器柜中的板卡 GPER，必要时更换板卡；

③检查整流器晶闸管阻值是否正常，必要时更换晶闸管；

④检查整流器输入回路；

⑤在确认故障元件并检修正常后，需要复位“主要故障”报警。

(4)整流器(逆变器)冷却风机工作异常。

现象：

①DCS 上可能报“整流器(逆变器)冷却风机次要故障”报警；

②若 DCS 上报“整流器(逆变器)冷却风机故障”报警，则 SFC 跳闸；

③SFC 控制柜上可能有“MAJORFAILURE”“整流器(逆变器)冷却风机次要故障”动作报警；

④若机组跳闸，SFC 系统断路器、隔离开关复位。

原因：

①冷却风机回路的热继电器动作；

②工作电源失电。

处理：

①整流器或逆变器冷却风机异常是次要故障，SFC 系统可继续运行，密切关注 SFC 设备的运行情况，若在 SFC 运行过程中报“逆变器(整流器)冷却空气温度高”报警，则 SFC 跳闸；

②检查冷却风机回路热继电器是否跳闸，检查回路元件；

③检查相应工作电源开关是否跳闸。

注：冷却风机次要故障是指一台风机故障，冷却风机故障指两台风机故障。

第7章

厂用电和中性点接地

7.1 概述

7.1.1 厂用电系统概述

发电厂电力生产过程中，自身将消耗部分电能，此部分电能称为厂用电(自用电)。为发电厂内各用电负载供电的系统称为厂用电系统。厂用电系统一般由高、低压厂用变压器，高、低压配电母线及配电装置组成。发电厂直接用于发电过程的自用电量占发电量的百分比称为厂用电率。

1. 厂用电接线基本要求

用电接线除应满足正常运行的安全、可靠、灵活、经济以及检修、维护方便等一般要求外，还应满足：

(1)各机组厂用电系统应是独立的，以保证一台机组故障停运或其辅助机械的电气故障，不应影响到另一台机组的正常运行，并能在短时间内恢复本机组的运行。尽量缩小厂用电系统的故障影响范围，并应尽量避免引起全厂停电事故。

(2)充分考虑电厂正常、事故、检修、启动等运行方式下的供电要求，尽可能地使切换操作简便，并能与工作电源顺利短时并列。

(3)全厂性公用负载接在专门设立的公用配电段上，避免厂用电系统的复杂化，无过渡问题。并需结合远景规划统筹安排，尽量便于过渡且尽可能少改变接线和更换设备。

(4)厂用电的工作电源及备用电源接线应能保证各单元机组和全厂的安全运行。工作变压器和备用变压器的容量符合要求。

(5)便于分期扩建或连续施工，不至中断厂用电的供应。

(6)大型机组应设置足够容量的交流事故保安电源。当全厂停电时，可以快速启动并自动向保安负载供电。另外，还要设计符合电能质量指标的交流不间断电源，保证不允许间断供电的热工负载和计算机的用电。

(7)积极慎重地采用经过试验鉴定的新技术和新设备，使厂用电源系统技术先进、经济合理、保证机组安全地运行。

2. 厂用负载分类

某F级燃气轮机厂厂用电采用6 kV和380 V两个电压等级，按其在生产过程中的重要性，厂用负载可分为以下几类：

(1)Ⅰ类负载：短时(手动切换恢复供电所需时间)的停电可能影响人身或设备安全，使生产停顿或发电机组出力大量下降的负载，例如给水泵、循环水泵、凝结水泵等。

(2)Ⅱ类负载：允许短时停电，但停电时间延长，有可能损坏设备或影响正常生产的负载，例如给水再循环泵、真空泵等。

(3) Ⅲ类负载：长时间停电不会直接影响生产的负载，例如检修电源等。

①不停电负载：在机组运行期间，以及正常或事故停机过程中，甚至在停机后的一段时间内，需要进行连续供电的负载，简称“01”类负载。例如，电子计算机、热工保护、自动控制和调节装置等。

②事故保安负载：在发生全厂停电时，为了保证机组安全地停止运行，事后又能很快重新启动，或者为了防止危及人身安全等原因，需要在全厂停电时继续供电的负载。按负载所要求的电源为直流或交流，又可分为直流保安负载（如汽机直流润滑油泵、发电机密封直流油等）和交流保安负载（如交流润滑油泵、盘车电动机、顶轴油泵等）。

7.1.2 厂用电的接线方式

厂用电系统采用 6 kV 和 0.38 kV 两级电压。低压厂用变压器和容量大于或等于 200 kW的电动机负荷由 6 kV 供电，容量小于 200 kW 的电动机、照明和检修等低压负荷由 0.38 kV 供电。

每台机组设一台容量为 16 MVA 的双绕组高压厂用变压器，变压器高压侧由发电机与主变之间的主回路引接。同时设一台与高压厂用变压器同容量的高压备用变压器，作为全厂 6 台机组高压厂变的备用，其高压侧由 220 kV 配电装置引接。

6 kV 厂用电系统每机设置一段，其工作电源取自高压厂用变压器，其备用电源取自高压备用变压器，高压厂用工作母线设有备用电源自动投入装置。三台机公用的 2 套 SFC 装置分接于#1、#3 机 6 kV 段，仅在#1、#3 高压厂用变及高压备用变故障条件下，才会失去 SFC 电源，提高了 SFC 装置的可用率。

低压厂用电电压采用 380/220 V，为中性点直接接地的三相四线制系统。

每台机组设 2 台 1000 kVA 的工作变压器，由相应的中压 6 kV 厂用工作段引接，每台工作变压器各带一段机组低压工作段，互为备用的辅机分别接至两段母线上。2 台工作变压器互为备用。

本期 3 台机组共设 2 台 2000 kVA 的低压公用变压器，分别由#1、#3 号机机组的高压厂用工作段引接，每台低压公用变压器带 1 段低压母线，3 台机组公用的负荷分别从两段低压机组公用段供电。2 台低压公用变压器互为备用。

化水供水系统设 1 台 1000 kVA 的化水供水变压器，供给化水供水系统负荷，备用电源取自低压备用变压器所带的备用段。化水供水变压器由#1 号机机组的高压厂用工作段引接，低压备用变压器由#3 号机机组的高压厂用工作段引接。

全厂共设 1 台 1000 kVA 的厂区公用变压器，供给行政办公、生活、检修等负荷，备用电源取自低压备用变压器所带的备用段。厂区公用变压器由#1 号机机组的高压厂用工作段引接。

根据《火力发电厂厂用电设计技术规定》规定：容量为 200 MW 及以上的机组，应设置交流保安电源，宜采用自动快速启动的柴油发电机组，每台 300 MW 机组宜设置一台柴油发电机组；《燃气－蒸汽联合循环电厂设计规定》特别强调调峰燃机厂如果有盘车电动机需交流电源时，应设置交流保安电源。因为如果在停机时失去盘车电动机电源，会使热量难以散发，容易导致机组损坏。某 F 级燃气轮机发电厂汽机盘车电动机功率为 30 kW。

机组采用压力油循环来润滑和冷却轴承与转动机构，使轴承等机构温度不致过热，以保证其正常运行，主润滑油泵在机组正常运行及停机时都要长期运行。某F级燃气轮机发电厂每台机组配置了2台主润滑油泵，一用一备，每台160 kW，从保安段供电。对于大型单轴燃气蒸汽联合循环机组，由于燃机、汽机、发电机连接在同一根大轴上，该轴很长，导致主润滑油泵功率很大，比600 MW燃煤机组的主润滑油泵(约55 kW)都大。这一特点，对选择应急柴油机容量有影响，一定要满足带该主润滑油泵启动的有关问题。

本工程保安负荷主要有以下这些：主润滑油泵、润滑油抽空气风机、汽机盘、发电机顶轴油泵、发电机密封油泵、发电机密封油真空泵、发电机密封抽气风机及热控电源、蓄电池电源等。

根据《防止电力生产重大事故的二十五项重点要求》“消防泵的备用电源应由保安电源供给”，保安段向消火栓消防泵及喷淋消防泵提供备用电源。

根据负荷的情况，每台机组设置保安段一段，正常电源来自两个工作段，事故时由应急柴油发电机组供电。应急柴油发电机组的设置为单元制，本期共设置3台机组应急柴油发电机组。

每台机组设置一台柴油发电机组，一段交流事故保安段母线。保安段母线共有四回电源进线，两回正常电源(保安段进线电源一、二)分别来自自身机组380 V工作A、B段，一回紧急备用电源来自柴油发电机组，一回后备电源(保安段进线电源三)来自另一台机组380 V工作B段。正常运行时，保安段母线由一回自身机组工作段母线供电，两路正常电源进线开关均应在DCS上将联锁方式设置为投入。

7.1.3 厂用电的运行规定

(1)拉合刀闸及推拉小车开关前，必须检查开关确在断开位置。严禁带负荷拉合刀闸。若刀闸已误合，则在开关未断开前不允许再拉开。拉刀闸及小车开关时，开始应谨慎缓慢进行，若发现异常电弧，应立即合(送)回。

(2)小车开关拉电时应先切至“就地”位置，然后小车开关拉到“试验”位置，拉开其二次插头控制电源。送电时，在“试验”位置先将开关控制切至“就地”位置，送上二次插头及控制电源，然后将开关推到“工作”位置。

(3)厂用电母线送电时，各出线回路的开关(或刀闸)应在断开位置，PT投入运行。厂用电母线受电后，必须检查母线三相电压正常后，方允许对各供电回路送电。

(4)厂用电母线停电之前，应先检查母线上的各负荷开关(或刀闸)已在断开位置。在断开电源进线开关后，检查母线电压表三相无电压后，才能退出PT。

(5)厂用电母线PT停送电操作规定：

①所有380 V母线PT停电前，先退出相应母线上所有电机的低电压保护压板。

②厂区公用段及化水段母线PT停电前先退出本段母线电源联锁。

③6 kV母线PT停电前，先退出母线快切，取下低电压直流回路保险。

④机组380 V工作段母线PT停电前，应先在DCS上退出保安段电压联锁，即将相应保安段电源开关联锁切至“INTERLOCK OFF”。

⑤主厂房公用段母线PT停电，应先在DCS上退出循环水MCC电压联锁，即将相应循环水MCC电源开关联锁切至“INTERLOCK OFF”。

⑥6 kV 母线 PT 送电操作顺序：送上 PT 一次保险，将 PT 小车推至工作位置，送上二次保险，检查三相电压正常，送上低电压直流回路保险或小开关，投入母线快切。

⑦380 V 母线送电操作顺序：送上一次保险，送上二次保险，合上直流小开关，关柜门并合上一次刀闸，检查三相电压正常，投入母线联锁，投入电压低电压保护压板。对于机组工作段，检查相应侧保安段电源开关控制逻辑上"380 V 母线电压"正常，将开关联锁切至"INTERLOCK ON"。对于主厂房公用段，检查相应侧循环水 MCC 电源开关控制逻辑上"380 V 母线电压"正常，将开关联锁切至"INTERLOCK ON"。

(6)变压器投入运行时，应先合电源侧开关，检查变压器充电正常后，再合负荷侧开关。变压器停电操作顺序相反。当采用并联倒换法倒换变压器时，应检查并入的变压器确已带负荷后，才允许断开应停电的变压器。

(7)6 kV 开关正常操作时，应在远方控制。在远方失灵且一次回路无短路故障且负荷必须马上停运的情况下，允许使用就地电动分闸按钮和机械跳闸按钮。当无远方控制或紧急情况下方可使用就地电动合闸按钮，将设备投入运行，当控制回路故障，禁止用开关机械合闸按钮将开关投入运行。

(8)母线绝缘规定如表 7-1 所示。

表 7-1 母线绝缘规定

名 称	6KV/380V 母线	封闭母线	直流小母线
绝缘电阻/MΩ	6/1	20	10

(9)母线与隔离开关正常运行时的允许温度如表 7-2 所示。

表 7-2 正常运行时的允许温度

名称	母线	隔离开关	封闭母线	封闭母线外壳	用螺栓紧固的导体接触面
温度/℃	70	70	90	70	105

(10)电缆长度为 500 m 的绝缘电阻值：6 kV 电缆应大于 400 MΩ；3 kV 及以下电缆应大于 200 MΩ。

7.2 厂用电装置

7.2.1 中压成套配电装置

1)概述

F 级燃气轮机电厂中压配电装置，一般是指 6 kV 的成套开关柜，整套中压配电装置由多个中压开关和与之相关的控制、测量、保护、调节等设备，由制造商负责完成内部电气和机械连接，用结构部件完整地组装在一起的一种组合体。

发电厂中常用的中压开关柜有固定式和手车式两种。固定式中压开关柜的断路器安装位置固定，采用母线和线路两侧的隔离开关作为断路器检修的隔离措施，开关柜内的各功能区是敞开相通的。手车式中压断路器安装于可移动手车上，断路器两侧使用插头与固定的母线侧、线路侧静插口构成导电回路。断路器手车可移出柜外检修。开关柜内各个功能区采用金属或绝缘板的方式封闭，有限制故障扩大的能力。

2)手车式中央开关柜

(1)开关柜介绍。

某电厂6 kV工作段采用手车式中压开关柜组成中压电配电装置，6 kV工作段为单母线接线，由进线开关柜、馈电开关柜、母线TV柜等组成。每个中压开关柜单独装设一个断路器并配置相应的测量、保护设备。一部分简图如图7-1所示。

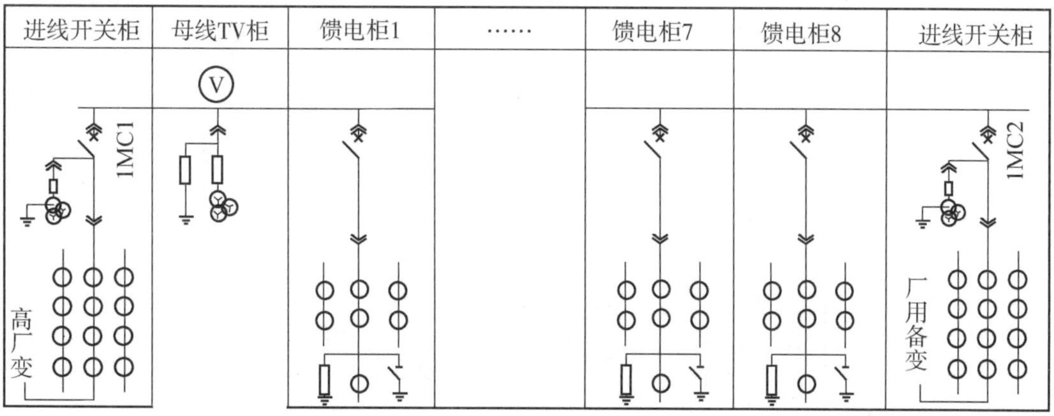

图7-1 某电厂6 kV工作段一次简图(部分)

进线开关柜布置于整组开关柜的最左和最右两侧，进线开关柜除装设一个进线断路器外，配置TV、TA用于测M进线电压和电流。正常运行时接于高厂变低压侧的1MC1进线开关处于合闸位置，使得整个装置处于带电状态。另一接于常用备用变的进线开关1MC2处于热备用状态。每个馈电柜单独装设一个开关，在馈线段接有避雷器、配置TA，同时配置带位置指示的接地开关，用于馈电柜开关或设备检修时，提供可靠接地。母线电压测量及防雷保护由母线TV柜实现。避雷器与TV共用一个小车，检修TV柜时，只要拉出TV小车，避雷器也处于断电状态。

该厂中压配电装置中开关柜技术参数如表7-3所示。

表7-3 中压开关柜技术参数

参 数	单 位	6 kV工作段
额定电压	kV	12
额定电流	A	3150
额定短路关合电流	kA	80
额定短路开断电流	kA	31.5
3s额定热稳定电流	kA	40
额定雷电冲击耐压	kV	75

(2)开关柜结构。

开关柜由柜体和可移开部件两大部分组成。柜体用隔板分隔成手车室、母线室、断路室、电缆室、低压室；柜体顶部装有泄压活门。断路器室装设真空断路器。电缆室底部装有地铜母线，当手车推入柜内，即能通过接地铜母线可靠接地；手车室中部两侧装有供手车进出的导轨。开关柜的结构如图 7-2 所示，开关柜操作控制与指示装置如图 7-3 所示。

(3)开关柜的安全闭锁功能。

为保证人身及设备安全，中压开关柜具有以下安全闭锁功能：

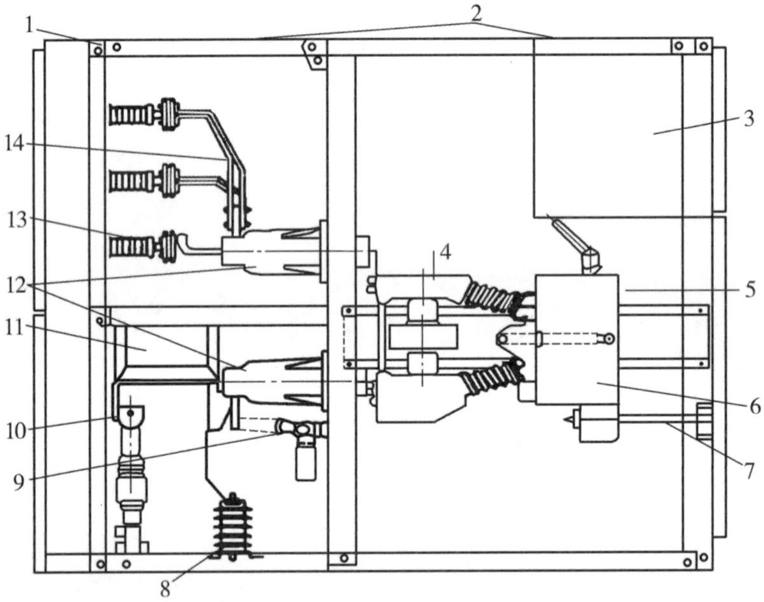

图 7-2　8BK20 型手车式金属封闭高压开关柜外形图

1—释压通道；2—释压板；3—低压室；4—动触头；5—二次插头；6—短路器；7—传动丝杠；8—避雷器；9—接地刀静触头；10—电缆终端；11—电流互感器；12—静触头罩；13—绝缘子；14—母线

(4)防止接地刀闸在合闸时，开关柜送电。

如果接地刀闸未分闸，则接地刀闸操作轴上的销子不能被复位，销子将阻挡住连锁板向上移动，此时操作钥匙不能打开断路器摇杆的操作孔，使得断路器手车无法摇进工作位置。

(5)防止带电合接地刀闸。

只有当断路器手车处于试验或拉出位置，且电缆终端处无电时，接地刀操作孔盖板才能被打开，然后才能将接地刀闸操作手柄插入，操作接地刀闸。

(6)防止误入带电小室。

一般中压配电柜后门可采用机械连锁或电磁连锁，如果是机械连锁，则当接地刀闸分闸时，后门即被接地刀闸延长杆端部的连件卡住，防止误操作打开电缆室门。如果是电磁连锁，则当接地刀闸分闸时，电磁锁会失电，从而无法打开柜后门。

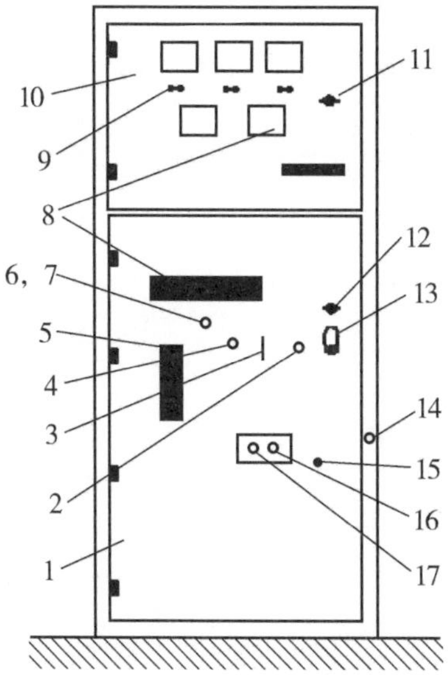

图 7－3　开关柜操作控制与指示装置图

1—中压室门；2—“分闸”按钮；3—在工作位置操作断路器的延伸杆；4—“合闸”按钮；
5—观察开关小车的窗指示说明；6—断路器合闸弹簧储能手柄的插孔；7—第六项的盖板；
8—开关小车的观察窗口；9 一带电显示器的插孔；10—低压室门；11—低压室门锁孔；12—中压室门锁孔；
13—门手柄；14—接地开关工作状态指示、操作手柄插孔；15—门联锁螺栓的插孔（紧急解锁用）；
16—用钥匙控制驱动机构的锁孔（手动或电动）；17—用手摇动驱动机构手柄的六角插孔

（7）防止带负荷推拉断路器。

当手车处于合闸位置时，断路器主轴上的挡块阻止连锁顶杆上升，此时操作钥匙将无法打开断路器推进摇杆操作孔，使手车无法进行推拉操作。当断路器手车处于工作位置时，断路器室柜门通常不能被打开；当手车处于移动过程时，连锁顶杆上升，与其同步的防止合闸顶杆也同时上升，顶住与合闸棘爪同步的连杆，阻止合闸机构动作（包括机械合闸和手动合闸），从而防止断路器误合闸。

（8）二次插头未插上，中压柜门将无法关上。

当二次插头未插上断路器时，断路器室柜门将无法关上，从而无法将断路器从试验位置推进工作位置。

（9）中压开关柜的操作。

日常工作中的开关柜，因设备故障或例行检修时，需要对开关柜内开关进行操作。以图 7－3 中馈电柜 7 开关需要停电检修为例，电气上的操作步骤如下：

①在 DCS 上停运开关柜对应的设备。

②现场确认设备已停运，核对设备开关位置名称编号正确。

③检查开关确在分闸位置，分闸指示绿灯亮。

④将控制方式选择开关切至开关柜位置。

⑤将操作闭锁开关打至“手摇动”位置，使手摇曲柄孔打开。

⑥用手摇曲柄将开关摇至“试验”位置。

⑦将操作闭锁开关打至“断开位置锁定”位置，使手摇曲柄孔盖上。

⑧验明开关负荷侧三相确无电压。

⑨用接地刀闸操作手柄合上开关所属接地刀闸。

⑩检查开关所属接地刀闸确已合好。

⑪断开低压室内变送器、控制、储能、闭锁装置、弧光保护、加热、照明等电源开关。

⑫取下开关的二次插头。

⑬将开关拖至“检修”位置。

⑭操作完毕。

3)真空断路器

真空断路器以真空作为绝缘介质，所谓真空是相对而言的，指的是绝对压力低于一个大气压的气体稀薄的空间。气体稀薄度用“真空度”来表示。真空度即气体的绝对压力与大气压的差值。气体的绝对压力值越低，其真空度就越高。

真空断路器所指的真空，气体压力在 1.35×10^{-2} Pa 以下的空间。真空断路器灭弧室内的气体压力一般为 1.33×10^{-5} Pa，在这种气体稀薄的空间，其绝缘强度很高，电弧很容易熄灭。真空的绝缘强度比变压器油、一个大气压下的 SF_6 和空气的绝缘强度都要高。

目前，国产真空断路器主要有 ZN（户内）和 ZW（户外）两种系列，国外产品有 3AH、VD4 等其他系列。

(1)真空断路器的型号及参数。

本厂使用的是上海富士电机公司提供的 HS3110M 型真空断路器，它是以空气为绝缘的户内式开关设备元件，断路器符合 DL/T402—91、DL/T486—92、GB763—90 等标准的规定。无论是在正常使用条件还是在故障条件(特别是短路情况下)，只要在断路器的技术参数范围内，它就可以保证安全、可靠地运行于相应电压等级的电网中。

HS3110M 型真空断路器(图 7-4)在开关柜内的安装形式既可以是固定式，也可以是可抽出式，还可以安装于框架上使用，其内部接线如图 7-5 所示。本厂的 HS3110M 型真空断路器均为抽出式，进线断路器型号为 HS3110M-16MF-C，馈线断路器型号为 HS3110M-12MF-C，技术数据如表 7-4 所示。

型号说明：

HS 31 10 M—12 M F—C

① ② ③④ ⑤ ⑥⑦ ⑧

No.	型号构成	符　号	符号说明
①	基本型号	HS	弹簧操作形式 VCB
②	额定短路开断电流	20	20 kA
		25	25 kA
		31	31.5 kA
		40	40 kA
③	额定电压	10	12 kV

（续上表）

No.	型号构成	符　号	符号说明
④	安装方式	M	抽出式
⑤	额定电流	06	630
		12	1250
		16	1600
		20	2000
		31	3150
⑥	储能操作方式	M	弹簧式
⑦	脱扣方式	F	电压脱扣
		WF	间接式过流脱扣＋电压脱扣(AC)
⑧	索引	C	中国规格

表7－4　技术数据

项　目	单位	参　数	
		HS3110M－20MF－C	HS3110M－12MF－C
型号		HS	
额定电压	kV	12	
1min 工频耐压	〃	相间、相对地42，断口间48	
雷电冲击耐压(峰值)	〃	相间、相对地75，断口间85	
额定频率	Hz	50	
额定电流	A	2000	1250
额定短路开断电流	kA	31.5	
直流分量		不小于额定短路开断电流的45%	
额定动稳定电流(峰值)	kA	80	
4 s 热稳定电流(有效值)	〃	31.5	
额定操作顺序		分－180s－合分－180s－合分	
自动重合闸操作顺序		分－0.3s－合分－180s－合分	
合闸时间	ms	≤70	
分闸时间	〃	≤45	
燃弧时间	〃	≤15	
开断时间	〃	≤60	
合闸线圈电压	V_{dc}	DC110	
分闸线圈电压	〃	DC110	

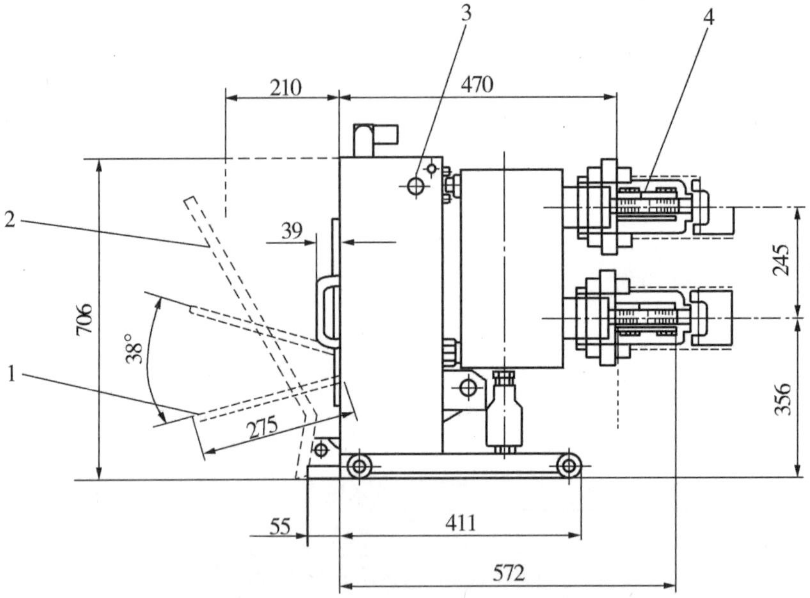

图 7-4　HS3110M 断路器的结构

1—手动储能手柄；2—抽出手柄；3—调运孔；4—VCB 一次插头

(2) HS3110M 断路器的使用条件。

海拔高度：　不超过 1000 m

最高气温：　40℃(户外)

最低气温：　-5℃(户外)

最大日温差：　25℃

耐地震能力按 8 度设防(正弦三个周波，安全系数 1.67 以上)

地面水平加速度：　0.25 g

地面垂直加速度：　0.125 g

污秽等级：　Ⅳ

室内最高温度：　40 ℃

系统额定频率：　50 Hz

交流电源供电电压：　380 V/220 V

直流电源供电电压：　110 V

(3) VD4 型 6 kV 真空小车断路器结构和原理。

VD4 真空断路器配有结构紧凑、性能稳定的平面蜗卷弹簧操动机构，具有手动和电动两种储能方式，操动机构同时操作三相灭弧室，机械寿命可高达 30000 次，满容量短路电流开断次数可高达 100 次，有极高的操作可靠性。

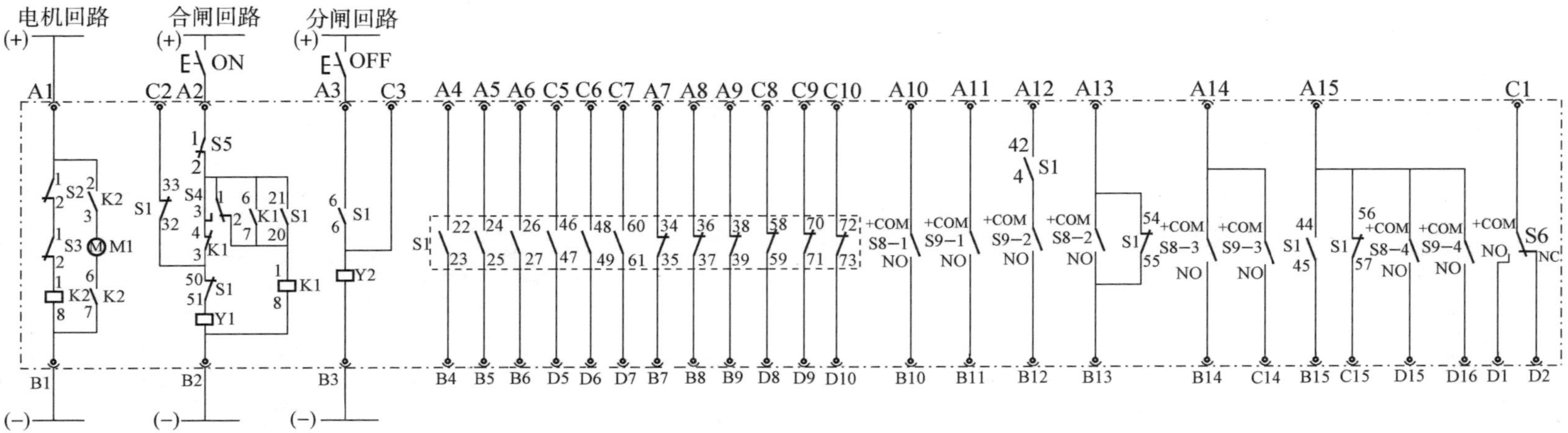

M1：储能电机
K1：防跳继电器
K2：继电器
Y1：合闸线圈
Y2：分闸线圈
S1：辅助开关
S2：位置开关（当合闸弹簧储蓄能后为开）
S3：位置开关（合闸按钮按下时为开）
S4：位置开关（合闸弹簧蓄能后切换）
S5：互锁开关（当VCB在工作或试验位置时为关）
S6：报警开关（当合闸弹簧蓄能后切换）
S8：位置开关（当VCB在试验位置时切换）
S9：位置开关（当VCB在工作位置时切换）

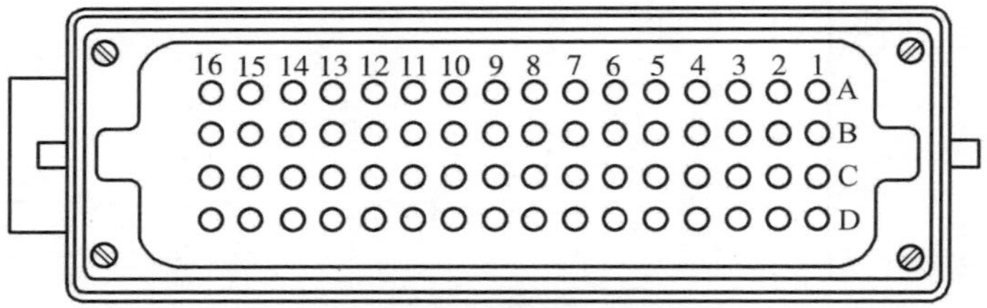

辅助线路的插座板

图7–5 HS3110M断路器内部接线图

4）VD4 型断路器

VD4 型断路器主要技术参数如表 7－5 所示。

表 7－5　VD4 型断路器主要技术参数

项　目	单　位	数　据
额定电压	kV	12
1min 工频耐压	kV	42
雷电冲击耐压（峰值）	kV	75
额定频率	Hz	50
额定电流	A	630，1250，1600，2000，2500，3150，4000
额定短路开断电流（有效值）	kA	16，20，25，31，5，40，50
直流分量		不小于额定短路开断电流的 35%
额定动稳定电流（峰值）	kA	40，50，63，80，100，125
3s 热稳定电流（峰值）	kA	16，20，25，31，5，40，50
标准操作顺序		分－3min－合分－3min－合分
自动重合合闸操作顺序		分－0.3s－合分－3min－合分
合闸时间	ms	55～67
分闸时间	ms	33～45
燃弧时间	ms	≤15
开断时间	ms	48～60

5）VD4 型真空断路器结构及动作过程

如图 7－6 所示，断路器本体呈圆柱状。安装在做成托架状的断路器操动机构外壳后，断路器本体的导电部分设置在用绝缘材料制成的断路器本体圆筒内，它能使真空灭弧室免受外界影响和机械的伤害。

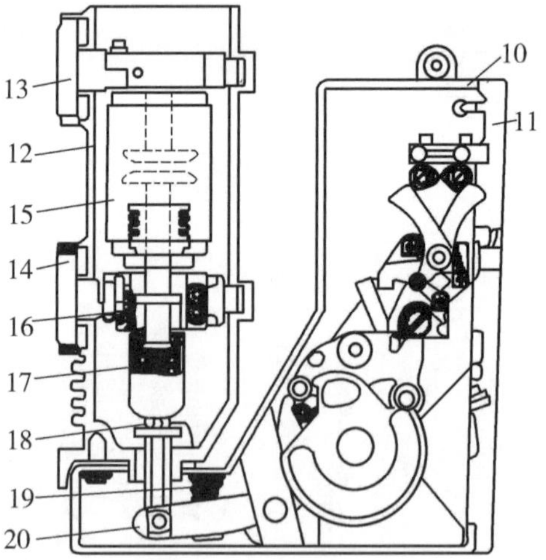

图 7－6　VD4 真空断路器剖视图

10—断路器操作机构外壳；11—面板；12—绝缘材料制成的断路器本体圆筒；13—上部接线端子；14—下部接线端子；15—真空灭弧室；16—滚动触头；17—压力弹簧；18—绝缘连杆；19—分闸弹簧；20—双臂移动连杆

（1）VD4 真空断路器本体结构。

断路器在合闸位置时的主回路电流路径是：从上部接线端子经固定在圆筒体上的灭弧室夹架连接到位于真空灭弧室内部的静触头，而后经过动触头及额定电流为 1250 A 的滚动触头，至下部接线端子，依靠绝缘连杆与接触压力弹簧来完成断路器的操作运动。真空灭弧室局部剖视图如图 7－7 所示。

操动机构的基本结构如图 7－8 所示，其储能弹簧是平面蜗卷弹簧，一台操动机构操作三相断路器，拧紧平面蜗卷弹簧将储存足够的能量以供断路器操作的需要。平面蜗卷弹簧有手动储能和电动机储能两种储能方式，具有电动机储能时间短，动作可靠、迅速的特点。

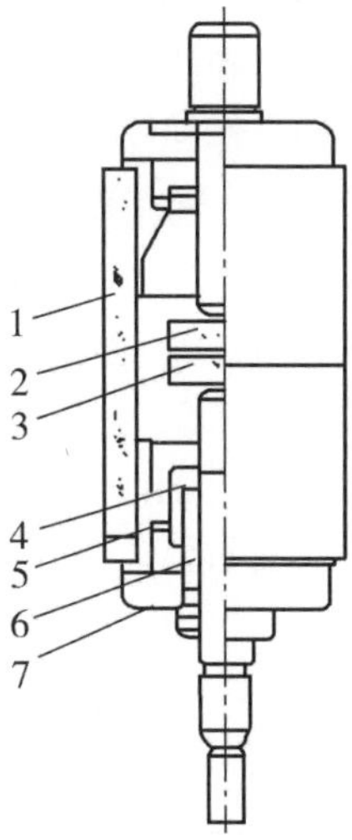

图 7－7　真空灭弧室局部剖视图

1—陶瓷外壳；2—静触头；3—动触头；4—金属波纹管；5—屏蔽罩；6—导向脚柱套；7—筒盖

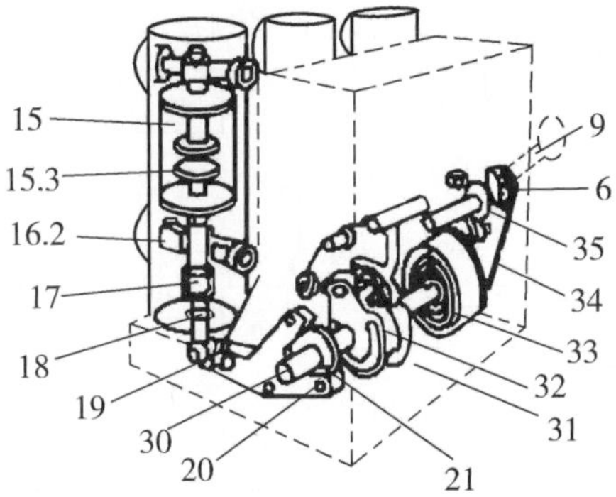

图 7－8　操作机构的基本结构

6—储能手柄插孔；9 —储能手柄；15—真空；15. 3—动触头；16. 2—滚动触头；17—压力弹簧；18—绝缘连杆；19—分闸弹簧；20—双臂移动连杆；21—凸轮盘；30—主轴；31—脱扣机构；32 —制动盘；33—带外罩的平面蜗卷弹簧；34—传动链；35—棘轮

（2）断路器动作过程。

按下手动合闸按钮或启动合闸线圈，合闸过程便开始，于是脱扣机构释放由预先已储能的弹簧并转动主轴，凸轮盘和主轴一起转动，绝缘连杆则由凸轮盘和移动连杆所带动，然后在每相断路器真空灭弧室内的动触头由绝缘连杆带动作向上运动，直至触头接触为止。同时压力弹簧被压紧，以保证主触头有适当的接触压力。在合闸过程中分闸弹簧也同时被压紧。

（3）分闸动作过程。

当按下手动分闸按钮或四个启动脱扣器中的任意一个时，分闸过程便开始，于是脱扣机构允许仍有足够储能的平面蜗卷弹簧进一步转动轴，由凸轮盘和移动连杆释放分闸弹簧，于是动触头和绝缘连杆一起以一定的速度向下运动至分闸的位置。

6 kV 母线的保护为 WDZ-440 线路综合保护测控装置，主要用于馈线、分支或母线分段回路的综合保护和测控，内设过电流保护、接地保护，动作于跳厂高变低压侧开关。装置可配置独立的操作回路和防跳回路。

(4)6 kV 母线的保护配置。

①电流速断保护(低电压闭锁过电流一段)；②电流限时速断保护(低电压闭锁过电流二段)；③过电流保护(过电流三段)；④接地保护(零序过电流保护)；⑤过载保护；⑥后加速保护；⑦故障录波。

(5)主要保护功能和原理。

保护原理框图如图 7-9 所示。

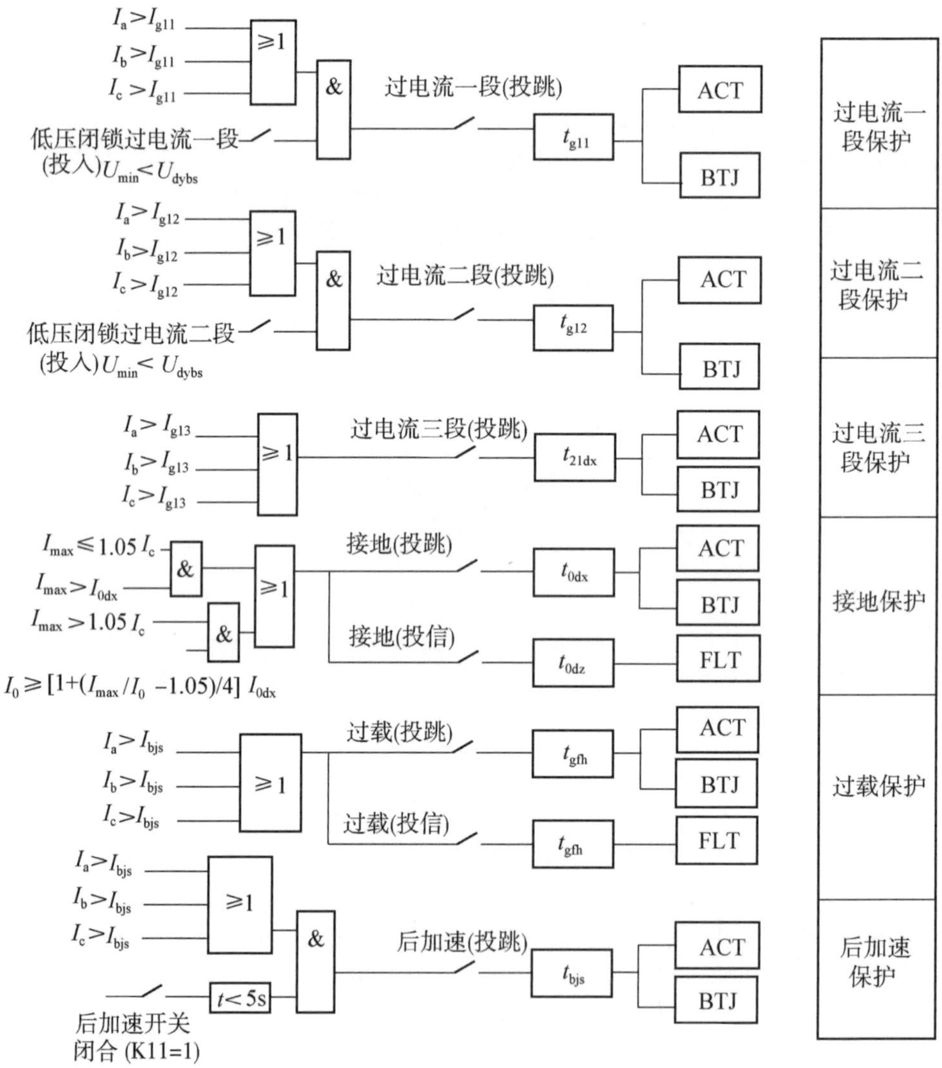

图 7-9　WDZ-440 保护原理框图

注：$U_{min}=Min(U_{ab}, U_{bc}, U_{ca})$，其他符号定义参见定值表

BTJ 为保护跳闸继电器；ACT 为保护动作信号继电器；FLT 为保护告警信号继电器

①过电流一段保护。其动作判据为

$$\begin{cases} I_{max} = \max(I_a, I_b, I_c) \\ I_{max} > I_{g11} \\ t > t_{g11} \\ U_{min} < U_{dybs}(\text{低电压闭锁}) \end{cases} \tag{7-1}$$

式中，I_{max}为A、B、C相电流（I_a，I_b，I_c）最大值(A)；I_a为A相电流值(A)；I_b为B相电流值(A)；I_c为C相电流值(A)；I_{g11}为过电流一段保护动作电流值(A)；t_{g11}为整定的过电流一段保护动作时间(s)；u_{dybs}为低电压闭锁整定值(V)。

低电压闭锁功能可通过控制字投入和退出。

②过电流二段保护。其动作判据为

$$\begin{cases} I_{max} > I_{g12} \\ t > t_{g12} \\ U_{min} < U_{dybs}(\text{低电压闭锁}) \end{cases} \tag{7-2}$$

式中，I_{g12}为过电流二段保护动作电流值(A)；t_{g12}为整定的过电流二段保护动作时间(s)；低电压闭锁功能可通过控制字投入和退出。

③过电流三段保护。其动作判据为

$$\begin{cases} I_{max} > I_{g13} \\ t > t_{g13} \end{cases} \tag{7-3}$$

式中，I_{g13}为过电流三段保护动作电流值(A)；t_{g13}为整定的过电流三段保护动作时间(s)。

④过载保护。其动作判据为

$$\begin{cases} I_{max} > I_{gfh} \\ t > t_{gfh} \end{cases} \tag{7-4}$$

式中，I_{gfh}为过载保护动作电流值(A)；t_{gfh}为整定的过载保护动作时间(s)。

⑤接地保护。采用零序CT获取馈线/母线分段回路的零序电流，构成馈线/母线分段回路的单相接地保护。为防止在馈线/母线分段中较大电流下，由于零序不平衡电流引起本保护误动作，本保护采用了最大相电流I_{max}作制动量，其动作特性如图7-10所示。

$$\begin{cases} I_0 > I_{0dz} & \text{当} I_{max} \leq 1.05\, I_e \\ \text{或} I_0 > \left[1 + \left(\dfrac{I_{max}}{I_e} - 1.05\right)/4\right] I_{0dz} & \text{当} I_{max} > 1.05\, I_e \\ t_0 > t_{0dz} \end{cases} \tag{7-5}$$

式中，I_0——馈线/母线分段的零序电流倍数（零序额定电流视中性点接地方式而定）；

I_{0dz}——零序电流动作值（倍）；

I_e——馈线/母线分段额定电流(A)；

t_{0dz}——整定的接地保护动作时间(s)；

t_0——接地保护动作时间(s)。

零序额定电流视中性点接地电流大小确定，本装置提供$I_{0e}=0.02$A和$I_{0e}=0.2$A两种供选择，一般情况下，中性点小电流接地时，$I_{0e}=0.02$A；中性点大电流接地时，取

$I_{0e}=0.2A$。

⑥保护。为防止合闸于故障线路，本装置提供了后加速保护。在后加速开关(开关1)闭合后，后加速保护投入5 s。

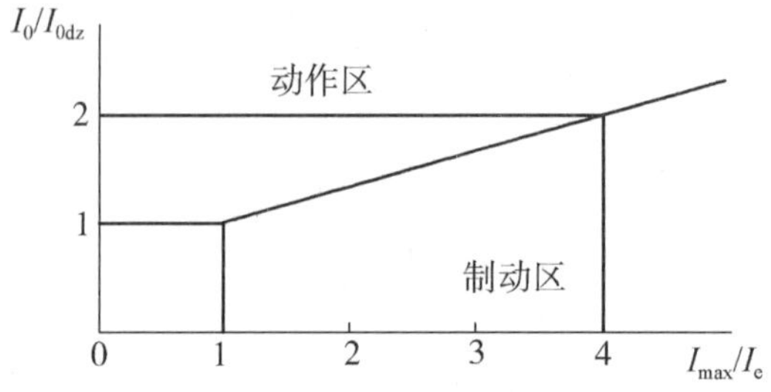

图7-10　接地保护特性曲线

6)检查与维护

由于真空断路器具有结构简单和耐用的特点，因此有很长的使用寿命。在整个使用期内，断路器操动机构的维修工作量极少，真空灭弧室无需检修，即使是频繁的分合操作和开断短路电流，对真空度也不会有影响。

维护工作与零部件受磨损和老化情况有关。为使断路器可靠地工作，所需进行的维修工作的间隔时间和检修范围将取决于工作环境的影响、操作次数、运行时间以及开断短路电流的次数等诸因素。一般随机组大修进行清扫检查。

在正常使用条件下，由于精心的检查和维护，元件的使用寿命理论上满足30000次以上的操作。

注意1：维修工作只能是由经过培训，熟悉本开关设备特性的人员担任，且应符合IEC/VDE标准与其他技术主管单位所颁布的各种有关安全规程的要求。此外，还须遵守其他的基本规程，如装配工艺规程等，建议在维护和检修工作方面聘请熟练专业技术人员承担。

在进行维修工作时，所有的辅助电源均必须断开且没有再送电的可能。

注意2：为防止意外事故(尤其是手受伤)，对在操动机构上进行的各项工作应格外小心，特别是扭力弹簧尚未完全释能的情况时。即使弹簧处于未储能状态，也仍然有一定的弹力存在。

带有真空灭弧室的断路器本体无需维修，只有在充分怀疑断路器上可能受过外力作用，使真空灭弧室内部发生损坏的情况下，才检查真空度。真空灭弧室的使用寿命取决于电流总限额值。当达到电流总限额值时，真空灭弧室才予以更换。

在断路器运行了20年或储存期超过20年后或操作次数超过30000次时，建议抽检灭弧室的真空度。

注意：拆卸和更换真空灭弧室，也应由相应的受过培训的人员或设备公司的对外服务人员来承担，特别是在重新装配期间，需作适当调整。

在运行三年时间后(从新设备投入运行时或上次维护开始日计)，视具体情况，对操动机构做出检查(表7-6)：

表 7－6 检查内容

分合闸指示器	确认分合闸指示器指示是否正确
计数器	根据计数器确认工作次数(超过 30000 次时有必要更换断路器)
合闸弹簧储能状态指示器	确认合闸弹簧储能状态指示器指示是否正确
其他	确认无异常声音、气味、异物等
主电路	(1)绝缘框架绝缘棒有灰尘处应用干净抹布擦拭
	(2)真空包绝缘部位应擦拭干净
	(3)确认导电部位如：端子、螺栓、螺母是否松动
操作装置	(1)取下操作箱前面板，然后检测各部位螺丝、螺母是否松动，开口销等是否有折损脱落，清扫灰尘，并在机械运动部位加入润滑脂
	(2)确认低压电路的端子、螺丝等是否紧固
绝缘电阻试验	(1)测量主导电部分对地、相间绝缘电阻(500MΩ 以上)
	(2)测量控制电路对地绝缘电阻(2MΩ 以上)
	主电路对地绝缘电阻值要求
	1. (500MΩ 以上)可以继续使用
	2. (30MΩ 以上 500MΩ 以下)清理后再测定绝缘电阻值，如达不到 500MΩ，但能确保无漏电征兆，可以继续使用。但一年内应再次确认其绝缘状态
	3. (30MΩ 以下)断路器应进行修正或更换

定期检测表 7－7 中的图所示机构是否需要加注润滑油。注油是要使真空断路器处于分闸状态。

表 7－7 检测后的试验项目

无负载试验	①合闸时间 0.07s 以下；②分闸试验 0.08s 以下
电极磨损量的判定	如图，在合闸状态，测定接触弹簧下部间隔，如在 0.5mm 以下，则判定为电极磨损量的极限 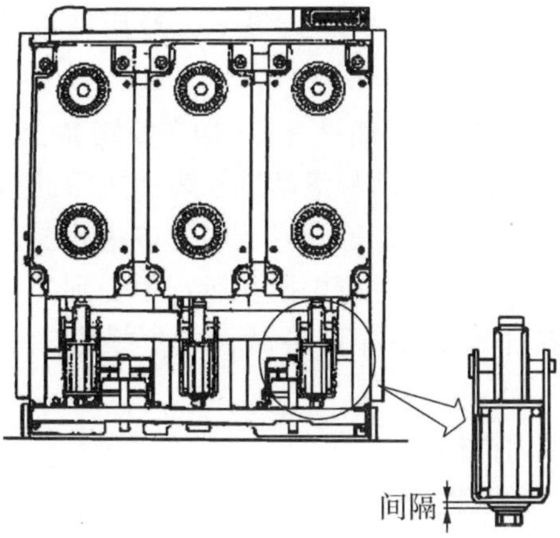

续表 7-7

真空包真空度的确认	耐压试验程序；①连接调压器与断路器；②利用调压器渐渐升高电压，使之达到试验电压，保持此状态 1min，如不放电则表明真空度良好；③试验电压为 22～42 kV 范围内任意电压
主回路电阻测定	①各接入 DC100A 电流，用电压降法测定主回路电阻（测定方法）；②各相 60μΩ 以下（判定基准） 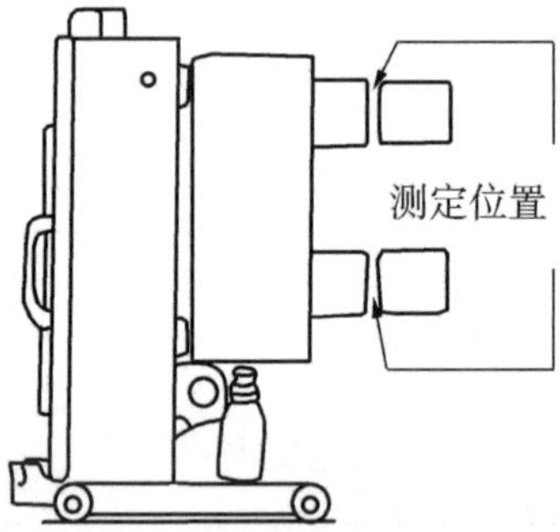
平均分合闸速度	①平均合闸速度 0.4～1.0 m/s；②平均分闸速度 1.0～2.0 m/s，在辅助开关的触头（a 与 b）转换时间里，真空开关行程为 5 mm，测量出合闸过程中辅助触头（a 与 b）转换动作时间 t，由 $v=5\ mm/t$ 计算平均合闸速度，同样可测量计算分闸速度（测定方法）

检查步骤：

①断路器分闸后将设备与电源隔绝，然后按安全规程要求，在工作现场做好安全措施；

②切断储能电动机电源（如果有），操作断路器合、分闸各一次致使弹簧释能；

③检查滚动或滑动轴承表面的润滑脂情况；

④在电气和机械操作时检查各个元件功能的正确性；

⑤作外观检查。

在运行 10 年后（从新设备投入运行或上次维护开始日计），视具体情况，对操动机构做出检查，31.5 kA 的断路器在操作 20000 次后，检查步骤：

①断路器分闸后将设备与电源隔绝，然后按安全规程要求，在工作现场做好安全措施；

②切断储能电动机电源（如果有），操作断路器合、分闸各一次致使弹簧释能；

③对挚子、支承轴、滑动和滚动轴承表面重涂润滑脂；

④检查螺栓、拐臂、支杆等处安装的开口销状况，检查固定螺栓有无松动现象；

⑤作为预防措施，维护时应更换在运行中受到高应力作用的部件；

⑥当用新的零件重新装配设备时，应更换所有的弹簧垫圈，开口销和其它各种紧固件；

⑦全面复查操动机构；

⑧进行整组性能试验。

7.2.2 低压配电装置

1. 概述

低压配电装置是指由母线、低压开关、仪表、互感器等按照一定的技术要求装配，用以接收、分配和控制电能的设备。这类成套配电装置的额定交流电压不超过 1000 V。

按其结构形式，低压配电装置可分为固定面板式开关设备、封闭式动力配电柜和抽出式成套开关设备。低压成套设备形式特点如表 7－8 所示。

表 7－8 低压成套配电形式特点

结构形式	特 点	适用范围
固定面板式成套开关设备	电气元件在屏内为一个或多个回垂直 a 平面布置。各回路的电气元件未被隔离	作为集中供电的配电装置
封闭式动力配电柜	电气元件为平面多回路布置。回路间可不加隔离措施，也可采用接地的金城板或绝缘板隔离	适用于车间等工业现场的配电装置
抽出式成套开关设备	电气元件安装在一个可抽出的部件中，构成一个供电功能单元。功能单元在隔离室中移动时具有 3 种位置：连接、试验、断开。该设备具有较高的可靠性、安全性、互换性	适用于供电可靠性要求高的工矿企业、高层建筑、作为集中控制的配电中心

在 F 级燃气轮机电厂中，抽出式低压成套配电装置由于具有良好的互换性和较高的可靠性与安全性，在动力配电中心（PC）、主配电柜及马达控制中心（MCC）均广泛应用。

2. 低压配电装置介绍

1）设备概况（表 7－9～表 7－12）

表 7－9 配电柜规范

设备型号	Blokset	制造厂家	广州 TCL 南洋电器有限公司
额定电压	380V	额定频率	50Hz
最高工作电压	400V	额定绝缘电压	660V
1min 工频耐受电压	2500V	主母线额定电流	≤4000A
主母线额定峰值耐受电流	125000A	主母线额定短时耐受电压	50000A（1s）

表 7－10 母线规范

名 称	规格及材料	额定电压/kV	额定电流/A
厂用低压母线		0.38	1520

表 7－11　PT 规范

安装地点	型　号	电压/kV	结　线	变　比/kV
380V 母线 PT	JDG－0.5－380/100V	0.38	V/V	$\frac{0.38}{\sqrt{3}}/\frac{0.1}{\sqrt{3}}$

表 7－12　CT 规范

安装地点	型　号	变　比
母线零序电流互感器	LXK－0100	不同负荷变比不同
线路电流互感器	LMK5－「 」/1	不同负荷变比不同

2）检修维护周期的界定

Blokset 低压成套设备预防性维护的频度主要取决于开关柜的运行条件。如果设备运行于特别干净的环境且运行强度不高，维护的频度可以低一些。如果设备运行在特别恶劣的环境（粉尘、湿气、腐蚀性蒸汽、热气）中或运行强度很高，维护的频度应该高一些。对于通常环境的运行条件，可按照表 7－13 的频度进行维护.

表 7－13　Blokset 低压成套设备维护频度

类　型	措　施	频　度
一般性检查	一般性检查	每年一次
	一般性清洁	每年一次
	机械部件的润滑	每年一次
主母排的维护	检查连接点	每两年（或者在生产间歇期进行）
元器件的维护	根据具体产品的操作手册	
抽屉的维护	抽出所有抽屉，清除掉所有的电气触点的腐蚀物	每三个月一次
	目视检查所有电气触点，必要时使用导电膏	每三个月一次
	润滑所有活动部件	每三个月一次
	重新紧固所有连接点	每六个月一次
	目视检查所有固定安装的出线连接模块的外观和紧固情况	每六个月一次
	检查所有一次和二次连接的紧固情况	每六个月一次
注	清洁指的是使用刷子和干布清除灰尘和多余的润滑油；润滑指的是用刷子涂上润滑油以利于抽屉操作	

3）成套设备的维护

（1）开关柜中固定安装部分的维护。检查开关柜内外是否存在潮气或者异物，清除所有异物，保持开关柜清洁；使用真空吸尘器清洁，如果需要，清洁通风系统，更换过滤网；清除机械部件上的原有润滑脂，重新涂润滑脂；检查开关柜外表面，如果需要，重新喷涂划痕部分，更换生锈部件；检验绝缘检测装置，对某些指定系统进行测试，并且目视母线系统；目测母线支撑的情况，包括紧固情况；检查客户电缆紧固情况；检查元件情况；查询相应的手册。

(2)Blokset 抽屉柜的维护要点。检查垂直母线插头接触部分的情况，去掉塑料件上的所有油脂；检查辅助点的位置和情况；清洁导轨，去掉所有油脂轨迹，然后重涂油脂。

(3)抽屉的维护工作。检查用于抽屉操作的连接和断开机构。润滑油凸轮和销钉；清洁所有的电气连结点，并在电气连接点上涂导电膏；检查二次接线模块，确定其能在安装板上左右移动；检查抽屉中辅助触点的位置；检查抽屉中辅助触点的状态；检查所有连接；检查所有设备的连接点紧固情况；检查抽屉的所有元器件。

(4)通电前检查。检查外露导电部件的接地连续性；检查等电势连接；测试绝缘性能。

低压配电柜常出现的故障及解决方式如表 7－14 所示。

表 7－14　故障原因和解决速查表

<table>
<tr><th>问　题</th><th>故障原因</th><th>解决办法</th></tr>
<tr><td rowspan="10">断路器不能就地或远方合闸</td><td>断路器被挂锁和钥匙锁定在“分闸”位置</td><td>拆除锁</td></tr>
<tr><td>断路器内部联锁</td><td>改变内部联锁位置</td></tr>
<tr><td>断路器没有完全连接好</td><td>连接好断路器</td></tr>
<tr><td>按钮指示器指示故障跳闸，但未复位</td><td>复位按钮指示器</td></tr>
<tr><td rowspan="2">断路器未储能(弹簧机构)</td><td>如果断路器没有装 MCH 齿轮电机，手动储能</td></tr>
<tr><td>如果装有 MCH 齿轮电机，检查齿轮电机的电源</td></tr>
<tr><td>MX 分励托扣线圈带电</td><td>有分断指令，找出指令的来源。断路器分闸前必须取消指令</td></tr>
<tr><td rowspan="2">MN 欠压托扣线圈不带电动作</td><td>有分断指令，找出指令的来源</td></tr>
<tr><td>检查电压和电源回路($U>0.85U_n$)</td></tr>
<tr><td>XF 合闸线圈连续供电，但断路器不处于“准备合闸”状态(XF 没有与 PF 接点串联)</td><td>切断 XF 合闸线圈的电源，然后当断路器处于“准备合闸”状态时重新通过 XF 发出合闸指令</td></tr>
<tr><td>不能远方合闸，可就地合闸</td><td>XF 合闸线圈没有足够电源</td><td>检查电压和电源回路($U>0.85U_n$)</td></tr>
<tr><td rowspan="4">意外跳闸(按钮指示器没有发出故障跳闸信号)</td><td>MN 欠压托扣线圈电压过低</td><td>检查电压和电源回路($U>0.85U_n$)</td></tr>
<tr><td rowspan="2">卸载指令由其他设备给出</td><td>检查配电系统的总负荷</td></tr>
<tr><td>如果需要，修改安装系统中的装置设定值</td></tr>
<tr><td>MX 分励托扣线圈发出分闸指令</td><td>找出指令的来源</td></tr>
</table>

续表 7-14

问题	故障原因	解决办法
意外跳闸(按钮指示器发出故障跳闸信号)	过负荷	找出并清除故障
	接地故障	断路器重新投入运行前检查它的状态
	短路	
每次试图合闸后断路器瞬时跳闸	热记忆	参见控制单元的用户手册
		复位按钮
	合闸时瞬间过流	修改配电系统或控制单元的设定
		断路器重新投入使用的设定
		断路器重新投入使用前检查 Masterpact MT 的状态
		复位按钮
	短路时合闸	清除故障
		断路器重新投入使用前检查 Masterpact MT 的状态
		复位按钮
断路器不能远方分闸，可就地分闸	分闸指令不是由 MX 分励线圈完成	检查电压和电源回路($U>0.85U_n$)
	分闸指令不是由 MN 欠压线圈完成	电压降不够或剩余电压($U>0.35U_n$)跳过欠压线圈
断路器不能电动储能，可手动储能	MCH 齿轮电机电源电压过低	检查电压和电源回路($U>0.85U_n$)
断路器不能退出(摇出)：不能插入摇柄	抽屉上锁或联锁功能有效	取消锁功能
断路器不能退出(摇出)：不能操作	复位键没有按下	按下复位键
断路器不能从抽架上取下	断路器不在退出位置	转动摇柄直到断路器位于退出位置
	导轨没有完全抽出	完全拉出导轨

续表 7－14

问 题	故障原因	解决办法
断路器不能连接(导入)	失配保护	检查断路器与抽架是否匹配
	安全挡板上锁	拆下锁
	束状夹头位置不对	重新放置束状夹头
	允许抽架锁定	取消抽架锁功能
	复位键没有按下	按下复位键
	断路器没有完全插到机构中	完全插入断路器
断路器不能锁定在退出位置	断路器位置不正确	检查断路器的位置确定复位按钮没有按下
	摇柄还在抽架中	取出并放好摇柄
断路器不能锁定在连接、试验或退出位置	检查所装锁的类型	联系产品厂家售后服务
	断路器位置不正确	检查断路器的位置，确定复位按钮没有按下
	摇柄还在抽架中	取出并放好摇柄

3. 低压断路器

低压断路器又称为自动空气开关。它集控制和多种保护功能于一体，当电路中发生短路、过载和失压等故障时，它能自动跳闸切断故障电路。我厂采用的低压断路器型号及技术参数如表 7－15 所示。

表 7－15 断路器规范

断路器型号	额定电压/kV	额定电流/kA	遮断电流/kA	合闸时/ms	跳闸时/ms	制造厂家
MT－H1	0.69	0.8～4	65	<70	<25	施耐德框架断路器
MT－N1	0.69	0.63～1.6	42	<50	<25	施耐德框架断路器
NS－N	0.69	0.1～0.4	25～45			施耐德塑壳断路器
WATSNB－630/630 3CBI						自动切换开关
WATSNB－250/250 3CBI						
WATSNB－160/160 3CBR						

1)低压断路器的安装与使用

(1)低压断路器应垂直安装，一般电源线应接在上端，负载接在下端。3WL 断路器的进线和出线端可任意选择，即电流进入方向可以由开关上口或下口进入，而断路器的所有技术数据不变。

(2)低压断路器用作电源总开关或电动机的控制开关时，在电源进线侧必须加装刀闸隔离开关或熔断器等，以形成明显的断开点。

(3)低压断路器使用前应将脱扣器工作面上的防锈油脂擦净，以免影响其正常工作。

同时应定期检修，清除断路器上的积尘，为操作机构添加润滑剂。

(4)各脱扣器的动作值调整好后，不允许随意变动，并应定期检查各脱扣器的动作值是否满足要求。

(5)低压断路器的触头使用一定次数或分断短路电流后，应及时检查触头系统，如果触头表面有毛刺、颗粒等，应及时维修或更换。

2)低压断路器的常见故障及处理方法

低压断路器的常见故障及处理方法如表7-16所示。

表7-16　低压断路器常见故障及处理方法

故障现象	可能原因	处理方法
断路器不能合闸	弹簧没有储能	给弹簧储能
	机械重合闸锁定装置生效	消除过电流脱扣的原因，并复位
	电气合闸联锁机构生效	断开联锁机构的控制电压
	“安全分闸”按钮被锁定在断开状态	开锁
	“机械分闸”按钮被锁定在断开位置	解开机械分闸按钮
	分励脱扣器吸合	断电使其释放
	合闸线圈吸合	使其短时断电
	欠压脱扣器无线电压或线圈损坏	检查施加电压或更换线圈
	储能弹簧变形	更换储能弹簧
	反作用弹簧力过大	重新调整
	操作机构不能复位再扣	调整再扣接触面至规定值
电流达到整定值，断路器不动作	热脱扣器双金属片损坏	更换双金属片
	电磁脱扣器的衔铁与铁芯距离太大或电磁圈损坏	调整衔铁与铁芯的距离或更换断路器
	主触头熔焊	检查原因并更换主触头
启动电动机时断路器立即分段	电磁脱扣器瞬时整定值过小	调高整定值至规定值
	电磁脱扣器的某些零件损坏	更换脱扣器
断路器闭合后一定时间自行分段	热脱扣器整定值过小	调高整定值至规定值
断路器温升过高	触头压力过小	调整触头压力或更换弹簧
	触头表面过分磨损或接触不良	更换触头或修整接触面
	两个导电零件链接螺钉松动	重新拧紧

7.2.3　厂用电源的快切装置

1. 概述

厂用电快速切换装置是发电厂厂用电气系统的一个重要设备，与发变组保护、励磁调节器、同期装置一起，被合称为发电厂电气系统安全保障的“四大法宝”，对发电厂乃至整个电力系统的安全稳定运行有着重大影响。对厂用电切换的基本要求是安全可靠，其安全性体现为切换过程中不能造成设备损坏或人身伤害，而可靠性则体现为保障切换成功，避免保护跳闸、重要辅机跳闸等造成机炉停运的事故。

2. 厂用电源快切原理分析

大容量的厂用电动机在工作电源消失后还有一个复杂的残压衰减过程，厂用电动机群在母线失压后由于惯性会继续转动，相当于异步发电机向厂用母线反馈电压，使得母线上有一个不低的残余电压。然而随着电动机的惰转，残余电压的幅值和频率在不断下降，且与备用电源间的相角差也在不断变化，残压的变化规律与电动机的类型、数量及其所带负载的性质有关。从以下几个方面进行分析。

1）母线残压

如图7-11所示，正常运行时，厂用母线电源由发电机端经高厂变提供，备用电源由厂用备用变提供。当工作电源侧故障时，厂用正常进线断路器1QF将被跳开，此时连接在厂用母线上的电机将作为发电机堕转，在电机衔转过程中母线上电压（残压）大小随时间在极坐标上成向内缩小的螺线变化，如图7-12所示。一般母线残压衰减由实验测得。实验表明：残压的衰减速度与母线所带负荷密切相关。切除电源前的负荷越大，电压衰减越快。

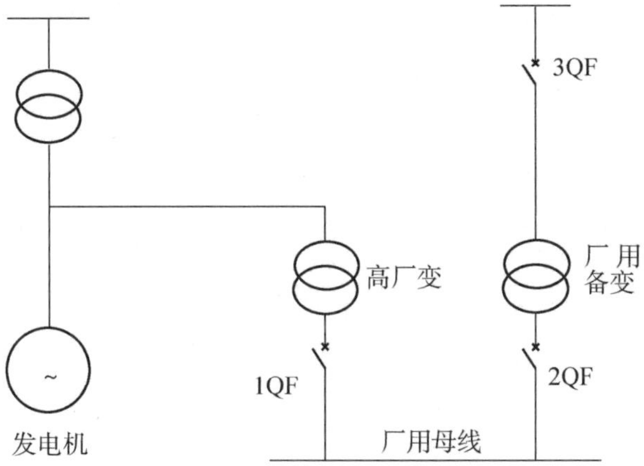

图7-11　厂用电接线简图

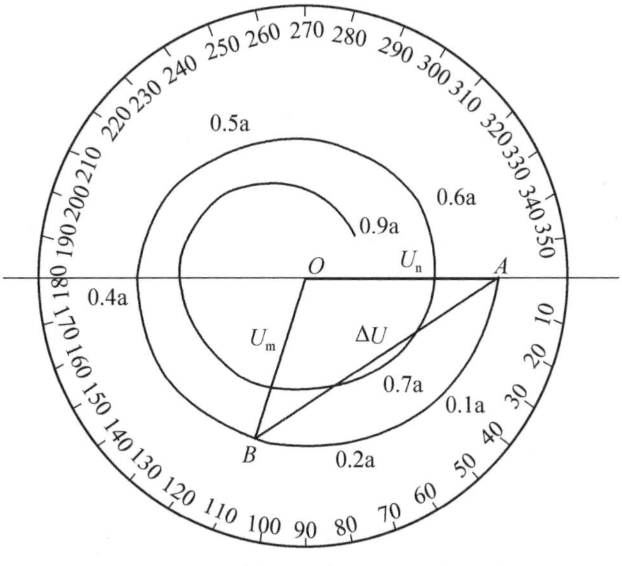

图7-12　电机惰转过程母线残压衰减曲线图

2)切换备用电源

切换备用电源时电动机电压分析以图7-13为例，设OA段为母线失压前瞬间电压U_s，母线失压后，母线电压衰减到B点时，OB段为母线残压，设为U_m，若此时合上备用电源，则在母线上有差拍电压ΔU存在。电动机在备用电源切换时的等值电路及向量图如图7-13所示。由图7-13可以看出：在投入备用电源时，必将面临着备用电源与母线残压的冲撞问题。

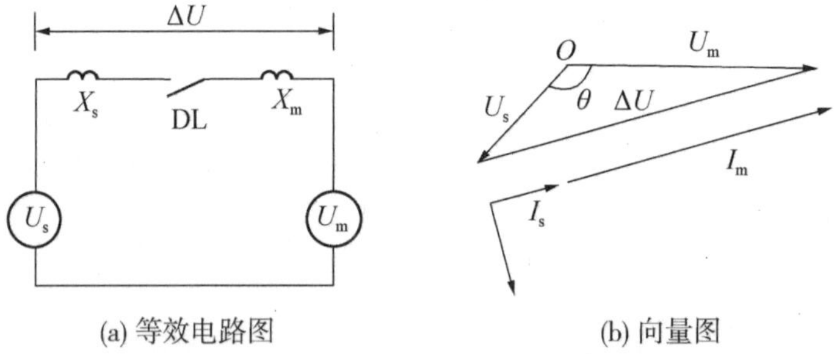

图7-13 电动机重新接通电源时的等值电路图和向量图

图中θ是$\dot{U}_S$与$\dot{U}_m$的相角差，随着残压的频率下降，θ不断由0°增大到180°再到360°间变化。由于θ不断在变，残压$\dot{U}_m$不断在降低，因此差拍电压$\Delta\dot{U}$也不断在变。如在$\theta = 180°$时，$\Delta\dot{U}$最大，此时投入备用电源，对电动机的冲击最严重。将进行如下分析：

差拍电压$\Delta\dot{U}$

$$\Delta\dot{U} = \dot{U}_s - \dot{U}_m \tag{7-6}$$

电动机上的电压U_d为

$$U_d = \Delta\dot{U}\frac{X_m}{X_s + X_m} \tag{7-7}$$

式中，X_m为母线上电动机组和低压负荷折算到高压厂用电压后的等值电抗；X_s为电源的等值电抗；$\Delta\dot{U}$为电源电压和残压之间的差拍电压；U_d为电动机上的电压。

要保证电动机能够安全自启动，U_d应小于电动机的允许启动电压，设U_d为1.1倍电动机的额定电压U_{De}。

$$U_d = \Delta U\frac{X_m}{X_s + X_m} = 1.1U_{De} \tag{7-8}$$

令

$$K = \frac{X_m}{X_s + X_m}$$

则

$$\Delta U = \frac{1.1}{K} \tag{7-9}$$

其中，系数K的取值与电动机群的类别、数域及负荷有关，电动机数量越多A值越小。对式(7-9)中的K值取不同的值来分析，假设$K = 0.67$，计算得到$\Delta U = 1.64$。在图7-15

的基础上，以 A 点为圆心，以 1.64 为半径绘出 $A'-A''$圆弧，其圆弧右侧区域为电厂备用电源合闸的安全区域，在此区域内合上备用电源时，电动机上的电压均能保证电机的安全。在残压特性曲线的 AB 段，实现的电源切换称为快速切换，即在图 7－15 中 B 点(0.3 s)以前进行的切换，对电机是安全的。BC 段为不安全区，不能进行切换。而在 C 点(0.47 s)以后至 θ 等于零附近进行的切换，对电动机是安全的。等残压衰减到 20% ～40% 时实现的切换，即为“残压切换”。后两种切换称为“慢速切换”。如果 K 值取大一些，如图 7－14 中 $B'-B''$弧线($K=0.95$)，虽然此时快速切换对电动机的冲击更小，但对快速切换的速度要求则更为严格。

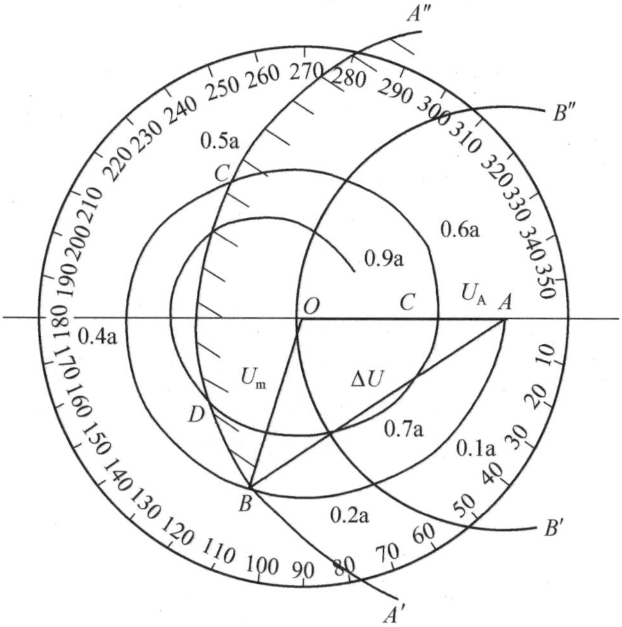

图 7－14　切换备用电源时电动机上电压安全区域

3)电动机自启动的要求

在备用电源投入瞬间，差拍电压 ΔU 一部分消耗在备用电源的内阻上，另一部分施加在电动机群的定子上，导致电动机群在原来惰转的转速上重新加速，也就是自启动，电动机能否顺利启动取决于以下因素：

(1)施加在电动机定子上的电压。

异步电动机的转矩 M_m 与外施电压的平方成正比。只有在 M_m 大于阻力转矩 M_z 时，电动机才能加速，剩余转矩 $M_s=M_m-M_z$ 越大，自启动过程越快，如果剩余转矩 M_s 较小，启动过程缓慢，此时启动电流可能为 4～7 倍额定自启动电流，将引起绕组过热而烧毁电机。因此，在备用电源投入时，如果有较高的差拍电压，电动机群吸取的启动电流越大，在备用电源内阻上的电压降就越大，而备用电源母线上的电压会越低，自启动越困难。为尽量减少启动电流的数值及持续时间，要求电动机群失电的时间尽可能短。

(2)惰转电动机群残压与备用电源电压的相角差。

即便在差拍电压 ΔU 很小的情况下，若相差角 θ 很大，备用电源合闸瞬间也会对电动机产生很大的冲击。由图 7－14 可知，θ 角在 0～360°变化，在 $\theta=180°$时，其差拍电压

ΔU 达到最大值，冲击电流与 ΔU 成正比。为保证电动机自启动成功，备用电源投入瞬间，不仅要求有较高的母线残压，而且一定要在较小的 θ 角下进行。

从以上分析可以看出，备用电源自动投入的核心问题是解决合闸的速度(保证较高的母线残压值)和角度(保证对电动机较小的冲击电流)，实际上是电动机群与备用电源电压的同步问题，最理想的同步时间应在工作电源失电后出现的第一次相差角 $\theta<30°$ 的区间内，此时反馈电压 I 的数值与频率都下降不多，相角差也不大，对于电动机群的自启动极为有利。

4)快切装置的原理

快切装置一般按残压衰减的几个阶段来设计，即第一次安全区(图 7–15 中的 AB 段)实现快速切换，将备用电源断路器合上。如果未合上，在第二次安全区(图 7–15 中的 CC' 段)实现捕捉同期切换。当残压下降到额定值的 20% ～40% 时，实现残压切换。有的装置还设有长延时切换，作为以上几种方式的总后备。

(1)快速切换。

据有关资料分析，式(7–9)中，按 $K=0.67$ 作出的允许极限是最严重的情况，因此 K 值可取一个较大的数值，对于快速切换 $\Delta U\%$ 取 100%，此时 $\dot{U}_m$ 与 $\dot{U}_s$ 、$\Delta\dot{U}$ 构成正三角形。从图 7–15 可看出，此时残压与备用电源之间的相位差约为 65°，如果断路器的固有跳合闸时间为 100 ms，则断路器合闸指令约需提前 40°发出，即 θ 从 0 ～25°对应的时间是留给装置做计算 I 和判断的最多时间。换言之，装置要在这个最大时间内完成判断和计算，用 40°的时间合断路器，在 65°时完成目标电源断路器合闸。

在第一次出现的安全区完成切换，对系统及电动机的冲击最小，也是最理想的。能否实现快速切换，取决于断路器固有跳、合闸时间和快切装置本身的动作时间。就断路器固有跳、合闸时间而言，希望越短越好，特别是备用电源断路器的固有合闸时间越短越好；快切装置本身的固有动作时间包括其硬件固有动作时间和软件最小运行时间。装置硬件固有时间一般在 6 ～8 ms。软件最小运行时间指最快情况下软件完成测量、判断、执行等的时间，一般在 3 ～4 ms。

(2)同期捕捉切换。

当快切装置未能实现快速切换时，装置可自动进入捕捉同期切换。图 7–15 中，过 B 点后 BC 段为不安全区域，不允许切换。在 C 点后至 CD 段实现的切换以前通常称为“延时切换”或“短延时切换”。用固定延时的方法并不可靠。最好的办法是实时跟踪残压的频差和角差变化，尽量做到在反馈电压与备用电源电压向量第一次相位重合时合闸，这就是所谓的“同期捕捉切换”。以图 7–15 为例，同期捕捉切换时间约为 0.6 s，对于残压衰减较快的情况，该时间要短得多。若能实现同期捕捉切换，特别是同相点合闸，对电动机 6 自启动也很有利。因此，厂用母线电压衰减到 65% ～70%，电动机转速不至于下降很大，且备用电源合上时冲击最小。

需要说明的是，同期捕捉切换之“同期”与发电机同期并网之“同期”有很大不同。同期捕捉切换时，电动机相当于异步发电机，其定子绕组磁场已由同步磁场转为异步磁场，而转子存在外加原动力和外加励磁电流。因此，备用电源合上时，若相角差不大，即使存在一些频差和压差，定子磁场将很快恢复同步，电动机也将很快恢复正常异步运行。因此，此处同期指的是在相角差零点附近一定范围内合闸。

(3)残压切换。

残压衰减到20% ～40%额定电压后实现的切换通常称为“残压切换”。残压切换虽能保证电动机安全，但由于停电时间过长，电动机自启动成功与否、自启动时间等都将受到较大限制。

(4)长延时切换。

长延时切换是在以上3种切换方式均无法实现或由于系统或辅机原因而不能采用以上3种方式时进行的切换，其原理是在跳开工作电源开关足够长的时间，如3～5s后再合上备用电源。

3. 厂用电快速切换装置基本功能

快速切换装置的切换功能一般分为3种功能：正常切换、不正常切换、事故切换。

1)正常切换

正常切换是指厂用电正常情况下的切换，由手动启动，在DCS系统或装置面板上均可进行。正常切换是双向的，可以由工作电源切向备用电源，也可以由备用电源切向工作电源。正常切换包括以下几种方式：

(1)并联切换。并联切换分为自动切换和半自动切换两种。

并联自动——手动启动，若并联切换条件满足，装置将先合备用(工作)断路器，经一定延时后再自动跳开工作(备用)断路器，如在这段延时内，刚合上的备用(工作)断路器被跳开，则装置不再自动跳工作(备用)。若启动后并联切换条件不满足，装置将闭锁发信，并等待复归。

并联半自动——手动启动，若并联切换条件满足，合上备用(工作)电源，而跳开工作(备用)电源的操作由人工完成。若在规定的时间内，操作人员仍未跳开工作(备用)电源，该装置将发出报警信号。若启动后并联切换条件不满足，装置将闭锁发信，并等待复归。

(2)串联切换。手动启动，先跳工作电源，在确认工作电源已跳开且切换条件满足时，合上备用电源。

(3)同时切换。手动启动，先发跳工作(备用)电源命令，在切换条件满足时，发合备用(工作)电源命令。若要保证先分后合，可在合闸命令前加一定延时。正常同时切换具有3种切换条件：快速、同期捕捉、残压，快切不成功时自动转入同期捕捉或残压切换方式。

2)不正常情况切换

不正常情况切换由装置检测到不正常情况后自行启动，这种切换是单向的，只能由工作电源切向备用电源。有以下两种情况会引起不正常切换：

(1)当厂用母线三相电压均低于整定值，时间超过整定延时，快切装置自动跳开工作电源投入备用电源。

(2)因各种原因(包括人为误操作)造成工作电源断路器误跳开，装置将在切换条件满足时合上备用电源。

3)事故切换

事故切换由工作电源保护出口启动，只能由工作电源切向备用电源。事故切换有以下两种方式：

(1)串联切换。保护启动，先发跳工作电源断路器命令，在确认工作断路器已跳开且切换条件满足时，合上备用电源。

(2)事故同时切换。保护启动，先发跳工作电源断路器命令，在切换条件满足时(或经延时)即发合上备用电源断路器命令。

4)保护闭锁

为防止备用电源切换到故障母线，将反映母线故障的保护出口接入快切装置，当保护动作关闭装置所有切换出口，同时发出闭锁信号。

5)出口闭锁

当装置因软连接片退出或控制屏闭锁装置出口时，装置将关闭跳合闸出口并给出出口闭锁信号。

7.2.4 厂用电动机

1. 电动机分类

电动机是利用电与磁的相互转化和相互作用制成的。根据电动机工作电源的不同，可分为直流电动机和交流电动机。其中交流电动机还分为单相电动机和三相电动机。根据电动机按结构及工作原理的不同，可分为直流电动机、异步电动机和同步电动机。根据电动机转子结构的不同，可分为笼型感应电动机(旧标准称为鼠笼型异步电动机)和绕线转子感应电动机，这里主要介绍三相异步电动机、三相同步电动机及直流电动机。

1)三相异步电动机

三相异步电动机是应用最广的电动机，是应用得最普遍的电能转化为机械能的设备，几乎每个厂都要用到这种电动机。平时所说的电动机就是指三相异步电动机。三相异步电动机由于结构简单，运行效率高，在国民经济的各个领域得到广泛的应用，发挥着重要的作用。

(1)工作原理。

三相异步电动机转子之所以会旋转，实现能量转换，是因为转子气隙内有一个旋转磁场。当三相交流电通入定子绕组后，便形成了一个旋转磁场。旋转磁场的磁力线被转子导体切割，根据电磁感应原理，转子导体产生感应电动势。转子绕组是闭合的，则转子导体有电流流过。电磁力作用于转子导体上，对转轴形成电磁转矩，使转子按照旋转磁场的方向旋转起来，转速为 n。三相电动机的转子转速 n 终不会加速到旋转磁场的转速 n_1。因为只有这样，旋转绕组与旋转磁场之间才会有相对运动而切割磁力线，转子绕组导体中才能产生感应电动势和电流，从而产生电磁转矩，使转子按照旋转磁场的方向继续旋转。由此可见，$n_1 \neq n$ 且 $n < n_1$ 是异步电动机工作的必要条件，“异步”的名称也由此而来。

(2)基本结构。

异步电动机由定子和转子两大部分组成。定子由机座、定子铁芯、定子绕组等组成。转子由转子铁芯、转子绕组等组成。此外，还有端盖、轴承及风扇等部件。

2)三相同步电动机

三相同步电动机既可以作为电动机也可以作为发电机使用，主要用于功率较大，转速不要求调节的生产机械，例如拖动大型水泵、空气压缩机和矿井通风机等。

(1)工作原理。

同步电动机的定子部分与三相异步电动机完全一样，是同步电动机的电枢。不同的是同步电动机转子上装有磁极，当励磁绕组通入电流 I_f 时，转子相当于一个电磁铁，有N极和S极。在正常运行时，这个电流是由外部加在转子上的直流电压产生的。以前这个直流电压是由直流电动机供给，现在大多是由晶闸管整流后供给。通常把晶闸管整流系统称为励磁装置。另一方面，当三相交流电源加在三相同步电动机定子绕组时，就产生旋转速度为 n 的旋转磁场。转子励磁绕组通电时建立固定磁场，假如转子以某种方式启动，并使转速接近旋转磁场的转速，这时转子的磁场极性与定子旋转磁场极性之间异性对齐(定子S极与转子N极对齐)。根据磁极异性相吸原理，定子和转子磁场间就产生电磁转矩，促使转子跟旋转磁场一起同步转动(即 $n=n_i$)，故称为同步电动机。同步电动机实际运行时，由于空载总存在阻力，因此转子的磁极轴线总要滞后旋转磁场轴线一个很小的角度 θ，促使产生一个异性吸力(电磁场转矩)；负载时，θ 角增大，电磁场转矩随之增大，电动机仍保持同步状态。当然，负载若超过同步异性吸力(电磁转矩)时，转子就无法正常运转。

(2)基本结构。

与异步电动机一样，同步电动机也是由定子和转子两大部分组成。同步电动机的定子与异步电动机的定子结构基本相同，由机座、定子铁芯、定子绕组等组成。同步电动机的转子由磁极、转轴、阻尼绕组、滑环、电刷等组成。

3)直流电动机

直流电动机是机械能和直流电能互相转换的旋转装置。当用作发电机时，它将机械能换为电能；当用作电动机时，它将电能转换为机械能。在实际应用中，比如蓄电池充电、电镀和电解实验、直流电焊以及数控车床等的使用，都能用到直流电动机。

(1)工作原理。

图7-15是一台直流电动机的最简单模型。N和S是一对固定的磁极，可以是电磁铁，也可以是永久磁铁。磁极之间有一个可以转动的铁质圆柱体，称为电枢铁芯。铁芯表面固定。

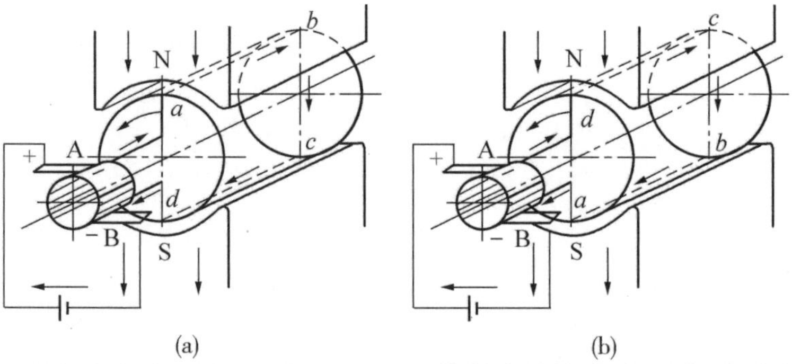

图7-15 直流电动机的简单模型

一个用绝缘导体构成的电枢线圈 $abcd$，线圈的两端分别接到相互绝缘的两个半圆形铜片（换向片）上，它们组合在一起称为换向器。在每个半圆铜片上又分别放置一个固定不动而与之滑动接触的电刷 A 和 B，线圈 $abcd$ 通过换向器和电刷接通外电路。

将外部直流电源加于电刷 A（正极）和 B（负极）上，则线圈 $abcd$ 中流过电流，在导体 ab 中，电流由 a 指向 b，导体 cd 中，电流由 c 指向 d。导体 ab 和 cd 分别处于 N、S 极磁场中，受到电磁力的作用。用左手定则可知导体 ab 和 cd 均受到电磁力的作用，且形成的转矩方向一致，这个转矩称为电磁转矩，为逆时针方向。

由此可见，加于直流电动机的直流电源，借助于换向器和电刷的作用，使直流电动机电机绕组中流过的电流，方向是交变的，从而使电枢产生的电磁转矩的方向恒定不变，确保直流电动机朝确定的方向连续旋转。这就是直流电动机的基本工作原理。实际的直流电动机，均匀地嵌放许多绕组，相应的换向器由许多换向片组成，使电枢绕组所产生的总电磁转矩足够大并且比较均匀，电动机的转速也就比较均匀。

(2)基本结构。

直流电动机由定子和转子两大部分组成。直流电动机运行时静止不动的部分称为定子。定子的主要作用是产生磁场，由机座、主磁极、换向器、端盖、轴承和电刷装置等组成。运行时转动的部分称为转子，其主要作用是产生电磁转矩和感应电动势，是直流电动机进行能量转换的枢纽，所以通常又称为电枢，由转轴、电枢铁芯、电枢绕组、换向器和风扇等组成。

2. 型号及主要参数

以三相异步电动机为例，国产电动机型号由汉语拼音字母和阿拉伯数字组成，大写汉语拼音字母表示电动机的类型、结构特征和使用范围，数字表示设计序号和规格，例如：Y2 160 L 1 –2，如图 7 –16 所示。

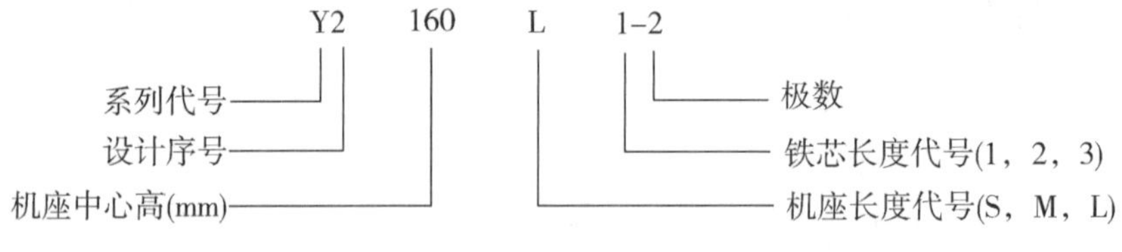

图 7 – 16　三相异步电动机型号说明

一般三相异步电动机应用最广的产品是 Y 系列和 YR 系列，其中 Y 系列为笼型转子三相异步电动机，YR 系列为绕线式转子三相异步电动机。

(1)额定功率。额定功率是指在满载运行时三相电动机轴上所输出的额定机械功率，用 PN 表示，以千瓦(kW)或瓦(W)为单位。

(2)额定电压。额定电压是指接到电动机绕组上的线电压，用 UN 表示。三相电动机要求所接的电源电压值的变动一般不应超过额定电压的 ±5%。电压过高，电动机容易烧毁；电压过低，电动机难以启动，即使启动后电动机也可能带不动负载，容易烧毁。

(3)额定电流。额定电流是指三相电动机在额定电源电压下，输出额定功率时，流入定子绕组的线电流，用 I 表示，以安(A)为单位。若超过额定电流过载运行，三相电动机就会过热乃至烧毁。

(4)额定频率。额定频率是指电动机所接的交流电源每秒内周期变化的次数，用 IN 表示。我国规定标准电流频率为 50 Hz。

(5)额定转速。额定转速表示三相电动机在额定工作情况下运行时每分钟的转速，用 n_N 表示，一般是略小于对应的同步转速 n_1。如 n_1 = 1500 r/min，则 n_N = 1440 r/min。

(6)绝缘等级。绝缘等级是指三相电动机所采用的绝缘材料的耐热能力，它表明三相电动机允许的最高工作温度。

(7)定子绕组接法。三相电动机定子绕组的连接方法有星形(Y)和三角形(△)两种，如图 7-17 所示。定子绕组的连接只能按规定方法连接，不能任意改变接法，否则会损坏三相电动机。

(8)防护等级。防护等级表示三相电动机外壳的防护等级，其中 IP 是防护等级标志符号，其后面的两位数字分别表示电动机防固体和防水能力。数字越大，防护能力越强，如 IP44 中第一位数字“4”表示电动机能，防止直径或厚度大于 1 mm 的固体进入电动机内壳；第二位数字“4”表示能承受任何方向的溅水。

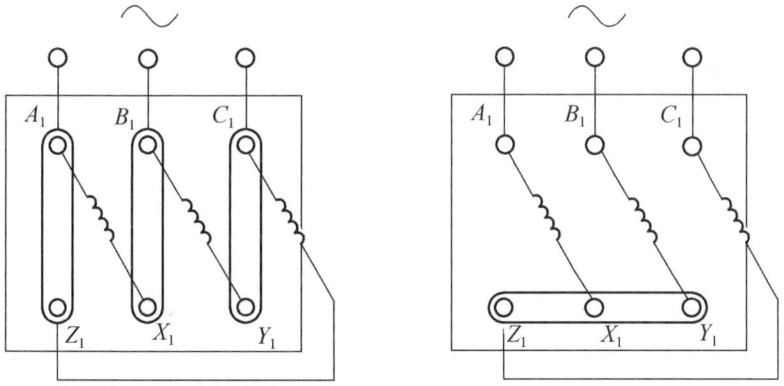

(a) △联接　　(b) Y联接

图 7-17　三相异步电动机的引出线

3. 电动机保护配置

1)本厂使用的厂用高低压电动机技术参数(表 7-17)

表 7-17　电动机参数(一)

序号	规　格	设备名称					
		电动给水泵	循环水泵	凝结水泵	闭式循环泵电机	凝汽器真空泵电机	润滑油排烟风机电机
	型号	AMA 500L2A BSH	HXR 500LS10	YKKL450-4TH	Y315L2-4	Y315L2-8	YB 160M-2
	生产厂家	ABB	ABB	湘潭电机厂	长沙电机厂	长沙电机厂	南洋防爆集团
	产品代号			Q/EBC01.1054-2005	JB/T10391-2002	JB/T0391-2002	JB5338-1991
	生产序号	4578675		J0511887	4104	C0604	CNEX00.073
	生产日期			2005.8	2005.7	2006.4	2005.1
	额定功率/kW	1843	900	630	200	110	15
	工作电压/kV	6	6	6	0.38	0.38	0.38
	额定电流/A	210	119	73.8	351.2	218.5	29.4
	功率因素	0.87	0.75(100%负载)	0.87			0.88
	额定频率/Hz	50		50	50	50	50
	额定转速/($r \cdot min^{-1}$)	2987	597	1486	1485	740	2930
	相数	3～		3～	3	3	3
	工作方式	S1	S1		S1	S1	S1
	连接方式	Y	Y	Y	△	△	△
	绝缘等级	F	F	F	F	F	F
	温升等级		B				
	启动电流		$5.5I_e$				
	空载电流/A		60				
	启动转矩/Nm		14398				
	重量/kg	5850		4250	1255	1150	152
	防护等级	IP55	IP 56	IP54	IP44	IP44	IP54
	冷却方式	IC 611	IC 411	IC 611			
	IM	1001					
	驱动端轴承型号	EFNLB11-90BM		7330IC/P6	6319	6319	6309
	非驱动端轴承型号	EFNLB11-90FBM		6226/P6	6319	6319	6309

续表 7－17

序号	规　格	设备名称					
		电动给水泵	循环水泵	凝结水泵	闭式循环泵电机	凝汽器真空泵电机	润滑油排烟风机电机
	换油脂周期	8000工作小时					
	润滑油	粘度 ISO VG 22		7008 航空润滑油			
	加油量	4.7L/min					
	噪声/dB		76		101	87	87

电动机参数(二)

序号	规　格	设备名称					
		交流润滑油泵电机	直流润滑油泵电机	EH 油泵电机(大)	EH 油泵电机(大)	直流顶轴油泵电机	密封油排烟风机电机
	型号	MLA9314C	GHA2353C	JB225W－4	YB132S－4	Z2－71B35	YB2－100L－2
	生产厂家	日本富士电机	日本富士电机	重庆特种电机厂	重庆特种电机厂	重庆赛力盟电机公司	安徽皖南电机公司
	产品代号	0502J360DS1	0503S585VSI	JB7565－1999	JB7565－1999	Q/CD.007—90	JB7565－1999
	生产序号	2005	2005	32	39	05G7155B－231	0500288
	生产日期	2005	2005	2004.6	2003.5	2005.6	2005.1
	额定功率/kW	160	55	45	5.5	17	3
	工作电压/kV	0.38	0. 22 DC	0.38/0.66	0.38/0.66	0.22	0.38
	额定电流/A	280	282 DC	84/48.5	11.6/6.7	1.73	6.3
	功率因素		—				
	额定频率/Hz	50	—	50	50	50	50
	额定转速/$(r\cdot min^{-1})$	1475	1500	1480	1440	1500	2860
	相数	3	—	3	3	1	3
	工作方式	连续	连续	S1	S1	S1	S1
	连接方式		—	△/Y	△/Y	—	
	绝缘等级	F	F	F	F	B	F
	励磁		并联分路器			并励	
	励磁电流/A					1.73	
	重量/kg			381	90	265	46

（续上表）

序号	规　格	设备名称					
		交流润滑油泵电机	直流润滑油泵电机	EH 油泵电机（大）	EH 油泵电机（大）	直流顶轴油泵电机	密封油排烟风机电机
	防护等级	IP44	IP44	IP44	IP44	IP22	IP55
	冷却方式	411					
	驱动端轴承型号	6322	6320CM				
	非驱动端轴承型号	NU322	NU320MCM				
	换油脂周期	2000h	2000h				
	润滑油	ALVANIA 2	ALVANIA 2				
	加油量	80g/80g	80g/80g				73
	噪声/dB			84	84		

电动机参数（三）

序号	规　格	设备名称		
		再循环泵电机	轴封风机电机	电动门电机
	型号	Y280S－2	Y180M－2	1LP1106－4W99－ZQ39＋380V
	生产厂家	佳木斯电机公司	南洋防爆集团	扬州电力设备厂
	产品代号	JB19616－1999	JB/T10391	
	生产序号	051E119－1－06	SEW087－4	8259
	生产日期	2005.7	2005.5	
	额定功率/kW	75	18.5	1.5
	工作电压/kV	0.38	0.38	0.38
	额定电流/A	139	42.2	4.1
	功率因素	0.89	0.89	
	额定频率/Hz	50	50	50
	额定转速/($r \cdot min^{-1}$)	2970	2940	1400
	相数	3	3	
	工作方式		S1	S2，15min
	连接方式	△	△	Y
	绝缘等级	F	F	F
	励磁			

（续上表）

序号	规 格	设备名称		
		再循环泵电机	轴封风机电机	电动门电机
	励磁电流/A			
	重量/kg	595	207	
	防护等级	IP55	IP55	IP67
	冷却方式			
	驱动端轴承型号		6310/Z2	
	非驱动端轴承型号		6310/Z2	
	换油脂周期			
	润滑油			
	加油量			
	噪声/dB	99	92	

WDZ－430 电动机综合保护测控装置主要用于大型及中型三相异步电动机的综合保护和测控，对特大型电动机(2000 kW 及以上，或主保护灵敏度校验不合格)需加装与之配套的 WDZ－431 电动机差动保护装置。装置可配置独立的操作回路和防跳回路，可适用于各种出口的电动机回路。6 kV 电动机保护配置如表 7－18 所示。

表 7－18　6kV 电动机保护配置

序号	保护名称	给水泵	循环水泵	凝结水泵
1	速断保护	投跳	投跳	投跳
2	负序一段保护	投跳	投跳	投跳
3	负序二段保护	投跳	投跳	投跳
4	零序保护	投信	投信	投信
5	正序过电流保护	投跳	投跳	投跳
6	过载保护	投信	投信	投信
7	过热保护	投跳	投跳	投跳
8	母线低电压保护	投跳(9s 跳闸)	投跳(9s 跳闸)	投跳(9s 跳闸)

除此以外，WDZ－440 线路综合保护测控装置还有堵转保护、长启动保护、PT 断线告警 K 及过热禁止再启动保护等保护功能，根据电厂的具体设计需求来选择相应的保护功能。

2）主要保护功能及原理

保护原理框图如图 7－18 和图 7－19 所示。

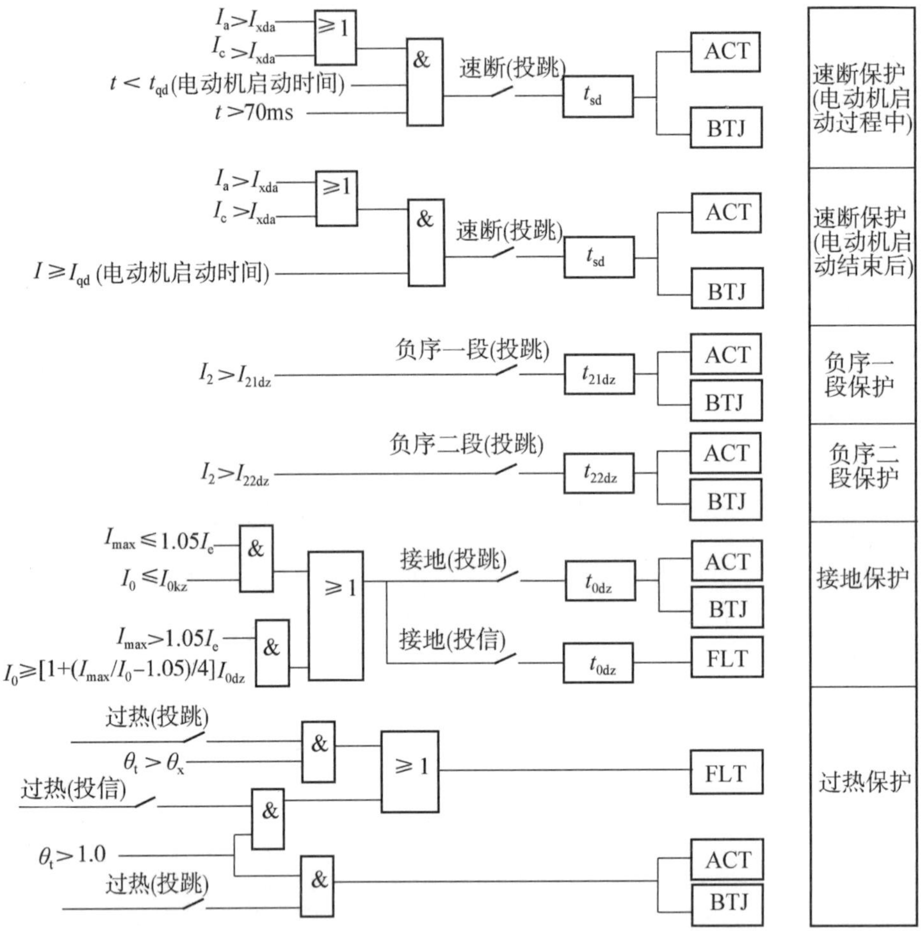

图 7–18　电动机保护原理框图 1

(1)电流速断保护，其动作判据为

$$I_{max} = \max(I_a, I_c) \tag{7-10}$$

$I_{max} > I_{sdg}$（在额定启动时间内）或 $I_{max} > I_{sdd}$（在额定启动时间后）

$$t > t_{sd}$$

式中，I_{max} 为 A、C 相电流（I_a，I_c）最大值，A；I_{sdg} 为速断动作电流高值（电动机启动过程中速断电流动作值），A；I_{sdd} 为速断动作电流低值（电动机启动结束后速断电流动作值），A；t_{sd}为整定的速断保护动作时间，s。

本保护在电动机启动时，带有约 70 ms 延时，以避开启动开始瞬间的暂态峰值电流。

(2)负序过电流一段保护，其动作判据为

$$\begin{cases} I_2 > I_{22dz} \\ t > t_{22dz} \end{cases} \tag{7-11}$$

式中，I_2 为负序电流；I_{21dx} 为负序过电流二段电流动作值，A；t_{21dz} 为负序过电流一段电流动

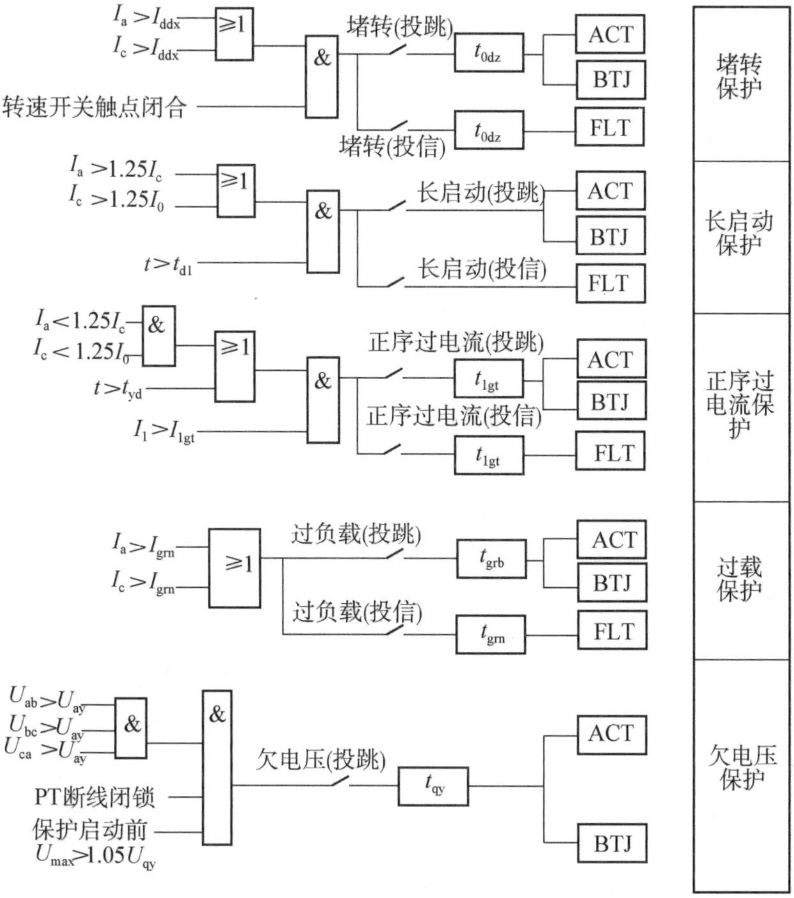

图 7－19 电动机保护原理框图 2

注：U_{max} = max(U_{ab} , U_{bc} , U_{ca})，其他符号定义参见定值表

BTJ—保护跳闸断电器；ACT—保护动作信号继电器；FLT—保护动作告警继电器

作保护时间，s。

负序动作时间应躲开电动机外部二相短路的最长切除时间。在由熔断器和接触器组成的电路中，负序过电流保护应躲开不对称短路时熔丝熔断时间。

(3)负序过电流二段保护，

$$\begin{cases} I_2 > I_{22dz} \\ t > t_{22dz} \end{cases} \tag{7-12}$$

式中，I_{22dz} 为负序过电流二段电流动作值，A；t_{22dz} 为负序过电流一二段电流动作保护时间，s。

(4)接地保护(零序过电流保护)，采用零序 CT 获取电动机的零序电流，构成电动机的单相接地保护。为防止在电动机较大的启动电流下，由于零序不平衡电流引起本保护误动作，本保护装置采用了最大相电流作制动量，其动作特性如图 7－20 所示。

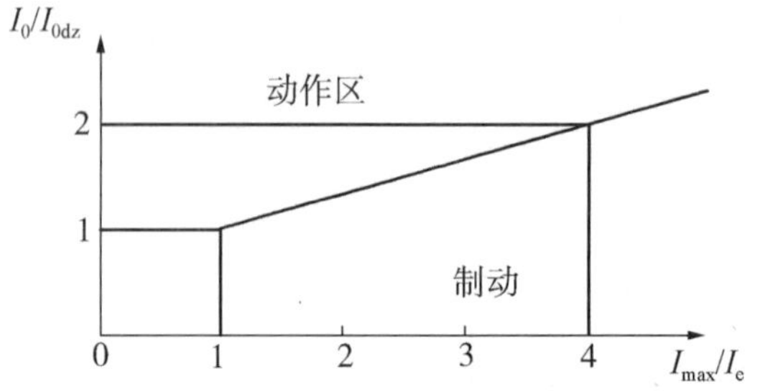

图 7-20　接地保护特性曲线

$$I_0 > I_{0dz}(\text{当}\ I_{max} \leq 1.05I_e\ \text{时})\ \text{或}\ I_0 > [1 + (I_{max}/I_e - 1.05)/4]I_{0dz}(\text{当}\ I_{max} > 1.05I_e\ \text{时})$$

$$t_0 > t_{0dz}$$

式中，I_0 为电动机的零序电流倍数；I_{0dz}为零序电流动作值；I_e 为电动机额定电流，A；t_{0dz}为整定的接地保护动作时间，s；t_0 为接地保护动作时间，s。

零序额定电流视中性点电流大小确定，本装置提供 I_{0e} = 0.02A 和 I_{0e} = 0.2A 两种供选择。一般有，中性点小电流接地时，取 I_{0e} =0.02A；中性点大电流接地时，取 I_{0e} =0.2A。

(5)过热保护。

装置可以在各种运行工况下，建立电动机的发热模型，对电动机提供准确的过热保护，考虑到正、负序电流的热效应不同，在发热模型中采用热等效电流 I_{eq}，其表达式为

$$I_{eq} = \sqrt{K_1 I_1^2 + K_2 I_2^2} \tag{7-13}$$

式中，在额定启动时间内，取 K_1 =0.5；在额定启动时间后，取 K =1。通常情况下，K_2 = 3～10，本装置取 K_2 =6。

K_1 随启动过程变化，K_2 用于表示负序电流在发热模型中的热效应，由于负序电流在转子中的热效应比正序电流高很多，比例上等于在两倍系统频率下转子交流阻抗对直流阻抗之比。根据理论和经验，保护装置取 K_2 =6。

电动机的积累过热量 θ_Σ 为

$$\theta_\Sigma = \int_0^t [I_{eq}^2 - (1.05I_e)^2]\mathrm{d}t = \sum [I_{eq}^2 - (1.05I_e)^2]\Delta t \tag{7-14}$$

式中，Δt 为积累过热量计算间隔时间，保护装置取 Δt =0.1s。

电动机的跳闸(允许)过热量 θ_T 为

$$\theta_T = I_e^2 \cdot T_{fr} \tag{7-15}$$

式中，T_{fr}为电动机的发热时间常数，s。

当 $\theta_\Sigma > \theta_T$，过热保护动作，θ_Σ =0 表示电动机已达到热平衡，无积累过热量。为了表示方便，电动机的积累过热量的程度用过热比例 θ_r 表示。

$$\theta_r = \frac{\theta_\Sigma}{\theta_T} \tag{7-16}$$

由此可见，θ_r >1.0 时，过热保护动作，为提示运行人员，当电动机过热比例 θ_r 超过过热告警整定值 θ_a 时，装置先告警。

电动机在冷态(即初始过热量 θ_Σ =0 的情况下，过热保护的动作时间为

$$t = \frac{T_{fr}}{K_1(I_1/I_e)^2 + K_2(I_2/I_e)^2 - 1.05^2} \tag{7-17}$$

当电动机停运，电动机积累的过热量将逐步衰减，保护装置按指数规律衰减过热量，衰减的时间常数为4倍的电动机散热时间 T_{ar}，即认为 T_{ar} 时间后，散热结束，电动机又达到热平衡。

(6)过载保护。

其动作判据为

$$\begin{cases} I_{max} > I_{gfh} \\ t > t_{gfh} \end{cases} \tag{7-18}$$

式中，I_{gfh} 为过载保护电流动作值，A；t_{gfh} 为过载保护动作时间，s。

(7)欠电压保护。

通过测量电动机母线电压来实现，当电动机母线电压降低到整定动作值以下且时间大于整定值时，对电动机提供跳闸保护。

为防止PT断线误切电动机，本保护设置了当PT断线时闭锁欠电压保护动作。其动作判据为

$$\begin{cases} U_{max} = \max(U_{ab}, U_{bc}, U_{ca}) \\ U_{max} < U_{qy} \\ t > t_{qy} \end{cases} \tag{7-19}$$

欠电压保护启动前，$U_{max} < 1.05U_{qy}$。

式中，U_{qy} 为低电压保护电压动作值，A；t_{qy} 为低电压保护动作时间，s。

4. 电动机测绝缘的标准

(1)检修后的电动机送电前必须测量绝缘电阻。

(2)连续停运5天以上的电动机，送电前必须测量绝缘电阻。如果电动机的工作环境较差或天气潮湿，连续停运3天以上的电动机，送电前必须测量绝缘电阻。

(3)必须按照定期工作单的要求，及时测量备用设备的绝缘电阻。

(4)处于备用状态的电动机测量绝缘电阻时，应通知值长及相关的负责人，在得到上述人员同意后方可测量。测量绝缘电阻合格后必须将电动机恢复到测量前的状态。

①6kV电动机用绝缘电阻表2500 V档测量绝缘，其值不得低于6 MΩ，如有厂家规定，则按厂家规定执行；

②400 V以下电动机用绝缘电阻表500 V档测量绝缘，其值不得低于0.5 MΩ；

③6k V电动机应测量吸收比，其值R60/R15不得低于1.3。

(5)值班人员测量绝缘后，应将测量数值记录下来。具体规定如下：当电动机绝缘低于规定值或虽高于规定值，但低于前次所测得的1/3～1/5（同温度下)时，应向值长报告，经值长同意后方能启动。

7.2.5　变频器

根据电机学中的知识，进行如下三个理想条件的假设：①忽略空间和时间谐波；②忽略磁饱和；③忽略铁损。感应电动机的单相稳态等效电路如图7-21所示。

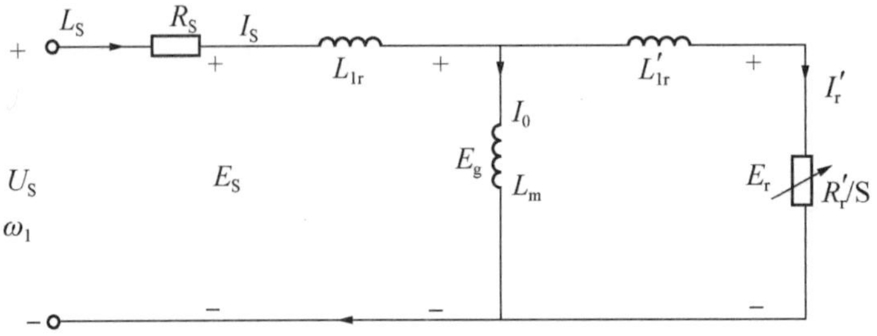

图 7-21　异步电机单向稳态电路

图 7-21 中，电机转子侧 I_r、R_r 和 L_{1r} 已经折算到定子侧，并将 U_S、E_S、E_g、E_r、I_S、I'_r、I_0 的矢量符号做了省略处理。

图中的各参数分别表示：

R_S 为电机定子绕组电阻值；R'_r 为电机转子上每相绕组的电阻值（折算到定子侧）；L_s 为电机定子绕组漏感值；L_{1r} 为电机转子上每相绕组的漏感（折算到定子侧）；L_m 为电机定子绕组产生的气隙主磁通等效电感，即通常所说的励磁电感；U_S 为电机定子相电压；E_S 为电机定子全磁通在定子每相绕组中产生的感应电动势；E_g 为气隙（互感）磁通在定子每相绕组中产生的感应电动势；E_r 为转子全磁通在转子绕组中产生的感应电动势；ω_1 为定子侧输入电压的旋转角频率；I_S 为定子相电流有效值；I'_r 为转子相电流有效值（折算到定子侧）；I_0 为磁化电流。

设计感应电动机调速控制时，首先需要将一个重要因素考虑到，就是在感应电动机运行时，要能够保持电机内气隙磁通为额定值不变。这是因为磁通太弱，就会造成电机内的铁芯未充分利用形成对铁芯资源的浪费；相反，当磁通太强，又会造成电动机内的铁芯饱和，导致励磁电流急剧增大，严重时会烧坏电机绕组。因此，在进行变频调速控制设计时必须将保持气隙磁通恒定作为重要前提。

根据电机学中的知识，可以将三相感应电动机定子每相绕组电势的有效值表示成：

$$E_g = 4.44 f_1 N_S k_{Ns} \phi_m \tag{7-20}$$

式中，E_g 为定子每相绕组中由气隙磁通所产生的感应电动势；f_1 为电机当前的运行频率或者定子相电流的频率；N_S 为定子绕组匝数；k_{Ns} 为定子基波绕组系数；ϕ_m 为每极气隙磁通。

由式(7-20)可知，只要控制好 E_g 和 f_1，使 E_g 和 f_1 能够满足：

$$\frac{E_g}{f_1} = \text{常值} \tag{7-21}$$

就可以将气隙磁通保持恒定。

但是，想要通过直接测量的方法得到电机绕组上的感应电动势是很难的，由图 7-21 的电路可知，当感应电动势 E_R 较高时，可以忽略定子绕组漏磁阻抗压降的影响，认为定子相电压 U_s 和 E_g 近似相等，可得：

$$\frac{U_S}{f_1} = \text{常值} \tag{7-22}$$

这就是恒压频比（V/F）控制方式。保持感应电机定子输入相电压 U_S 和频率 f_1 的比值不变来实现气隙磁通恒定。

变频器是应用变频技术与微电子技术，通过改变电机工作电源频率方式来控制交流电动机的电力控制设备。变频器主要由整流(交流变直流)、滤波、逆变(直流变交流)、制动单元、驱动单元、检测单元微处理单元等组成。变频器靠内部IGBT的开断来调整输出电源的电压和频率，根据电机的实际需要来提供其所需要的电源电压，进而达到节能、调速的目的，另外，变频器还有很多的保护功能，如过流、过压、过载保护等等。

变频器输出为PWM波，含有较多的高次谐波。变频功率传感器通过对输入的电压、电流信号进行交流采样，再将采样值通过电缆、光纤等传输系统与数字量输入变频功率分析仪，数字量输入变频功率分析仪对电压、电流的采样值进行运算，可以获取电压有效值、电流有效值、基波电压、基波电流、谐波电压、谐波电流、有功功率、基波功率、谐波功率等参数。

变频器的主电路是给异步电动机提供调压调频电源的电力变换部分，变频器的主电路大体上可分为两类：①电压型是将电压源的直流变换为交流的变频器，直流回路的滤波是电容。②电流型是将电流源的直流变换为交流的变频器，其直流回路滤波是电感。它由三部分构成，将工频电源变换为直流功率的"整流器"，吸收在变流器和逆变器产生的电压脉动的"平波回路"。

变频器节能主要表现在风机、水泵的应用上。为了保证生产的可靠性，各种生产机械在设计配用动力驱动时，都留有一定的富余量。当电机不能在满负荷下运行时，除达到动力驱动要求外，多余的力矩增加了有功功率的消耗，造成电能的浪费。风机、泵类等设备传统的调速方法是通过调节入口或出口的挡板、阀门开度来调节给风量和给水量，其输入功率大，且大量的能源消耗在挡板、阀门的截流过程中。当使用变频调速时，如果流量要求减小，通过降低泵或风机的转速即可满足要求。

电动机使用变频器的作用就是为了调速，并降低启动电流。为了产生可变的电压和频率，该设备首先要把电源的交流电变换为直流电(DC)，这个过程称为整流。把直流电(DC)变换为交流电(AC)的装置，其科学术语为"inverter"(逆变器)。一般逆变器是把直流电源逆变为一定的固定频率和一定电压的逆变电源。对于逆变为频率可调、电压可调的逆变器称为变频器。变频器输出的波形是模拟正弦波，主要是用在三相异步电动机调速用，又称为变频调速器。对于主要用在仪器仪表的检测设备中的波形要求较高的可变频率逆变器，要对波形进行整理，可以输出标准的正弦波，即变频电源。一般变频电源是变频器价格的15～20倍。由于变频器设备中产生变化的电压或频率的主要装置叫"inverter"，故该产品本身就被命名为"inverter"，即变频器。

变频不是到处可以省电，有不少场合用变频并不一定能省电。作为电子电路，变频器本身也要耗电(约额定功率的3%～5%)。一台1.5匹①的空调自身耗电算下来也有20～30W，相当于一盏长明灯。变频器在工频下运行，具有节电功能是事实。但前提条件是：

①大功率并且为风机/泵类负载；

②装置本身具有节电功能(软件支持)。

这是体现节电效果的两个条件。舍此谈论节电与否，没有什么意义。因此一定要注意使用场合和使用条件才好正确应用，否则就是盲从、轻信而受骗上当。

---

① 1匹=735.5 W。

1. 变频器技术参数

这里使用的变频器技术参数如表7－19所示。

表7－19　变频器技术参数

		#1、#3凝结水泵变频器	#2凝结水泵变频器	#1、#2、#3凝结水泵变频器	#3凝结水泵－变频器
变频调速装置	型号	Zinvert－A6H800/06B	Zinvert－A6H800/06B	Zinvert－A6H2500/06B	SWdrive－MV06/1125
	额定容量/kVA	800	800	2500	1125
	输入电压/kV	6.0	6.0	6.0	6.0
	输入电流/A	77	77	240.6	
	输出电压/kV	0～6.0	0～6.0	0～6.0	0～6.0
	输出电流/A	100	100	210	109
移相变压器	型号	ZGHVC－1000/6Z－6	ZGHVC－1000/6Z－6	ZGHVC－1000/6Z－6	
	额定容量/kVA	1000	1000	2500	
	额定电流/A	96.2	96.2	240	
	额定电压/kV	6±5%	6±5%	6±5%	
	绝缘等级	H	H	H	
	冷却方式	AF	AF	AF	
	连接组别	Y/d±5.00°，±15.00°，±25.00°，/yn0	Y/d±5.00°，±15.00°，±25.00°，/yn0	Y/d±5.00°，±15.00°，±25.00°，/yn0	
旁路柜	型号	ZINVP02－1300A	ZVCPLUS VC	ZINVP02－1300A	
	真空接触器	VSC7 DCO－400	ZVCPLUS	VSC7 DCO－400	
	高压熔断器		XRNM1－7.2/100A－50		
	刀闸	GN19－10Q/630A		GN19－10Q/630A	
	接地开关		EK6		JN1－12III/20－210
	隔离开关				GN19－12/630A GN19－12ST/630A
	额定电压/kV	6	6	6	
	额定电流/A	400	400	400	

2. 设备概况

1)凝结水泵变频系统

安装了广州智光电气股份有限公司的ZINVERT－A6H800/06B系列智能高压变频调速系统，两台凝结水泵共用一台高压变频控制系统，采用"一拖二自动旁路"方式，即一台变频器可分别拖动两台凝结水泵。同时考虑其可靠性和变频器检修隔离方便，变频装置需设置自动旁路，原来供凝结水泵工频运行的开关及接线方式不变，作为变频器的自动旁路，变频器的电源用原6kV一台备用开关供给。其一次主接线如图7－22所示。

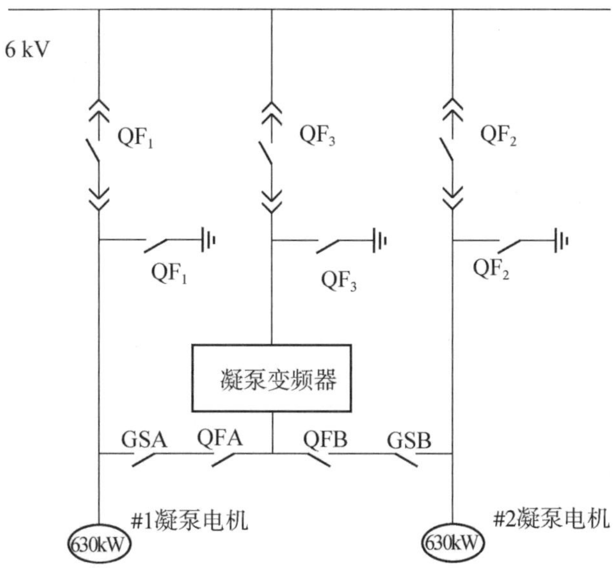

图 7－22　凝结水泵变频系统的一次主接线图

2) 给水泵变频系统

安装了广州智光电气股份有限公司的 ZINVERT－A6H2500/06B 系列智能高压变频调速系统，两台给水泵共用一台高压变频控制系统，采用“一拖二自动旁路”方式，即一台变频器可分别拖动两台给水泵。同时考虑其可靠性和变频器检修隔离方便，变频装置需设置自动旁路，原来供给水泵工频运行的开关及接线方式不变，作为变频器的自动旁路，变频器的电源用原 6 kV 一台备用开关供给。其一次主接线图如图 7－23 所示。

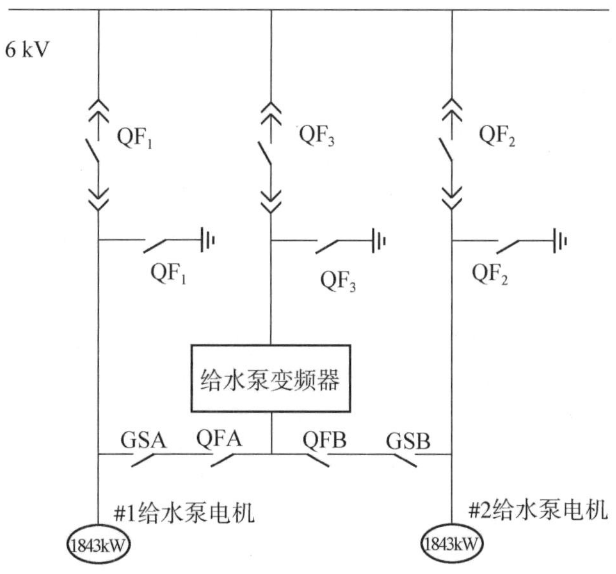

图 7－23　给水泵变频系统的一次主接线图

3. #3 循环水泵变频系统

安装了北京四维电力技术有限公司的 SWdrive - MV06/1125 系列智能高压变频调速系统，#3 循环水泵变改造采用"一拖一加手动旁路"方式。其中：电源断路器为原#3 循环水泵的电源开关 20BBA03；进、出线刀闸、旁路刀闸、进出线地刀、变频器为本次改造新增设备，所有刀闸均采用安全可靠手动操作刀闸。变频器的电源由原#3 循环水泵工频电源开关供给。其一次主接线图如图 7 - 24 所示。

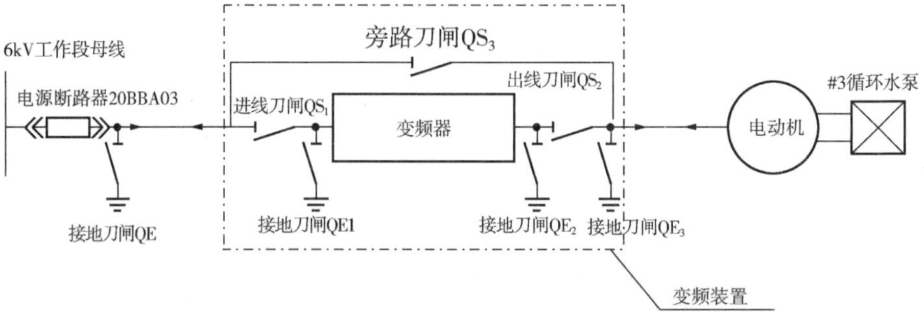

图 7 - 24　循环水泵变频系统一次主接线图

7.2.6　备用电源自动投入装置(ATS)

ATS(automatic transfer switching equipment)是备用电源自动投入(转换)装置，是将负载电路从一路电源可靠切换到另一路电源的自动装置，以保证重要负荷供电的可靠性和连续性。对 ATS 的具体要求如下：

(1)工作电源不论因何种原因电压消失时，装置均应动作。如工作着的厂用变压器发生故障、厂用母线上的出线发生短路而断路器拒动造成的越级跳闸、保护误跳闸以及运行人员误操作等原因，都会造成厂用母线失压，所有上述这些情况，ATS 装置都应启动，使备用电源投入工作，以保证不间断的供电。

(2)应保证在工作电源或设备断开后装置才动作。因工作母线失去电压，可能是由于供电元件发生故障，为防止把备用电源或设备投入故障元件上，加重设备损坏程度，所以在设计备用电源自动投入装置时要考虑到这点。

(3)装置应保证只动作一次，以免多次投入到故障元件上，对系统造成不必要的冲击。

(4)装置动作时间以使负荷的停电时间尽可能短为原则。

(5)当电压互感器二次侧熔断器熔断时，装置不应启动。

(6)工作母线、备用母线同时失去电压时，装置不应启动。正常工作情况下，备用母线无电压时，ATS 装置应退出工作，避免不必要的动作。当供电电源消失，或系统发生故障造成工作母线、备用母线同时失去电压时，装置也不应动作，以保证电源恢复时，仍由工作电源供电。

(7)一个备用电源同时为几个工作电源备用时，如备用电源已代替一个工作电源工作，当另一工作电源断开时，装置仍应能动作；当工作电源有两个备用电源时，若两个备用电源为两个彼此独立的备用系统，应分别装设独立的 ATS 装置。当任一备用电源都能作为全厂各工作电源的备用电源时，ATS 装置应使任一备用电源都能对全厂各工作电源实行自动投入。

7.3 6kV及380/220V厂用电系统

7.3.1 6kV厂用电系统

1. 6kV 厂用电接线

6 kV 厂用电系统每机设置一段，其工作电源取自高压厂用变压器，其备用电源取自高压备用变压器，高压厂用工作母线设有备用电源自动投入装置。三台机公用的 2 套 SFC 装置分接于#1、#3 机 6 kV 段，仅在#1、#3 高压厂用变及高压备用变故障条件下，才会失去 SFC 电源，提高了 SFC 装置的可用率。

6 kV 母线正常工作电源来自高厂变低压侧。每台机组配置一台独立的高厂变。厂用电系统按照发电机出口装设断路器原则设计，厂用电源都从发电机至主变压器之间的封闭母线引接，即从发电机出口经高厂变将发电机出口电压降至厂用高压 6 kV。发电机运行时，自带本机组厂用电；发电机停机时，只要断开发电机出口断路器，厂用负载仍可从系 220 kV主变，经高厂变供电。这种接线方式机组正常启、停不需切换厂用电，只需操作发电机出口断路，厂用电可靠性高。

6 kV 高压厂用电系统中性点的运行方式为中性点经高电阻接地。这种系统发生单相接地，用电设备能正常工作，允许暂时继续运行 2 h，因此可靠性高。其缺点是：这种系统发生单相接地时，其他两相完好，相对地电压升到线电压，是正常时的$\sqrt{3}$倍，因此绝缘要求高、绝缘费用增加。同时设专门的母线接地监察装置，以便使运行人员及时地发现一相接地，从而切除电网中的故障部分。

6 kV 母线备用电源来自 220 kV 启备变低压侧，正常运行时启备变处于空载状态。同时在母线工作电源(厂高变)和备用电源(启备变)之间设置 6 kV 厂用电快切装置，能实现 6 kV 母线电源倒闸切换和事故自动切换。

启备变的容量为 100% 厂高变容量，一台有载调压启备变可以作为全厂机组的 6 kV 母线 I 用电源，能保证机组在事故状态下安全停机的要求。同时在机组厂高变检修时可作为其备用电源。

主厂房 6 kV 高压断路器柜采用铠装中置式真空断路器柜，用来接受和分配电能，并对电路实行控制、保护及检测，其柜体分为四个独立的小室：母线室、断路器室、电缆终端室和低压室。

对于单轴燃气蒸汽联合循环机组，由于辅机少、厂用电率低，高厂变容量减少，选择双卷变较容易，锅炉部分无双套 6 kV 辅机，因此在满足限制短路电流水平和电缆热稳定截面条件下，高厂变采用双卷变。

成套发电机组包括锅炉有双套及以上辅机就宜设二段母线。对于 F 级单轴机组组成的的大型燃机电厂，①辅机少，每台机组的厂用电率低，将辅机及配电变压器都接于同一段母线，母线额定电流不大，不会造成设备选型困难，即不会因为母线的额定电流过大或短路分断能力太高而增加投资。②双套辅机接于两段 6 kV 段上是为了提高供电可靠性，可以在一段母线发生故障时，由另一段母线带另一套辅机运行。目前设备的制造水平提高，设计合理，母线上发生短路的概率很低，根据运行单位反馈的意见，由于母线故障造成的 6 kV 段停电的情况很少发生。③两段母线比一段母线增加了一个工作电源进线柜，一个备用电源进线柜、一个进线 PT 柜、一个母线 PT 柜。增加了设备投资的同时，也增加了 6 kV 配电装置的面积，且不利于备用电源与 6 kV 配电装置之间的连接。根据目前的负荷资料，6 kV 柜馈线回路 14 个，加上进线柜 PT 柜等约 20 个，采用一段母线方式，双排布置，用母线桥连接。工作电源与备用电源进线柜均布置在靠 A 排侧，便于与高厂变、高备变用共箱母线连接。

2. 6 kV 厂用电快切装置

本厂的 6 kV 厂用电快切装置为东大金智电气自动化有限公司设计生产的 MFC2000－6 型计算机厂用电快切装置，适用于有较多高压电动机负载，对电源切换要求较高，在电源切换时不能造成运行中断或设备冲击损坏等场合。

1）快切装置的切换方式及原理

发电机组对厂用电切换的基本要求是安全可靠。其安全性体现为切换过程中不能造成设备损坏，而可靠性则体现为提高切换成功率，减少备用变过电流或重要辅机跳闸造成锅炉汽机停运的事故。

2）厂用电切换方式

厂用电切换的方式可按断路器动作顺序分，也可按启动原因分，还可按切换速度进行分类。

（1）按断路器动作顺序分类（动作顺序以工作电源切向备用电源为例）。

并联切换——先合上备用电源，两电源短时并联，再跳开工作电源。这种方式多用于正常切换，如启、停机。并联方式另分为并联自动和并联半自动两种。

串联切换——先跳开工作电源，在确认工作断路器跳开后，再合上备用电源，母线断电时间至少为备用断路器合闸时间。此种方式多用于事故切换。

同时切换——这种方式介于并联切换和串联切换之间。合备用电源断路器，命令是在跳工作电源开关命令发出之后、工作电源断路器跳开之前发出。母线断电时间大于 0 ms 而小于备用电源断路器合闸时间，可设置延时来调整。这种方式既可用于正常切换，也可用于事故切换。

（2）按启动原因分类。

正常手动切换——由运行人员手动操作启动，快切装置按事先设定的手动切换方式（并联、同时）进行分合闸操作。

事故自动切换——由保护接点启动。发变组、厂变和其他保护出口跳工作电源开关的同时，启动快切装置进行切换，快切装置按事先设定的自动切换方式（串联、同时）进行分合闸操作。

不正常情况自动切换——有两种不正常情况，一是母线失压，当母线电压低于整定电压达整定延时后，装置自行启动，并按自动方式进行切换；二是工作电源断路器误跳，由工作电源断路器辅助接点启动装置，在切换条件满足时合上备用电源。

(3)按切换速度分类。

快速切换；短延时切换；同期捕捉切换；残压切换。

3. 快速切换、同期捕捉切换、残压切换原理

当厂用6kV母线工作电源进线断路器跳闸后，由于厂用负载多为异步电动机，电动机将惰行，母线电压为众多电动机的合成反馈电压，称其为残压，残压的频率和幅值将逐渐衰减。此时，电动机相当于异步发电机，其定子绕组磁场已由同步磁场转为异步磁场，而转子不存在外加原动力和外加励磁电流。因此，备用电源合上时，若相角差不大，即使存在一些频差和压差，定子磁场也将很快恢复同步，电动机也很快恢复正常异步运行。

1)快速切换

如图7－25所示的厂用电系统，工作电源由发电机端经厂用高压变压器引入，备用电源由电厂高压母线或由系统经启备变引入。正常运行时，厂用母线由工作电源供电，当工作电源源侧发生故障时，必须跳开工作电源开关1DL，合2DL，跳开1DL时厂用母线失电。

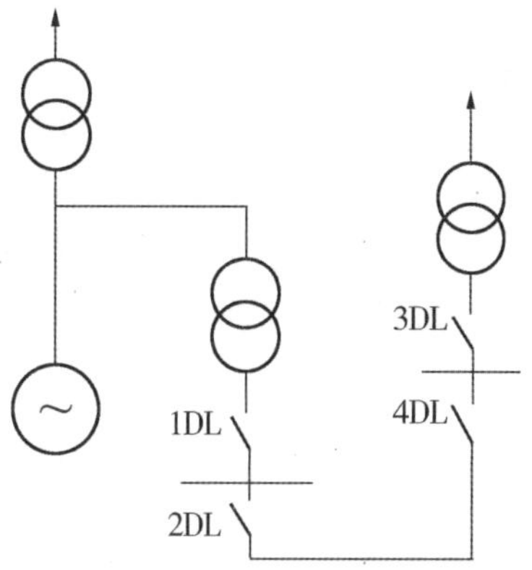

图7－25 厂用电一次系统(一段)简图

2)同期捕捉切换

同期捕捉切换时，电动机相当于异步发电机，其定子绕组磁场已由同步磁场转为异步磁场，而转子不存在外加原动力和外加励磁电流。因此，备用电源合上时，若相角差不大，即便存在一些频差和压差，定子磁场也将很快恢复同步，电动机也很快恢复正常异步运行。所以此处同期指在相角差零点附近一定范围内合闸。

同期捕捉切换有两种基本方法：一种基于“恒定越前相角”原理，快切装置实时跟踪频差和相差，当相差达到整定值，且频差不超过整定范围时，即发合闸命令，当频差超范围时放弃合闸，转入残压切换。另一种基于“恒定越前时间”原理，即完全根据实时的频差、相差，依据一定的变化规律模型，计算出离相角差过零点的时间，当该时间接近合闸回路总时间时，发出合闸命令。

同期捕捉切换整定值有两个。当采用恒定越前相角方式时，为频差和相角差(越前角)；当采用恒定越前时间方式时，为频差和越前时间(合闸回路总时间)。

3)残压切换

当残压衰减到20%～40%额定电压后实现的切换通常称为“残压切换”。残压切换虽能保证电动机安全，但由于停电时间过长，电动机自启动成功与否、自启动时间等都将受到较大限制。

MFC2000－6快切装置的信号及含义如表7－20所示。

表 7-20　MFC 2000-6 快切装置的信号及含义

序号	集控楼信号	信号含义
1	切换完毕	厂用电手动或自动切换完成，切换正确后，来此信号
2	切换失败	厂用电手动或自动切换失败
3	装置闭锁	此信号发出后，装置将自行闭锁，进入等待复归状态，在此状态下，将不响应任何外部操作及启动信号，只能在下列可能的故障或状态消除后，手动复归： ①PT 断线(见序号 5)； ②装置异常(见序号 6)； ③开关位置异常(见序号 7)； ④保护动作闭锁(当启备变低压侧速断保护、低压侧过电流保护动作，或是厂高变低压侧速断保护、低压侧过电流保护动作后，闭锁装置)； ⑤装置动作一次后
4	出口闭锁	当出现以下 4 种情况时，装置发此信号： ①后备电源失电(见序号 8)； ②装置的方式设置菜单中的“出口投退选择”被置为“退出”； ③装置外接的“出口闭锁”开入量有闭锁输入； ④装置的“装置快切”“越前时间”“越前相角”“残压切换”均被整定为“退出” “出口闭锁”信号不必人为复归，当以上四种情况都不存在时，自动复归
5	PT 断线	6 kV 母线 PT 断线
6	装置异常	快切装置自检到 CPU、RAM 等元器件故障
7	开关位置异常	切换过程中，一定时间内(10s 左右)，该跳的开关未跳开或是该合的开关未合上
8	后备电源失电	高厂变或启备变 6kV 分支 PT 断线
9	装置失电	快切装置工作电源断电

注：1. 快切装置告警后，其装置面板上“闭锁”灯点亮，需手动复归；
2. 快切装置动作后，其装置面板上“动作”灯点亮，需手动复归；
3. 快切装置正常运行时，其装置面板上“运行”“工作”灯应点亮。

7.3.2　380/220V 厂用电系统

根据技术经济比较，当低压厂用电电压为 380/220 V 时，其所接电动机最大容量以 200 kV 为宜。在 380/220 V 系统中所接的负荷，均称为低压厂用负荷。

低压厂用负荷的分类及对供电的要求，与高压厂用电系统无多大差异。但由于低压负荷种类多、分布广且用途各有不同，所以在接线上还应根据实际运行要求设计。与高压厂用负荷比起来，低压负荷中多了“保安负荷”和“不间断供电负荷”两个概念。

380 V 厂用电系统采用 380/220 V 中性点直接接地的三相四线制(接线)，动力与照明合用一个电源供电。中性点直接接地方式；当发生一相对地绝缘破坏时，即构成单相短路，供电中断，可靠性降低。但是，该方式下非故障相对地电压不变，电气设备绝缘水平可按相电压考虑。

380 V 厂用电采用动力中心(PC)和电动机控制中心(MCC)两级供电方式供电。低压电动机控制中心和容量为 75 ～200 kW 的电动机由动力中心供电，75 kW 以下的电动机由低压电动机控制中心供电。

380 V 各动力中心，如机组工作 A 段、机组工作 B 段、化水 A 段、化水 B 段等，基本接线为单母线分段。每一 380 V 的 PC 单元设两段母线，两端母线之间设置联络断路器。每段母线通过一台厂用变压器供电，两台变压器的高压侧分别接至厂用高压母线的不同段上(除机组公用 A 变和 B 变均接在机组 6 kV 母线上)。两段低压母线之间设一联络断路器。工作电源与备用电源之间的关系，采用暗备用方式，即两台低压厂用变压器分别带一段母线，互为备用。一台低厂变故障或其他原因停运时，通过联络断路器另一台低厂变能满足同时带两段母线的负载运行的要求。工作母线段间联络断路器不装设自动装置，因为其负载允许短时停电，而且不装设自动装置可以避免备用电源投合在故障母线上时扩大为全部母线所用电的停电事故。

所有户内布置的低压变压器均为干式变压器，连接组标号为 Dynll，低压绕组中性点直接接地。每台干式变压器对应一段380V 母线，两段380V 母线之间设有联络断路器，正常运行时每台变压器自带本段母线运行，联络断路器断开，当其中一台变压器故障退出运行时，可手动进行切换，不考虑自动投入的方式。

1. 保安负荷

所谓保安负荷，是指为保证机组安全在发电机停机过程中和停机后一段时间内必须保持运行的负荷，否则会引起主要设备损坏、自动控制失灵，并有可能延迟恢复供电的时间。保安负荷分为两类，一类由交流电源供电，称为交流保安负荷；另一类由直流电源供电，称为直流保安负荷。

交流保安负荷正常时由交流厂用电系统供电，一旦正常交流电源消失，应立即由交流保安电源自动投入供电。交流保安电源通常采用柴油发电机、直－交流逆变机组或从另一个相对独立的电力系统引接这三种方式。对于大机组的保安电源，常采用的就是柴油发电机，也有柴油发电机组与外引电源一起使用的。

直流保安负荷无论是在机组正常运行状态，还是在停机期间，都是由蓄电池供电。但一般直流负荷在正常运行时都处于备用状态，只有在故障时才投入运行。由于蓄电池的容量有限，因此这类负荷的单台设备容量都不大，并且大部分直流负荷投运的时间也不会很长。

2. 不间断供电负荷

不间断供电负荷主要是指供机组控制用的电子计算机。发电机组在启动、运行、停机以及停机后相当长的时间内，都要求计算机连续运行。由于计算机要求电源不间断并恒压恒频，因此在绝大多数电厂中都采用不停电电源装置。即便是正常状态下由交流厂用电系统供电，也是由不停电电源装置先将交流整流为直流，然后再用其中的逆变器将直流逆变为符合计算机要求的恒压恒频交流电。发生事故时由一动作速度极快的电子静态开关将直流电源直接接入不停电电源，同时切断正常电源。

在个别200 MW机组中，也有采用逆变机组作为不停电电源的。机组由两台交－直流电动/发电机组耦合而成，正常时交流电动机带动直流发电机向蓄电池浮充电，发生事故时直流发电机成电动机运行，带动呈发电机状态的交流电动机向不间断供电负荷供电。但因为这种逆变机组的容量小，又需长期在动态下运行，故障率较高，所以很少使用。

1）低压厂用电接线

（1）中央盘－车间盘接线。

1970年代中期以前，我国发电厂内的低压厂用电接线大都沿用苏联的设计方式，采用如图7－26所示的中央盘－车间盘接线方式。由图7－26a中，中央盘低压母线为单母线接线并用隔离开关分为两个半段、工作电源自一个半段引入，备用电源接在另一半段。备用电源同时作为其他数段低压厂用段的备用。按我国规程要求，在200 MW以下机组中，低压厂用变压器达到第8台时，才设置第2台低压备用变压器；当机组容量为200 MW时，每两台机组设1台低压备用变压器；300～600 MW机组仍采用中央盘－车间盘接线时，每1台机组设1低压备用变压器。

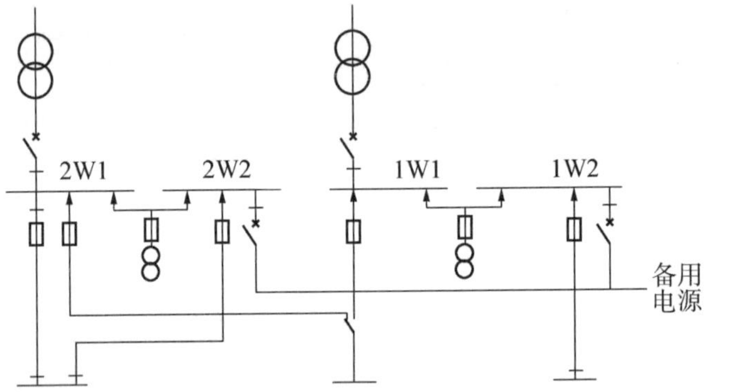

(a)最早的中央盘–车间盘接线方式

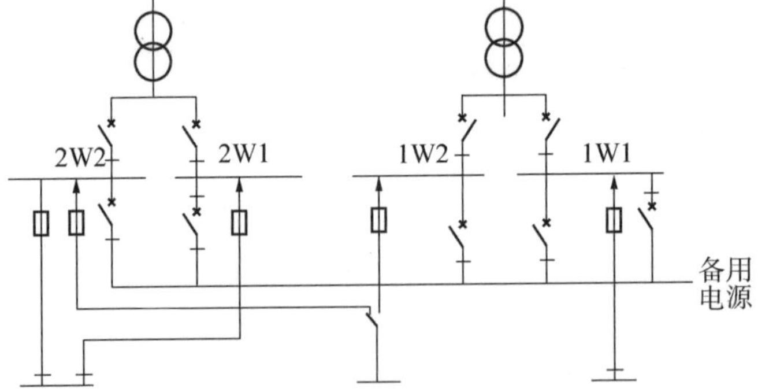

(b)修改后的中央盘–车间盘接线方式

图7－26　中央盘－车间盘接线

在中央盘－车间盘接线中，正常运行时由低压工作变压器供电，备用电源只有在工作变压器停运时才投入运行。当低压母线发生故障或需检修停运时，首先需将电源都停下来，将母线分段隔离开关打开，再合上不停电部分的电源。互为备用的负荷分别接于两个不同的半段上，以适应上述的母线接线方式。

车间盘仍然是单针线但不分段，其电源自中央盘上引接。当车间盘上接有 H 类负荷时，采用双电源进线，但双电源都从中央盘引接，以免发生不同电源并联运行。当必须从不同电源引接双电源时，在车间盘上设单刀双投隔离开关，用手动方式操作。

基于车间盘供电的可靠性相对较低，将 I 类负荷和 40kW 以上的 n、m 类负荷都接于中央盘，只有 40kW 及以下的负荷才接于车间盘。

虽然在后来的设计中将中央盘 - 车间盘接线做了一些修改，例如将低压母线的两个半段彻底分开并用断路器将工作电源分别引入，备用电源也相对独立，如图 7 - 27 所示。但终究还是使用中央盘 - 车间盘的接线原则，即使用低价设备，以复杂的接线来保证供电的可靠性。在这种低压厂用电系统中采用的设备开断能力要求较低，隔离开关用量较多，一旦馈电断路器故障时，不能迅速恢复供电。

(2)动力中心 - 电动机控制中心接线。

随着我国改革开放的深入，国外一些较新的接线方式也逐步进入国内并被采用。图 7 - 27中所示的动力中心 - 电动机控制中心接线便是目前在 300 ～ 600 MW 机组中采用范围最广的一种。

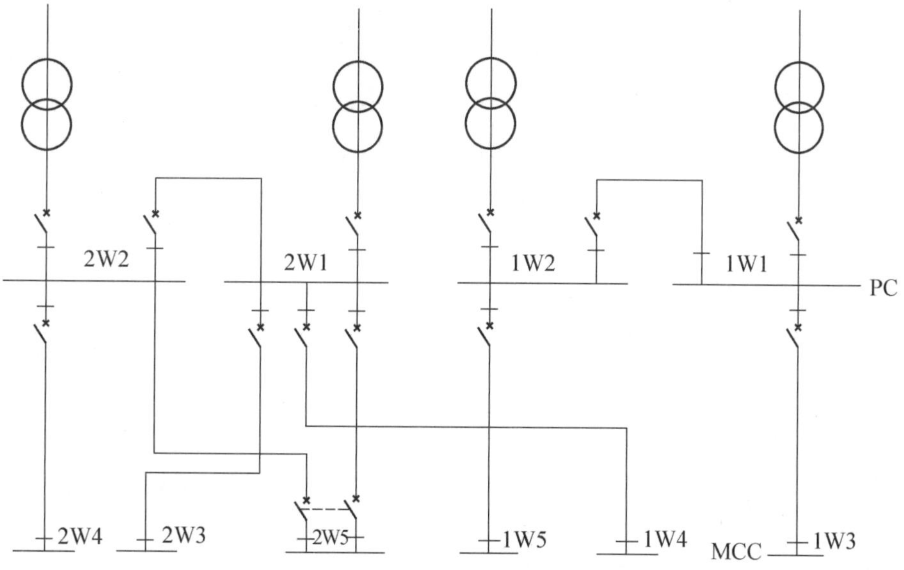

图 7 - 27　动力中心 - 电动机控制中心(PC—MCC)接线

动力中心 - 电动机控制中心接线方式也简称为“PC - MCC 接线”(power center - motor control center)，也有称为“PC - DC(distribution)”接线的。动力中心 - 电动机控制中心(以下简称 PC - MCC)接线的特点是“使用简单的接线，以可靠的设备保证供电的可靠性”。

由图 7 - 27 可见，每一套 PC - MCC 的电源由互为备用的两台变压器构成。虽然还是单母线分段接线方式，但使用了分段断路器。互为备用的负荷分接于不同的半段上。分段断路器与两台变压器的进线断路器形成连锁回路，正常运行时分段断路器断开，两半段 PC 母线分别由各自的电源变压器供电。只有当其中一个电源断路器因变压器停运或其他原因断开时，分段断路器才会合闸，由另一台变压器负担全部 PC 母线的负荷。

每段 MCC 也分为两个半段，互为备用的负荷分别接于不同半段上，但 MCC 两个半段间不设分段断路器。大型机组的 MCC 两个半段的电源可分别来自两个不同的 PC 母线，也可自同一个 PC 的两个不同的半段上引接。PC－MCC 接线应使用抽屉开关柜，每一种规格的断路器至少应设 1 个备用抽屉，并要求抽屉柜的互换性很好。一旦某个回路发生电源部分的故障，应能用备用抽屉更换故障部分，迅速恢复供电。

鉴于 PC－MCC 接线方式的供电可靠性较中央盘－车间盘接线方式高，故不再将 I、Ⅱ、Ⅲ类负荷接于不同段上，而是简单的以容量划分。我国规定，75kW 及以上的负荷及 MCC 的馈电同路接于 PC，75kW 以下负荷接于 MCC。这就要求抽屉式开关柜的元件及柜体质量要好，换言之，所采用的断路设备参数应满足回路要求，保护应该齐全，抽屉的互换性应很好等等。

PC－MCC 接线中，如机组中还有单台 I 类负荷，则可以设置一个有两个电源进线的 MCC，两个电源互为备用，互相连锁，将没有备用设备的 I 类负荷接于其上，如图 7－27 中母线 2W5。

(3)两种不同接线的差异。

从表面看，PC－MCC 接线与中央盘－车间盘接线没有太大的不同，一样都是两级供电，仅是在 PC－MCC 接线中允许接于第二级电源母线上的负荷容量加大，所以在一些 300 MW 机组的低压厂用电设计中，仍采用传统的中央盘－车间盘接线，仅依据使用了抽屉式开关柜就按 PC－MCC 接线的容量划分原则，这显然是不太合适的。

为便于分析，现将两种接线的差异列于表 7－21。

表 7－21　中央盘－车间盘接线与 PC－MCC 接线的比较

项　目	中央盘－车间盘接线	PC－MCC 接线
第一级供电(中央段或 PC 段)所用设备和特点	习惯上一般采用普通配电盘，如 PGL，GGD 等等；回路间无隔板，运行中检修某一回路时困难，不能在运行中更换开断元件等重要设备	采用抽屉式开关柜，各回路间有封闭隔板；运行中可以迅速更换开断元件等重要设备
第二级供电(车间盘或 MCC 段)所用设备和特点	使用配电箱，如 XLF 等；不能使用断路器，其余同上	采用抽屉式开关柜和断路器
负荷接法	负荷按其重要性分为三类：I 类接中央盘，Ⅱ、Ⅲ类 40kW 以上负荷接中央盘，其余接中央盘	按负荷的容量分类：75kW 及以上接 PC，75kW 以下接 MCC
第二级供电方式	接有Ⅱ类负荷的车间盘双电源供电	MCC 为单电源供电，只有在接有无备用设备的 MCC 为双电源

续表 7 - 21

项　目	中央盘 - 车间盘接线	PC - MCC 接线
第一级供电所用的开断设备容量	15 ～ 35kA	35 ～ 50 kA
第一级供电的动稳定电流(峰值)	40 ～ 80 kA	80 ～ 135 kA
第一级供电热稳定电流（有效值，I_s）	20 ～ 40 kA	40 ～ 90 kA
电源变压器允许最大容量和阻抗电压百分数	1000 kVA $U_d\%$ =10 ～ 12	2000kVA $U_d\%$ =8 ～ 10
第一级供电设备的布置方式	变压器一般为油浸式，布置于单独的小间内，以母线或电缆与同样布置在单独小间的中央盘相连	采用干式变压器与 PC 其他开关柜直接连成一体，可布置于主厂房内负荷较集中区域
第二节供电的动稳定电流(峰值)	20 ～ 30 kA	90 ～ 135 kA
第二级供电热稳定电流（有效值，I_s）	6 ～ 20 kA	40 ～ 75 kA
第一级供电的备用电源方式	数台厂用变压器设 1 台备用变压器，自动切换	每段 PC 为两台变压器，互为备用
第二级供电的备用电源方式	车间盘以隔离开关引入双电源，以实现电源备用	以可以迅速更换电源设备的抽屉柜来实现电源备用

由表7 - 21 可见，中央盘—车间盘接线与 PC - MCC 接线本质上有许多不同之处。PC - MCC接线可靠性高的主要原因如下：

(1)虽然 MCC 用单电源供电，但在大机组中的重要辅机一般都设备用机械。工作与备用的同一机械接于 MCC 两个不同的半段上，而 MCC 两半段的电源又分别来自不同的变压器。如果采用图 7 - 27 中 1W3、1W4 母线那种接线方式，即便变压器故障两台，也照样能维持正常运行，这是中央盘 - 车间盘接线所做不到的。

(2)因为在 PC - MCC 上普遍采用了可以迅速更换故障元件的抽屉式开关柜，所以就电源的备用情况而言，PC - MCC 接线与中央盘 - 车间盘接线双电源供电可靠性差不多。唯一不同的是车间盘的双电源是双路电缆引入，而半段 MCC 的电源电缆仅一回(对于 MCC 全段，仍然是双电缆)，但由于电缆故障率远远小于开断设备故障率，因此这一点对系统的选择并不起决定性作用。

为避免这一缺陷，建议在 PC 向 MCC 馈电的供电电缆采用单芯电力电缆，以进一步减少电缆的故障率，而且这段电缆都比较短，因此 PC - MCC 接线的可靠性要高于中央盘 - 车间盘接线。

7.4 保安电源系统

7.4.1 保安电源概述

厂用事故保安电源(简称保安电源)，是指当电网发生事故或其他原因致使发电厂厂用电长时间停电时，提供机组安全停机所必需的交流供电电源。

在发电厂中，部分设备在机组停机过程或停运后的相当一段时间内都不能中断供电，为保护重要设备不致造成损坏和部分电气设备电源正常运行的需要，必须设置安全可靠的厂用事故保安电源。

1. 事故保安负荷的种类

事故保安负荷包括允许短时间断供电和不允许间断供电的负荷。

(1)允许短时间断供电的负荷：①旋转电机负荷，如机组盘车电动机、顶轴油泵、交流润滑油泵、密封油等。②静止负荷，如蓄电池的浮充电装置和事故照明等。

(2)不允许间断供电的负荷：如控制系统、热工测量仪表、其他不允许断电的电力电子设备等。

2. 保安电源的要求

厂用事故保安电源作为专门供电给保安负荷的电源系统，应满足以下要求：

(1)保安电源必须具有相对独立性，不能取自本发电机组以及在本发电机组运行方式变化受影响的电气系统；同时也不应取自与机组高压备用电源联系密切的系统。

(2)保安电源必须安全可靠，应保证在任何情况下随时投入运行。

(3)保安电源必须具备快速投入的能力。

厂用事故保安电源主要采用3种方式：蓄电池组、取自另一系统或相邻的发电机组的电源，以及独立的柴油发电机组。

①蓄电池组是一种广泛使用的保安电源，在事故情况下，给直流保安负荷供电，或通过逆变器将直流转换为交流，给交流保安负荷供电。由于蓄电池组的容量较小，不能带大量的保安负荷。

②取自另一系统或相邻机组供电的方式，当系统故障或全厂失电时，这种供电方式将失效，具有局限性。

③采用自动快速启动的专用柴油发电机组作为交流事故保安电源，在目前F级燃气轮机电厂中已得到广泛使用。

7.4.2 保安电源的自动联锁与控制

每台机组设置一台应急柴油发电机组，提供机组在事故情况下安全停机所必须的交流电源。柴油发电机组直接接至保安动力中心。保安动力中心共有三回进线，两回分别来自两段低压工作动力中心，一回来自柴油发电机组。

保安动力中心正常时由机组工作动力中心供电，当其正常电源失去后，经延时确认自动启动应急柴油发电机组，当柴油发电机组转速和电压达到额定值时，柴油发电机组出口开关自动闭合，保安动力中心带电。保安负荷顺序投入，以保证柴油发电机组的频率和电压保持在允许范围内。

应急柴油发电机组及其辅助设备、储油罐等布置在主厂房内靠 A 排的柴油发电机房内，其控制设备及自用电配电柜布置在保安动力中心旁。施工用柴油机在初设中与应急柴油发电机不做电气上的联系，如有变更，则在施工图中做出说明。

7.4.3 柴油发电机系统

1. 柴油发电机设备规范

(1)柴油发电机组

机组型号	1250F
额定输出功率	1000kW
额定输出容量	1250kVA
转速	1500r/min
怠速	1200r/min
制造厂	美国卡特彼勒(CATERPILLAR)

(2)柴油机

型号	3512
汽缸数量/排列	12/V
缸径	170mm
冲程	190mm
压缩比	4
吸气	涡轮增压
冷却涡轮增压空气的方法	水套水后冷却
总排气量	51.8L
飞轮转向	逆时针方向旋转
冷却方式	风扇水冷
最高环境空气温度	43℃
启动方式	24V 电启动马达
制造厂	美国卡特彼勒(CATERPILLAR)
冲程	13∶1

(3)发电机

励磁电流	8.5A
功率因数	0.8
额定频率	50Hz
绝缘等级	H
接线方式	Y
防护等级	IP22
励磁方式	无刷永磁
防潮方式	加热器
制造厂	美国卡特彼勒(CATERPILLAR)

(4)柴油发电机出口开关

额定电压	415 V
额定电流	2000 A

2. 柴油发电机组的运行维护

机组380 V保安段正常由380 V工作A段供电(工作电源)，380 V工作B段电源作为第一备用电源，投联锁备用，每台机组的柴油发电机组作为380 V保安段的第二备用电源，其它机组380 V工作B段电源作为第三备用电源。当保安段失压后，联跳保安段工作电源，若第一备用电源正常，联锁投入第一备用电源；若第一备用电源自投不成功，柴油发电组自动开始启动，启动成功后，相应段柴油发电机组的出口开关自动合闸，柴油发电机组自动带负荷；若柴油机不能启动，则可通过“先分后合”方法切换到第三备用电源向保安段供电。

柴油发电机组允许自启动3次，3次启动均不成功，柴油发电机组将自动停止，发启动不成功信号。

当380 V厂用A段或380 V厂用B段电源恢复正常后，柴油发电机组控制设备在确认正常电源确已恢复后，应手动采用瞬时断电的方法，将保安段切换回正常电源带。

当保安段转回380 V工作段供电时，柴油发电机组将空载运行，待机组冷却(冷却运行时间为180 s)然后机组自动停止，处于自动备用状态。

柴油机组以直流启动马达启动，直流24 V蓄电池组向启动马达供电。

3. 柴油发电机组运行中的规定

在柴油发电机组带负载试验时，柴油发电机的负载输出应大于30%额定出力，否则不允许柴油发电机运行时间过长。

柴油发电机组一个月应进行一次启动试验，运行时间为5 min以便检查柴油发电机运行情况，如有异常现象应迅速通知维护人员处理。

机组在运行期间应按检查要求每小时检查一次，并记录。

柴油发电机组在检修后，应汇同检修人员一起做空载启动试验，如有条件还应做保安段失压，柴油机组自启动试验。柴油发电机运行中，应尽量维持发电机三相负载平衡，每相电流均不得超过额定值。

机组停运(包括在备用状态)，应投入发电机防潮加热器运行，机组运行后检查加热器自动退出运行。

机组检修后或长期停运启动前应联系维护人员测量发电机绝缘，如遇发电机受潮或气温突变会引起受潮时，应及时联系维修测发电机绝缘。

4. 柴油发电机组的正常运行维护

(1)正常巡视时的检查项目(机组未启动)：

①检查各电源断路器已送上。

②检查燃油箱油位在正常范围。

③检查润滑油油位正常(如油位低，应迅速通知机修补油)。

④检查各控制选择开关在正常位置，油路、水路各阀门开启正确。

⑤检查24V直流蓄电池充电正常，电瓶上的电缆接头紧固。

⑥检查紧急断油手柄在正常位置。

⑦检查空气滤清器指示器指示颜色为绿色且压差指示正常(如显示红色则应更换滤芯)。

⑧检查散热器、发电机本体应无异物，螺栓及护罩无松脱现象。风扇皮带没有断裂或磨损现象。

⑨检查燃油箱、冷却水箱、柴油机机座以及各管路无漏油、漏水现象。

⑩检查控制屏无异常报警信号，各仪表、灯光指示正常。

⑪检查进、排风口的风闸已经打开。

⑫检查柴油机房轴流风机运行正常。

(2)柴油机组运行中的检查项目：

①检查控制屏无异常信号。

②检查进排风口的风闸已经打开。

③检查润滑油压、油温在正常范围。

④检查冷却水温在正常范围。

⑤机组运行无异常声音，以及风扇皮带无断裂或磨损现象。各管路无漏油、漏水现象。

⑥检查机组输出电压、电流、转速、功率因数均在正常范围。

⑦检查燃油箱油位在正常范围。

7.5 厂用电系统保护

厂用电系统保护设备是二次设备中的重要组成部分，其性能的好坏将直接影响厂用电系统运行的可靠性和安全性。

7.5.1 厂用电动机保护

厂用电动机的保护采用微机保护装置，备用分支回路的保护采用微机保护装置。

1. 电动机故障与保护

1)相间短路的保护

定子绕组的相间短路是电动机最严重的故障，会引起电动机本身的严重损坏，使供电网络的电压显著下降，破坏其它用电设备的正常工作。对于厂用电动机，容量为2000 kW以下时，一般可以装设电流速断保护。容量在2000 kW及其以上的电动机或容量小于2000 kW，但有6个引出线的重要电动机，当电流速断保护不能满足灵敏系数的要求时，都应该装设纵差保护，以便尽快地将故障电动机切除。

2）电动机电流速断保护、过流保护

根据对继电保护快速性的要求，在设备上装设瞬时动作的电流保护就称为电流速断保护，简称速断保护，如图7－28所示。

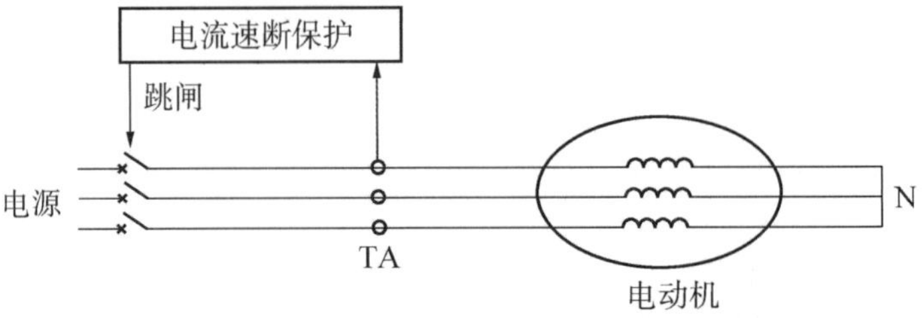

图7－28　电流速断保护示意图

对于2000 kW以下的电动机，速断保护作为电动机相间短路故障的主保护。当电动机内部及电动机与断路器之间的连接电缆上发生故障，短路电流远大于正常工作电流、启动或堵转电流，即可采用此高整定值电流速断保护作为快速、可靠、简单和经济的保护方案。过流保护作为速断保护的后备保护及靠近电机中性点侧短路的主保护，由于电流速断保护有死区，只能保护电机绕组80%，不能保护电机全部，如在电机靠近中性点侧发生短路时，短路电流达不到电机速断保护动作值，但又大于电机额定电流，此时，就应装设过流保护来切断电机电源开关，切断故障电流。

电动机电流速断保护的动作电流按躲过电动机的启动电流计算。为了躲过启动电流并在正常运行具有较高的灵敏度，速断保护经常采用启动和运行时的整定值分别整定的方案。启动时间按躲过最长的启动时间整定，启动时的电流整定值按躲过电动机启动电流整定，运行时的电流整定值按躲过自启动电流和区外出口短路时电动机最大反馈短路电流整定。为了使保护不仅能反映电动机内部相间短路，而且能反映电动机与断路器之间连接线上的相间短路，电流互感器应尽可能安装在靠近断路器侧。速断保护与过流保护相比较，速断保护定值大，一般没有延时，过流保护定值小，有一定的延时。过流保护动作时间快于热继电器，能够较快地切除故障回路。

3）电动机纵差保护

由于电流速断保护的整定值要躲过电动机启动电流，而启动电流要比额定电流大5～6倍，这就降低了灵敏度，对电动机的内部保护区很小。因此额定容量在2000 kW以上或小于2000 kW但电流速断保护灵敏度不够且中性点侧具有分相引出线的电动机应装设纵（联）差（动）保护，如图7－29所示。

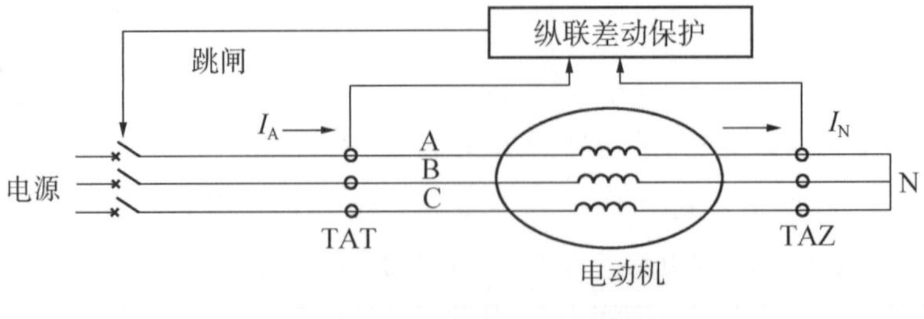

图7－29　纵联差动保护示意图

纵差保护的构成和特性：两组 CT 分别取于开关负荷侧与电机中性点侧。由电动机端部电流和中性点电流求出差电流作为动作量。当电动机正常工作或区外故障时，两侧 CT 测得的电流相等，差动继电器不动作。当电动机内部故障时，产生差电流，保护装置瞬时动作于断路器跳闸。差动保护原理简单、使用电气量单纯、保护范围明确、动作不需延时。差动继电器的动作电流应按躲过电动机的额定电流来整定。

4）单相接地的保护（零序保护 I_0）

高压电动机单相接地的零序电流保护装置的原理如图 7－30 所示。在电动机中性线上装设零序电流互感器，正常运行时，由于零序电流互感器一次侧三相电流的相量和为零，铁芯内磁通为零，零序电流互感器二次侧无感应电动势，因此电流继电器中无电流通过，保护不会动作。当出现单相接地后，中性线有零序电流出现，保护动作。

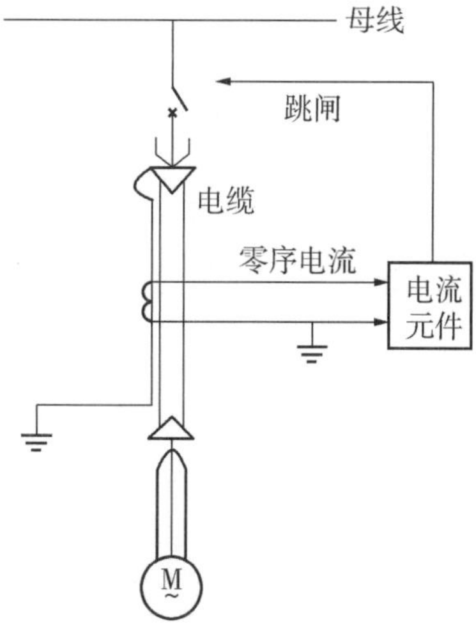

图 7－30　零序电流保护装置原理图

接地保护的装设原则：单相接地对电动机的危害程度取决于供电网络中性点的接地方式。对工作在中性点直接接地系统的电动机，发生单相接地时可借助于相间短路保护瞬时动作于跳闸。对于小电流接地系统中的高压电动机，发生接地故障后，危害较小。但在发生接地故障电容电流大于 510 A 时，就会烧坏电动机绕组和铁芯，所以当容量小于 2000 kW，而接地电容电流大于 10 A 或容量为 2000 kW 及其以上，而接地电容电流大于 5A 时，作用于断路器跳闸。当该系统的其它设备接地短路时，本电动机会流过自身的电容电流，而此时本电动机保护又不该动作，所以电动机保护装置的动作电流，故该按躲过电动机本身的电容电流整定。

5）匝间短路的保护

一相绕组匝间短路，会破坏电动机的对称运行，将使相电流增大。最严重的情况是，电动机的一相绕组全部短接，此时，非故障相的两个绕组将承受线电压，使电动机遭到损坏。但目前还没有简单而又完善的方法来保护匝间短路，所以一般不装设专门的匝间短路保护。出现匝间短路后，会引起三相电流不平衡，可通过负序保护（I_2）动作来实现跳闸。

2. 电动机不正常运行状态的保护

电动机的不正常工作状态，主要是过负荷运行，另外还有低电压、三相不平衡。产生过负荷的原因是：所带机械过负荷，供电网络电压和频率降低而使转速下降；熔断器一相熔断造成两相运行；电动机启动和自启动的时间过长。短暂的过负荷运行是允许的，较长时间的过负荷会使电动机温升超过它的允许值，这样就加速了绕组绝缘的老化，甚至会将电动机烧坏，此时要求保护装置动作。电动机过负荷保护的实现方式有两种：一是电气保护，通过监测电动机运行的电流间接判断发电机的发热，实现对电动机的过负荷保护。二是热保护，在电动机发热最敏感的部位装设温度传感器进行监视，保护可靠简单。

1）热积累保护、过热保护

热积累保护与过热保护均是基于发热模型的保护，反映电机过负荷。发热模型有多种，采用不同的计算方法。电机由于某些原因，如负载太重、出口门开度过大等造成电机电流超过额定值，经过一段时间，热积累达80%时发信，此时应及时降低电机出力，使电机电流降至额定电流以下，如不调整，热积累达100%时则跳开该电机电源开关。过热保护采用综合计算正序电流和负序电流的发热效应，采用等效发热电流作为过热保护中电动机发热模型的输入电流，然后将该电流与过负荷前的电流用公式计算出过热保护动作时间。

2）温度保护、热继电器

温度保护是将双金属盘式继电器或热敏电阻、热电偶等测温元件安装在电动机内部（定子绕组端部或定子铁芯上），当温度达到整定值时动作。

热继电器也即热偶，是保护电动机长期过负荷的一种自动控制器，基本工作原理是利用膨胀系数不同的双金属片在受热后发生弯曲的特性，将控制电路断开。热元件串接在电动机的主电路中，双金属片中不通过电流，间接被热元件加热。正常工作时，双金属片不会变形，当电动机过负荷时，电流增大，双金属片受热膨胀弯曲推动机械机构，使控制回路断电，使主回路被切断，电动机得到保护。当回路电流大于电器额定电流，热继电器在适当延时动作后，此时电机不一定故障，可能是拖动的机械有一些问题或者负荷过大造成的，消除这些原因就可以继续运行。

热保护在短时间大电流过负荷时效果较好，温度保护在长时间小电流过负荷时效果较好。

3）堵转保护（锁轴保护）

由于电动机所带动的负荷过大或其他原因致使电动机不能正常转动时，称为堵转。全电压下堵转的电动机，散热条件极差，电流很大，特别容易烧坏。为此，应设置由反时限或定时限过电流继电器构成的堵转保护，动作于跳闸。启动时堵转由启动时间过长保护跳闸，运行时堵转由过流保护构成，整定值要躲过自启动时间，在启动后投入。或者在电动机启动过程中并不投入，只在启动结束后投入。该保护在一定意义上可作为速断保护的后备保护。当电流超过堵转保护的定值时并达到整定时间动作于跳闸。堵转保护的允许时间，可由实验所得的启动时间作为定值。堵转的正序电流一般可为2.5倍额定电流。一般大修过的电机都要做堵转试验，以校验电机的性能。

4）低电压保护

电动机电源电压因某种原因降低时，电动机的转速将下降。当电压恢复时，由于电动机自启动，将从系统中吸取大量的无功功率，造成电源电压不能恢复。为保证重要电动机的自启动，不太重要的电动机上应装设低电压保护。一些因生产工艺过程不允许或不需要自启动的电动机必须装设低电压保护。低电压保护的动作时限分为两级：一级是为保证重要电动机的自启动，在其它不重要的电动机或不需要自启动的电动机上装设带0.51 s时限的低电压保护，动作于断路器跳闸；另一级是当电源电压长时间降低或消失时，为了人身和设备安全等，在不允许自启动的电动机上，装设低电压保护，经510 s时限动作于断路器跳闸。

保护装置动作电压的整定如下：以9 s延时切除重要电动机可以取为额定线电压的

45%，即45 V；以0.5 s延时切除不重要电动机一般可以取额定线电压的65%～70%，即65～70 V。保护要具有PT断线自锁的功能。

5）电动机电流不平衡保护（负序过流保护I_2）

当电网中发生不对称短路或者一相断线等事故时，电动机在较大不对称电压下运行，出现较大负序电流，从而使电动机运行性能恶化，输出转矩、过载能力和效率降低，并且有局部过热烧坏的危险。电动机断相故障是一种较常见、最严重的不对称故障，断相后非故障相电流通常会增大，大小与断相位置、接线方式、负载大小、转速、效率、功率因数等因素有关。电动机绕组内部匝间短路故障也会造成三相不平衡等等。这些情况都可以利用负序过流保护来进行保护，负序电流大于其动作整定值时动作。电动机断相保护一般设置一固定的短延时，避免因电动机启动时发生三相电流不对称以及线路中偶尔出现的瞬间电流不对称而使保护误动作。

3. 低压电动机保护配置

低压电动机，一般是指380V电动机。这些电动机大部分都是中小型的，因此，不论是根据经济条件还是根据运行的要求，它们的保护装置都应该力求简单、可靠。根据功率大小，低压电动机采用不同的控制方式，进而采用的保护也不同。机组电动机一般控制方式有：

（1）可以远方控制的空气开关，较少采用，一般作为锅炉控制中心、汽机控制中心等的电源开关。无远方控制的空气开关＋接触器，如工业泵、射水泵、小机主油泵等。

（2）刀闸＋熔断器＋接触器，如吸、送风机控制油泵，空预器润滑油泵等。空气开关不仅可以切断电路的负荷电流，而且可以断开短路电流。空气开关采用综合保护装置或带有各种脱扣器保护。

综合保护装置一般有速断、过流、零序、负序保护。

脱扣器有多种：

（1）电磁脱扣器——与被保护电路串联，当线路中出现短路故障时，电流超过正常电流若干倍，电磁铁产生的电磁力大于反作用力弹簧的作用力，通过传动机构切断电路起到短路保护作用。

（2）热脱扣器——与被保护电路串联。出现过载现象时，线路中电流增大，双金属片弯曲，通过传动机构切断电路起到过载保护的作用。

（3）失压脱扣器——并联在断路器的电源侧，当电源侧停电或电压过低时，电磁铁产生的电磁力不足以克服反作用力弹簧的拉力，通过传动机构切断电路起到欠压及零压保护的作用。

（4）分励脱扣器——用于远距离操作低压断路器分闸控制。

熔断器是一种最简单的保护电器，它串接在电路中，当电路发生短路和过负荷时，熔体发热温度到达熔点熔断自动断开电路，使其它电气设备得到保护。

热继电器（热偶）是低压电动机最常用的一种过负荷保护，一些小型电机往往只配备这种保护，另外在带有熔断器的电路中，也配备热继电器保护。厂用直流电动机配备的也是热继电器保护。热继电器动作后要查明热继电器动作原因并排除，保证电动机的安全运行。

7.5.2 厂用电系统继电保护

厂用电及其相关设备是燃煤电厂重要的组成部分，其设备繁多，配合复杂，继电保护配置难度较大。厂用电系统的继电保护，可以归纳出以下几点整定计算的原则。

1. 高低压厂用变压器的电流、电压保护整定计算

自 20 世纪 80 年代中期至今，高压厂变分支低电压闭锁过电流保护的动作电压按躲过电动机自启动计算，电流元件动作电流按电压元件末端两相短路时有足够灵敏度计算。按此原则整定，高压厂变分支低电压闭锁过电流保护动作电流都比较大，其动作电流能与各馈线的瞬时电路速断保护动作电流配合，同时在此动作电流时，各馈线 FC 回路高压熔断器考虑到误差后的熔断时间小于或等于 0.1 s，则厂用分支的电流、电压保护动作时间可用 0.4～0.5 s，而不必与低压厂变定时过电流保护的动作时间配合。除此之外，必须着重考虑厂用系统电动机自启动的情况，导致某些过电流保护，实际是带时限的电流速断保护。

2. 低压厂用变过电流保护的动作时间整定计算

其动作电流如已与低压侧各馈线的电流速断保护的动作电流配合，同时此时低电压的熔断器时间已小于或等于 0.1 s 时，则低压厂变过电流保护的动作时间可用 0.5 s；动作电流如与低压各馈线的延时电流速断保护的动作电流配合，则低压厂变过电流保护的动作时间可用 0.6～0.7 s，一般最长动作时间不超过 1 s。

3. 快速性、灵敏性和可靠性的考虑

厂用系统一次设备短路概率相对高一些，而且短路电流也比较大，有时可能造成极严重的后果。因此，厂用系统继电保护整定计算时，在满足选择性要求的同时，要尽可能缩短保护动作时间，甚至对某些负荷，为缩短整个厂用系统的动作时限，可牺牲局部的选择性换得整体的快速性。

4. 校核变压器允许的自启动容量和自启动时母线残压

在整个计算过程中，应校核变压器允许的自启动容量和自启动时母线残压，以保证电动机能可靠地启动。为保证电动机自启动成功，可用低电压保护切除足够容量的电动机，母线电压应保证足以使 I 类电动机自启动成功。为保证变压器安全运行，除安装短路故障的后备保护外，应考虑加装躲过自启动且具有反时限特性的过负荷跳闸保护。并且在设计时要考虑变压器油足够的容量，以保证所有重要电动机的自启动。

5. 关于高压厂用系统中性点接地方式的选择问题

目前，我国发电厂大型发电机组高压厂用系统中性点接地方式分为不接地方式和小电阻接地方式两种形式。针对中性点不接地方式，我国目前继电保护配置中遵循的主要原则包括：

(1)对于厂用系统中性点不接地方式单项接地保护作用于信号的情况，由实践经验可知，对于大机组的高压厂用系统，单项接地电流一般虽小于 10 A，而当电缆发生单项接地时，几乎在短时间内均发展为电缆的相间短路。由此可见，高压(6 kV)厂用系统采用中性点不接地方式，须考虑高压厂用系统发生单项接地的保护配置。

(2)对于厂用系统中性点不接地方式单项接地保护作用于跳闸的情况，当高压厂用系统单项接地电流超过 10 A 或接近 10 A 时，应作用于跳闸方式。

(3)300 MW 及以上机组高压厂用系统中性点不接地系统有条件时亦应作用于跳闸方式。300 MW 及以上机组高压厂用系统单项接地电流不超过 10 A，如果通过计算选择性和灵敏度满足要求时可采用带 0.5 ～1 s 延时作用于跳闸的单相接地保护。如果高压厂用系统的馈线没有特别长的电缆，并且当各馈线采用零序电流保护，其动作电流按躲过区外单相接地电流计算，而本设备发生单相接地时又有足够的灵敏度时，则对中性点不接地系统，馈线采用作用于跳闸的单相接地保护。而当单一馈线过长时，此时各馈线采用简单的零序过流保护就无法同时满足选择性和灵敏性的要求，对长度过长的单一馈线，可加装带方向的零序过电流保护或适当延长该馈线动作时间并作用于跳闸。

针对厂用系统中性点经小电阻接地方式，近年来，单机容量在 300 MW 及以上机组的高压厂用系统，为保证单项接地时零序过电流保护同时满足选择性和灵敏性的要求，采用高压厂用变压器多采用中性点经小电阻接地方式，其接地电阻值应遵循各级零序过电流保护既有选择性又有足够灵敏度，同时应保证单项接地电流在短时间内不加重一次设备的破坏。

6. 上下级保护时间级差的选择

由于现在大机组的厂用系统保护基本上已不再采用电磁型时间元件，而采用微机保护或高精度时间元件，这样上下级保护时间级差可用 0.3 ～0.4 s。

7. 元件保护

元件继电保护按《电力装置的继电保护和自动装置设计规范》GB 50062—92。

《继电保护和安全自动装置技术规程》DL400—91。

《防止电力生产重大事故的二十五项重点要求》(国电发〔2000〕589 号文)的要求来设置。发变组保护采用经两部鉴定，具有成熟运行经验的发变组微机保护装置。

装置具有以下保护功能：发电机保护；发电机差动保护；发电机后备阻抗或带电流记忆的低压过流保护；发电机匝间保护；发电机 100% 定子接地保护；发电机对称过负荷保护；发电机不对称过负荷保护；发电机逆功率保护；发电机失步保护；发电机转子一点接地保护；发电机转子二点接地保护；发电机过励磁保护；定子过电压保护；发电机低频保护；发电机励磁回路过负荷保护；发电机失磁保护；励磁变速断过流保护；启停机保护；发电机断路器失灵保护；励磁变温度保护；热工联锁保护；主变压器保护；主变差动保护；主变高压侧后备阻抗保护；主变零序间隙电流电压保护；主变零序过流保护；主变低压侧接地保护；断路器非全相保护；220 kV 断路器失灵保护；主变瓦斯保护；主变压器压力释放；主变压器冷却器全停；主变压器温度保护；高压厂变保护；厂高变差动保护；厂高变复合电压过流保护；厂高变分支过流保护；厂高变低压侧接地零序保护；厂高变瓦斯保护；厂高变压力释放；厂高变温度保护；厂高变冷却器全停；高压备变保护；高压备变差动保护；高压备变复合电压过流保护；高压备变零序间隙电流电压保护；高压备变零序过流保护；高压备变低压侧接地保护；220 kV 断路器失灵保护；高压备变瓦斯保护；高压备变压器压力释放；高压备变压器冷却器全停；高压备变压器温度保护。

7.5.3　过电压保护及接地

全厂过电压保护包括直击雷过电压保护、雷电侵入波过电压保护、感应雷过电压保护，均要符合《交流电气装置的过电压保护和绝缘配合》及全厂接地按《交流电气装置的接地》的有关要求进行设计。

1. 直击过电压保护

220 kV 配电装置采用架构上布置避雷针，作为防直击雷的保护。在主厂房 A 列柱上设置避雷针，作为对变压器区域及发电机出线主回路的直击雷保护。主厂房的钢结构构筑物，拟采用加强接地，分流的措施与接地网相连。在烟囱装设避雷针。避雷针引下线处设置集中接地装置。在天然气调压站区域设置独立避雷针进行保护，该防雷接地装置电阻小于 10Ω。

2. 雷电侵入波过电压保护

(1)220 kV 配电装置。为防止雷电过电压损坏 220 kV 进线设备，每回 220 kV 进线入口处装设一组氧化锌避雷器。220 kV 母线不装设避雷器。

(2)为了保护主变压器及高压备用变压器，在变压器高压侧设置一组氧化锌避雷器。主变压器高压中性点采用氧化锌避雷器加间隙保护。

(3)为了保护发电机，在发电机出口设置一组氧化锌避雷器。

(4)6 kV 母线装设氧化锌避雷器作为过电压保护，6 kV 真空断路器柜馈线侧装设过电压吸收器。

3. 感应雷过电压保护

为了防止感应雷过电压和静电感应产生火花，天然气调压站屋顶和周边设置屏蔽带，并每隔 25 m 引下接地。天然气供气管道，每项隔 20 ～ 25 m 接地一次，法兰两侧做跨接线。

4. 接地

(1)概述。

电厂主接地网由水平接地体和垂直接地极组成，以水平接地体为主。所有电气设备外壳、开关装置和机械开关接地母线、金属架构、电缆桥架、金属箱罐和其它可能事故带电的金属均应接地。

(2)接地装置的布置。

水平主接地网的接地导线采用 185 mm^2 铜绞线。

建筑物结构接地：每一个主钢结构立柱、次一级的钢结构立柱均与电厂接地网相连。

电气设备接地：机岛范围内设备的接地按机岛供应合同采取铜接地，其它电气设备采取扁钢接地。

电缆通道：所有电缆托架的布置在电气上是连续的，同时大约每隔 20 m 接地。所有电缆之穿管在电气上也是连续的且至少一点接地。

架构、设备支架、管道等采用扁钢与主接地网相连。

电子设备、能量损耗低和易于受到电磁干扰的电子设备将被接地仪表接地母线上进行接地。该接地母线用最小截面 120 mm^2 的绝缘导线直接接到接地网上。仪表接地系统应是一个放发射型的设计(即不构成回路)。

根据强制性标准的要求，本期新建的 220 kV 出线构架避雷线与线路终端塔避雷线相连，并设专用接地引下接地线。主厂房和辅助车间的低压 380/220 V 系统采用 TN-C-S 接地系统，设有专用的接地保护线，以保证人身安全。

7.6 厂用电的故障与处理

7.6.1 厂用电系统故障处理的一般原则

(1)机组6 kV工作段母线因故障失压时，如无法尽快恢复，应注意监视380 V保安段母线电源自动切换情况。柴油发电机应自动启动。

(2)当主变、高厂变本体故障或系统外部故障的保护动作，引起6 kV机组母线工作段工作电源进线开关跳闸，6 kV快切装置应动作，厂用电自切换至高压备用变供电，如厂用电没有自动切换，应手动跳开工作电源开关，再合上备用电源开关。

(3)高厂变保护动作闭锁快切装置或快切装置动作后备用电源保护动作跳开备用电源开关，此时不允许强送工作电源和备用电源，应检查6 kV母线、厂高变低压侧并通过测母线绝缘，确认故障点，并隔离了故障点后才能向空载母线试充电一次。

(4)当6 kV备用电源开关的保护动作后，应通过测母线绝缘，确认停电的母线上确无故障后，或已隔离了故障点后才允许复归保护，经值长批准，向空载母线试充电一次。

(5)380 V母线失压时，如变压器过流及低压侧零序过流没有动作，确认工作电源进线开关确已分闸后可手动合上备用电源开关(或联络开关)恢复母线供电。当有过流或零序过流动作，应检查确认母线上确无故障或隔离了故障点后，方可用备用电源开关(或联络开关)向空载母线充电。

(6)如380 V工作电源跳闸，投联锁备用的备用电源自投后保护动作跳闸，不允许强送，应检查出故障点并隔离后才允许送电。

(7)在厂用电系统事故处理中，应首先根据保护动作的情况判明故障的性质。在处理事故过程中，应防止向故障的母线再次送电，使停电范围扩大或影响到其它正常运行的机组。

(8)在某台机组厂用电全停的事故处理中，应着重处理380 V保安段，使之尽快恢复，保证机组安全停机。

7.6.2 常见的厂用电系统故障及其处理方法

1. 6 kV母线PT电压回路断线

(1)现象。

①“电压回路断线”报警发出，若高压侧保险熔断，则“接地报警”可能发出。

②相应的电压表计指示不正常，故障相电压到零，若高压侧保险熔断则故障相压有可能降低，正常电压不变。

(2)处理。

①检查6 kV母线相电压及线电压，判明故障PT及故障相。

②退出快切装置，拉开6 kV母线PT柜内低电压保护直流熔断器5RD和6RD，退出6 kV母线PT低电压保护软控制字。

③检查故障相PT的二次侧保险，若二次侧保险熔断，更换二次侧保险后，送回。送上6 kV母线PT柜内低电压保护直流熔断器5RD和6RD，检查6kV母线三相电压正常后，

投回 6 kV 母线 PT 低电压保护软控制字，投入快切装置。

④若故障相 PT 二次侧保险完好，则拉开 6kV 母线 PT 二次侧保险 1RD、2RD、3RD、4RD，拉出 PT 小车，检查更换故障相 PT 一次侧保险。更换完毕后送回 PT 小车，送上 6 kV 母线 PT 二次侧保险 1RD、2RD、3RD、4RD，送上 6 kV 母线 PT 柜内低电压保护直流熔断器 5RD 和 6RD，检查 6kV 母线三相电压正常后，投回 6 kV 母线 PT 低电压保护软控制字，投入快切装置。

⑤若更换保险后再次熔断，应查明原因处理后更换。

2. 6kV 工作段母线失压

(1)现象

①DCS 上来“机组 6 kV 母线 PT 直流回路断线或消谐装置故障报警”信号。

②DCS 上 6 kV 母线电压显示均为零。

(2)处理

①检查低电压保护直流断路器是否跳闸，若跳闸，则重新合上，复归信号。如果合上后又跳闸，通知维修处理，并做好工作电源跳闸，6 kV 母线失压的事故预想。

②若低电压保护直流断路器运行良好且电源正常，则可判断低电压保护回路有断线或者 PT 消谐装置有故障，立即联系维修人员处理。

③做好工作电源跳闸，6 kV 母线失压的事故预想。

3. 6 kV 母线单相接地

1)现象

(1)DCS 来“机组 6 kV 母线接地故障、机组 6 kV 母线 PT 直流回路断线或消谐装置故障报警”信号。

(2)DCS 上显示 6kV 母线电压一相到零或降低，另两相电压升高，线电压不变。

(3)6 kV PT 配电柜上的消谐装置面板上“接地”报警灯亮。

(4)接地点可能有冒烟、弧光、烧焦或电死小动物等现象。

(5)发变组保护可能会有“厂高变低压侧零序过电流保护”动作信号(6 kV 母线由厂高变供电)或是启备变保护可能会有“启备变低压侧零序过电流保护”动作信号(6 kV 母线由启备变供电)。

2)处理

(1)汇报值长。

(2)首先应判断是否真接地。真假接地的根本区别，真接地时，接地相对地电压降低(或等于零)，非接地相对地电压升高(大于相电压但不超过线电压)，而线电压仍平衡。假接地时，相对地电压不会升高，线电压也不平衡。

(3)若判断为真接地，再查看 DCS 上 6 kV 母线电压，若稳定无变化，则为稳定接地；若电压变化(时高时低)，则为间歇接地。

(4)询问在来接地报警信号前是否有厂用负载的启动操作。若有负载启动则接地点很可能存在于此负载的交流回路中。采用短时停电法(一般辅机)或倒换负载法(重要辅机)进行查找。

(5)检查 6 kV 母线所有负载(包括电动机和变压器)的保护装置，查看保护装置液晶显示器上是否有相应报警信息，检查各保护装置的保护动作报告，看是否有报警时刻的保护动作记录。

(6)若仍无法确定接地点，可尝试切换几台 6 kV 电动机，查看接地点是否在电动机处，若轮换操作后接地点仍不能确定，应尽快申请停机。

(7)在停机后，倒换 6 kV 厂用电，若接地现象消失，说明接地点发生在高压厂变或是启变低压侧。报告主管生产领导，厂用电按倒换后的方式运行，将接地变压器停电处理。

(8)若倒换厂用电后，接地仍不能消失，则判断接地点存在于 6 kV 母线及其负载的交流回路中。依照先停 6 kV 厂用电机，再停 380 V 厂用电源，最后停母线的顺序，采用短时停电法(一般辅机)或倒换负载法(重要辅机)进行查找。

(9) 6 kV 单相接地连续运行不得超过 2 h。

(10)查找接地点期间需密切监视 6 kV 负载电流、绕组温度等参数的变化趋势。

(11)处理接地点的注意事项：在进行寻找接地点的倒闸操作中或巡视配电设备时，必须严格执行《电业安全工作规程》中的安全规定，值班员应穿上绝缘靴，戴上绝缘手套，不得触及设备外壳和接地金属物。

4. 厂高变或启备变 6 kV 分支 PT 电压回路断线

在本小节内，暂规定向机组 6 kV 母线供电的电源称为供电电源，另外一个电源称为后备电源。

1)6 kV 后备电源发生 PT 电压回路断线

(1)现象。

厂用快切装置被闭锁，DCS 来“出口闭锁”“后备失电”信号，装置面板上“闭锁”灯亮。

若供电电源为厂高变，则 DCS 上“6kV 备用进线电压 A－C”显示 A、C 相间电压降低(最低为相电压；若断线在 B 相，则“6kV 备用进线电压 A－C”显示正常)。

若供电电源为启备变，则 DCS 上“6kV 工作进线电压 A－C”显示 A、C 相间电压降低(最低为相电压；若断线在 B 相，则“6kV 工作进线电压 A－C”显示正常)。

若启备变低压侧分支 PT 断线，则启备变保护屏上“TV 异常”灯亮。

(2)处理。

联系维修人员，让其将厂用快切装置的“后备失电闭锁”功能退出；在退出此功能后，复归快切装置信号和集控信号，重新投入快切装置运行。在此期间，做好供电电源跳闸，后备电源不能自动投入的事故预想。

将已断线的 PT 停电。检查 PT 高、低压侧交流熔断器是否熔断，若有熔断，更换熔断器。若熔断器完好，则通知检修人员对其回路做进一步的检查处理。

处理好断线故障后，PT 送电，通知维修人员投入厂用快切装置的“后备失电闭锁”功能。

复归厂用快切装置和集控报警信号。

2)6 kV 供电电源发生 PT 电压回路断线

(1)现象。

厂用快切装置被闭锁，DCS 来“出口闭锁”信号，装置面板上“闭锁”灯亮。

若供电电源为厂高变，则 DCS 上“6 kV 工作进线电压 A－C”显示 A、C 相间电压降低(最低为相电压；若断线在 B 相，则“6 kV 工作进线电压 A－C”显示正常)。

供电电源为启备变，则 DCS 上“6 kV 备用进线电压 A－C”显示 A、C 相间电压降低

(最低为相电压；若断线在B相，则“6 kV 备用进线电压 A – C”显示正常)。

启备变低压侧分支PT断线，则启备变保护A/B屏上“TV异常”灯亮。

(2)处理。

已断线的PT停电。检查PT高、低压侧交流熔断器是否熔断，若有熔断，更换熔断器。若熔断器完好，则通知检修人员对其回路进一步进行检查处理。

处理好断线故障后，PT送电，复归厂用快切装置和集控报警信号。

5. 6 kV 母线故障导致失压

1)现象

(1)集控室来报警信号。

(2)厂用电源进线工作断路器跳闸，DCS上来“断路器跳闸”信号，6 kV 母线电压及工作电流指示为零。

(3)低电压保护动作，带有低电压保护的辅机跳闸，DCS来“低电压保护回路0.5 s动作”以及“低电压保护回路9 s动作”信号。

(4)厂高变低压侧速断保护、低压侧过电流保护动作(6 kV 母线由厂高变供电)；或是启备变低压侧速断保护、低压侧过电流保护动作(6 kV 母线由启备变供电)。

(5)快切装置被闭锁，DCS来“装置闭锁”信号，装置面板上“闭锁”灯亮。

(6)柴油发电机自动启动。

2)处理

(1)检查柴油机运行情况，保安段电源断路器是否切换，确保保安段负载供电。

(2)断开失压的机组6 kV 母线上所有未断开的断路器。

(3)将受此6 kV 母线失压影响的380 V 机组公用段、化水段、厂前公用段的负载转移至另一段运行。

(4)分析并查找故障点，测量母线绝缘，并通知维修处理，尽快恢复供电。

注意：由于380 V 机组公用段上带有许多机组重要的公用负载(如闭式冷却水泵以及空 压机)，若#1、#3 机组6kV 母线失电，应着重处理380 V 机组公用段上的负载以及电源取自380V 机组公用段上其他重要母线失电情况。

6. 误断机组6kV 母线工作电源开关导致6kV 短时母线失压

1)现象

(1)集控室来报警信号。

(2)厂用电源进线工作断路器跳闸，DCS上来“断路器跳闸”信号。

(3)厂用快切装置动作，装置面板上“闭锁”灯亮，DCS来“装置闭锁”信号。

(4)备用电源断路器合闸，6 kV 母线切换到备用电源供电，DCS上来“断路器合闸”信号。

2)处理

(1)对跳开断路器和合闸断路器进行检查。

(2)确认属误断开关引起失压，则复归快切装置信号，做好记录，将6 kV 负载切回原方式供电。

注意：为防止误切机组6 kV 母线工作电源断路器，启备变分支断路器操作画面中的“INTERLOCK ON”应设为投入。

7. 机组工作变(A 变或 B 变)运行中跳闸

1)现象

(1)集控室来报警信号。

(2)跳闸变压器所接 380 V 机组工作段进线电源断路器跳闸，工作段母线电压显示为零，DCS 上来“6 kV 断路器跳闸”“380 V 断路器分闸状态”信号，跳闸变压器电流显示为零。

(3)机组工作变保护动作，DCS 来“低压厂变保护动作”信号。

(4)跳闸变压器所接 380 V 机组工作段低电压保护动作，DCS 来“低电压保护 0.5 s 动作”以及“低电压保护 9 s 动作”信号。

(5)跳闸变压器 6 kV 开关柜上的 WDZ 系列计算机综合测控装置面板上“动作”灯点亮，开关跳闸。

(6)保安段电源进线开关切换，保安段自动转移至另一段机组工作段母线供电。

2)处理

(1)若机组在运行，应检查已跳闸的工作母线上所带的重要马达(如真空泵、再循环泵)是否已自动切换为备用马达运行。

(2)若机组已跳闸，检查保安段电源和负载情况，若保安段两路正常电源失去而柴油机未自启动，立即手动启动柴油机。

(3)检查由机组工作段或是保安段所属的双电源供电的负载母线(GT/STEMCC 段、GT/STMCC 段、机组工作 MCC 段、汽机热力配电段、锅炉热力配电段以及公用热力配电段)的电源开关是否正常切换。

(4)断开跳闸变压器所接 380 V 机组工作段未跳开的开关。

(5)对变压器本体及其引出线进行全面检查，同时测量此变压器低压侧的母线绝缘，并通知维修人员进行进一步故障查找和处理；若母线绝缘测量合格，则合上两段母线的联络断路器，将失压段负载倒至另一台厂用低变供电。

8. 机组公用变(A 变或 B 变)、厂区公用变(A 变或 B 变)、化水变(A 变或 B 变) 运行中跳闸

1)现象

(1)集控室来报警信号。

(2)跳闸变压器所接 380 V 母线进线电源开关跳闸，母线电压显示为零，DCS 上来“6 kV 断路器跳闸”“380 V 断路器分闸状态”信号，跳闸变压器电流显示为零。

(3)若是机组公用变跳闸，DCS 来“机组公用变保护动作”信号，机组公用段显示电压为零；若是厂前公用变跳闸，DCS 来“厂前公用变保护动作”信号；若是化水变跳闸，DCS 来“化水变保护动作”信号。

(4)若是机组公用变跳闸，其低压侧 380 V 母线低电压保护动作，DCS 来“低电压保护 0.5 s 动作”以及“低电压保护 9 s 动作”信号。

(5)跳闸变压器 6 kV 开关柜上的 WDZ 系列计算机综合测控装置面板上“动作”灯点亮。

2)处理

(1)若机组公用变跳闸，应重点检查已失电的公用段上所带重要马达(如闭式冷却水泵以及空压机)是否已正常切换，否则手动启动其备用马达运行。

(2)检查失压380 V段所属的双电源供电的负载母线的电源开关是否正常切换。

(3)断开跳闸变压器所接380 V机组工作段/380 V化水段/380V厂区公用段未跳开的开关。

(4)对变压器本体及其引出线进行全面检查，同时测量此变压器低压侧的母线绝缘，并通知维修人员进行进一步故障查找和处理。

(5)若测量母线绝缘良好，则合上母线分段联络断路器，将失压段负载倒至另一台厂用低变供电。

9. 6 kV开关控制回路断线

1)现象

(1)若是6 kV变压器电源开关控制回路断线，则DCS来“6 kV开关异常及控制电源消失”信号。

(2)若是6 kV厂用电机开关控制回路断线，则DCS来“控制电源消失”信号。

(3)6 kV开关各间隔配电柜上WDZ系列计算机综合测控装置面板上“告警”灯亮。

2)处理

(1)若只有现象(1)或(2)，则报警是开关机构故障引起的，联系维修人员处理。

(2)若现象(1)和(3)或是现象(2)、(3)均有，则检查开关控制回路断路器F1是否跳闸或接触是否良好，重新合上断路器，复归WDZ系列计算机综合测控装置面板上“告警”信号。若故障依然存在，则联系维修人员处理。

10. 6 kV变压器WDZ系列计算机综合测控装置故障

1)现象

(1)若是机组工作变WDZ系列计算机综合测控装置故障，DCS来“低压厂变保护告警”信号；若是机组公用变WDZ系列计算机综合测控装置故障，DCS来“机组公用变保护告警”信号；若是厂区公用变WDZ系列计算机综合测控装置故障，DCS来“厂区公用变保护告警”信号；若是化水变WDZ系列计算机综合测控装置故障，DCS来“化水变保护告警”信号。

(2)相应6 kV开关柜上WDZ系列计算机综合测控装置面板上“告警”灯亮。

2)处理

联系维修人员处理，做好转移负载及停电检修的准备。

11. 6 kV电动机WDZ系列计算机综合测控装置故障

1)现象

(1)DCS来“保护装置故障”信号。

(2)相应6 kV电机开关柜上WDZ系列微机综合测控装置面板上“告警”灯亮。

2)处理

联系维修人员处理，做好转移负载及停电检修的准备。

12. 380 V机组工作段、保安段、机组公用段母线PT电压回路断线

1)现象

(1)集控室来报警信号。

(2)DCS来“380PT电压回路断线”信号。

(3)断线PT所接380 V母线电压可能显示为220 V左右或更低。

2)处理

(1)根据现象(1)、(3)判断断线相；若断线为A、C相，则母线电压显示为220 V左右或更低，若断线为B相，则母线电压显示正常，只有现象(2)。

(2)将该段母线上有连接片的开关柜上的连接片断开。

(3)将PT停电，检查PT一、二次交流熔断器是否熔断，若有熔断，则更换熔断器。

(4)将PT送电。

(5)检查PT二次电压正常，合上低电压保护直流断路器。

(6)若“380PT电压回路断线”报警信号复归，将该段母线上有连接片的开关柜上的连接片送上。

(7)若非熔断器引起的PT电压回路断线，则联系维修人员处理。

13. 380 V机组工作段、保安段、机组公用段母线低电压保护回路断线

1)现象

(1)集控室来报警信号。

(2)DCS上来“380 V低电压保护回路断线”信号。

2)处理

(1)将该段母线上有连接片的开关柜上的连接片断开。

(2)将PT停电。

(3)检查低电压保护直流断路器是否跳闸，若跳闸，则重新合上，复归信号。如果合上后又跳闸，通知维修处理。

(4)若低电压保护直流断路器运行良好且电源正常，则可判断为低电压保护回路断线故障，立即联系维修人员处理。

(5)将PT送电。

(6)检查无异常后，将该段母线上有连接片的开关柜上的连接片送上。

7.7 发电厂的中性点接地

7.7.1 大型发电机的中性点接地方式

我国中小型汽轮发电机的中性点接地方式多为中性点不接地或经电压互感器接地。后者实际上也是一种中性点不接地方式，单相电压互感器仅用来测量发电机中性点的基波和三次谐波电压。大多数水轮发电机则采用中性点经消弧线圈接地方式。

我国对容量为200 MW及以上的大型发电机中性点的接地方式，有2种不同的主张。一种认为应当采用经消弧线圈接地方式，另一种认为应当采用经配电变压器高阻(或中阻)接地方式。

发电机中性点经消弧线圈接地方式，在发生单相接地后，由于接地故障电流补偿到安全允许值，接地保护可不必立即跳闸停机，而是作用于信号。虽然单相接地电流已小于允许值，但为了大机组的安全，在定子接地保护动作于信号后，应立即转移故障机组负荷，实现平稳停机，这对机组本身、用户和系统都是有利的。发电机中性点经消弧线圈接地，可限制暂态过电压不超过2.6倍的发电机额定相电压，定子接地保护简单、灵敏度高。我国近50年来水轮发电机普遍采用中性点经消弧线圈接地，已积累了丰富的成功经验。近

些年 300MW 汽轮发电机也有采用这种方式的，运行经验也证明经消弧线圈接地方式安全可靠。所以，应推荐大型发电机采用中性点经消弧线圈接地方式。

国外引进的大型发电机中性点一般采用经配电变压器高阻接地方式，国内也有人主张推荐采用这种接地方式，这主要是担心采用经消弧线圈接地方式会出现间歇性弧光接地暂态过电压，科学试验和运行实践均已证明这种担心是多余的。发电机中性点经配电变压器高阻接地方式下，由于接地电流增大，超过 DL－400－91 标准规定的允许值，为了机组的安全，不得不令定子绕组接地保护于跳闸，使本来很轻微的故障，却采取了紧急跳闸措施，给系统和机组造成较大冲击。另外，这种中性点接地方式，使得在我国广泛应用的三次谐波电压型定子接地保护的灵敏度降低。

综上可知，大型发电机宜采用经消弧线圈接地方式，而不宜采用经配电变压器高阻接地方式。

7.7.2 高压厂用电系统中性点的运行方式

发电厂高压厂用电系统中性点最常见的接地方式有：不接地，经高、低电阻接地，经消弧线圈接地。

根据《火力发电厂厂用电设计技术规定》(DIVT 5153—2002)，当高压厂用电系统的接地电容电流小于或等于 7 A 时，其中性点宜采用高电阻接地方式，也可采用不接地方式；当接地电容电流大于 7 A 时，其中性点宜采用低电阻接地方式，也可采用不接地方式。

1. 高压厂用电系统中性点不接地

1）不接地系统的特点

优点：发生单相接地且电容电流小于 10 A 时，一般允许继续运行 2 h，以便寻找故障点。

缺点：发生单相接地时，非故障相对地电压升到线电压，是正常时的万倍，因此绝缘要求高，会增加绝缘费用。

2）中性点不接地系统的对地电容电流

中性点不接地系统正常运行时，三相线路的相间及相与地间都存在着分布电容，各相对地电压均为相电压，中性点对地电压为零。三相相电压对称，互差 120°，三相对地电容电流也是对称的，且三相对地电容电流之和为零，如图 7－31 所示。

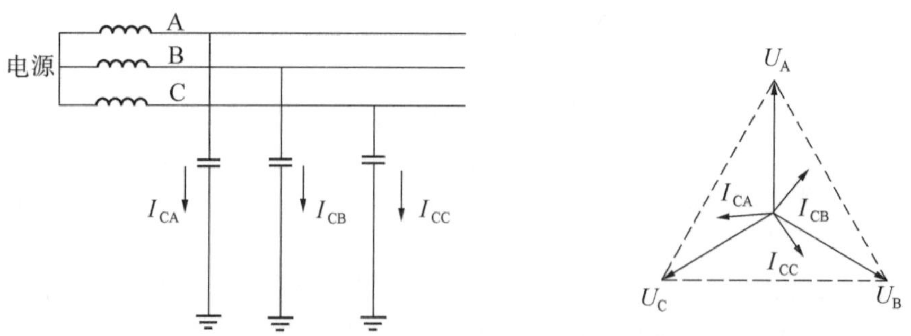

(a) 电路图　　(b) 相量图

图 7－31　正常运行时的中性点不接地系统图

正常运行时的一相对地电流为

$$I_{CA} = I_{CB} = I_{CC} = I_C = \omega C_0 U$$

式中，I_C为单相接地电流；C_0 为每相对地电流；U 为相电压。

当系统发生单相金属性接地故障时，其接地电阻为零，故障相对地电压为零，非故障相对地电压升高为$\sqrt{3}$倍相电压，中性点对地电压上升为相电压，且与故障相的电压相反，如图 7－32 所示。三相之间的线电压仍相等，因此单相接地对接于线电压的用电设备仍可继续运行（一般规定为 2 h），以便寻找故障点。

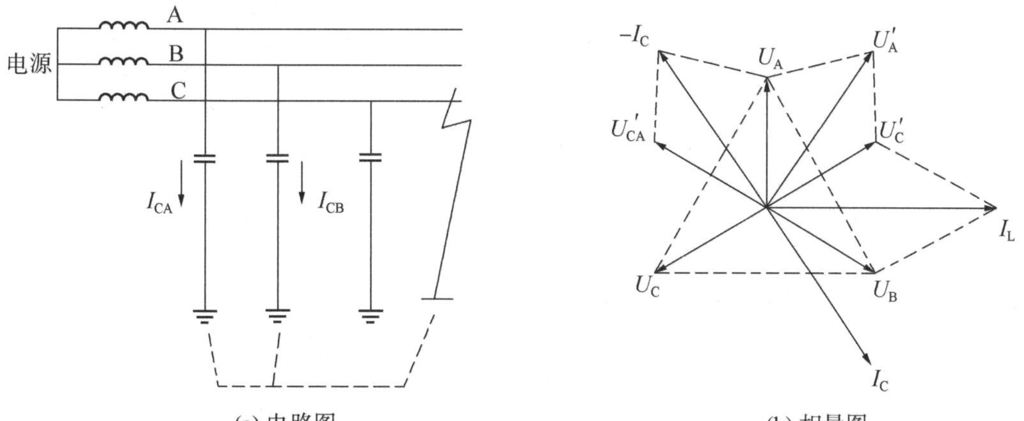

图 7－32　发生单相接地故障时的中性点不接地系统图

由于非故障相对地电压升高为$\sqrt{3}$倍相电压，因此，其电容电流也升高到正常时电容电流的$\sqrt{3}$倍，即 $I'_{CA} = I'_{CB} = \sqrt{3} I_C$。C 相接地时，其对地电容被短接，故 C 相对地电容电流为零。此时，三相对地电容电流之和不再为零，大地中有电流流过，并通过接地点形成回路。

发生单相金属性接地故障时接地电容电流（简称接地电流）I_C 为 I'_{CA}和 I'_{CB}的相量和，其数值即 $I_C = \sqrt{3} I'_{CA} = 3\omega C_0 U$，由此可见，单相接地故障时的接地电流等于正常运行时一相对地电容电流的 3 倍。

当发生不完全接地时，即通过一定的电阻接地，接地相对地电压大于零而小于相电压，未接地相对地电压大于相电压而小于线电压。中性点对地电压大于零而小于相电压，线电压仍保持不变。

当接地电流 I_C 在 5 A 以下时，接地电弧非常不稳定，由于接地电流较小，一般能自动熄灭，不致发生电弧多次重燃；当 I_C 上升至 5 ～ 30 A 时，在中性点不接地系统中将产生非稳定性电弧，容易发生电弧反复重燃，并伴随着间歇性电弧接地过电压（间歇性电弧接地过电压在非故障相上产生的过电压可达正常相电压幅值的 3.5 倍）；只有当接地电流增大到 30 A 以上时，在中性点不接地系统中才能形成稳定电弧，此时非故障相过电压接近于完全接地时的数值，相当于线电压。

在单相接地时可能产生较高的过电压，如果持续时间较长，将影响电缆和电气设备的绝缘，降低使用寿命。同时，可能导致非故障相绝缘薄弱的地方发生击穿，形成两相接地或相间短路，扩大事故范围。

3）限制单相接地电流的措施

在大机组高压厂用电系统中，由于其单相接地电流相对增大，以致影响厂用电系统的安全运行，因此有必要采取限制单相接地电流的措施。

在中性点不接地系统中，单相接地电流主要是由电缆的电容电流形成。电缆网络的电容电流中，大多数的电容电流来自于高压厂用变压器向高压厂用母线供电的电缆。因此，在厂用变压器供电回路中采用对地电容小得多的共箱封闭母线，减少供电电缆的使用，是限制电容电流比较好的方法。

4）高压厂用电系统中性点经消弧线圈接地

经消弧线圈的接地方式就是在中性点和大地之间接入一个电感线圈，在系统发生单相接地故障时，形成与接地电流大小接近但方向相反的感性电流以补偿容性电流，使流过接地点的电流减小到能自行熄灭的范围，如图7－33所示。

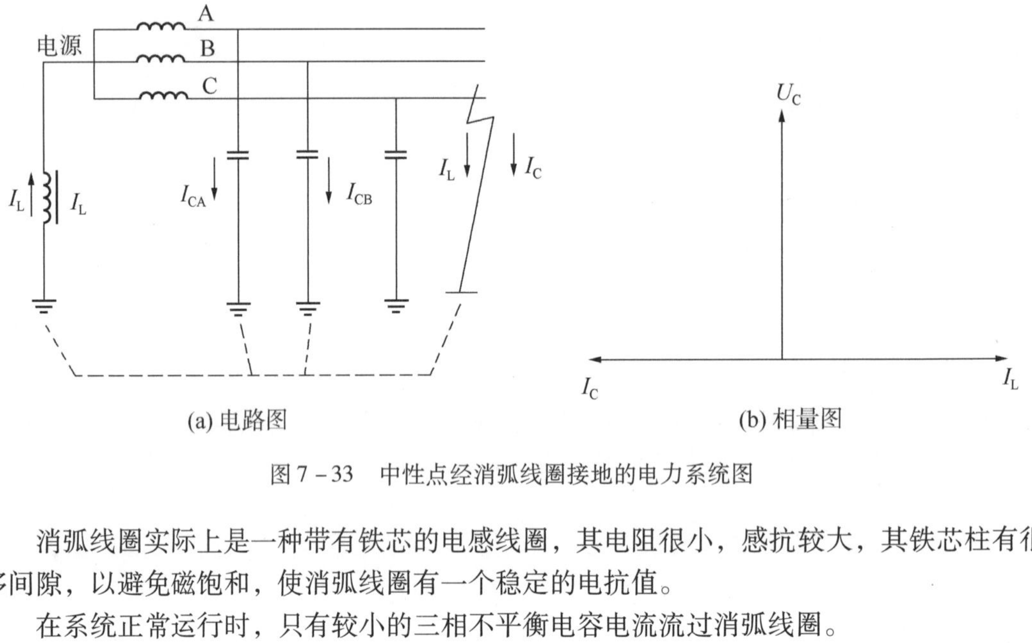

(a) 电路图　　(b) 相量图

图7－33　中性点经消弧线圈接地的电力系统图

消弧线圈实际上是一种带有铁芯的电感线圈，其电阻很小，感抗较大，其铁芯柱有很多间隙，以避免磁饱和，使消弧线圈有一个稳定的电抗值。

在系统正常运行时，只有较小的三相不平衡电容电流流过消弧线圈。

当系统发生单相接地时，流过接地点的总电流是接地电容电流 I_c 与流过消弧线圈的电感电流 I_L 的相量和。由于 I_C 超前 U_C 90°，而 I_L 滞后 U_C 90°，如图7－33b所示，所以 I_C 和在接地点互相补偿，使得接地电流变得很小或接近于零。对于间歇性电弧接地，当电流过零而电弧熄灭后，消弧线圈还可减慢故障相电压的恢复速度，从而降低电弧重燃的可能性，也抑制了间歇性电弧接地过电压的幅值。

对于高压厂用电系统，因接地电流得到补偿，单相接地故障不会发展成相间短路故障，因而中性点经消弧线圈接地方式大大提高了供电的可靠性。

采用消弧线圈接地时，根据消弧线圈产生的电感电流对系统接地电容电流的补偿程度，其补偿方式有3种：全补偿、欠补偿和过补偿。

（1）全补偿。全补偿是指电感电流等于接地电容电流，即 $I_L = I_C$，接地处电流为零。从消弧角度来看，全补偿方式十分理想，但实际上却存在着严重问题。因为正常运行时，在某些条件下，如线路三相对地电容不完全相等或断路器三相触头不同时合闸时，在中性点与地之间会出现一定的电压，此电压作用在消弧线圈通过大地与三相对地电容构成的串联回路中，此时感抗 X_L 与容抗 X_C 相等，满足谐振条件，形成串联谐振，产生谐振过电压，危及系统的绝缘，因此，在实际中通常不采用全补偿方式。

(2)欠补偿。欠补偿是指电感电流小于接地的电容电流，即 $I_L < I_C$，接地点尚有未补偿的电容性电流。欠补偿方式也较少采用，原因是在检修、事故切除部分线路或系统频率降低等情况下，可能使系统接近或达到全补偿，以致出现串联谐振过电压。

(3)过补偿。过补偿是指电感电流大于接地的电容电流，即 $I_L > I_C$，接地点处尚有多余的电感性电流。补偿可避免谐振过电压的产生，因此得到广泛应用。过补偿接地处的电感电流也不能超过规定值，否则电弧也不能可靠地熄灭。因此，消弧线圈设有分接头，用以调整线圈的匝数，改变电感值的大小，从而调节消弧线圈的补偿电流，以适应系统运行方式的变化，达到消弧的目的。

在正常运行时，如果中性点的位移电压过高，即使采用了消弧线圈，在发生单相接地时，接地电弧也难以熄灭。因此，要求中性点经消弧线圈接地的系统，在正常运行时其中性点的位移电压不应超过额定相电压的 15%，接地后的残余电流值不能超过 10 A，否则接地处的电弧不能自行熄灭。

消弧线圈接地方式对于电容电流较大的厂用电系统较适用。但是，消弧线圈接地方式也存在一定的缺点：由于允许带接地故障运行，工频过电压和操作过电压都较高；不能自动跟踪系统电容电流的变化，不易调节，可能引起谐振；故障电流减小为很小的残流后，接地支路的识别困难。

5)高压厂用电系统中性点经电阻接地

在单相接地后由于故障点接地电弧反复重燃，系统中能量积聚，从而产生弧光过电压。当系统中性点接入一个对地的泄漏电阻时，就可大大降低故障相恢复电压的上升速度，从而减少电弧重燃的可能性，并可以使电弧的重燃不致引起高峰值的过电压。

为了减少故障电流，往往在电容电流较大的系统中采用电阻接地的方式，即用电阻将短路电流限制在一定值内，如图 7－34 所示。高压厂用电系统中性点经电阻接地方式可分为：高阻接地和低阻接地。低阻接地方式故障电流相对较大，一般可达上百安培；高阻接地方式故障电流相对较小，一般小于 10 A。

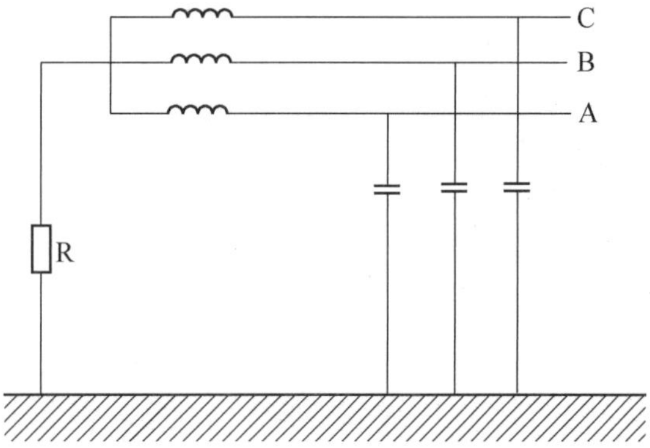

图 7－34 中性点经电阻接地方式

6)低阻接地方式

当高压厂用电系统的单相接地电容电流大于 7A，如因其他原因不能采用消弧线圈时，可以采用中性点经低阻接地的方式，将单相短路电流提高到数百安培，以增加保护的灵敏度。当发生故障时，便能立即动作于跳闸，同时也能进一步遏制系统的过电压水平。

低阻接地方式具有无工频过电压和操作过电压较小的优点，也存在故障电流较大、跳闸率较高的缺点。

7)高阻接地方式

在高压厂用电系统的中性点经一高电阻接地后，相当于在系统集中对地容抗中并联了一个等值电阻，能够有效地限制在单相接地时因电弧重燃而使变压器中性点出现的积累性电压升高，从而降低电弧接地过电压。当厂用电系统中性点采用了经高阻接地的方式，一般回路的单相接地电流小于15 A时，保护动作于信号，避免了单相接地时保护动作于跳闸，影响厂用电系统的正常可靠运行。

高阻接地方式利用高阻减少了故障电流，使低阻接地方式故障电流大的缺点得到一定程度的克服。但当系统电容电流过大时必须增加并联电感进行接地电流的补偿。

发电厂厂用电系统因在供电可靠性方面具有特殊的重要性，以及其中多为电动机、电缆等弱绝缘、低耐热设备，因此对中性点接地方式的选择应遵从低过电压、小故障电流、少必要性跳闸等原则。

F级燃气轮机电厂高压厂用电系统因负荷较少，电缆较短，其电容电流小，一般采用中性点不接地方式。

7.7.3 低压厂用电系统中性点的运行方式

对于低压厂用电系统中性点接地方式，主要采用直接接地方式和经高电阻接地方式。

1)中性点直接接地方式

低压厂用电系统中性点采用直接接地方式，当发生单相接地故障时，接地保护动作于跳闸。其主要优点是中性点电位固定，可以防止相电压出现不平衡造成电压偏移过高而烧毁设备。其缺点是如电动机采用熔断器保护，会因单相熔断而转为两相运行，造成电动机烧毁。

2)中性点经高电阻接地方式

低压厂用电系统中性点采用经高电阻接地方式，发生单相接地故障时，接地保护不需要动作跳闸，只发信号；防止电动机采用熔断器保护时，因单相熔断转为两相运行，造成电动机烧毁。其缺点是中性点电位不固定；对于交流操作回路，需要每个回路设置专门的控制变压器，给设计和安装都增加了难度。

低压厂用电中性点无论采用哪种接地方式，都有其优点和缺点，在实际设计中视情况而定。

国内F级燃气轮机电厂低压厂用电系统通常采用中性点直接接地的接线方式。

第8章

不间断电源及直流系统

8.1 不间断电源系统

8.1.1 不间断电源概述

UPS (uninterrupted power supply)即不间断电源，是以整流器、逆变器、旁路电源为主要组成部分，并含有蓄能装置的不间断电源。某F级燃气轮机电厂UPS装置主要向下列负载供电：GIS(分列运行)、发电机集控楼、DCS、计算机测控系统、数字式电液调节器、汽轮机监视仪表、电能计费系统、继电保护装置、火灾自动报警系统以及其它自动和保护装置等。

8.1.2 不间断电源结构及原理

1. UPS系统配置

全场设交流220V单相不停电电源装置(UPS)。每套UPS系统正常臂装置由静态开关、逆变器(内含输出隔离变压器)、整流器(内含输入隔离变压器)、隔离二极管组成，旁路臂包括旁路开关、旁路隔离变压器和调压稳压器，具有稳压稳频的性能，其工作原理是正常输入380V交流电源，经整流滤波后转变为直流220V，再经逆变器转变成交流220V向负载供电。当交流不可用时可通过蓄电池组经隔离二极管向逆变器供电，逆变器无间断地继续对负载提供工频交流电。旁路电源的作用是当静态开关检修时或故障时，负载的电源由旁路电源通过旁路开关无扰动地供给。

2. UPS系统主要设备

1)静态开关

如图8-1所示，RA101/102/103为静态开关接触器组，RA103的合分由主回路和自动旁路是否满足同期条件决定，若同期条件满足(即频率、相位差小于规定值)，RA103就保持在闭合状态。RA101/102运行时互锁(只能闭合其一)，停机时全分。PC690为静态开关驱动板，R为静态开关限流元件，防止并列时的冲击环损坏静态开关。主回路切自动旁路时，PC690控制内部晶闸管组使自动旁路瞬时导通供电(经RA103支路)，待RA101分，RA102合动作完毕才使晶闸管元件截止，返回原断开状态。自动旁路切主回路时，PC690控制内部晶闸管组使自动旁路瞬时导通供电(经RA103支路)，待RA102分动作，RA101合动作完毕才使晶闸管元件截止，返回原断开状态。

只有当下列条件满足时RA103才能保持在闭合状态：

(1)旁路电源输入电压与逆变器输出电压的频率、相角差在规定范围内。

(2)旁路电源输入开关在闭合状态。

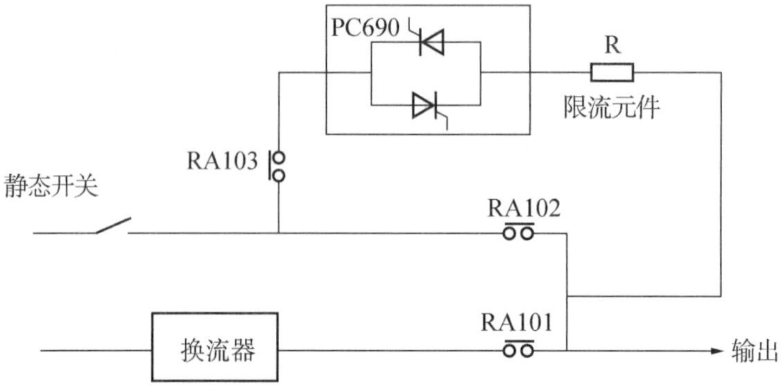

图 8－1　静态开关接线图

2）逆变器

逆变器将直流电源逆变成交流电源，使其输出稳定的交流电源供给负载。逆变器仅具有调频功能，而不具备调压能力。

逆变器电路由 IGBT 桥式逆变模块、驱动板、L－C 电感电容滤波器、输出隔离变压器、CT 以及控制板等组成。

3）整流器

整流器将三相交流输入电源转变成直流电源，为逆变器提供稳定的直流电源，整流器具有一定的调压能力。整流器具备短路回缩保护的功能，在异常情况下可以将输出电流限制在正常范围内，从而保证 UPS 系统直流母线上的平波电容器、直流熔断器在送电时不被损坏。

整流器采用三相桥式整流电路，主要由整流模块、L－C 电感电容滤波器、平波电容器、直流熔断器、驱动板等组成。

4）旁路自动稳压器

UPS 旁路自动稳压器由调压电路、控制电路及伺服电机等组成，当旁路输入电压或 UPS 负载发生变化时，由控制电路进行取样、比较、放大，然后驱动伺服电机转动，使调压器电刷的位置改变，通过自动调整线圈匝数比，从而保持输出电压的稳定。

3. UPS 配置及供电范围

每台机组设一套 UPS 系统，向机组的重要负荷供电，如 DCS 机柜、重要阀门等；集控楼设一套 UPS 系统，向集控楼的重要负荷供电，如 DCS 机柜、消防报警系统等；220 kV 配电装置微机监控系统所需的 UPS 电源由 220 kV 配电装置微机监控系统供货商配套。

4. UPS 机组接线方式

机组 UPS 的三路交流输入均为三相四线，两路取自本机组的保安段，旁路电源取自 380 V 机组工作段，直流输入取自机组的 220 V 直流系统。输出采用交流 220 V 单相；集控楼 UPS 的三路交流输入均为三相四线，一路取自#1 机组的保安段，一路取自#2 机组的保安段，旁路电源取自 380 V 公用段，直流输入取自 UPS 自带的专用蓄电池。输出采用交流 220 V 单相。

5. UPS 设备布置

机组 UPS 布置在主厂房 6. 5 m 层的机组电子设备室；集控楼 UPS 布置在集控楼电子设备间；220 kV 配电装置的 UPS 布置在 220 kV 配电装置的电子设备间。

8.2 不间断电源系统运行方式

8.2.1 单机运行方式

(1)主回路运行方式：正常情况下由 380 V 母线提供三相交流电源，经整流器整流、滤波为直流电，再由逆变器变换为 220 V 交流电源向负载供电。

(2)主回路/整流器故障运行方式：当 380 V 交流电源或整流器发生故障时，UPS 将自动(无延时)转由蓄电池组供电，工作电源恢复后又自动转为工作电源供电。当蓄电池放电到逆变器允许的最低输入电压时将切换至旁路电源供电，不再逆转。

(3)逆变器故障运行方式：在逆变器故障或异常时，UPS 将自动(无延时)转由自动旁路电源向负载供电。旁路电源输出电压的大小只能由调压器进行手动调节。

(4)手动切换运行方式：逆变器供电时，手动按主回路/旁路切换按钮，UPS 将转由自动旁路电源向负载供电，且不会自动切回主回路；旁路电源供电时，手动按主回路/旁路切换按钮，UPS 将在主回路发生逆变器故障且自动旁路正常时转由主回路向负载供电，可以自动 (无延时)切换到自动旁路供电。

(5)手动检修旁路运行方式：在检修 UPS 主机期间，由旁路交流电源通过手动检修旁路直接向负载供电，相当于将 UPS 主机的输出与输入直接短接，UPS 主机整体退出运行。

8.2.2 两机并列运行方式

(1)正常运行方式：两台 UPS 并联运行，输出端共同提供电源给 UPS 负载，且各带 50% 负载。

(2)主回路/整流器故障运行方式：当一台 UPS 的交流输入电源或整流器发生故障时 UPS 将自动(无延时)转由蓄电池组供电，工作电源恢复后又自动从蓄电池转为工作电源供电。当蓄电池放电至逆变器允许的最低输入电压时将自动切换至旁路电源供电，另一台也自动跟踪至旁路供电，不再逆转。

(3)逆变器故障运行方式：其中一台 UPS 因逆变器超温、过载等原因切换至自动旁路，另一台会自动跟踪至旁路运行，故障解除后两台 UPS 均自动切回至主回路。若由于上述原因导致两台 UPS 同时在自动旁路供电，此时其中一台逆变器发生故障或手停逆变器时，则该台 UPS 直接退出运行，另一台 UPS 自动切回至主回路供电，并带全部负载。

(4)手动切换运行方式：两台 UPS 各带 50% 负载，此时若一台 UPS(A)手动切换至自动旁路，为防止非同期并列，另一台 UPS (B)会自动切至旁路。若要切回主回路，仍要在 A 上操作，B 才能自动跟踪切回主回路。除非将 A 退出运行，否则无法直接将 B 切回主回路。

(5)手动检修旁路运行方式：在检修 UPS 主机期间，由旁路交流电源通过手动检修旁路直接向负载供电。

8.3 不间断电源系统运行与故障处理

8.3.1 不间断电源系统运行与维护

(1)UPS 开机操作。

①将 CHARGER(整流)和 ST. SW(旁路)开关打到 ON 位置;

②等待约 2 min 再将 BARTTERY(电池)开关打到 ON 位置;

③UPS 进行自我检测(大约需要 1 min),在测试完成后,确认 LCD 显示"UPS OFF";

④按"UPS ON"按钮;

⑤等大约 40 min,LCD 会显示输出电压;

⑥检查逆变器指示灯亮起;

⑦如果此时没有市电/旁路,LCD 会显示"B/PINPUT LOW",如果旁路条件正常,控制面板上旁路绿色指示灯将亮起。

(2)UPS 由主回路供电转为自动旁路供电操作。

①检查 UPS 主机柜 LCD 上 SYNC、BYPASS、CHARGER、INVERTER 和 INV 绿灯亮;

②确认主回路和自动旁路电压幅值差小于 20 V;

③按下"B/PINV"按钮,主机柜 LCD 上显示"Load to bypass? press again!"要求再次确认,在 2 s 内,重复按一次"B/PINV"按钮,表示确认选择转旁路操作;

④检查主机柜 LCD 上 SYNC、BYPASS、CHARGER、INVERTER 绿灯亮,B/P 灯红灯亮,确认切换成功。

注意:SYNC 灯亮只表示频率、相位满足同期条件,运行人员要自行确定电压是否满足同期条件,并在旁路柜上手动调节旁路电源电压。

(3)UPS 由自动旁路供电转为主回路供电操作。

①确认 UPS 由人为操作切换至自动旁路运行;

②检查主机柜 LCD 上 SYNC、BYPASS、CHARGER、INVERTER 绿灯亮,B/P 灯红灯亮,无其他异常报警;

③确认主回路和自动旁路电压幅值差小于 20 V;

④按一下"B/PINV"按钮;

⑤检查主机柜 LCD 上 SYNC、BYPASS、CHARGER、INVERTER 和 INV 绿灯亮,无其他异常报警,确认切换成功。

(4)UPS 由主回路供电转为检修旁路供电操作。

①先将 UPS 由主回路供电转为自动旁路供电;

②合上手动检修旁路开关;

③断开 UPS 输出开关。

(5)UPS 由检修旁路供电转为主回路供电操作。

①合上 UPS 主机柜中的主输入开关(CHARGER)和旁路输入开关(ST. SW);

②检查 UPS 输出开关在断开位置;

③主机柜 LCD 上开始显示自检信息,待有且仅有 BYPASS 和 CHARGER 绿灯亮后,合

上 UPS 主机柜中的直流输入开关；

④UPS 进行自检（大约 1min），若电池电压过低，会发 BATTERY LOW 报警和 BATTERY 灯亮；

⑤等待 LCD 上出现“UPS OFF”，按“ON/OFF”按钮，启动逆变器，稍后 INVERTER 和 SYNC 灯亮，并认 INV 绿灯亮，LCD 上显示“UPS OK”；

⑥将 UPS 由主回路供电转为自动旁路供电；

⑦合上 UPS 输出开关，断开 UPS 手动检修旁路开关；

⑧将 UPS 由自动旁路供电转为主回路供电。

（6）UPS 退出运行操作。

①逐一关闭或转移所有 UPS 馈线柜中的 UPS 负载；

②连续按“ON/OFF”按钮两次，按一次后主机柜 LCD 会显示“ups off? press again!”，再按一次表示确认后，系统将逆变器关闭，此时 LCD 显示“UPS OFF”，INVERTER 和 1NV 灯灭；

③先后断开直流输入开关、旁路输入开关、交流输入开关和 UPS 输出开关，此时 CHARGER、BYPASS 灯灭。

（7）UPS 运行规定。

①满足以下条件之一，UPS 将从主回路自动切换到旁路电源供电：逆变器过载、逆变器温度高、逆变器故障、直流电压低。

②UPS 在自动旁路运行不是由人为手动切换引起，当同时满足以下条件时，UPS 将自动切回到逆变器供电：逆变器输出电压正常、UPS 的输出电流小于过载值、逆变器无超温故障、同期条件满足。

③逆变器自动跟踪旁路电压，保证主回路和旁路的电压频率差在 ±2 Hz 以内。

④当需要将 UPS 转为手动检修旁路供电时，应确认 UPS 已转由自动旁路供电，才能合上手动检修旁路开关，以防止非同期并列。

⑤UPS 正常运行时要注意监视逆变器输出电压与旁路电压的幅值差，通过手动调整旁路输出电压的幅值，使逆变器和旁路电压幅值差在允许范围内。因为 UPS 主机只判断主回路旁路电源的频率和相位，不会判断电压幅值的偏差。当电压幅值偏差大时，同期灯 SNC 也会亮，如果此时发生主回路故障，UPS 自动转为旁路供电，会对 UPS 负载造成很大冲击。

⑥整流器的投运应先合交流侧开关，检查整流器运行正常后，再合蓄电池输入开关。

⑦UPS 主机的停运就是 UPS 逆变器以及静态开关的停运，若 UPS 在主回路或自动旁路运行情况下停运 UPS 主机，逆变器及静态开关同时停运，会造成 UPS 停止供电。

⑧当 UPS 系统由主回路供电转为手动检修旁路供电后，此时若不按下 UPS 主机停运按钮，而直接断开 UPS 系统的输出开关、主回路输入开关、自动旁路开关、蓄电池开关，UPS 只会自动停止运行，但下次合上主回路输入开关、自动旁路开关、蓄电池开关后，UPS 主机会自动启动运行。

⑨UPS 系统共设四个温度传感器，两个位于逆变器散热片（220 kV 升压站 UPS 只有一个逆变器温度传感器），一个位于整流器散热片，一个埋入输入隔离变压器线圈。

⑩逆变器和整流器的冷却风扇电源相互独立，在启动逆变器运行后，整流器、逆变器

风扇同时启动，当负载大于50%额定负载时，风扇自动切换为高速运行。

⑪集控楼公用UPS采用并机运行方式，当A UPS、B UPS在主回路供电时，若手动将A UPS转为自动旁路供电，B UPS也会自动切换至自动旁路，以防止非同期并列。此时无法手动切换B UPS至主回路供电，只能通过手动切换A UPS至主回路，B UPS才能自动跟踪至主回路运行。

⑫两台UPS并机运行，若A UPS在主回路供电，B UPS由停用状态转至主回路运行时，可以直接对B UPS执行单机开机步骤，B UPS会自动跟踪A UPS的频率、电压使两者满足同期条件。

⑬两台UPS并机运行，若A UPS在手动检修旁路运行，将B UPS由停用状态转至正常运行，需要先将B UPS切换至自动旁路后，再与A UPS并列，以保证两台UPS同期条件满足。

8.3.2 不间断电源系统故障处理

在UPS停止正常工作的情况下，用户应在第一时间检查显示面板获得有关信息。然后根据告警灯红色LED和告警声音的情况，对照表8-1查找结果和对策。

表8-1 UPS常见故障及处理

显示信息	LED灯和声音	结果描述	对策
FAULT CONDITION! SERVICE REQUIRED	—	自检结果未通过	请与维修服务中心联系
UPS OFF	—	UPS处于关机状态	按“UPS ON”按钮开机
UPS OFF INPUT IS LOW	—	UPS因市电中断不恢复而关机	检查输入开关与配电柜
BATTERY UNDER LOAD	每4s响一下	市电中断，逆变器由电池供电	应关停有关负载
BYPASS VOLT FAULT	B/P LED灯不亮	Bypass旁路故障	检查旁路电源
LOAD TRANSFERING PLEASE WAIT	负载在B/P INV逆变器LED亮	旁路与逆变器切换(大约需要40 s)	—
LOAD TRANSFERING PLEASE WAIT 显示超过3 s	负载在B/P INV逆变器LED不亮	逆变器故障	请与维修服务中心联系
INVERTER FAULT	INV逆变器LED不亮	逆变器故障	请与维修服务中心联系
BATTERY LOW	Battery电池LED亮	电池未能通过测试	2 h后再次测试。如仍不能通过，请与维修服务中心联系
RECTIFIER FAULT	—	充电器故障，电池不良	请与维修服务中心联系

续表 8－1

显示信息	LED 灯和声音	结果描述	对　策
—	SYNC 同步 LED 不亮	逆变器未能与旁路同步	请与维修服务中心联系
OVERLOAD	Overload 过载 LED 亮	过载	检查调整负载
ANY OTHER MESSAGE	连续音频声音告警	请与维修服务中心联系	
NO MESSAGES			重新启动 UPS

注意：以下程序步骤是在 UPS 不能正常运行且没有任何 LCD 显示信息的情况下才进行。

UPS 在正常操作条件下停止运行，面板显示也不正常的情况下，技术人员应按下面的步骤检查：

①将所有 UPS 的开关置于“OFF”；

②5 min 后重新启动 UPS；

③UPS 若正常运行，则结束；

④否则将 UPS 和电池柜所有开关断开；

⑤将 UPS 与市电断开；

⑥等待 5 min，确定控制面板指示灯熄灭；

⑦拆下 UPS 的盖板或侧板；

⑧用直流电压表侧电容 C101 直到电压降低到 5V；

⑨检测烧坏或损坏器件，如电容、IGBT 等；

⑩检查所有插头是否连接到相应的位置；

⑪确认 PC901 上 IC12 安装良好；

⑫察看是否有其他故障，若有则校正；

⑬否则将 UPS 连接到市电将充电器开关置于“ON”位置；

⑭根据下面电压范围表检查 UPS 各点电压；

⑮若所有电压在允许范围内（表 8－2），则更换 PC901，否则更换 PC921 或 971；

⑯若 LCD 面板上有显示则结束；否则更换 PC085 板后结束。

表 8－2　PCB 线路板电源测试点及电压范围

PCB 板号	测试点	电压范围
PC 901	IC12/28	5V ± 5%
PC 971	IC10/8	12V ± 5%
PC 971	IC10/4	－12V ± 20%

8.4 直流系统

8.4.1 直流系统概述

直流系统是发电厂厂用电中最重要的组成部分，它应保证在任何事故情况下都能可靠和不间断地向其用电设备供电。控制用 110 V 直流系统主要用于对开关电器的远距离操作和对信号设备、继电保护、自动装置等的供电。在直流系统中，采用使用交流电源的整流模块和蓄电池组作为直流电源。动力用 220 V 直流系统主要用于向事故直流油泵、事故照明和不停电电源等的供电。

8.4.2 直流系统结构和原理

1. 机组直流系统配置

根据 DL/T 5044—95《火力发电厂变电所直流系统设计技术规定》，每台机组设置一组 220 V 蓄电池配一组充电器向动力负荷供电，另设置一组 110 V 蓄电池配两组充电器向控制负荷供电。

2. 集控室公用直流系统

本期 3 台机组设置两组 110 V 蓄电池配两组充电器向本期 3 台机组公用控制负荷供电，以提高供电的可靠性。

3. 220 kV 配电装置直流系统

设置两组 110 V 蓄电池配两组充电器向 220 kV 配电装置控制负荷供电，以提高供电的可靠性。

4. 直流系统接线

(1) 机组 220 V 动力用直流系统。

机组 220 V 动力用直流系统采用单母线，考虑到蓄电池的维护，本期工程的动力用直流系统间通过联络开关用电缆可连接。正常运行时，联络开关打开，每台机组直流系统独立运行。当某一台机组蓄电池退出运行时，联络开关合上，两台机组的直流系统并联由一组蓄电池短时供电。

(2) 机组 110 V 控制用直流系统。

机组 110 V 控制用直流系统采用双电池双充电机配置，设两段母线，重要负荷分别由不同母线供电，母线设联络开关。正常运行时，联络开关打开，机组 110 V 直流母线独立运行。当某组蓄电池退出运行时，联络开关合上，两段直流母线并联由一组蓄电池短时供电。

(3) 集控楼 110 V 控制用直流系统。

集控楼 110 V 控制用直流系统采用两段单母线，考虑到蓄电池的维护，本期工程的 110 V 控制用直流系统间通过联络开关用电缆可连接。正常运行时，联络开关打开，每组直流系统独立运行，当某一组蓄电池退出运行时，则联络开关合上，集控楼 110 V 的直流系统并联由一组蓄电池短时供电。

(4)220 kV 配电装置 110 V 控制用直流系统。

220 kV 配电装置 110 V 控制用直流系统采用两段单母线，考虑到蓄电池的维护，本期工程的 110 V 控制用直流系统间通过联络开关用电缆可连接。正常运行时，联络开关打开，每组直流系统独立运行。当某一组蓄电池退出运行时，联络开关合上，220 kV 配电装置 110 V 的直流系统并联由一组蓄电池短时供电。

图 8－2 为某 F 级燃气轮机电厂直流电源模块的工作原理框图，一次侧检测控制电路监视交流输入电网的电压，实现输入过压、欠压、缺相保护功能及软启动的控制；辅助电源为整个模块的控制电路及监控电路提供工作电源；EMI 输入滤波电路实现对输入电源做净化处理，滤除高频干扰及吸收瞬态冲击；软启动部分用作消除开机浪涌电流；三相交流输入电源经输入三相整流、滤波变换成直流，全桥变换电路再将直流变换为高频交流，高频交流经主变压器隔离、全桥整流、滤波转换成稳定的直流输出；信号调节、PWM 控制电路实现输出电压、电流的控制及调节，确保输出电源的稳定及可调整性；输出测量、故障保护及微机管理部分负责监测输出电压、电流及系统的工作状况，并将电源的输出电压、电流显示到前面板，实现故障判断及保护，协调管理模块的各项操作，并跟系统通信，实现电源模块的高度智能化。

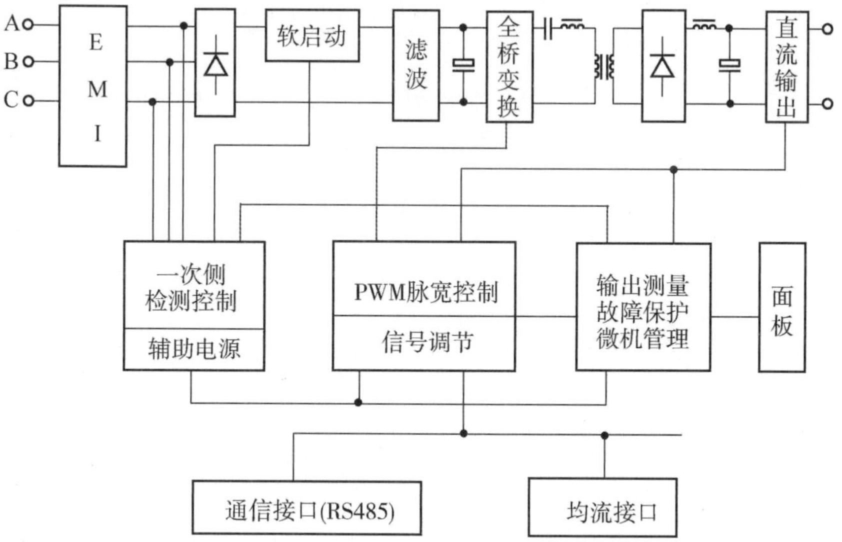

图 8－2　高频开关电源模块工作原理框图

5. 直流系统设备布置

(1)机组 220 V 动力用直流系统。

机组 220 V 动力用直流系统的蓄电池布置在主厂房 0 m 蓄电池室，其直流屏布置在主厂房 6.5 m 层的 380 V 配电室。

(2)机组 110 V 控制用直流系统。

机组 110 V 控制用直流系统的蓄电池布置在主厂房 0 m 蓄电池室，其直流屏布置在主厂房 6.5 m 层的 380 V 配电室。

(3)集控楼 110 V 控制用直流系统。

集控楼 110 V 控制用直流系统的蓄电池布置在集控楼 0 m 蓄电池室，并预留二期蓄电池位置，其直流屏布置在集控楼的电子设备间，并预留二期直流屏位置。

(4)220 kV 配电装置 110 V 控制用直流系统。

220 kV 配电装置 110 V 控制用直流系统的蓄电池布置在 220 kV 配电装置的蓄电池室，其直流屏布置在 220 kV 配电装置的电子设备间。

表 8 -3、表 8 -4 所示为直流电源的特性参数。

表 8 -3 直流电源的输入特性

序号	项目	指标		备注
		ATC230M10Ⅲ	ATC115M20Ⅲ	
1	交流输入电压	380V(-15%， +20%)		三相三线
2	交流输入频率	5Hz ± 10%		
3	交流输入电流	≤8A		满载，AC380V
4	输入功率因素	≥0.94		满载
5	综合效率	≥94%		满载

表 8 -4 直流电源的输出特性

序号	项目	指标		备注
		ATC230M10Ⅲ	ATC115M20Ⅲ	
1	标称输出电压	220V	110V	
2	输出电压可调范围	179～286V	88～143V	连续可调
3	标称输出电流	10A	20A	
4	输出限流	0～105%额定输出电流		连续可调
5	稳压精度	≤ ±0.5%		
6	稳流精度	≤ ±0.5%		
7	纹波系数	≤ ±0.1%(有效值) ≤ ±0.5%(峰峰值)		
8	负载调整率	≤ ±0.5%		
9	电网调整率	≤ ±0.1%		
10	并机均流不平衡度	≤ ±3%		

8.4.3 直流系统运行和维护

1. 某 F 级燃机电厂直流系统正常运行方式及运行规定

①所有充电器的整流模块交流侧共有两路电源，正常运行时，其中一路交流电源投入运行；另外一路交流电源处于备用状态。当正在运行中的交流电源发生故障时，则该路电源自动退出运行，而处于备用状态的交流电源自动投入运行。

②各直流系统交流电源主要来自机组保安段，提高交流电源的可靠性。

③正常情况下，蓄电池组和充电器并列运行，充电器供给正常的负载电流，还以很小

的电流给蓄电池组浮充电，以补偿蓄电池组的自放电。蓄电池组作为冲击负载和事故供电电源。

④正常运行时，不允许由蓄电池或充电器单独带直流母线运行。

⑤单个蓄电池电压在浮充电运行方式时，电压应保持2.23±0.01V范围之内。蓄电池电解液正常温度应为15～25℃，充放电时，温度不得超过40℃。蓄电池室的温度应保持在10～30℃。

⑥每个整流模块的输出电压差应该在2 V范围之内，输出电流差在1 A范围之内。

⑦各直流系统的整流模块均采用$N-1$配置模式，即当任何一组整流模块故障，不影响本直流系统的正常运行。

⑧任意两段直流母线不允许长期并列运行。正常运行时联络开关应断开，当一组蓄电池需要退出运行时，应先合上联络开关然后退出蓄电池。

⑨充电器的输出电压随环境温度变化而自动变化，当环境温度每上升1 ℃，单个蓄电池的充电电压会降低3 mV；当环境温度下降1 ℃，单个蓄电池充电电压增加3 mV。

⑩两段直流母线并列操作前，应检查两侧母线电压偏差不应超过其额定电压的5%且极性相对应，否则应调整电压后操作。如果两段准备并列的母线都有接地故障，且接地分别为不同极性时，禁止合上母线的联络开关，防止造成系统两点接地而使设备误动作跳闸。

⑪在投入充电器的操作中，应先启动充电器，检查充电器输出电压正常后，再合上充电器的直流侧出口开关。

⑫所有110 V和220 V直流系统的充电器根据设定的条件，可以自动实现对蓄电池浮充转均充和均充转浮充的操作。同时，也可以采取手动切换的方式实现对蓄电池的浮充转均充和均充转浮充的操作。

⑬在机组停机期间，如果直流系统相关负载仍需要工作，直流系统母线不允许停电。

⑭蓄电池室内严禁烟火，应经常保持通风良好。更换室内灯泡，必须照明灯电源断开后进行，充放电过程中禁止更换灯泡，防爆灯罩应保持完整。

⑮直流母线绝缘电阻不应低于50 MΩ。整个直流系统绝缘电阻不应低于0.5 MΩ。

⑯每一组蓄电池通过直流母线联络开关，可同时供给两段母线的正常直流负载，但不能同时承受两段母线的全部事故直流负载，应尽可能缩短一组蓄电池供两段母线的运行时间。

⑰蓄电池应尽量安排在机组大小修或临修时进行充放电工作。蓄电池定期的充放电可以大大提高蓄电池的使用寿命，一般以一年一次为宜。

⑱蓄电池正常运行每天白班巡检一次；充放电期间应加强巡视。

⑲当直流系统的充电器、蓄电池或直流负载还在运行时，不允许长时间将本单元的总监控模块退出运行。

⑳在停运某段直流母线运行时，必须先确认其所供电的负载已全部转移或可以停运后，才能停电。

㉑正常运行时，如果充电器需退出运行，应先将与其对应的直流母线转由其他直流系统供电，然后停运该充电器以及对应的蓄电池。如果蓄电池需退出运行，应先将与其对应的直流母线转由其他直流系统供电，然后停运该蓄电池以及对应的充电器。

㉒蓄电池放电后充电，应用不带直流母线的充电器充电，等蓄电池转为浮充状态后，再把蓄电池和对应的充电器转为正常运行方式。

2. 直流系统正常运行的检查

(1)运行中的充电器的检查和巡视：

①各运行指示灯亮且正确。

②各开关、隔离开关、旋转选择开关位置正确，电压、电流表指示正常，无过充电或过放电现象。

③监控模块上无保护动作和充电器故障信号。

④充电器各部件无过热、振动过大、松动异音现象，开关、隔离开关等接触良好。

⑤检查防雷器良好，与地网可靠连接。

⑥各部分完好无损，盘内清洁、无杂物、无异味。

(2)直流联络柜和馈线柜的检查和巡视：

①柜内应保持清洁，温度正常，无焦臭味，干燥、通风良好。

②柜内表计、指示灯指示正确，开关、隔离开关位置正确。

③馈线柜的绝缘检测模块无异常报警，各馈线绝缘良好，直流母线电压正常。

④各柜内各元件无松动、过热、异常现象。

⑤各柜门是否关好，锁好。

(3)电池组的检查：

①电池巡检仪各运行指示灯亮且正确。

②蓄电池在线监测管理装置无异常报替。

③电池外部完整无破裂、无杂物，各接头连接牢固，无松动、腐蚀、发热现象，蓄电池测温探头摆放正确并完好。

④蓄电池室内应保持清洁，电池及台架无污垢，室温应保持在25℃左右。

⑤蓄电池室内照明、通风良好，无任何火源。

⑥蓄电池室的门窗应关好，应无漏水和进水现象。

⑦检查蓄电池室轴流风机运行正常。

8.4.4 直流系统故障处理

1. 直流母线电压低报警处理

(1)如果报警母线的充电器及蓄电池全部因故障退出，经确认母线绝缘合格后，通过联络开关倒换到另一段直流母线供电，通知维修处理。

(2)如果就地测量直流母线电压正常，则可以判断为误报警或误整定报警设定值，通知维修处理。

(3)检查充电器及蓄电池的输出电流，是否是由于负载过电流而造成系统电压低，进一步查找过电流原因，排除故障。

(4)如果直流母线电压确实偏低，应检查充电器的所有整流模块的输出电压是否偏低，如是则可能是充电器的监控装置故障引起，将该直流母线通过联络开关倒换到另一段直流母线供电，并停运该充电器，通知维修处理。

2. 直流母线电压高报警处理

(1)如果就地测量直流母线电压正常，则可以判断为误报警或误整定报警设定值，通知维修处理。

(2)如果直流母线电压确实偏高，检查是否由于充电器的某个整流模块电压输出偏高引起，如是则停运该模块运行。如果输入电压正常，所有整流模块的输出电压偏高，则可能是充电器的监控装置故障引起，将该直流母线通过联络开关倒换到另一段直流母线供电，并停运该充电器，通知维修处理。

3. 直流系统接地处理

直流系统发生一点接地后，如再发生另一点接地将可能造成保护误动、拒动，设备控制失灵。发现直流系统接地后应及时处理，处理方法如下：

(1)就地测量直流母线正、负极对地电压是否正常，以确定是哪一极接地，或是误报警。

(2)若测量后确认存在接地，在就地绝缘监控装置的液晶屏上查询接地极性是否正确，并记录接地电阻值，尽快通知维修处理。

(3)在就地绝缘监控装置上查询有无回路接地报警。如果没有回路接地报警，则可能是母线或直流模块部分发生接地故障，此时应禁止任何人在直流回路上进行与查找接地无关的工作；如果有回路接地报警，则记录报警的回路号，并做以下处理：

①禁止任何人在直流回路上进行与查找接地无关的工作。

②询问有无维修人员在直流回路上工作或报警时有无启动直流负载。如果维修人员工作的直流回路或启动的直流负载的电源回路与报警回路信号吻合，可以要求维修人员暂时停止工作或暂时停止之前启动的直流负载的方法，来初步判断直流接地故障点。

③对于可以短时停电的直流负载，可以采用瞬间断电的方法查找故障(控制用直流系统的负载禁止采用瞬间断电方法查找故障点)。

4. WEPR 系列整流模块故障汇总表(表 8－5)

表 8－5 WEPR 系列整流模块故障汇总表

序号	故障名称	故障启动原因	故障后果	备注
1	交流过电压保护	交流输入电压≥463±7V	全部整流模块自动关机	可动恢复
2	交流欠电压保护	交流输入电压在≤317±7V	全部整流模块自动关机	可自动恢复
3	交流断相保护	三相交流输入断相	全部整流模块自动关机	可自动恢复
4	输出过电压保护	>300 V(220 V 系列)，>150 V(110 V 系列)	本整流模块自动关机	不可自动恢复，排除故障后需断电重新开机才能恢复
5	输出短路电流回缩保护	直流输出有短路故障短路	电流间缩限制在额定值的40%	可持续短路24 h，可自动恢复

续表 8-5

序 号	故障名称	故障启动原因	故障后果	备 注
6	风扇故障保护	当模块内部温度达到风扇的开启温度时，风扇没有正常启动	本整流模块自动关机	可自动恢复，当温度下降到风扇的停止温度时，该整流模块自动开机
7	模块过温关机保护	≥85 ±5℃	本整流模块自动关机	可自动恢复，当温度恢复至 65 ±5℃自动开机
8	限制最大输出功率	当输出电压超过 260 V (220 V 系列)或 130 V (110 V 系列)时	最大输出电流被限制在 90% 模块额定输出电流	可自动恢复
9	模块过温 电流回缩保护	模块内空气温度高	当温度超过 60℃且小于 65℃时，输出电流回缩限制在本整流模块额定电流的 70%；当温度超过 65℃时，输出电流间缩限制在本整流模块额定电流的 50%	可自动恢复

第9章

电气系统综合自动化及其通信

9.1 电气系统综合自动化概述

随着电力行业的技术进步，发电厂的自动化水平日趋提高。分散控制系统(distributed control system，DCS)作为机组运行控制的主要手段，已逐步取代盘台上一对一的硬手操方式，成为新建电厂和老机组改造的标准配置。DCS系统借助其强大的控制功能，已经实现了机组主/辅机的参数控制、回路控制、联锁保护、顺序控制、参数显示、异常报警、性能计算、趋势和报表输出等综合控制功能，成为保证发电机组安全稳定运行的重要基础。

电气设备在电厂中具有重要地位和特殊性。传统的电气设备控制都是通过继电器等硬件逻辑和专门的自动装置来实现的，操作方法也是对设备的一对一硬手操。随着DCS系统软件硬件的不断完善，现在已经可以将电气设备控制纳入到DCS系统中来，成为一个相对独立的子系统——电气控制系统(electric control system，ECS)。

电厂的电气部分分为220 kV(500 kV)系统、发变组系统和高低压厂用电系统。目前来看，220 kV系统因保护逻辑复杂且继电保护技术十分成熟，已经形成了成熟的网络监控系统(network computer-monitoring system，NCS)，故不宜纳入DCS控制。其他发变组和厂用系统均可进入DCS。将ECS纳入DCS系统，可实现全厂自动控制一体化，实现全局数据共享，消除了系统数据交换的瓶颈，节约系统投资，减少维护的工作量。ECS系统还可以与MIS(management information system)/SIS(supervisory information system)等系统接口，接受调度指令，生产各种报表，方便生产管理，提高效益。

电气控制系统(ECS)技术经过了3个阶段的发展历程：

第1个阶段是一对一的控制方式，即设置发电机组厂用电控制屏，通过测量仪表、光字牌和指示灯进行监测，控制开关采用一对一的强电控制方式，这也是发电厂设计的原始控制系统，该方式的控制系统特点是设备监控简洁明了，但自动化程度低。

第2个阶段是电气监控纳入分散控制系统(DCS)。随着计算机信息技术的发展和分散控制技术在自动控制领域的广泛应用，为提高发电机组的电、热负荷适应能力和自动化水平，DCS已经在电厂自动控制领域得到广泛应用，逐步从较为简单的数据采集系统(DAS)、模拟量控制系统(MCS)逐渐发展到机电一体化控制系统。在这个阶段，厂用电监控纳入DCS主要是指发电机变压器组由DCS进行测量与控制；直流系统、不间断供电系统(UPS)等由DCS实现数据采集；厂用电快切装置、6 kV(10 kV)厂用电保护、380 V电动机控制装置、380 V配电控制装置等各自独立，测控功能由DCS直接进行。电气控制系统由于存在通信能力比较弱、可靠性不高、对 DCS 下发的控制命令无法快速响应、无法快速地把相关电气量传给 DCS、不能满足 DCS 对参与顺序控制的电气量进行快速数据采集的要求等问题，因此，常规做法是对这些要参与 DCS 顺序控制的电气量专门铺设二次电缆和加装变送器，由 DCS 直接进行数据采集和控制操作。铺设电缆的工作量很大，投资也很大，而厂用电保护装置或电机控制中心(MCC)、动力中心(PC)控制装置本身所具有的采集和控制功能没有得到充分利用。

第 3 个阶段是全数字化的电气监控系统，并为 DCS 提供所需信息接口和控制接口。通过工业现场总线或以太网将厂用电气系统组成局域网，构建成专用的 ECS，实现完全数字化的电气信息量监控，同时为 DCS 提供高速实时的数字化通信接口。这时，DCS 对参与顺序控制的电气量的采集和控制完全以通信软报文的方式进行，不需要二次电缆硬接线，减少了设计和施工的工作量，节省大量成本。

近年来，在新建的容量在 300 MW 以上的电机组中，电气系统都实现了不同范围的联网，并通过通信接口向 DCS 传送监控信息，在提高电气系统自动化水平和管理维护方面，给用户带来了实实在在的好处。但在实施中也存在一些困难和问题，主要表现有：

部分电厂电气量进入 DSC 的方式是将断路器位置信号等开关量直接接入 DCS 的数据采集系统(DAS)，电压、电流等模拟量通过变送器变成 4～20 mA 电流信号后接入 DAS 系统，电气控制信号通过硬接线方式由 I/O 接口送入过程处理单元(PCU)。这样做导致变送器用量大，接线复杂，投资高，数据精度受影响。

采用通信方式联网的 ECS 和 DCS 系统，由于进口 DCS 系统的通信开放性受很大限制，在通信方式上不够灵活，DCS 的通信周期、数据包长度等因素都对通信的实时性有很大影响。

通信方式与硬接线方式相比，信息中转环节多，在可靠性和实时性方面还有一定差距，目前通信的信息还主要集中在监测信息，还不能完全实现期望的全通信目标。

ECS 节点多，设备分散，且多台机组一般都分期建设。这就对系统的可扩展性和售后服务能力提出了很高的要求，而不同厂家的表现良莠不齐，使得系统的维护量增大，影响 ECS 实施的效果。

DCS 在电厂的应用传统模式是机、炉系统分散在就地各个部分的测量和控制信号通过传感器和变送器、执行器采用模拟电信号，通过控制电缆接到 DCS 控制站的 I/O 卡件。如果电气控制系统仍沿用这种传统模式，必将产生接线复杂、信息量少等弊端。因此，研究一种合理的将 ECS 纳入 DCS 的方法，实现控制系统一体化，具有十分重要的意义。将电厂电气部分纳入 DCS 统一控制，可以实现机、炉、电的集中统一管理，实现全局数据共享，消除系统数据交换的瓶颈。可以实现控制系统备品备件统一采购，节约成本。同时还可以实现高级控制算法，进行设备寿命管理，并可加入成本计算模块，作为实时竞价上网的决策依据，满足电力市场实时竞价的要求。

目前国内应用 ECS 的电厂在使用中有成功经验，也有存在的问题，主要表现在系统的可靠性、连锁保护逻辑、通信速率、抗干扰能力等方面。针对目前 ECS 系统的现状和存在的问题，在充分考虑电厂电气系统特殊性的基础上，简单介绍了电厂电气控制系统。

该系统利用电气设备分布相对集中的特点，利用现场数据总线代替控制电缆，可以节约大量投资和维护工作量。现场设置微机综合保护测控装置，将测量数据经数据总线进入 DCS，ECS 系统可以按照通信规约与其它自动装置(发变组保护、励磁调节系统、快切装置、同期装置等)进行双向数据通信，实现定值管理、故障录波等功能。

9.2 网络监控系统(NCS)

目前，分布式运行监控系统(DCS/ECS)已经在新建和改建电厂中得以大量应用，先进的发电厂网控自动化技术也得到大量应用。与此同时，发电厂机组电气监控及厂用电自动化也正在融入整个电厂的监控系统。如前所述，电厂厂用电系统现状和自动化发展过程证明，厂用电监控系统是电厂电气监控系统的基础。所以厂用电监控系统自动化水平的高低，直接影响电气自动化和机组自动化的水平。现场总线技术在电厂自动化领域的应用，是目前国际和国内的大势所趋。厂用电监控系统实现高水平自动化的基本要求应以此为基础。

通信控制器是变电站综合自动化系统的信息中心，它通过不同的通信介质和通信规约，对变电站内各种设备的信息进行采集处理，形成标准的信息并通过数据通道传送到当地和远方监控系统，同时接收并向站内智能设备传达当地和远方监控系统的控制命令。变电站综合自动化系统中，信息的采集和传送是根据优先级进行划分的，这要求通信控制器具有实时、分时的特性。

通信控制器以工业控制 CPU 母板为核心，可构成主备双通信控制器系统。双通信控制器以双机专用通信通道通信为主，以以太网通信为备相互监视主备状态，从而保证主备状态的正确性。NSC 系列通信控制器以双以太网接口与监控层计算机通信，以双 CAN (control area network，控制局域网络)网口与间隔层测控单元通信，通过串口与其它智能设备(如保护装置、直流屏、电度表、五防等)实现数据交换。同时，NSC 系列通信控制器具有完善的 GPS 对时子系统，具有对时报文串口或秒脉冲对时总线。通信控制器通过 CAN 网及其它串口向测控单元和保护单元等发送对时报文，使站内时间保持统一。

图 9 - 1 是某电厂 3 × 390 MW 机组 220 kV 网络计算机监控系统结构示意图。

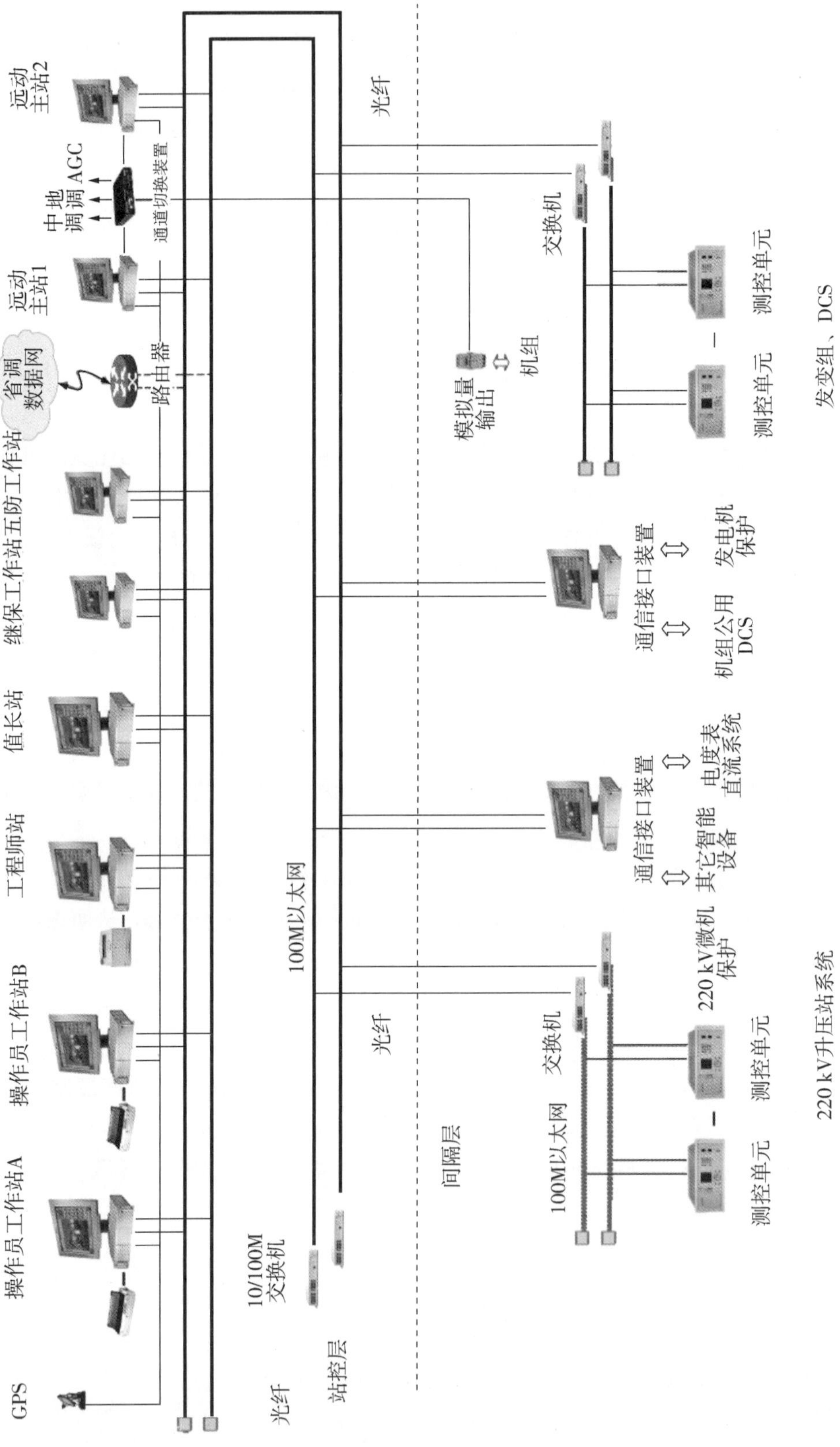

图9-1 计算机监控系统结构示意图

9.2.1 智能自动电压控制(AVC)

智能自动电压控制(automatic voltage control，AVC)系统是智能电网的重要组成部分。AVC在20世纪80年代初开始用于电网，称为二次电压调节网，目标是在电网中实现无功功率及电压的区域性集中控制。二次电压调节是指：电压的快速变化，均由具有全网影响意义的发电机组的一次作用进行调节；电压的慢速变化，由二、三次无功电压控制调节。二次控制由具有区域影响意义的动态无功补偿装置进行调节，手动操作的无功补偿装置定为三次调节。由超高压电网提供电压参考，作为全网电压调节的参考，防止出现电压调节的不协调。

我国电网的AVC起源于20世纪末。那时我国电网得到了相当的发展，机组容量不断提高，电网规模不断扩大，电压等级不断提升，区域电网逐渐形成。为了稳定电网电压，在原电力工业部发出的《电力工业部关于调度机构开展安全文明生产达标和创一流工作的通知》与《国家电力公司建设国际一流电网调度机构考核标准(试行)》中的评价一流技术中，增加了考核电网AVC功能的规定。这些规定推动了AVC在我国电网中发展并开辟了广阔的前景。

10多年来，AVC在我国电网中得到了普遍推广，覆盖率约30%～40%。AVC适应了我国电网的发展现状，最大限度地利用了现有的无功补偿装置，稳定了电网电压水平，在一定程度(约1%～1.5%)上减少了电网中的电能损耗。

但AVC不代表全网经济的无功优化：不以统一的目标函数进行定量的优化调度，而是将目标层次化，一般以电压作为控制对象，没有将网损以及控制设备动作次数等综合起来考虑，且上层控制在修改下层整定值时往往没有考虑下层控制的允许限制和响应能力，因此其结果既不一定满足设备动作次数最少的限制，也不代表经济的无功优化。

现在的AVC正朝着智能化方向发展。智能AVC，即智能化的电网无功优化调度(optimal reactive power dispatch，ORPD)。ORPD指在电网的无功电源的优化布局下，通过发电厂、变电站的无功就地平衡及变压器分接头的自动调控，使得电网的电压质量、线路损失和电压稳定储备3个指标逐步自趋优化运行，同时抵达最好状态。本厂AVC子站系统和#1～#3机组AVC子站系统整定值设置分别如表9－1和表9－2所示。

表9－1 AVC子站系统定值AVC201302－QW－1

序号	参数名称	整定范围	整定值	备 注
1	主站通信中断/min	0～30	15	
2	母线电压调节死区/kV	0～264	0.5	
3	#1～#3机组无功调节死区/MVar	－623.5～623.5	5	
4	电压指令偏差范围/kV	0～264	2.00	
5	#1～#3机无功指令偏差范围/MVar	－623.5～623.5	20	
6	220kV母线电压双量测偏差/kV	0～264	2.00	
7	#1～#3机无功双量测偏差限值/MVar	0～623.5	20	
8	220kV双母线电压偏差/kV	0～264	1.00	

续表 9－1

序号	参数名称	整定范围	整定值	备　注
9	220kV 母线电压波动范围/kV	0～264	2.00	
10	220kV 母线电压限值范围/kV	0～264	0	
11	调节无效判断次数	0～100	5	
12	调节无效恢复次数	0～100	6	
13	机组闭锁延时时间设定	0～120	5	
14	全厂无功调节方式 （整定为 1 的方式为采用的调节方式）	等功率因数	1	
		等无功裕度	0	
		等机组无功	0	
		等视在功率	0	
15	220kV 母线电压额定值/kV	0～264	220	
16	220kV 母线电压高高限/kV	0～264	242	
17	220kV 母线电压高限/kV	0～264	240	
18	220kV 母线电压低限/kV	0～264	222	
19	220kV 母线电压低低限/kV	0～264	220	
20	系统阻抗上限/Ω	1～100	90	
21	系统阻抗下限/Ω	1～100	10	
22	无功限值选项	PQ 曲线、固定限值	PQ 曲线	
23	控制策略选项	远方、本地	远方	当与主站通信中断时自动切换到本地，通信恢复正常后自动切回远方
24	切换策略	手动、自动	自动	
25	控制目标	母线电压、单机无功	母线电压	
26	主量测数据	自采数据、RTU 数据	RTU 数据	
27	是否启用厂用电监控		是	
28	是否启用双量测监控		是	
29	是否启用合环母线监控		是	

表9－2 #1～#3机组AVC子站系统定值AVC201302－QW－2

<table>
<tr><th>序号</th><th>定值名称</th><th>整定范围</th><th colspan="2">#1机整定值</th><th colspan="2">#2机整定值</th><th colspan="2">#3机整定值</th></tr>
<tr><td>1</td><td>6kV厂用电压高高限/kV</td><td rowspan="6">0～7.2</td><td colspan="2">6.6</td><td colspan="2">6.6</td><td colspan="2">6.6</td></tr>
<tr><td>2</td><td>6kV厂用电压高限/kV</td><td colspan="2">6.5</td><td colspan="2">6.5</td><td colspan="2">6.5</td></tr>
<tr><td>3</td><td>6kV厂用电压低限/kV</td><td colspan="2">5.8</td><td colspan="2">5.8</td><td colspan="2">5.8</td></tr>
<tr><td>4</td><td>6kV厂用电压低低限/kV</td><td colspan="2">5.7</td><td colspan="2">5.7</td><td colspan="2">5.7</td></tr>
<tr><td>5</td><td>6kV厂用电压波动范围/kV</td><td colspan="2">1.0</td><td colspan="2">1.0</td><td colspan="2">1.0</td></tr>
<tr><td>6</td><td>6kV厂用电压限制范围/kV</td><td colspan="2">0</td><td colspan="2">0</td><td colspan="2">0</td></tr>
<tr><td>7</td><td>机组有功高高限/MW</td><td rowspan="6">0～623.5</td><td colspan="2">400</td><td colspan="2">400</td><td colspan="2">400</td></tr>
<tr><td>8</td><td>机组有功高限/MW</td><td colspan="2">390</td><td colspan="2">390</td><td colspan="2">390</td></tr>
<tr><td>9</td><td>机组有功低限/MW</td><td colspan="2">220</td><td colspan="2">220</td><td colspan="2">220</td></tr>
<tr><td>10</td><td>机组有功低低限/MW</td><td colspan="2">220</td><td colspan="2">220</td><td colspan="2">220</td></tr>
<tr><td>11</td><td>机组有功波动范围/MW</td><td colspan="2">50.0</td><td colspan="2">50.0</td><td colspan="2">50.0</td></tr>
<tr><td>12</td><td>机组有功限制范围/MW</td><td colspan="2">0</td><td colspan="2">0</td><td colspan="2">0</td></tr>
<tr><td>13</td><td>机组无功高高限/MVar</td><td rowspan="16">－623.5～623.5</td><td colspan="2">240</td><td colspan="2">240</td><td colspan="2">240</td></tr>
<tr><td>14</td><td>机组无功高限/MVar</td><td colspan="2">180</td><td colspan="2">180</td><td colspan="2">180</td></tr>
<tr><td>15</td><td>机组无功低限/MVar</td><td colspan="2">－40</td><td colspan="2">－40</td><td colspan="2">－40</td></tr>
<tr><td>16</td><td>机组无功低低限/MVar</td><td colspan="2">－80.0</td><td colspan="2">－80.0</td><td colspan="2">－80.0</td></tr>
<tr><td>17</td><td>机组无功波动范围/MVar</td><td colspan="2">20.0</td><td colspan="2">20.0</td><td colspan="2">20.0</td></tr>
<tr><td>18</td><td>机组无功限制范围/MVar</td><td colspan="2">0</td><td colspan="2">0</td><td colspan="2">0</td></tr>
<tr><td rowspan="5">19</td><td rowspan="5">机组无功功率
低闭锁曲线/MW、MVar</td><td>P</td><td>Q</td><td>P</td><td>Q</td><td>P</td><td>Q</td></tr>
<tr><td>0</td><td>－90</td><td>0</td><td>－90</td><td>0</td><td>－90</td></tr>
<tr><td>240</td><td>－60</td><td>240</td><td>－60</td><td>240</td><td>－60</td></tr>
<tr><td>320</td><td>－40</td><td>320</td><td>－40</td><td>320</td><td>－40</td></tr>
<tr><td>400</td><td>－30</td><td>400</td><td>－30</td><td>400</td><td>－30</td></tr>
<tr><td rowspan="5">20</td><td rowspan="5">机组无功功率
高闭锁曲线/MW、MVar</td><td>P</td><td>Q</td><td>P</td><td>Q</td><td>P</td><td>Q</td></tr>
<tr><td>0</td><td>220</td><td>0</td><td>220</td><td>0</td><td>220</td></tr>
<tr><td>240</td><td>200</td><td>240</td><td>200</td><td>240</td><td>200</td></tr>
<tr><td>320</td><td>180</td><td>320</td><td>180</td><td>320</td><td>180</td></tr>
<tr><td>400</td><td>160</td><td>400</td><td>160</td><td>400</td><td>160</td></tr>
</table>

续表 9-2

序号	定值名称	整定范围	#1 机整定值	#2 机整定值	#3 机整定值
21	机端电压高高限/kV	0～34.64	21.0	21.0	21.0
22	机端电压高限/kV		20.8	20.8	20.8
23	机端电压低限/kV		19.2	19.2	19.2
24	机端电压低低限/kV		19.0	19.0	19.0
25	机端电压波动范围/kV		0.5	0.5	0.5
26	机端电压限制范围/kV		0	0	0
27	机端电流高高限/kA	0～21.6	13.914	13.914	13.914
28	机端电流高限/kA		13.50	13.50	13.50
29	机端电流低限/kA		6.351	6.351	6.351
30	机端电流低低限/kA		6.351	6.351	6.351
31	机端电流波动范围/kA		1.00	1.00	1.00
32	机端电流限制范围/kA		0	0	0
33	脉冲输出周期/s	20	20	20	20
34	脉宽斜率/(ms/MVar)	0～300	120	120	120
35	最大调节宽度(ms)	0～3000	1200	1200	1200
36	最小调节宽度(ms)	0～999	300	300	300

YC 系列无功电压自动调控装置利用先进的电子，网络通信与自动控制技术，在线接收省电力调度中心下发的无功指令，自动对发电机无功出力进行实时跟踪调控。可有效地控制区域电网无功的合理流动，增强电力系统运行的稳定性和安全性，提高电能质量，改善电网整体供电水平，降低网损，充分发挥电网的经济效益，同时降低运行人员的劳动强度。

YC 型系列无功电压自动调控装置作为电网 AVC 系统发电侧终端设备，从单机脱网运行发展到多机组网运行，从母线电压单一控制目标发展到无功功率与母线电压双模并存。

YC-04AVC 自动调控系统在 YC-01、YC-02、YC-03 系统的基础上自主研发的第四代 AVC 自动调控系统，系统得到广泛应用、经济效益显著、运行情况优良。系统的先进性体现在以下几个方面：

(1)安全性、可靠性。基于系统的安全性、可靠性、实时性等各方面的要求，系统采用了双机、双网、双电源且内部分别对立的结构，充分保证了系统的安全和可靠运行，双机之间同时进行数据同步，保证了数据的完整性。执行终端设备采用主备方式调控，保证了调控输出的可靠性。

(2)扩展性。系统采用模块化设计，具备在线组态功能，系统扩充时只需添加终端设备，即可投入运行。灵活的组态功能可方便配置系统网络，单/双机、单/双电源、单/双网、单/双终端可根据需要在线灵活配置，满足多方面的要求。通信规约方面：系统具有可扩充的规约库，已配置标准的规约，如 CDT、MODBUS、IEC－101、IEC－103、IEC－104 等，可方便地与远动端实时通信。

(3)总线式设计。终端设备采用 RS－485 总线组网，通信距离远，抗干扰能力强，节点故障不影响其它节点的正常运行。

1. 系统组成

硬件部分：AVC 自动调控系统(上位机)，YC－04 无功电压自动调控装置(终端)、AVC 无功电压自动调控系统说明书。

软件部分：YC－04 AVC 无功电压自动调控系统软件，SQL Server 数据库，运行平台 WIN2000/2003/NT4.0，运行稳定可靠。

2. 装置原理

1)无功自动调控装置实现原理

发电机无功出力与机端电压受其励磁电流的影响，当励磁电流发生改变时，发电机的无功出力与机端电压也随之增减。励磁电流的改变则是通过调整励磁调节器的给定值来实现的。

省调度中心 AVC 主站每隔一段时间(根据实际要求，数分钟不等)对网内具备条件的发电机组下发一个无功目标指令(或母线电压指令)，发电厂侧通信数据处理平台同时接受主站的无功指令(或母线电压指令)和远动终端采集的实时数据，经过综合运算处理后，将数据通过现场通信网络发送至 YC—04 无功自动调控装置。YC—04 装置经过计算，并综合考虑系统及设备故障以及 AVR 各种限制，闭锁条件后，给出当前运行方式下，在发电机能力范围内的调节方案，然后向励磁调节器(也可通过 DCS 或 ECS)发出控制信号，通过增减励磁调节器给定值来改变发电机励磁电流，进而调节发电机无功出力，使其维持在省调下达的无功指令(或母线电压指令)附近。

2)典型系统拓扑

典型系统拓扑图如图 9－2 所示。

(1)省调 AVC 主站与远动终端(RTU)。RTU 通过通信方式将 AVC 状态开关量状态根据要求传送给省调 AVC 主站。

(2)省调 AVC 主站与系统主机(备机)。系统主机(备机)与省调 AVC 主站通过总线或点对点方式连接实现通信，系统主机(备机)被动接收省调下发的无功或电压调节指令，调节指令中包括母线电压调节、总无功调节、指定机组无功调节，亦称为在线调节，因上位机为双机模式，任一端故障均不影响正常接收和执行。

(3)系统主机(备机)与执行终端。系统主机(备机)与执行终端是 AVC 自动调控系统的核心部分，其中上位机分为主机和备机，具有手动和自动切换功能；执行终端也有主备之分，即两台终端控制一台励磁调节器(AVR)，上位机和执行终端中任一台故障均不影响另一台的正常运行和控制。

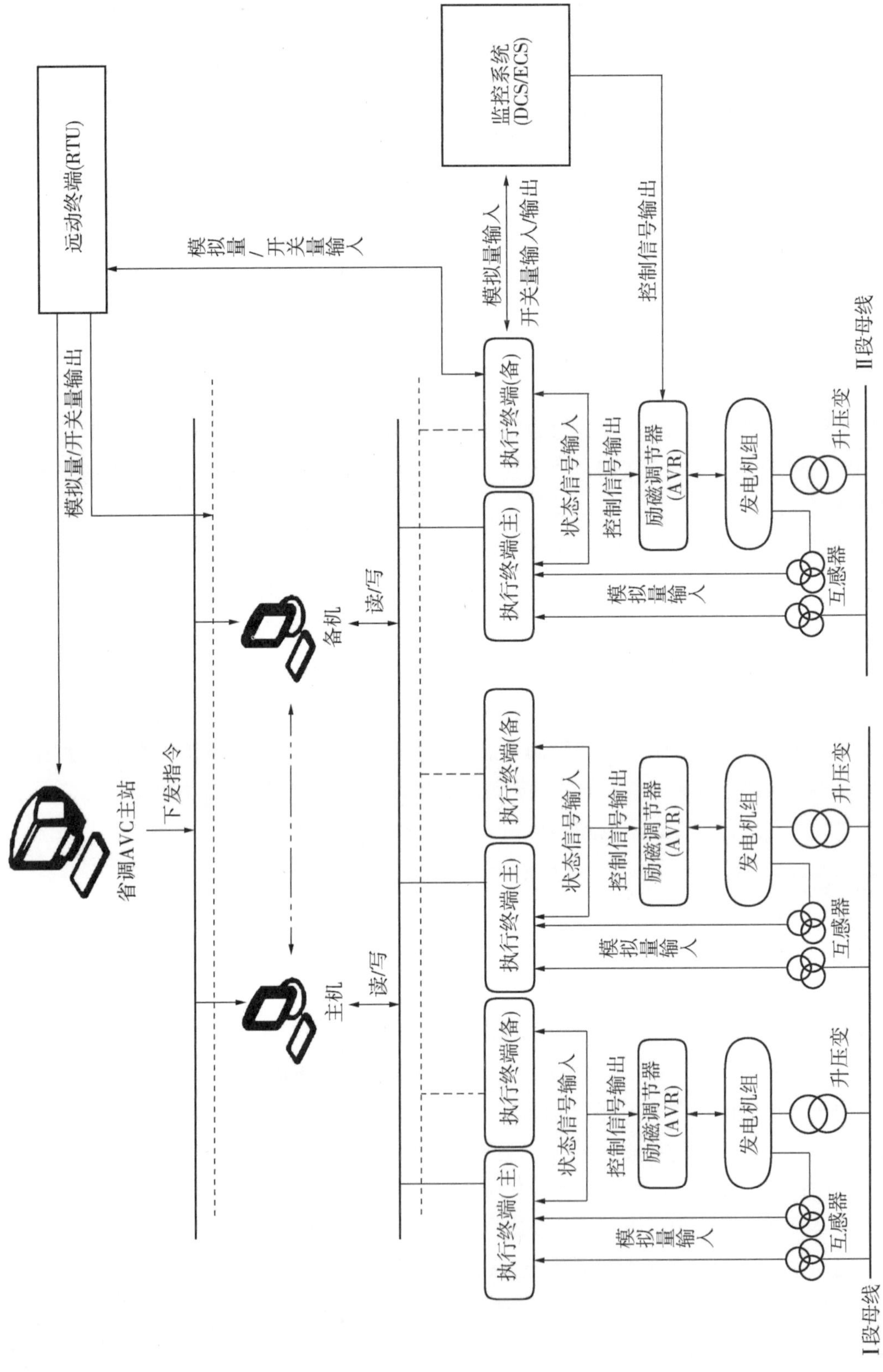
运动终端(RTU)
监控系统
(DCS/ECS)
模拟量/开关量输入
模拟量输入
开关量输入/输出
控制信号输出
模拟量/开关量输出
省调AVC主站
下发指令
主机
备机
读/写
读/写
执行终端(主)
执行终端(备)
执行终端(主)
执行终端(备)
执行终端(主)
执行终端(备)
状态信号输入
控制信号输出
励磁调节器
(AVR)
发电机组
升压变
互感器
模拟量输入
状态信号输入
控制信号输出
励磁调节器
(AVR)
发电机组
升压变
互感器
模拟量输入
状态信号输入
控制信号输出
励磁调节器
(AVR)
发电机组
升压变
互感器
模拟量输入
I段母线
II段母线

图9-2 典型系统拓扑图

上位机与执行终端之间通过 RS－485 总线连接，通信规约为自主规约，内容包括读执行终端模拟量数据和开关量状态，根据接收到的调节指令比较当前运行数据，按照指定控制模型由执行终端输出。

(4)远动终端(RTU)与执行终端。执行终端将开关量信号如增闭锁、减闭锁、自检、通信、运行状态信号输出至 RTU 端，让 RTU 端了解和监测系统运行状况，并上传给主站。

(5)执行终端与监控系统(DCS/ECS)。增、减磁控制信号输出可以通过两种方式：通过监控系统输出；直接输出至励磁调节器。该项中只针对第一种方式。执行终端需要将系统运行中的增闭锁、减闭锁、自检、运行、通信正常等状态信号输出至监控系统，同时将增、减磁控制信号输出，经监控系统再输出至励磁调节器。

(6)执行终端与励磁调节器(AVR)。此项为上一项中所描述的第二种控制信号输出方式。系统主机(备机)将接收到的指令数据与当前运行数据比较通过算法直接把控制信号(增、减磁)输出至励磁调节器。励磁调节器将 AVR 自动信号以开关量输入方式接至执行终端的 AVR 组。

(7)远动终端与母线。远动终端从电压互感器端取母线电压(或厂用电母线电压)。

(8)远动终端与发电机组。远动终端从电压互感器端取发电机组机端电压，有功功率、无功功率，通过变送器接至远动终端模拟量输入端。

3)系统网络拓扑

系统构成：远动层、站控层、间隔层三部分组成，如图 9－3 所示。

(1)远动层：远方 RTU、通信数据处理平台及调度中心。RTU 负责将设备运行的实时数据和机组状态通过总线发送给监控主机和备机。

(2)站控层：系统监控主机和备机。系统为双机冗余配置(可根据需要组态成单机或双机系统)，主机和备机同时工作，负责指令接收和当前系统运行工况分析，并执行接收到的调节指令。当主机或备机任一端出现故障或退出时，不影响系统正常运行，同时双机自动进行数据同步，保证运行数据的完整性，极大提高了系统的可靠性。站控层是运行系统的核心层，也是人机交互层，用户在这一层完成所有功能，如数据采集、数据转发、系统分析、指令执行、参数设置等。

(3)间隔层：系统执行终端。系统调控执行机构，为双终端结构(可组态为单或双终端)，任一终端故障均不影响发电机无功出力和母线电压的正常调控。终端标准配置为 24 路开关量输入、16 路开关量输出；4 路模拟量输入、1 路模拟量输出。终端具有扩展模块，可根据需要扩充。

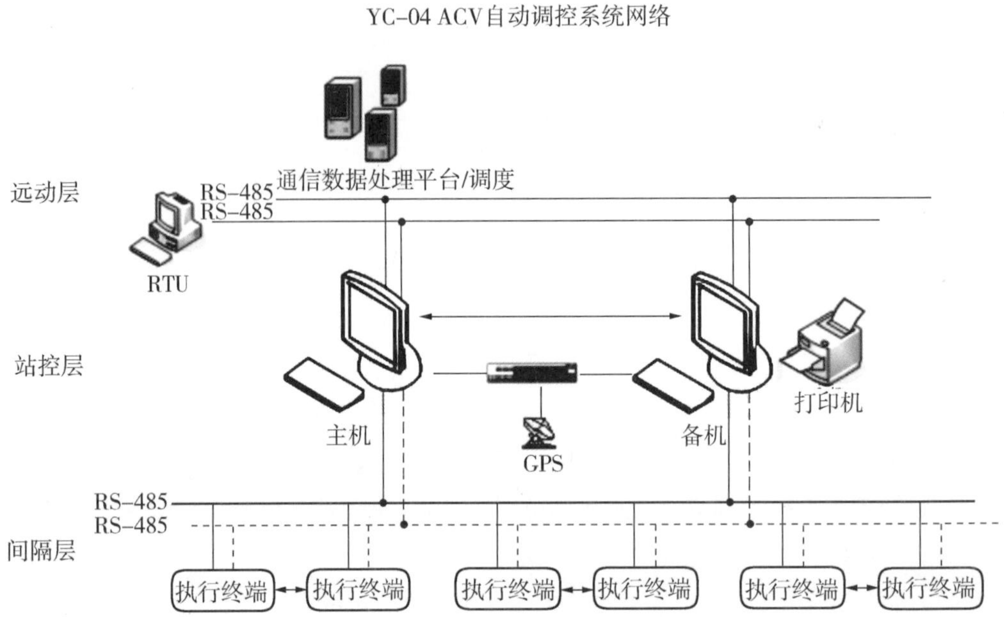

图 9-3　自动调控系统网络图

①执行终端标准配置说明：

4 路模拟量输入：发电机有功、无功、定子电压、母线电压；

1 路模拟量输出：调度端下发的无功或电压指令值；

②24 路开关量输入：分 3 组，分别为 RTU 组、DCS 组、AVR 组；

RTU 组：省调主站远方投切信号；

DCS 组：就地投切信号；

AVR 组：AVR 自动状态信号、AVR 告警信号；

③16 路开关量输出：分 3 组，分别为 RTU 组、DCS 组、AVR 组；

RTU 组：增闭锁、减闭锁、自检、运行、通信状态信号；

DCS 组：增闭锁、减闭锁、自检、运行、通信状态信号；

AVR 组：增磁、减磁。

④信号输入输出逻辑说明：

系统与调度：系统通过通信方式接收来自调度端的无功或电压指令，再与当前系统实际无功或电压相比较，根据调度下发的参数整定值实施调控。调控后的结果端省调可从 RTU 端获取。

系统与 RTU：系统将内部状态信号诸如增闭锁、减闭锁、自检等状态信号通过开关量输出方式送至 RTU 端，并将无功指令数据等值以模拟量输出方式送至 RTU 端，调度可从 RTU 端获取系统运行状态信息。

系统与 AVR：系统控制 AVR 可直接通过开关量输出，也可通过 DCS 间接输出。

系统与 DCS：系统将增闭锁、减闭锁、自检、运行、通信状态等信号通过开关量输出方式输出至 DCS。

4)软件结构图(图9－4)

结构说明：系统从组态模块开始，创建上、下行通道及产生实时数据库结构，实时数据库为系统核心，系统所有的运行期参数均储存在实时数据库中。上、下行通道产生的数据保存至实时数据库中，系统在运行的同时，始终对实时数据库中的参数进行监测，通过计算确定是否需要进行输出和记录。在实时数据库的基础上产生的输出和记录均保存至历史数据库中，用户可以在人机界面模块中查询、分析和打印相应的记录和数据。

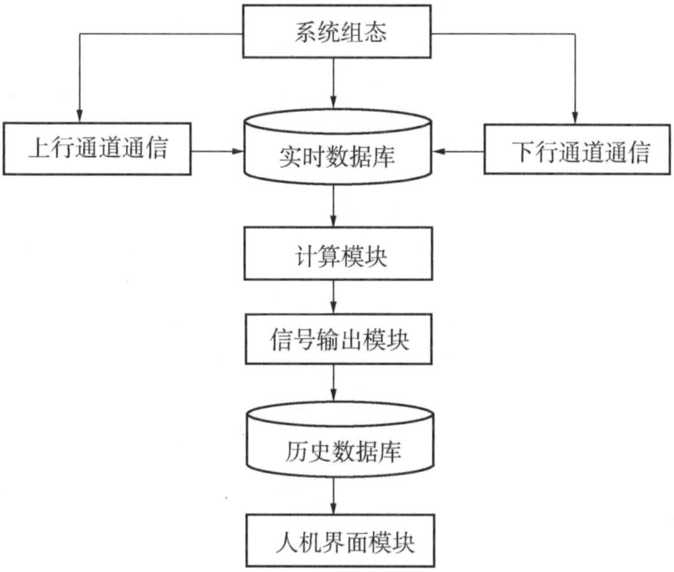

图9－4　软件结构图

9.2.2　广域测量系统(PMU)

大范围停电事故，暴露出电网安全防御问题存在重大隐患，但同时也反映了电力系统急需要新技术保驾护航。多国发生大停电事故以后，人们从过去的教训中得到启示，进一步意识到电网动态实时监控系统建立的必要性，并在实际探索中推广及应用基于全球定位系统(global position system，GPS)的相量测量装置(phase measurement unit，PMU)形成的广域测量系统(wide area measurement system，WAMS)。

PMU的投入使用使得调度中心能直观地得到电力系统的实时数据，根据这些宝贵的数据可大大加强对电力系统稳定性控制及小范围扰动的及时清除，所以在一些负荷较大或扰动较大的发电站或变电站上安装PMU是十分有必要的。如今，国内大电网向着大面积实时监测和控制方向发展，而广域测量技术为此提供了先进的信息技术平台。电网在统一时标下向调度中心输送信息，使得调度员掌握系统安全可靠信息以及做出下一步动作，从而保证系统在稳定状态下运行。

本厂采用PAC－2000D相量测量装置数据采集单元调试软件。

1. 系统配置功能

通过调试软件，用户可以完成通信参数设置、通道信息设置、元件信息设置、信息表设置、启动定值设置等多项系统配置。

1)通信参数设置

用鼠标点击“系统配置”菜单中的“通信参数”，将会出现“通信参数配置”对话框，如图9－5所示。

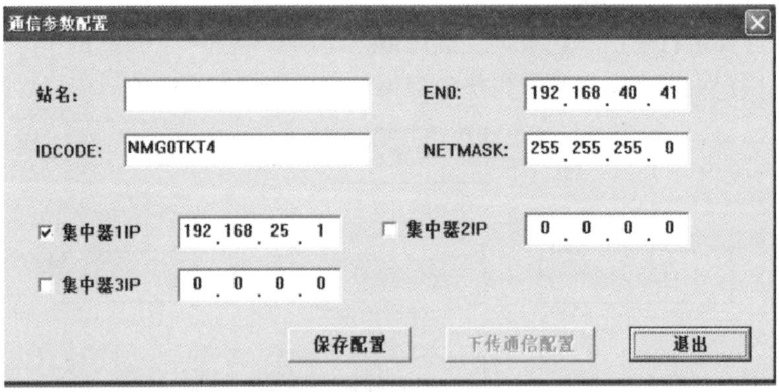

图9－5　通信参数配置

通过该对话框，用户可以设置站名、IDCODE、EN0(网口1)的IP地址和NETMASK(子网掩码)、集中器IP地址(最多可以连接3台，选择√则选中)。

“保存配置”按钮：将当前通信配置信息保存到本地文件中。

“下传通信配置”按钮：可以把配置传送到数据采集单元；完成后将会提示下载成功。

2)通道信息设置

通道配置用于配置各模拟通道、开关量通道的信息。用鼠标点击“系统配置”菜单中的“通道信息”，将会出现“通道设置”对话框，如图9－6所示。

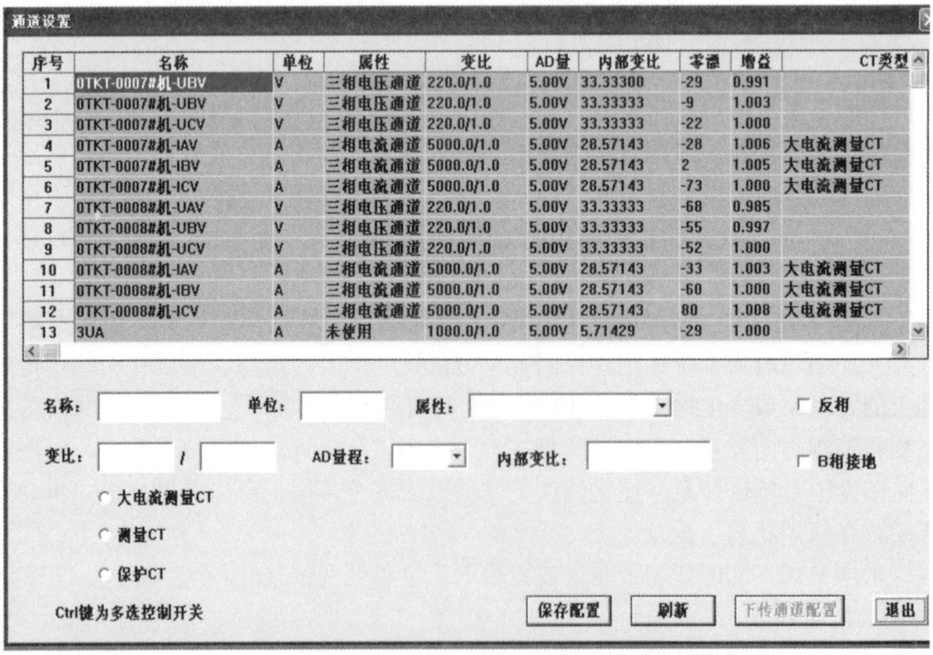

图9－6　通道设置

在该对话框中，用户首先用鼠标在上方表格点击选择需要配置的通道，Ctrl 为多选开关，按一下 Ctrl 键启动多选，再次按 Ctrl 键则取消多选(注意启动多选后不要同时选中不同类型的通道，否则按"刷新"按钮时会刷新错误)，然后用键盘输入该通道的名称、单位、属性、变比、AD 量程、内部变比、反相、B 相接地等参数，填写后用鼠标点击"刷新"按钮。

"保存配置"按钮：将当前通道配置信息保存到本地文件中。

"下传通信配置"按钮：可以把配置传送到数据采集单元；完成后将会提示下载成功。

3)元件信息设置

用鼠标点击"系统配置"菜单中的"元件信息"，将会出现"元件信息"对话框，如图 9－7所示。

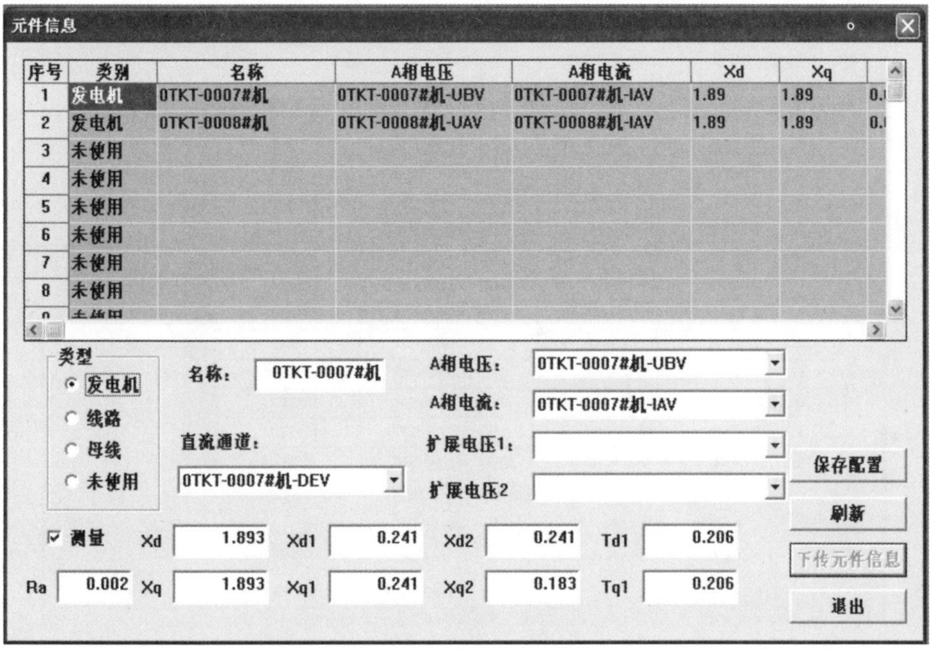

图 9－7　元件信息设置

在该对话框中，用户首先用鼠标在上方表格点击选择需要配置的元件，然后用鼠标点选元件类型，再用键盘输入该元件的名称、A 相电压、A 相电流，扩展电压 1 或扩展电压 2 分别对应多母线时除 A 相电压外配置的母线电压，如果是发电机因计算内电势需要选择计算的方法：

方法一：直接测量

将"测量"标签设为"√"，然后在直流通道中选择测量的通道。

方法二：计算

将"测量"标签设为未选中，输入 Xd、Xq 等参数，填写后用鼠标点击"刷新"按钮。

"保存配置"按钮：将当前元件配置信息保存到本地文件中。

“下传元件信息”按钮：可以把元件配置信息传送到数据采集单元；完成后将会提示下载成功。

4)信息表设置

用鼠标点击“系统配置”菜单中的“信息表”，将会出现“信息表设置”对话框，如图9-8所示。信息表用于配置采集单元向数据集中器发送的CONFIG1，当其为空时可进入相量、模拟量或开关量页面，点击“自动生成”，程序将根据目前通道信息和元件信息的设置自动生成。自动生成的信息表内容如下：

相量：单相相量、正序相量、发电机内电势、发电机功角。

模拟量：直流通道、发电机或线路的有功、发电机或线路的无功、发电机或线路的频率、发电机或线路的频率变化率。

序号	类型	通道	名称	转换因子
1	单相相量	OTKT-0007#机-UBV	OTKT-0007#机-UAV	39612
2	单相相量	OTKT-0007#机-UBV	OTKT-0007#机-UBV	39612
3	单相相量	OTKT-0007#机-UCV	OTKT-0007#机-UCV	39612
4	单相相量	OTKT-0007#机-IAV	OTKT-0007#机-IAV	16853511
5	单相相量	OTKT-0007#机-IBV	OTKT-0007#机-IBV	16853511
6	单相相量	OTKT-0007#机-ICV	OTKT-0007#机-ICV	16853511
7	单相相量	OTKT-0008#机-UAV	OTKT-0008#机-UAV	39612
8	单相相量	OTKT-0008#机-UBV	OTKT-0008#机-UBV	39612
9	单相相量	OTKT-0008#机-UCV	OTKT-0008#机-UCV	39612
10	单相相量	OTKT-0008#机-IAV	OTKT-0008#机-IAV	16853511
11	单相相量	OTKT-0008#机-IBV	OTKT-0008#机-IBV	16853511
12	单相相量	OTKT-0008#机-ICV	OTKT-0008#机-ICV	16853511

图9-8　信息表设置

“保存配置”按钮：将当前信息表配置信息保存到本地文件中。

“下传信息表”按钮：可以把信息表配置传送到数据采集单元(图9-9)；完成后将会提示下载成功。

5)启动定值设置

用鼠标点击“系统配置”菜单中的“启动定值”，将会出现“启动定值”对话框，如图9-10所示。

在图9-8中的列表上双击需设置的项目，将出现相应设定对话框，如图9-11所示。

修改设定值后，用鼠标点击“确定”。如果想采用缺省值，可以先点击“缺省值”，再点击“确定”。在启动“定值设置”对话框的下方，可以设置达到启动定值时PAC2000装置录波的“预录时间”和“录波时间”。

“保存配置”按钮：将当前启动判据配置信息保存到本地文件中。

图 9－9　信息表修改

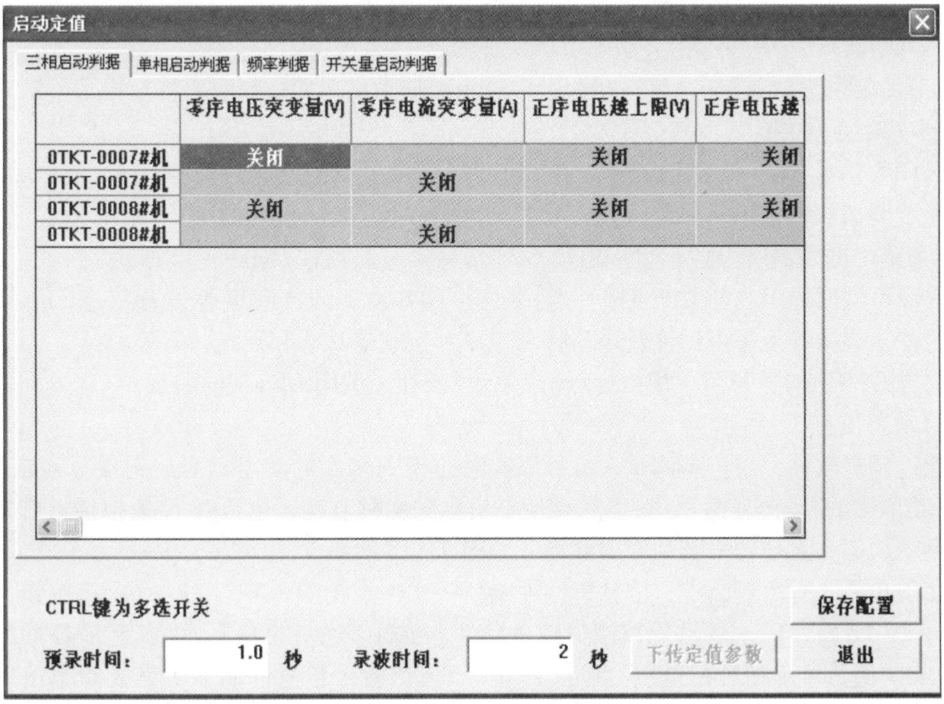

图 9－10　启动定值设置

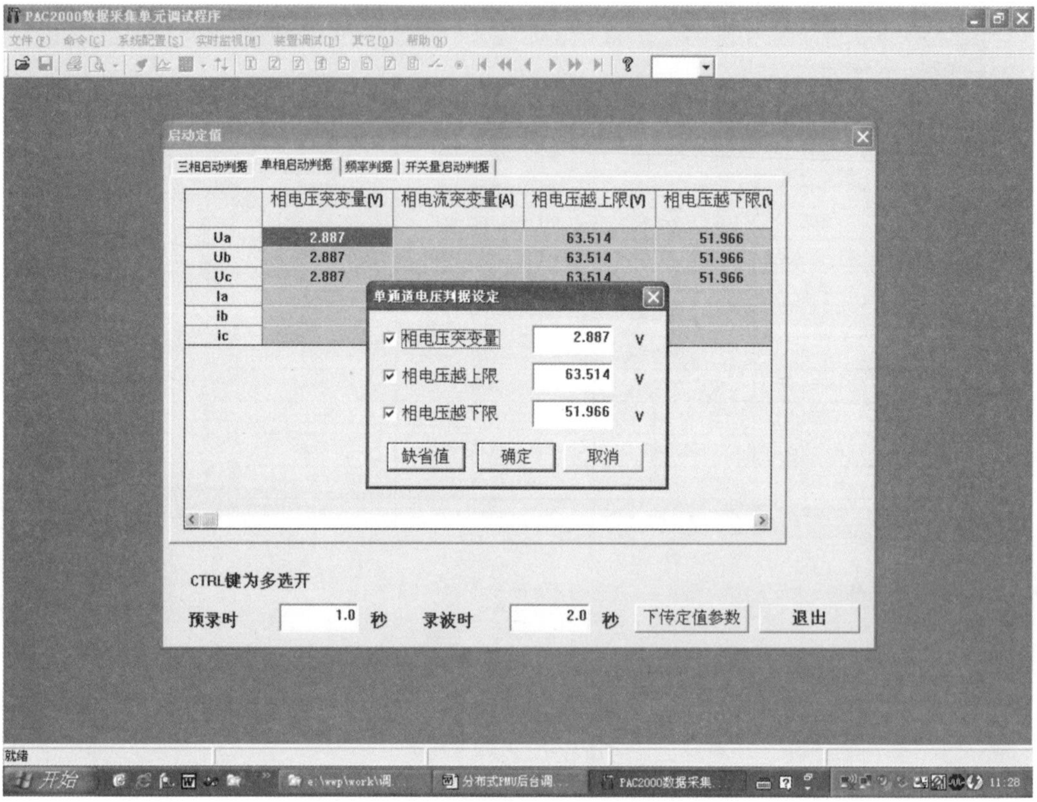

图 9－11 电压判据设定

“下传定值参数”按钮：可以把配置传送到数据采集单元；完成后将会提示下载成功。

2. 实时监控功能

1)GPS 信息

通过调试软件，用户和调试人员可以实时监视到 GPS 时钟的状态。用鼠标点击“实时监视”菜单中的“GPS 信息”，可以启动 GPS 信息实时监视，如图 9－12 所示。

界面可实时显示当前 GPS 时间，经纬度、GPS 度、海拔高度等位置信息，可见卫星数、跟踪卫星数等卫星可见性及跟踪状态，以及接收器状态和天线状态等。

完成 GPS 实时监视后，用鼠标点击“关闭”按钮，关闭 GPS 实时监视。

2)动态信息

通过调试软件，用户和调试人员可以实时监视到采集的动态信息。用鼠标点击“实时监视”菜单中的“动态信息”，可以启动动态信息的实时监视，包括 48 路模拟通道数据和频率、有功功率、无功功率及功率因数等，如图 9－13 所示。

在图 9－13 所示界面中，信息每秒钟刷新一次。点击“1－12”“13－24”等按钮，可分别显示 1－12 路、13－24 路等模拟通道的信息。选中“绝对相角”，可以显示各量的绝对相角(默认值为显示相对相角)。点击“停止”，可以暂停信息的刷新。完成动态信息监视后，点击“关闭”按钮关闭该窗口。

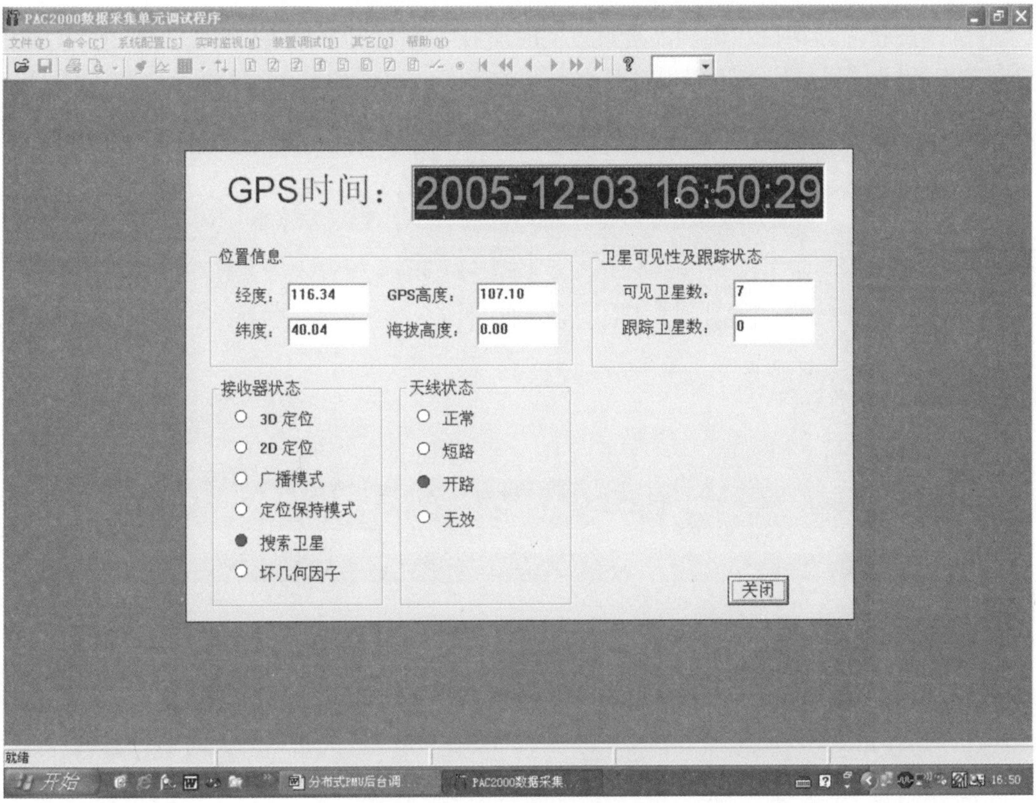

图 9－12　GPS 信息实时监视

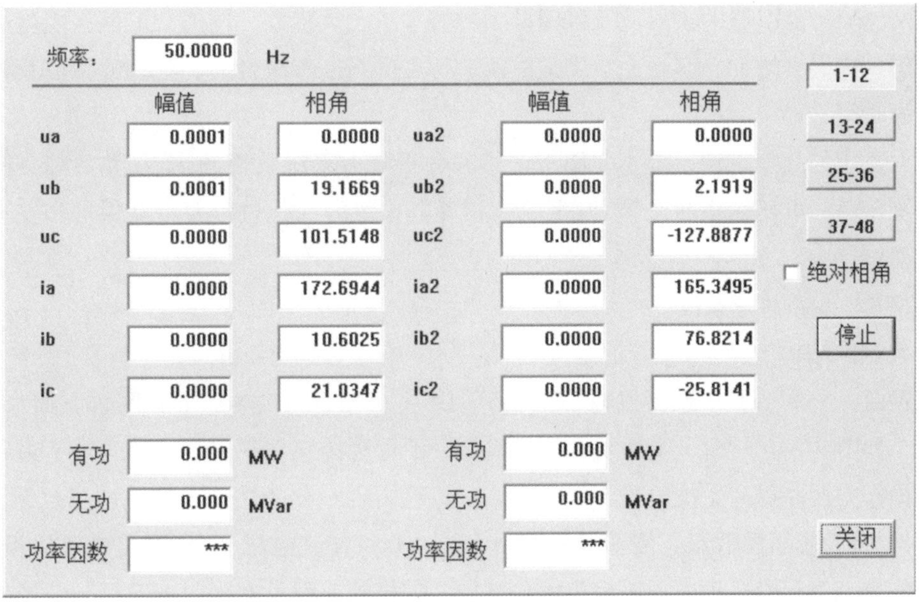

图 9－13　动态信息

(3)判据监视

通过调试软件，用户和调试人员可以实时监视判据启动的状态。用鼠标点击“实时监视”菜单中的“判据监视”，可以启动判据启动的实时监视，如图 9 - 14 所示。

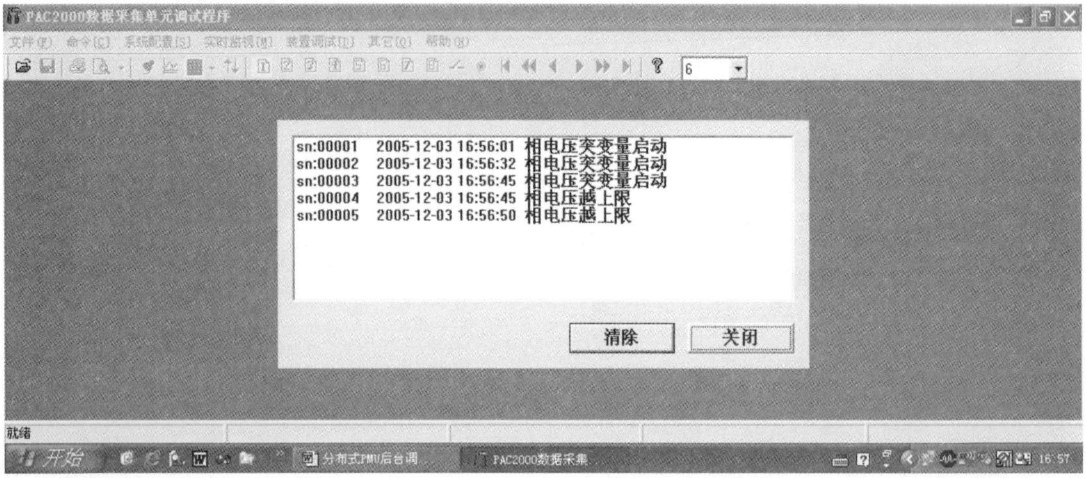

图 9 - 14 判据监视

在该对话框中，判据启动状态可以实时滚动更新。用鼠标点击“清除”按钮，可以清除对话框中的当前显示。完成判据监视后，点击“关闭”按钮，关闭判据实时监视对话框。

9.2.3 故障录波系统

随着电网间联系的加强，网架结构更加合理，输电能力得到有效提高，但恶劣天气、局部电网故障可能引起的事故波及范围扩大的概率也大大提高。同时，电网在发生故障时产生的信息量大大增加，客观上会增加电网运行人员判断事故性质、处理故障以及恢复供电所需的时间。

电力系统的故障录波系统主要用于记录和分析电力系统大扰动(如短路故障、断线故障、系统振荡、电压频率崩溃等)发生后的相关电参数的变化过程及继电保护和安全自动装置的动作行为。

1. 220kV 线路故障录波

1)装置的结构

装置由一个 4U 19″传感器机箱、一个 6U 19″主机箱、一台 80 列打印机和一台 Modem 等组成，如图 9 - 15 所示。上层机箱为主机箱，下层为传感器机箱。机箱为全密封背插式结构，操作方便并提高了抗电磁干扰能力。主机箱内含一台高性能工控机、多至 5 块 DSP 板和 12.1″TFT 液晶显示器。传感器机箱由 PT、CT 和直流电压/电流隔离变送器板组成。装置安装在一个标准机柜内。机柜为密封结构，在机柜前面设有密封玻璃门。装置的进出线由柜底进出，柜内两侧端子排接模拟量、开关量、告警信号、对时信号及电源输入等，所有传感器的输入引线直接接至柜内两侧端子排，提高了装置的可靠性。

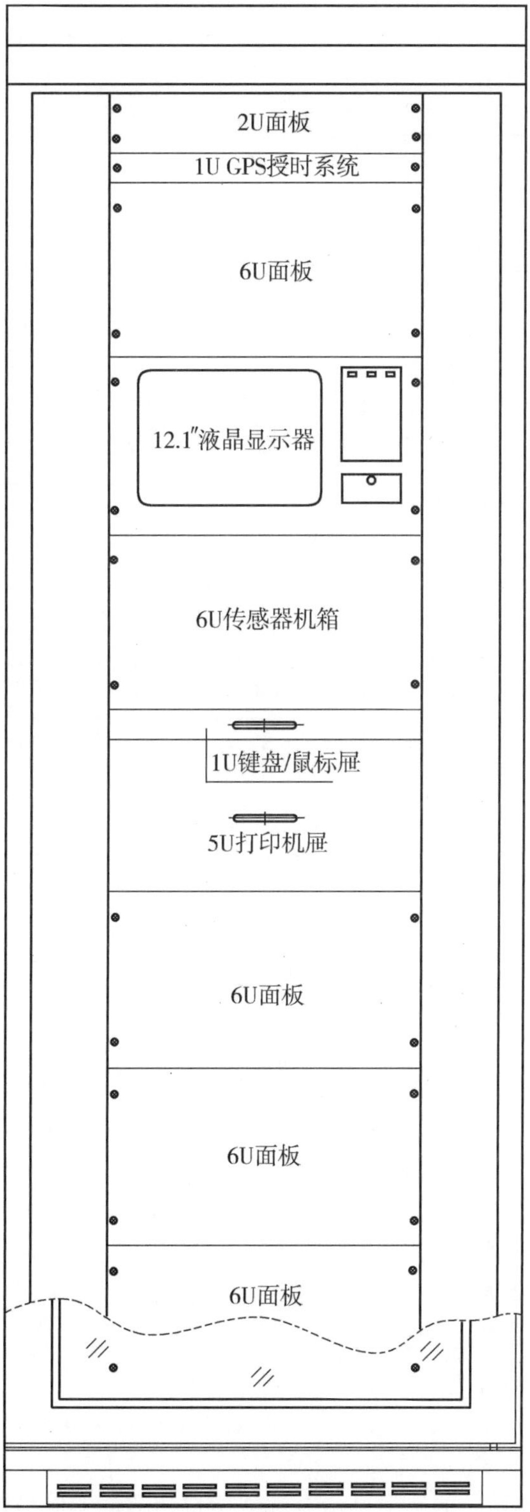

图 9－15　ZH－2 电力故障录波分析装置组屏示意图

2）装置的硬件配置

以 ZH－2/80 U4I14HF8（可按入 4 路电压、14 回电流、8 路高频，160 路开关量）为例，其装置硬件原理框图如图 9－16 所示。

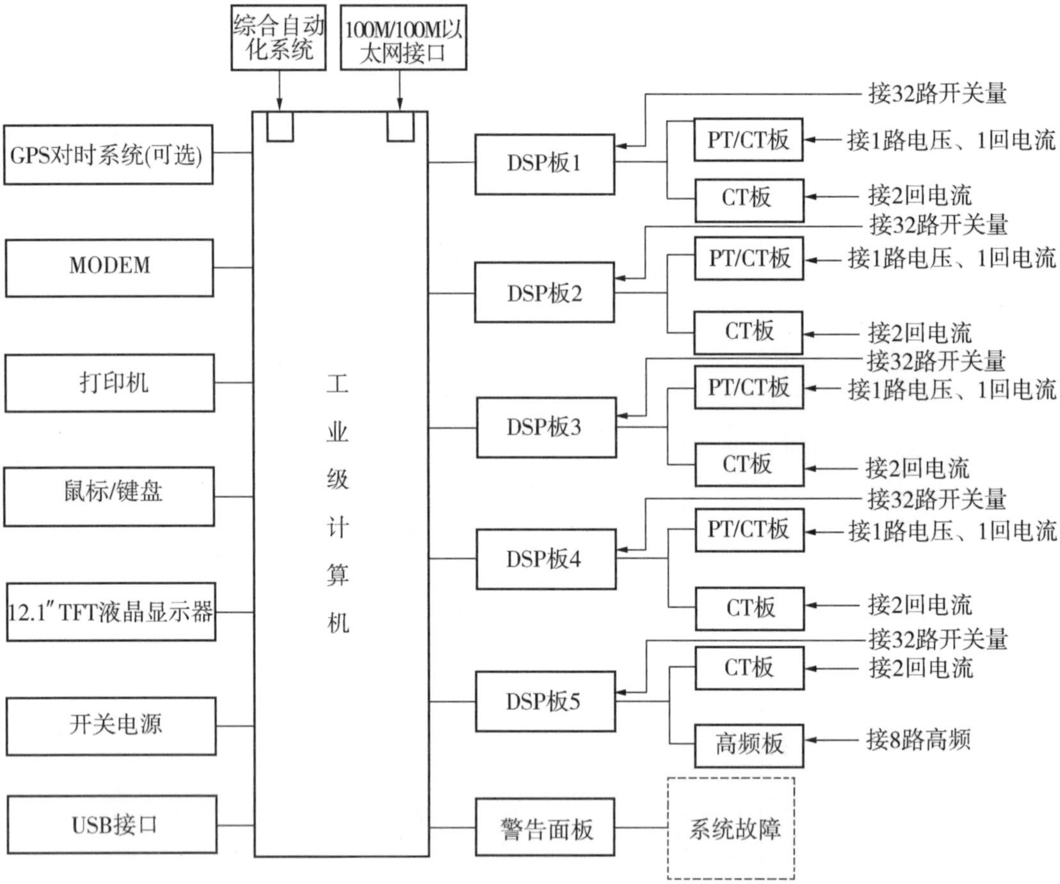

图 9－16　装置硬件结构图

3）装置操作指南

ZH－2 型电力故障录波分析装置的录波主控程序运行于 Windows 98 系统平台下，采用大家熟悉的 Windows 标准界面，操作简便，亲善友好，易于维护，如图 9－17 所示。

装置上电后自动运行进入录波主控程序。

该界面除了大家熟悉的菜单栏、工具栏、状态栏以外，还有运行状态条、实时波形显示区、事件记录和故障文件记录栏。

运行状态：运行灯绿色表示正常，红色表示故障；录波灯绿色表示正在录波，灰色表示未录波；DSP 板指示灯绿色表示正常，红色表示有故障，黄色表示正在录波。±9V 和 +24V 指示灯绿色表示正常，红色表示故障。

实时波形监视：以 1kHz 的速率显示全部或所选通道的实时波形，可以监视任意通道的有效值，任意线路的有功和无功功率。监视对象用户可以任意定义。在波形快照状态下，还可设定波形显示比例。

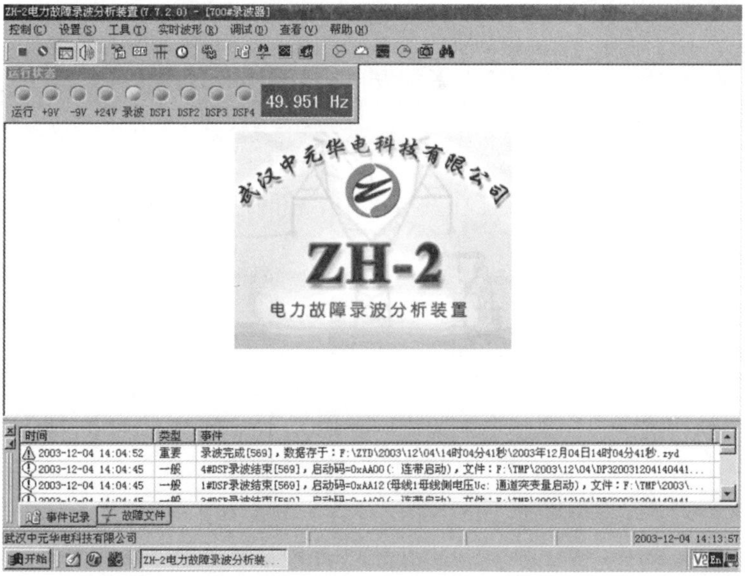

图9－17 主界面

事件记录：该列表详细记录系统运行过程中发生的各种事件，例如系统启动、录波、修改定值、修改配线、DSP复位、系统出错等，一个事件占用一行，不同类型的事件用不同的图标显示，同时有详细的文字说明和事件发生的时间。表中列出最近的1000条事件记录(也可用户自设)，更早的事件记录存放在数据库中，用户可以随时查阅。

故障文件：列出最近的100个录波文件(也可用户自设)，更早的录波文件存于硬盘中，故障文件用醒目图标给予提示。用鼠标右键单击要选的录波文件可以执行多种操作。

频率显示窗口：装置采用硬件测频，精度不低于0.005Hz。

2. 机组故障录波系统

ZH－3B嵌入式发电机变压器组动态记录装置是采用先进的DSP、嵌入式32位CPU、大规模FPGA和嵌入式实时操作系统VxWorks而设计的高性能的发电机变压器组动态记录装置。装置适用于火电厂、水电厂、核电厂等发电机及变压器需要故障录波的场合。

能实现实时发电机纵差、不完全纵差、裂相横差、发变组纵差、发电机功角、发电机运行P－Q图等的实时在线监测，能实现变压器差流、变压器过励磁、发电机失磁、发电机失步、发电机差流、发电机不完全纵差及裂相横差差流、定转子地、有功高越限、负序功率方向等判据启动，且具有强大的波形分析软件，可在多种操作系统(Linux、UNIX)下运行，提供多平台用户操作界面的一致性，并可对变压器差动保护、发电机差动保护、发电机失磁、失步保护、过励磁保护等进行波形分析及计算，并对转子直流电压的采集实现了无损传变。

并且ZH－3B嵌入式发变组故障录波分析装置经检测证明符合以下主要标准：

DL/T873—2004：《微机型发电机变压器组动态记录装置技术条件》；

DL/T478—2001：《静态继电保护及安全自动装置通用技术条件》；

DL/T663—1999：《220～500kV电力系统故障动态记录装置检验测试要求》；

IEC 60255—24：2001：《电气继电器第24部分：电力系统暂态数据交换

(COMTRADE)的通用格式》。

1)硬件系统工作原理

采用32位浮点DSP编程控制实现多种发电机变压器的启动判据；DSP实现的发电机变压器判据原理如下：

(1)发电机完全纵差启动原理。

发电机完全纵差电流启动，保证在发电机发生相间短路故障时可靠启动。考虑中性点侧3个分支，启动判据如下：

$$I_{d} \geqslant I_{dset} \tag{9-1}$$

式中，$I_{d}=(\dot{I}_{t}\cdot k_{t.ctp}+k_{bp1}\cdot k_{br1.ctp}\cdot\dot{I}_{br1}+k_{bp2}\cdot k_{br2.ctp}\cdot\dot{I}_{br2}+k_{bp3}\cdot k_{br3}\cdot I_{br3})$，$\dot{I}_{br1}$、$\dot{I}_{br2}$、$\dot{I}_{br3}$为发电机中性点侧1、2、3分支电流相量；$k_{bp1}$、$k_{bp2}$、$k_{bp3}$为1、2、3分支的平衡系数；$k_{br1.ctp}$、$k_{br2.ctp}$、$k_{br3.ctp}$为第1、2、3分支CT极性系数，在中性点侧时为1，在绕组侧时为-1。

(2)发电机不完全纵差启动原理。

不完全电流纵差启动，即可反映发电机内部各种相间短路，也能在匝间短路和分支绕组的开焊故障时启动。采用差流瞬时值突变量和稳态突变量启动，启动判据如下：

$$I_{d1} \geqslant I_{dset} \cup I_{d2} \geqslant I_{dset} \cup I_{d3} \geqslant I_{dset}$$

式中，

$$I_{d1}=(\dot{I}_{t}\cdot k_{t.bp}\cdot k_{t.ctp}+k_{bp1}\cdot k_{br1.ctp}\dot{I}_{br1}),I_{d2}=(\dot{I}_{t}\cdot k_{t.bp}\cdot k_{t.ctp}+k_{bp2}\cdot k_{br2.ctp}\dot{I}_{br2}),$$

$$I_{d3}=(\dot{I}_{t}\cdot k_{t.bp}\cdot k_{t.ctp}+k_{bp3}\cdot k_{br3.ctp}\dot{I}_{br3})$$

$\dot{I}_{t}$为发电机机端电流，$\dot{I}_{br1}$、$\dot{I}_{br2}$、$\dot{I}_{br3}$为发电机中性点侧1、2、3分支电流相量；k_{bp1}、k_{bp2}、k_{bp3}分别为以机端电流为基准的中性点第一、二、三分支电流平衡系数；$k_{t.bp}$为发电机机端不平衡系数；$k_{t.ctp}$为机端CT极性系数；$k_{br1.ctp}$、$k_{br2.ctp}$、$k_{br3.ctp}$为第1、2、3分支CT极性系数。

(3)发电机裂相横差启动原理。

对于每相并联分支数大于2的水轮发电机，可以装设裂相横差电流启动，裂相横差可在发电机定子绕组相间短路、匝间短路和开焊情况下启动。启动判据为：

$$I_{d12} \geqslant I_{dset} \cup I_{d23} \geqslant I_{dset} \cup I_{d13} \geqslant I_{dset} \tag{9-3}$$

式中，

$$I_{d12}=(k_{bp1}\cdot k_{br1.ctp}\cdot\dot{I}_{br1}-k_{bp2}\cdot k_{br2.ctp}\cdot I_{br2}),\ I_{d13}=(k_{bp1}\cdot_{br1.ctpk}\cdot\dot{\mathrm{I}}_{br1}-k_{bp3}\cdot k_{br3.ctp}\cdot\dot{I}_{br3}),$$

$$I_{d23}=(k_{bp2}\cdot k_{br2.ctp}\cdot\dot{I}_{br2}-k_{bp3}\cdot k_{br3.ctp}\cdot\dot{I}_{br3})$$

$\dot{I}_{br1}$、$\dot{I}_{br2}$、$\dot{I}_{br3}$为发电机中性点侧1、2、3分支电流相量；k_{bp1}、k_{bp2}、k_{bp3}分别为以机端电流为基准的中性点第一、二、三分支电流平衡系数；$k_{br1.ctp}$、$k_{br2.ctp}$、$k_{br3.ctp}$第1、2、3分支CT极性系数。

(4)发电机失磁启动原理。

转子低电压启动判据：

$$U_{f} \leqslant U_{f.set} \cup U_{f} \leqslant k_{f}\cdot U_{f0.n}\cdot\frac{P-P_{t}}{S_{n}} \tag{9-4}$$

式中，$U_{f0.n}$为额定空载励磁电压（V）；S_n 为发电机额定视在功率；P_t 为发电机凸极功率，对于汽轮机 $P_t=0$，对于凸极机，P_t 装置内部计算；X_d，X_s 为以发电机额定值为基准的阻抗标么值，k_f 装置内部设定，不必用户整定。

无功进相直线判据：

设置直线阻抗判据是为了躲开发电机机端经过渡电阻的相间短路机端阻抗轨迹进入静稳圆，以及躲开发电机正常进相运行，β 一般取 10°～15°，装置内部设定为 10°，不必用户整定，如图 9－18 所示。

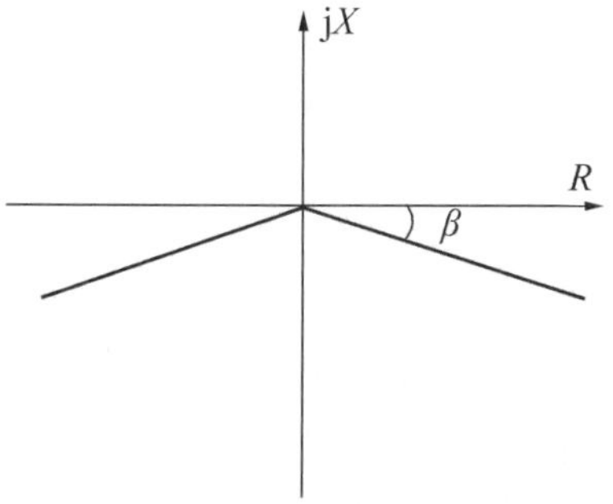

图 9－18　无功进相启动

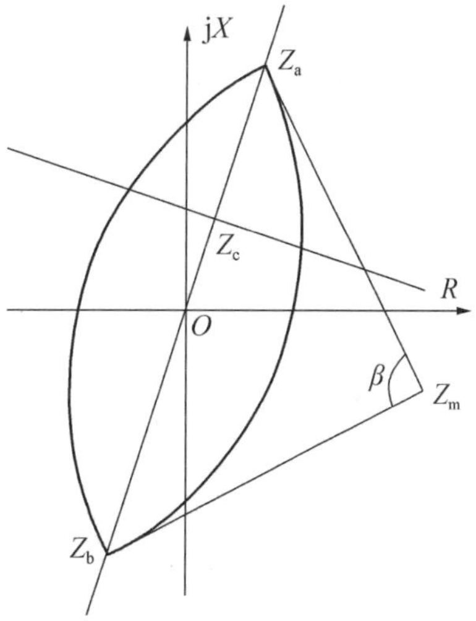

图 9－19　发电机失步启动

（5）发电机失步启动原理。

采用基于功角的失步启动判据，如图 9－19 所示。

启动判据如下：$\beta \geqslant \beta_{set}$。

（6）发电机逆功率启动原理。

一般对于汽轮发电机，出现功率倒送发电机变为电动机运行时，应启动录波，对于大型水轮发电机，当出现逆功率时也可启动录波。启动判据为：

$$\left(\frac{P \times n_V \times n_1}{P_N} \leqslant -k_{pset}\right) \cap (\max(U_a, U_b, U_c) \geqslant U_{set}) \cap (\max(I_a, I_b, I_c) \geqslant I_{set}) \quad (9-5)$$

式中，$P=U_aI_a\cos\varphi_a+U_bI_b\cos\varphi_b+U_cI_c\cos\varphi_c$，$\varphi$ 为电压超前电流的角度；U_{set}、I_{set}为有压、有流定值，无需用户整定；$k_{p.set}$一般按 1%～2% 的额定有功整定；P_N 为发电机额定功率，n_V，n_I 为机端 TV，TA 变比。

（7）电机转子——点接地启动原理。

测量正对大轴、负对大轴电压，采用平衡式启动判据：

$$\left| |V_+| - k_{bp} \cdot |V_-| \right| \geqslant V_{set}$$

V_+、V_- 分别为发电机转子正对大轴励磁电压、负对大轴励磁电压；k_{bp}、V_{set}经过实测后确定，只有转子正对大轴、负对大轴均接入录波器时，此判据才有效。

（8）主变压器纵差启动原理。

变压器可为双绕组变压器、三绕组变压器。双绕组变压器考虑 5 个分支：高压侧 2 个分支，低压侧3个分支；三绕组变压器考虑7个分支：高压侧2个分支，中压侧2个分支，低压侧三个分支。

变压器绕组连接方式

高压侧：可选Y或D接。

中压侧：如果高压绕组为Y接，中压绕组为y12(y0)，y6，d1，d5，d7，d11可选，如果高压绕组为D接，中压绕组为y1，y5，y7，y11，d12(d0)，d6可选。

低压侧：如果高压绕组为Y接，低压绕组为y12(y0)，y6，d1，d5，d7，d11可选，如果高压绕组为D接，低压绕组为y1，y5，y7，y11，d12(d0)，d6可选。

差流计算

以A相三绕组变压器为例：

$$I_{da} = \left| \dot{I}_{ha1} + \dot{I}_{ha2} + \dot{I}_{ma1} + \dot{I}_{ma2} + \dot{I}_{la1} + \dot{I}_{la2} + \dot{I}_{la3} \right| \tag{9-6}$$

式(9-6)左边为经过相位、平衡和极性补偿后的各分支电流。相位补偿、CT极性补偿、平衡系数校正均由装置内部完成，不须用户整定。

2)软件系统工作原理

录波单元采用32位嵌入式CPU，CPU上运行嵌入式实时操作系统VxWorks，它完成录波数据的存储、通信、分析、打印和定值设置等功能。录波单元与录波管理机之间由以太网连接。

录波单元无需录波管理机的支持即可作为一个独立的录波装置使用，它提供以下接口输出：

- 一个标准的RS232串行口；
- 一个RS232/422/485可选串行口；
- 一个标准的打印并行口；
- 三个独立的以太网口。

(1)定值设置。

在定值模块中相对于传统的录波装置，增加了以下启动判据：

发电机完全纵差、不完全纵差、裂相横差、主变纵差、发变组纵差启动判据；

发电机过励磁、主变过励磁启动判据；

发电机失磁、发电机失步启动判据；

发电机有功高越限、逆功率启动判据；

发变组低频过流判据；

其他常规判据，如突变量判据，序量越限判据等。

(2)数据采集。

暂态数据采用A、B段记录，A、B段数据记录采用相同的采样频率，系统最高采样率为10kHz，还具有稳态数据功能，能连续记录电压、电流(含负序电流)等发电机组重要电气量。采样率1kHz。

(3)实时监测。

可实时显示发电机完全纵差、不完全纵差、裂相横差差流有效值，可实时显示主变压器、厂用变压器、励磁变压器、发电机变压器组差流有效值。

差流实时监测可实时显示发电机完全纵差、不完全纵差、裂相横差差流有效值，可实时显示主变压器、厂用变压器、励磁变压器、发电机变压器组差流有效值。

发电机功角实时检测，利用发电机机端电压、电流、隐极发电机电抗或凸极发电机电抗实时计算并显示发电机内电势与发电机机端电压之间的夹角(图9－20)。

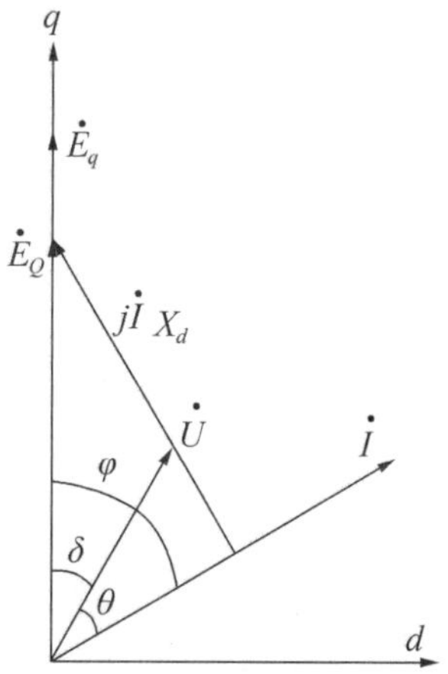

图9－20　凸极发电机功角计算相量图

发电机 $P-Q$ 图实时监测，根据正常运行时发电机受转子发热、定子发热、最大输出功率和静态稳定的限制，发电机输出的有功和无功都只能限制在一定的范围内。根据发电机参数及系统参数，绘出发电机功率极限图，根据发电机出力，实时刷新运行点。

除了能实现以上3种实时监测外，也具有实时波形、有功功率、无功功率、谐波监测等实时监测功能。

(4)波形分析。

波形分析软件采用跨平台开发工具QT开发，具有良好的平台无关性，可在多种操作系统(Linux、UNIX)上运行，提供多平台用户操作界面的一致性，对于用户而言，无论选择哪种操作系统，均可获得一致的录波分析。

(5)配线设置。

创建和管理系统配线数据，内部可以配置发电机的各项参数指标，包括发电机的额定容量、类型(凸极机/隐极机)、额定电压、中性点分支数、系统电抗、纵轴电抗、横轴电抗、额定频率、功率因数等发电机的特性参数；内部可配置变压器的各项参数指标，包括变压器(主变、厂用变、励磁变)的额定容量、分支数、高低压侧额定电压、高低压侧的接线方式等变压器的特性参数；还可以设置TA的方向。

9.2.4　保护及故障信息子站

智能型电网故障信息处理系统(图9－21、图9－22)子站以先进的计算机及网络技术为基础，结合电网的实际需求，为电网的安全、经济运行提供一个有效的信息系统的解决方案。适用于网、省、地等各级电力公司的特高压、超高压、高压及低压等各种类型电压等级的变电站。

1. 主要特点如下：

①系统极具开放性，功能拓展性好、配置灵活，提供了从数据采集、传输直至故障分析的电力系统故障信息的完整解决方案。

②系统的设计基于已成为国际标准的面向对象建模语言UML，采用先进的开发技术，核心服务模块支持在Windows、LINUX/UNIX上跨平台运行。

③具有良好的兼容性，可实现对所有国内外电力保护设备的接入以及规约转换。

④提供完备的外部系统接口，通道上支持RS232/485/422、以太网及电力专线等多种通信方式，软件上支持与国内所有厂家故障信息系统主站及大部分厂家站内自动化系统

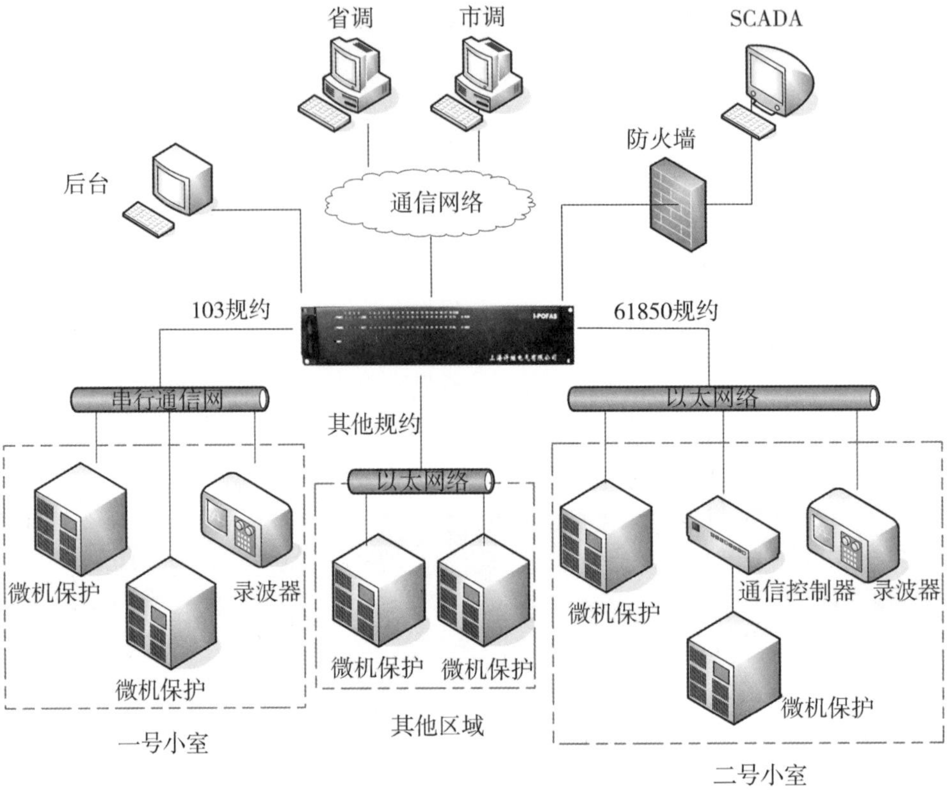

图9-21　智能型电网故障信息处理系统示意图

(SCADA)进行通信并交换数据。

⑤本身带有独立的监视系统，能时刻监视系统自身的健康状况，保证系统整体长久运行的稳定性和可靠性。

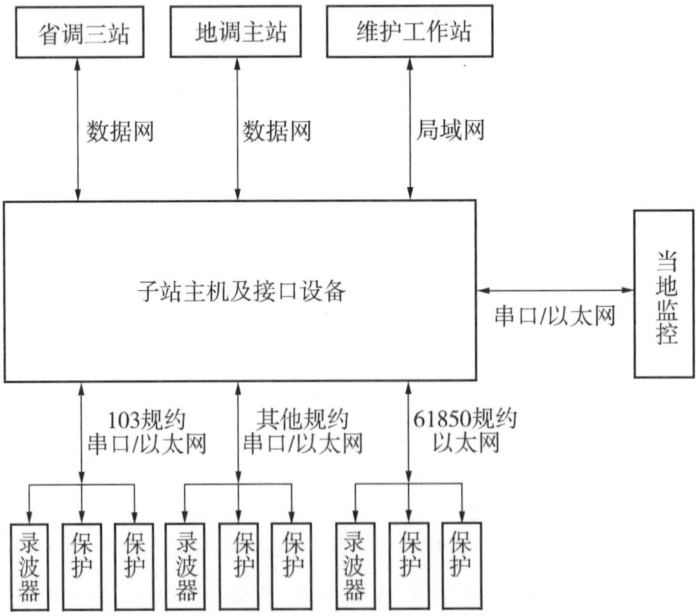

图9-22　智能型电网故障信息处理系统结构图

⑥系统采用模块化设计，最大程度地保证信息传输的有效性、完整性及安全性。

⑦对基于IEC61850标准的新一代变电站自动化通信平台进行全面支持。

2. 系统主要功能：

①监视子站系统所连接装置的运行工况及装置与子站系统的通信状态，监视与主站系统的通信状态。

②完整地接收并保存子站系统所连接的装置在电网发生故障时的动作、告警、开关量变位以及保护、录波器产生的故障录波信息。

③通过维护工作站可以实现对子站所连装置的定值、模拟量、开关量、软压板以及历史录波等信息的召唤查看。

④支持响应主站系统召唤，将子站系统的配置信息传送到主站系统，能够根据主站系统的信息调用命令上送子站系统详细的信息，也可根据主站的命令访问连接到子站系统上的各个装置。

⑤可对保护装置和故障录波器的动作信息进行智能化处理，包括信息过滤，信息分类及存储。

⑥可以向站内自动化系统（监控系统）传送保护装置动作相关信息。

⑦子站维护工作站支持以图形化方式显示子站系统信息，并提供友好的人机交互界面（图9－23）。

2n：显示器，用于后台机，可选；

4n：子站嵌入式装置；

6n：后台机，可选；

5n：键盘鼠标，用于后台机，可选；

7n：网络交换机，用于连接子站嵌入式装置和数据采集网络，从保护装置、录波器等采集故障信息；

8n：打印机，用于后台机，可选。

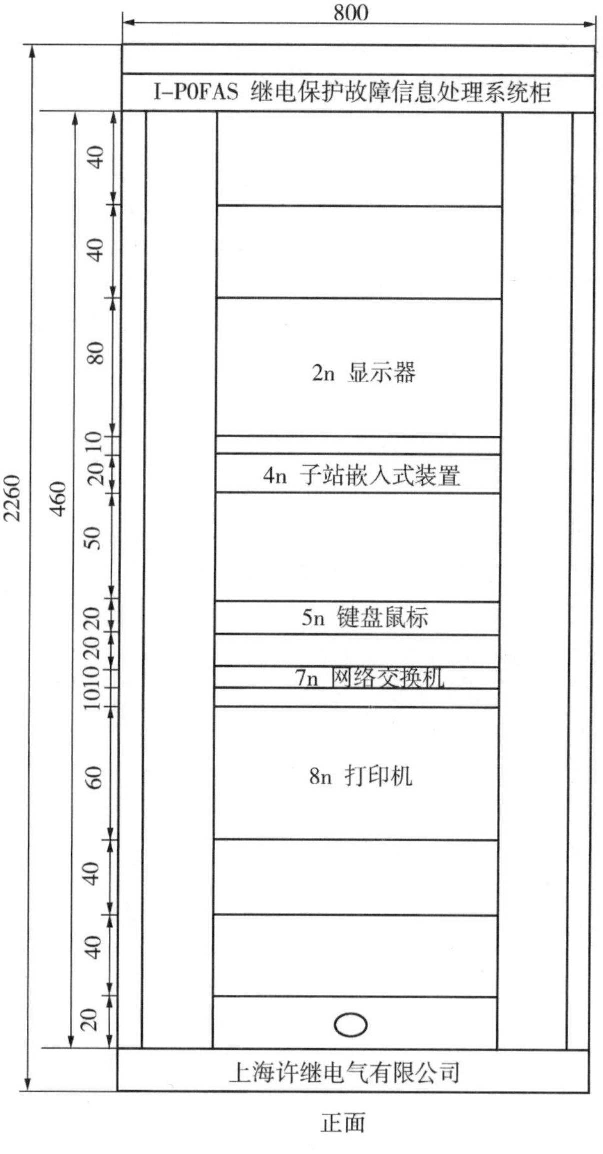

图9－23 子站主机及接口设备组屏图（单位：cm）

9.2.5 安稳系统

广东电网标准化电厂稳定控制装置按双套系统设置，设稳控主机柜、从机柜以及通信接口柜。每套稳控系统由一台 PCS-992M 主机、四台 PCS-992S 从机和相应的通信装置组成。双套稳控系统配置完全相同，互为备用。

广东稳控系统标准化电厂由一台 PCS-992M 装置和4台 PCS-992S 装置组成。

标准化电厂稳控装置主要功能为：

1#从机采集电厂出线三相电压、电流，判断线路投停、故障相关信息；2#从机采集1#、2#机组三相电压、电流，判断机组投停，收集可切机组容量，上送上级子站；3#从机采集3#、4#机组三相电压、电流，判断机组投停，收集可切机组容量，上送上级子站；4#从机采集5#、6#机组三相电压、电流，判断机组投停，收集可切机组容量，上送上级子站。

接受上级子站下发的切机命令，根据命令内容，切除相应的可切机组。

本厂低频、过频自动切机。

检测电厂出线的过载情况，根据过载情况执行切机措施。

检测本厂出线故障，当送出断面断开时，切除本厂全部可切机组。

检测电厂出线 N-2 故障，按照预定策略执行切机措施。

1)远方切机功能

作为执行站，实现广东电网安全稳定控制系统中的切机功能。

正常运行时，测量电厂6台发电机出力，并将当前可切机组的出力送至远方主站，供远方主站选择和切除。

在各种运行方式下，接收远方主站的切机命令。根据切机命令切除本厂相应可切机组。

2)本地出线过载切机功能

切机执行站检测6回电厂送出线路的过载状态，若过载，则每次过载动作根据既定机组切除策略选择切除本站机组。

线路过载动作时，按整定的固定排序动作切机，每次切除1台机组，动作结束后装置重新判断，此逻辑应只重复动作3次，过载动作3次后仍过载，装置不再动作。多元件同时过载只能有1个元件动作出口，每次过载动作后，其它元件过载延时计数应清零。

3)电厂出线 N-2 故障切机功能

标准化电厂执行站取接入1#从机单元1、单元4(组一)和接入1#从机单元3、单元6(组二)组成的断面，当断面潮流超过门槛值且发生这4根线路中的 N-2 相继故障时，计算需切量，并按固定排序选择切除的机组。本项功能设置功能投退控制字定值。

本策略的运行方式包括4个：正常方式和组二线路一回停运方式下组一线路 N-2；正常方式和组一线路一回停运方式下组二线路 N-2，分别设置4组定值供整定。每一分组接入的线路发生 N-2 故障时切除就地机组，切机容量采用下式进行计算：

$$P_{需切} = (P_s - P_{动作功率定值}) \times K \tag{9-7}$$

式中，P_s 为组一组二四回线断面功率之和，流出母线方向为正方向。

4)电厂出线全跳故障切机功能

电厂的所有运行出线全部跳闸后，切除电厂所有可切的机组。本项功能设置功能投退控制字定值。

5)电厂高频切机、低频切机功能

为使程序独立于主接线形式，各台机组的高低频判据分别采用自己的高压侧和低压侧电压进行判别，其中一侧接入三相电压，另一侧则只接入单相电压(三相)。稳控装置为每台机组分别配置其对应的高频、低频定值，当机组运行且两侧频率均满足对应高频或低频动作定值时，对应机组高频或低频动作，解列对应机组。

6)切机执行站切机原则

切机执行站装置为每台机组配置线路过流切除优先级定值、线路 N－2 切除优先级定值，定值范围 0～6。0：表示该回线路禁止切除。编号 1～6，代表先后切除的优先级大小。当机组投运且对应允切压板投入，则成为可切机组。当切机执行站出线过流或线路 N－2故障需切机组时，装置根据对应策略可切机组优先级由 1～6 顺序选切机组。

当切机执行站装置接收远方选切机组命令时，根据命令内容，结合机组可切信息，选择切除远方控制站选择切除的机组。

当切机执行站装置机组高频或低频动作时，装置结合机组可切信息，切除发生高频或低频的对应机组。

当切机执行站装置发生出线全跳时，装置结合机组可切信息，切除所有可切机组。

装置设置“最大允许切机组量上限定值”，任一策略动作计算得到的切机组容量若大于该定值，则装置闭锁出口并告警，且须重新上电方可解锁。

9.2.6 主变压器测控及远动

主变压器(简称主变)是变电站的核心设备，它的安全运行直接关系到整个变电站的正常可靠运转，因此，综合自动化系统中变压器的保护与监控具有十分重要的作用，应给予充分的重视。

要介绍主变压器就必须提到综合自动化系统，如图 9－24 所示。

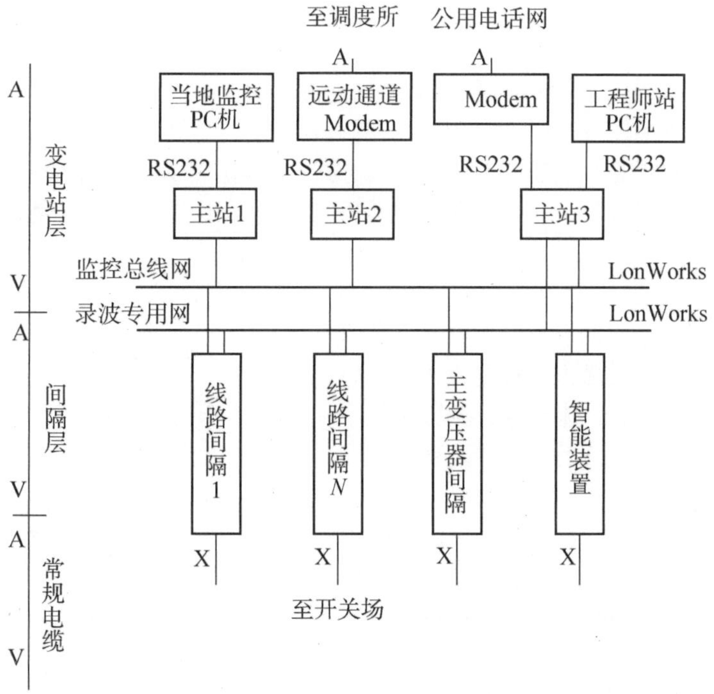

图 9－24 综合自动化系统结构框图

(1)为满足综合自动化功能要求，主变保护加强了网络通信功能，每套装置中均装设了两个 Neuron 芯片，可以同时连接两个 LonWorks 双绞线网。

(2)保护动作后可上送动作事件或告警的 SOE 报文，以满足远动要求。

(3)具有远方召唤保护定值、压板状态以及动作报告的功能。但对主变保护，目前暂不设远方修改定值的功能。

(4)每一保护或智能装置在网络中都作为一个网络节点，各装置定时上送状态报文，以检验该网络节点通信的异常情况。

主变压器的测控图如图 9－25 所示。

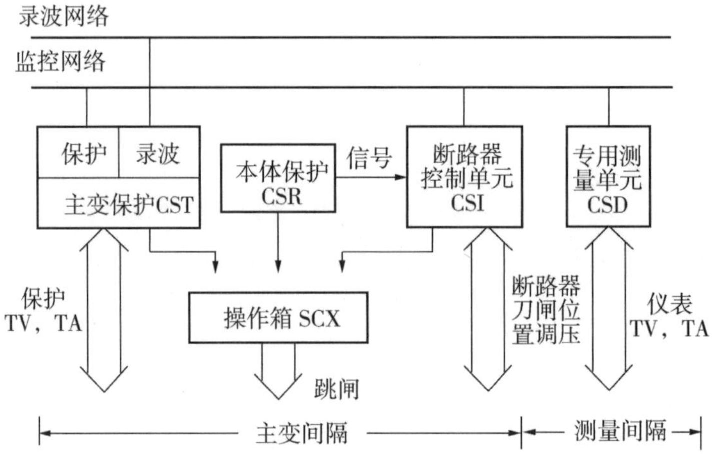

图 9－25　主变压器的测控结构框图

9.2.7　启动备用变压器测控

电厂的启动备用变压器连接着各个支路的电源，由于各个支路运行情况差异较大，因此启动备用变压器的测控方面既要考虑目前的运行状况，也要考虑未来的扩建状况。

首先介绍电厂启动备用变压器的常见接线方式，在电厂中启动备用变压器的接线方式通常采用如下方式，如图 9－26 所示，同时在实际工作过程中为了节约成本，多使用三卷分裂变。

对启动备用变压器的安全性影响最大的是高压侧过电流、低压运作的高压侧过电流，高压侧中性点零序过电流，零序方向过电流，因此启动备用变压器主要是测控以上对象，其方法与主变压器的测控有一定相似之处，不在此赘述。

本厂采用 WATSG－A/B/C 控制器。

(1)A 型控制器功能：主要为市电－市电型。适用于两路市电主、备系统。当主供电回路断相或失压开关自动投入备用供电回路；当主供电回路恢复供电，开关将负荷自动投主供电回路。

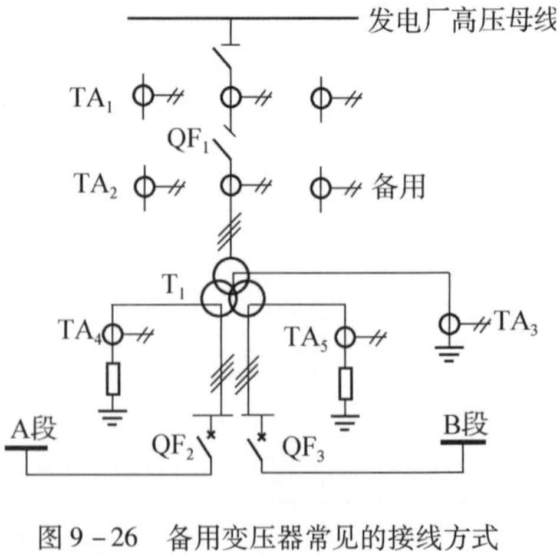

图 9－26　备用变压器常见的接线方式

（2）B 型控制器功能：主要为市电－市电型。适用于两路市电主、备系统。当主回路出现失压、断相及欠压等故障后开关自动投入备用供电回路（可调整延时）；当主供电回路供电恢复正常，开关将负荷自动投主供电回路（可调整延时，自投自复模式）。控制器还可设定自投不自复和互为备用模式。

（3）C 型控制器功能：主要为市电－发电机型。适用于市电为主供电回路、发电机为备用供电回路系统。当主供电回路出现失压、欠压及断相等故障后控制器发出启动发电机信号，当发电机电压正常后控制器将负荷自动投入发电机供电回路。当主供电回路供电恢复正常，控制器将负荷投入主供电回路，同时断开发电机启动信号。

9.3 电气通信系统

9.3.1 电气通信系统概述

电气通信系统将控制系统对测控保护层的控制命令或电气工作站发出的修改定值命令等下发至各有关装置，同时将各装置上送的信息送至控制系统或电气工作站。电气通信系统具有通信接收、发送、规约转换等功能，功能完备的还可同时支持现场总线和以太网，预置并支持多种规约，支持双网，具有实时多任务的操作系统。根据通信管理层与上位机系统的连接方式、现场总线方式、测控保护装置的数量等，可有不同的配置。

9.3.2 电气通信系统设备连接示意图

电气通信系统设备连接如图 9－27 所示。业务通道连接如图 9－28 所示。

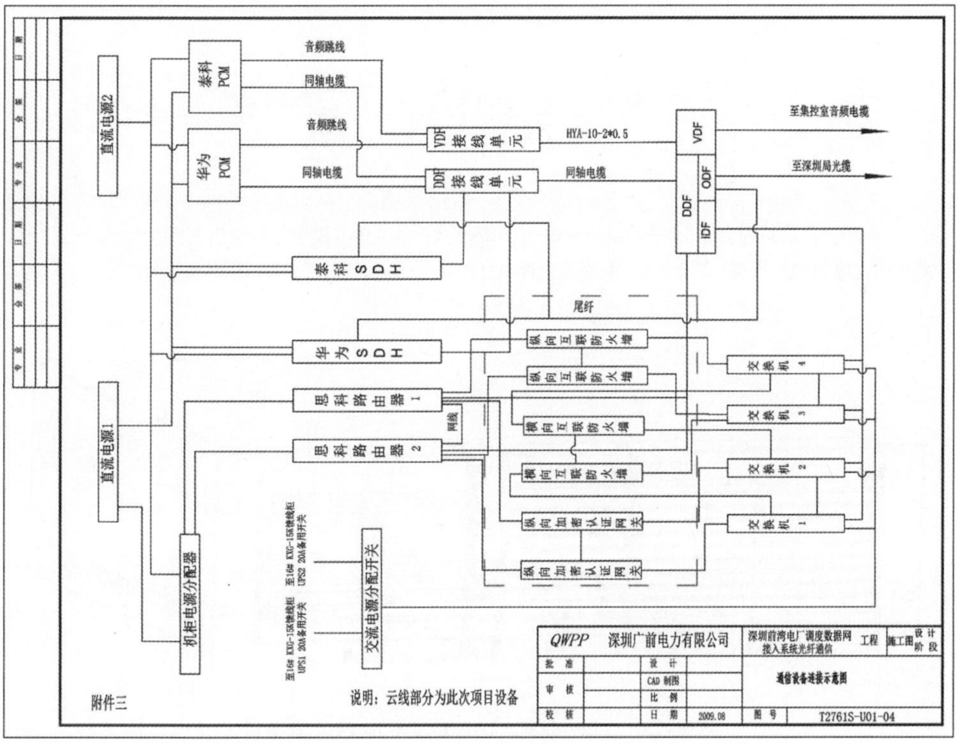

图 9－27 电气通信系统设备连接示意图

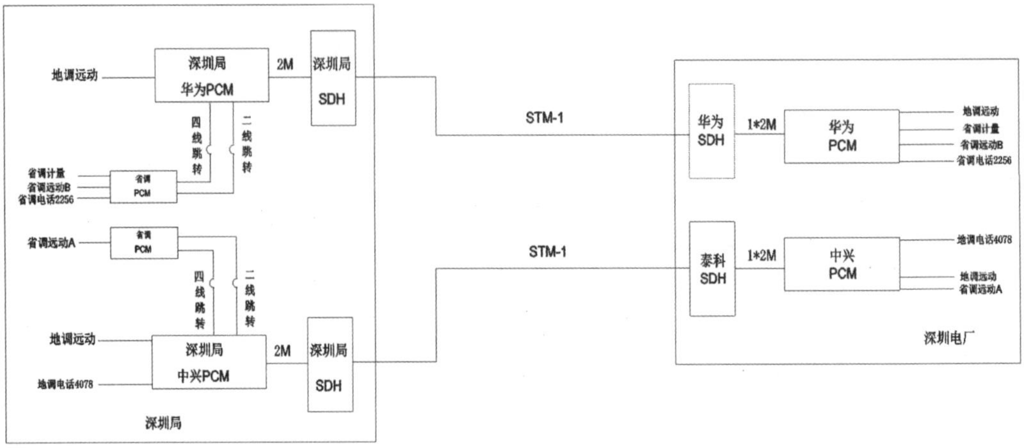

图 9－28　业务通道连接图

9.3.3　电气通信系统组成

1. 电源

电源是为确保主发电机组安全可靠运行必须配置的设备。当主发电机因故障停机造成失电，为保证服务于主机组的设备不损坏、自动控制系统不失灵，需要保安电源(又称应急电源)马上投入供电。保安电源的监控系统应能迅速检测出主发电机的失电，并迅速启动保安电源投入供电(12s 内)；主发电机组恢复供电后保安电源自动退出，恢复到备用状态。

本厂采用 GIE4825/3A/4.35 kW 电源系统，命名规则如图 9－29 所示，外观如图 9－30 所示。

GIE	48	25	/3	A	/4.35 kW
1	2	3	4	5	6

图 9－29　命名规则

1—产品系列名称；2—输出标称电压：48V；3—单位整流模块标称输出电流：25A

4—系统所含电源模块数量：3 个；5—电源系统种类：A 表示 AC/DC 系统；6—系统输出最大功率：4.35kW

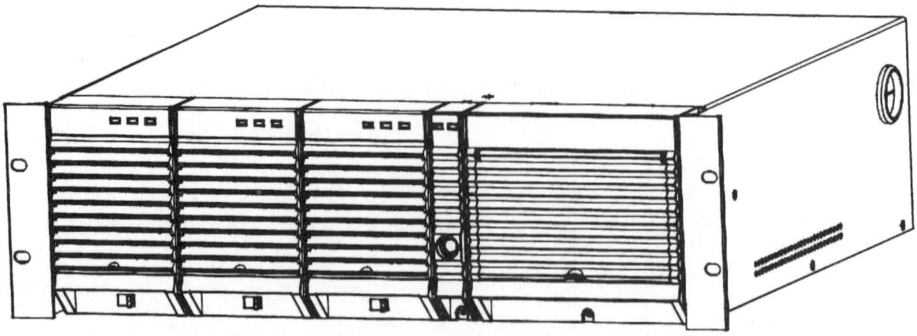

图 9－30　GIE4825/3A/4.35 kW 电源系统外观

GIE4825/3A/4.35 kW 内置式电源系统适用于小型程控交换机、接入网、传输设备、移动通信、卫星通信地面站、微波通信供电，也可用于其它通信设备供电。

如图 9－31 所示，电源系统由一路市电供电。交流电源输入后先经过 EMI 滤波处理，再通过 QF_1 空气开关控制后进入整流模块，QF_1 对交流电源起到过载、短路保护作用。整流模块的直流输出经配电单元汇总后分为 3 个分路向负载供电，该 3 路负载分别由 QF_3、QF_4、QF_5 空气开关进行控制，为用户提供每一路负载的通、断控制以及对负载出现过载、短路起到保护作用。负载 LOAD1 和 LOAD2 中串接有一个负载下电接触器 KM_2。用户的电池通过 QF_2 空气开关以及下电接触器 KM_1 后接入电源系统的直流输出侧，空气开关对电池起到分断控制以及提供过载、短路保护作用。

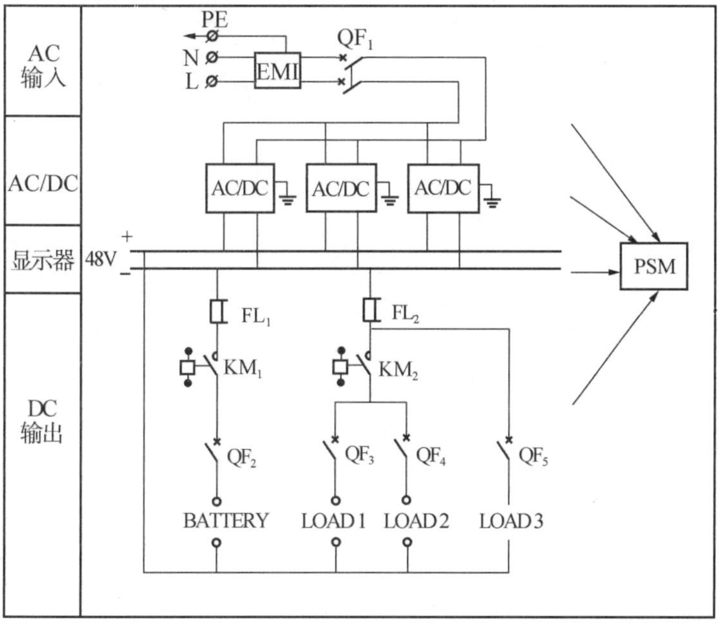

图 9－31 GIE4825/3A/4.35kW 系统工作原理示意图

系统正常情况下，整流模块、配电单元的各种参数均由监控模块进行控制，按其预定的参数或用户命令进行工作。如果出现市电故障，此时系统将改由电池供电，随着电池的放电，电池端电压开始下降，当电池电压降到 45V(比默认负载下电电压值高 1V)时，监控模块上报直流欠压告警信号；当电池电压降到 44V(比默认电池下电电压值高 1V)时，监控模块控制接触器 KM_2 动作，切断电源系统与负载 1 和负载 2 的连接，此时电源系统只向负载 3(重要负载)供电以延长重要负载的供电时间；当电池电压降到电池保护电压点(43V)时，监控模块控制接触器 KM_1 动作，切断电源系统与电池的连接，保护电池不被过防电，此时电源系统将停止工作。当外部市电恢复，系统将同时恢复正常工作状态(以上监控数据为系统默认值，用户可重新设置)。

除放电保护外，系统还设计有电池过温保护功能；若电池温度连续 30s 超过保护点，监控模块无条件控制电池下电，直至电池温度低于恢复点。电池过温保护功能默认情况下是禁止的，用户可以根据需要通过下发命令激活或禁止，并在 50～70℃之间任意设定保护点(默认为53℃)，但恢复点固定设计为比保护点低7℃。

此外，电源系统(图9-32)还可以通过监控模块对连接到系统背板上的各种传感器(温度、湿度、门磁、水浸、烟感等)和备用检测量的状态进行采集并上报。

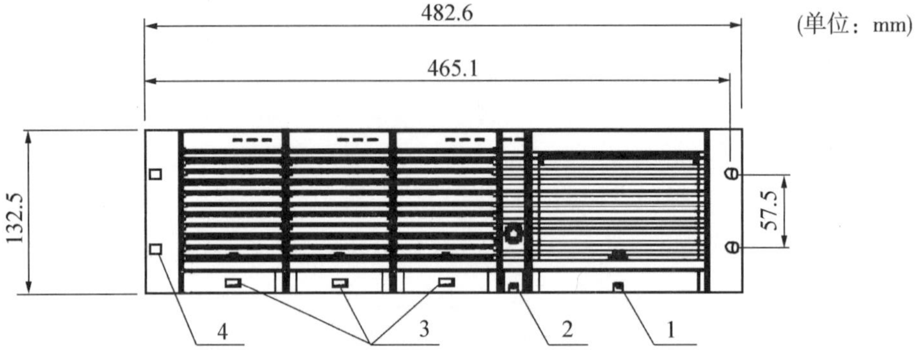

图9-32 GIE4825/3A/4.35 kW 电源系统（正视图）

1—配电模块；2—监控模块；3—电源模块；4—固定螺钉孔

对于保安电源中心而言，安全防护要求较高，一般应有防雷装置，如图9-33所示。

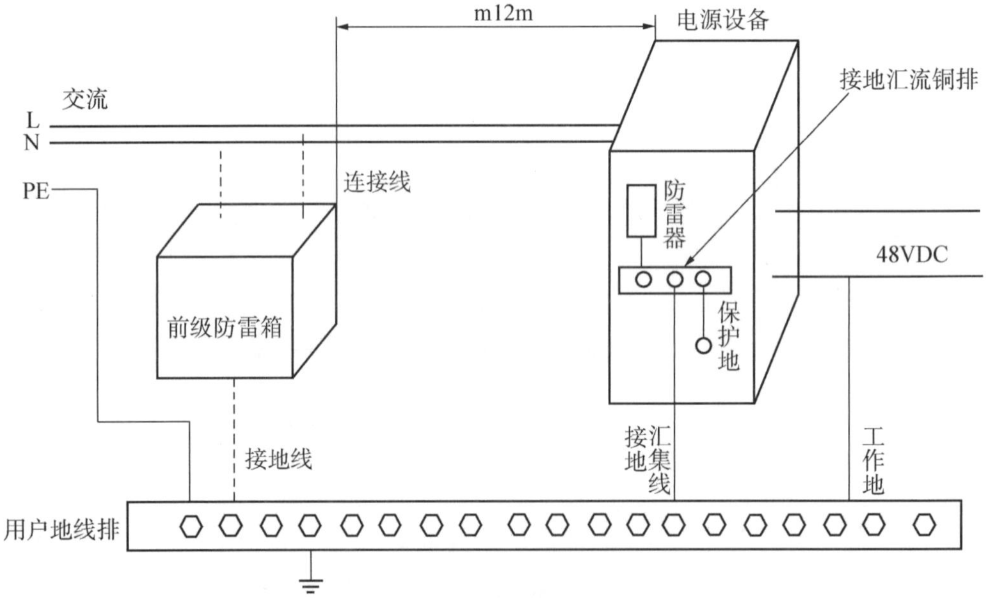

图9-33 防雷器安装示意图

2. 相变存储器(PCM)

相变存储器(phase-change memory，PCM)是由IBM公司的研究机构所开发的一种新型存储芯片，将有望替代如今的闪存Flash和硬盘驱动器HDD。

现在的数字传输系统都是采用脉码调制(pulse code modulation，PCM)体制。PCM最初并非传输计算机数据用的，而是使交换机之间有一条中继线，不是只传送一条电话信号。PCM有两个标准即E1和T1。

我国采用的是欧洲的 E1 标准。E1 的速率是 2.048Mbit/s，T1 的速率是 1.544Mbit/s。

在光纤通信系统中，光纤中传输的是二进制光脉冲“0”码和“1”码，它由二进制数字信号对光源进行通断调制而产生。而数字信号是对连续变化的模拟信号进行抽样、量化和编码产生的，称为 PCM，即脉冲编码调制。这种电的数字信号称为数字基带信号，由 PCM 电端机产生。

PCM 可以向用户提供多种业务，既可以提供从 2M 到 155M 速率的数字数据专线业务，也可以提供话音、图像传送、远程教学等其他业务。特别适用于对数据传输速率要求较高，需要更高带宽的用户使用。

PCM 线路的特点：PCM 线路可以提供很高的带宽，满足用户大数据量的传输；支持从 2M 开始的各种速率，最高可达 155M 的速率；通过 SDH 设备进行网络传输，线路协议简单；

与传统的 DDN 技术相比，PCM 具有以下特点：①线路使用费用相对便宜；②能够提供较大的带宽；③接口丰富便于用户连接内部网络；④可以承载更多的数据传输业务。

FA16 主要单板如表 9－3 所示，型号为 HONET FA16 的相变存储器在专网中的配置如下：

OLT、ONU 均为 V 系列 ONU 即 PV8 系统组成，与 LE 相连的 PV8 系统承担着 OLT 的功能。(PV8 系统包含 PV8/PV4 作为主控板的情况，PV8 指 02PV8 系统，PV8/PV4 框简称为 PV8 框。)

每个站点可配置一到多个 02PV8 系统，每个 02PV8 系统指 1 个 PV8 框带 1 ～ 4 个 RSPB 扩展框的方式。

表 9－3　FA16 主要单板介绍

1	PV4 板	4 路 2Mbit/s 接口处理机	双机双网热备份
2	PV8 板	8 路 2Mbit/s 接口处理机	双机双网热备份
3	PWX 板	二次电源板	
4	RSP 板	远端用户处理板	负荷分担方式
5	TSS 板	多功能测试板板	
6	CDI 板	16 路环路中继接口	FX0 接口
7	ASL 板	16 路用户接口板	FXS 接口
8	DSL 板	8 路数字用户板	ISDN2B + D U 接口
9	VFB 板	二/四线音频接口板	ISDN2B + D U 接口
10	SRX 板	5 路子速率业务接口板	接口特性 V.28，V.24
11	SCS 板	30 路子速率交叉板	
12	ATI 板	6E/M 接口板	
13	HSL 板	高速同步数接口板 N × 64 KB/s（N = 1 ～ 31）2 端口/板	V.35
14	HWC 板	HW 电平转换板	

1)母板插框

①HGB 母板插框：19 英寸标准用户框，共 18 个槽位。RSP/PV8 用户框母板，可插 RSP 或 PV8，但不能混插。最多配 11 块用户板，可配 2 块二次电源板(此时最多 10 块用户板)，可配 1 块 TSS 板，可配 1 块 HWC 板。

②HIB 母板插框：RSP 框母板，最多配 14 块用户板，只能配 1 块二次电源板(通过框间互助备份)，无 TSS 槽位(与 HGB 框共用 TSS 资源)。

2)主控板 1

H302PV8/PV4：V5.2 协议处理和主控板，是 H301PV8/PV4 的升级版本。8/4 个 E1 接口，用于 V 系列 ONU 中。出 V5.2 接口，通过 E1 与光传输和 OLT 相连。每块 02PV8 / PV4 有 40 条差分 HW，本板用 8 条，另外 32 条可以带四框本地 RSP 用户框，收敛比为 1∶1，需要配差分 HW 电缆。两块 PV8/PV4 工作于主备用方式(除 E1 接口)。

3)主控板 2(远端用户处理板)

H302RSPB0：远端用户处理板准近端模式，为 H301RSPB0 的升级版本。无 E1，用于 V 系列 ONU PV8 框的从框中，通过差分 HIGHWAY 与 PV8 相连。两块 RSP 支持负荷分担方式。

4)二次电源板

CC03PWX：二次电源板，每板提供 10A 工作电流和 15W 铃流，单框需配置 2 块，多框则每框只配 1 块，框间互助，支持负荷分担方式。

电平转换板/用户电路测试板

①HWC：HW 电平转换板，实现 HW 信号的 TTL 电平与差分电平的双向转换，即把 PV8 板的 TTL 电平 HW 转换为差分电平的 HW 送给扩展框的 RSP 板，反之亦然。HWC 可提供 32 对差分 HW，只能插在第一块 PV8 板的左边。

②TSS：用户电路测试板。一个 PV8 系统只配置 1 块，插在第 1 块电源板之后，选配。

6)模拟用户板

①ASL 有三种：CC08ASL、CC09ASL、CC0CASL。CC08ASL 普通模拟用户板，16 路/板，多框配置时，HGB 框最大 11 块，即 176 用户数。需配 16 路用户电缆。通常配于 ONU 处。用户线传输距离 5 km。

②H301CDI：16 路直接插入用户接口板，实现模拟用户端口透传，与 ASL 配合使用，需配 16 路用户电缆。Z 接口方式与交换机相连时，通常配于 OLT 处，接口为所有 ONU 处 ASL 接口之和。

③VFB：16 路铁路音频接口板，主要用于专网。每板 16 个 2 线音频接口或 8 个 4 线音频接口，接音频电话或 Modem。需配 16 路用户电缆。用户线传输距离 5 km。

④ATI：模拟中继接口板，提供 2/4 线 E/M 接口，6 路/板。需专用电缆，1 根/板。用于接载波机或用户小交换机。

7)数字用户板

①DSL有两种：CB02DSL、CB03DSL(远供功能)，8路2B+D/板，需配16路用户电缆，用户线传送距离5 km。

②H301DDU2：2路同向64kB/s接口，G.703接口，需专用电缆，2根/板，可靠传送30m。

③H301SRX：子速率接口板。每板提供5路同步或3路异步子速率接口，单板不超过48KB/s。复合X.50复用协议，V.24接口，需专用电缆，1根/板。子速率(KB/s)：2.4/4.8/9.6/ 19.2/48，可靠传送30m。

④H301SCS：子速率交叉板，支持复合X.50复用协议的最多28个64KB/s时隙的任意交叉连接，不需电缆，可靠传送30m。

⑤HSL：高速同步线路接口板，每板提供2路N×64KB/s(N为1-31)V.35接口和2路G.703 FE1接口，V.35可靠传送距离30m，需专用电缆，如图9-34所示。

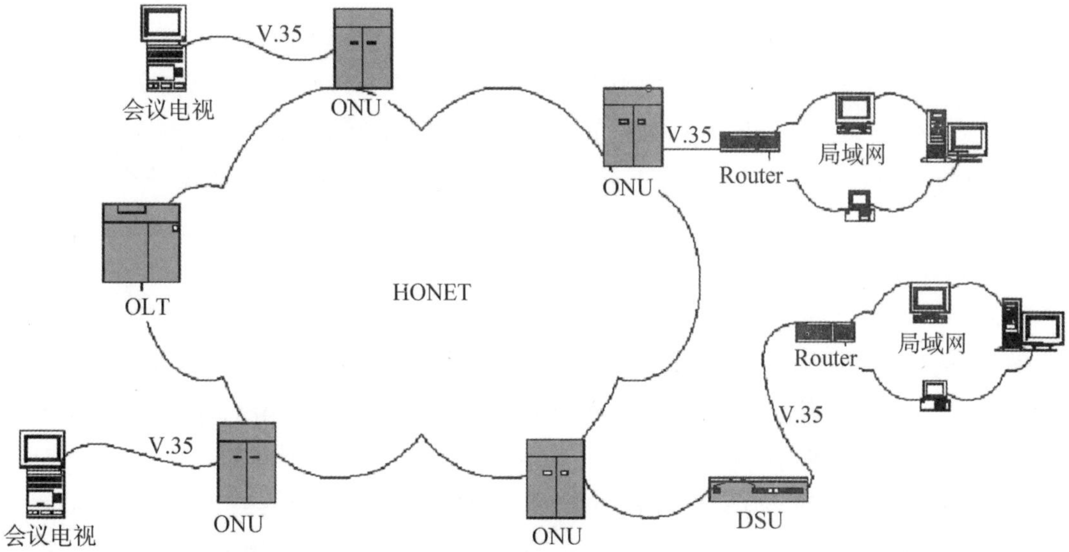

图9-34 HONET系统内部HSL板间互联

3. 同步数字体系(SDH)

同步数字体系(synchronous digital hierarchy，SDH)是一种将复接、线路传输及交换功能融为一体、并由统一网管系统操作的综合信息传送网络。美国贝尔通信技术研究所提出同步光网络(SONET)，于1988年接受了SONET概念并重新命名为SDH，使其成为不仅适用于光纤也适用于微波和卫星传输的通用技术体制。它可实现网络有效管理、实时业务监控、动态网络维护、不同厂商设备间的互通等多项功能，能大大提高网络资源利用率、降低管理及维护费用、实现灵活可靠和高效的网络运行与维护，因此是当今世界信息领域在传输技术方面的发展和应用的热点，受到人们的广泛重视。

SDH技术的诞生有其必然性，随着通信的发展，要求传送的信息不仅是话音，还有文字、数据、图像和视频等。加之数字通信和计算机技术的发展，在20世纪70至80年代，陆续出现了T1(DS1)/E1载波系统(1.544/2.048Mbit/s)、X.25帧中继、ISDN(综合业务数字网)和FDDI(光纤分布式数据接口)等多种网络技术。随着信息社会的到来，人们希望现代信息传输网络能快速、经济、有效地提供各种电路和业务，而上述网络技术由于其业务的单调性、扩展的复杂性、带宽的局限性，仅在原有框架内修改或完善已无济于事。SDH就在这种背景下发展起来。在各种宽带光纤接入网技术中，采用SDH技术的接入网系统应用最普遍。SDH的诞生解决了由于入户媒质的带宽限制跟不上骨干网和用户业务需求的发展，而产生用户与核心网之间接入"瓶颈"的问题，同时提高了传输网上大量带宽的利用率。SDH技术自从90年代引入以来，至今已经是一种成熟、标准的技术，在骨干网中被广泛采用，且价格越来越低，在接入网中应用可以将SDH技术在核心网中的巨大带宽优势和技术优势带入接入网领域，充分利用SDH同步复用、标准化的光接口、强大的网管能力、灵活网络拓扑能力和高可靠性带来好处，在接入网的建设发展中长期受益。

SDH采用的信息结构等级称为同步传送模块STM-N(synchronous transport module level N，N=1，4，16，64)，最基本的模块为STM-1，4个STM-1同步复用构成STM-4，16个STM-1或4个STM-4同步复用构成STM-16。SDH采用块状的帧结构来承载信息，每帧由纵向9行和横向270×N列字节组成，每个字含8bit，整个帧结构分成段开销(section over head，SDH)区、STM-N净负荷区和管理单元指针(AU PTR)区三个区域，其中段开销区主要用于网络的运行、管理、维护及指配以保证信息能够正常灵活地传送，它又分为再生段开销(regenerator section over head，RSOH)和复用段开销(multiplex section over head，MSOH)；净负荷区用于存放真正用于信息业务的比特和少量用于通道维护管理的通道开销字节；管理单元指针用来指示净负荷区内的信息首字节在STM-N帧内的准确位置以便接收时能正确分离净负荷。SDH的帧传输时按由左到右、由上到下的顺序排成串型码流依次传输，每帧传输时间为125μs，每秒传输1/125×1000000帧，对STM-1而言每帧字节为8bit×(9×270×1)=19440bit，则STM-1的传输速率为19440×8000=155.520Mbit/s；而STM-4的传输速率为4×155.520Mbit/s=622.080Mbit/s；STM-16的传输速率为16×155.520(或4×622.080)=2488.320Mbit/s。

SDH传输业务信号时，各种业务信号进入SDH的帧都要经过映射、定位和复用三个步骤：映射是将各种速率的信号先经过码速调整装入相应的标准容器(C)，再加入通道开销(POH)形成虚容器(VC)的过程，帧相位发生偏差称为帧偏移；定位即是将帧偏移信息收进支路单元(TU)或管理单元(AU)的过程，它通过支路单元指针(TU PTR)或管理单元指针(AU PTR)的功能来实现；复用则是将多个低价通道层信号通过码速调整使之进入高价通道或将多个高价通道层信号通过码速调整使之进入复用层的过程。

SDH之所以能够快速发展，与它自身的特点是分不开的，其具体特点有：①SDH传输系统在国际上有统一的帧结构，数字传输标准速率和标准的光路接口，使网管系统互通，因此有很好的横向兼容性，它能与现有的PDH完全兼容，并容纳各种新的业务信号，形成了全球统一的数字传输体制标准，提高了网络的可靠性；②SDH 接入系统不同等级的码流在帧结构净负荷区内的排列非常有规律，而净负荷与网络是同步的，它利用软件能将高速信号一次直接分插出低速支路信号，实现一次复用的特性，克服 PDH 准同步复用方式对全部高速信号进行逐级分解然后再生复用的过程，大大简化 DXC，减少背靠背的接口复用设备，改善网络的业务传送透明性；③采用较先进的分插复用器(ADM)、数字交叉连接(DXC)，网络的自愈功能和重组功能显得非常强大，具有较强的生存率；④因 SDH 帧结构中安排了信号的5%开销比特，它的网管功能显得特别强大，并能统一形成网络管理系统，为网络的自动化、智能化、信道的利用率以及降低网络的维管费和生存能力起到积极作用；⑤SDH 有多种网络拓扑结构，它所组成的网络非常灵活，它能增强网监，运行管理和自动配置功能，优化了网络性能，同时也使网络运行灵活、安全、可靠，使网络的功能非常齐全和多样化；⑥SDH 有传输和交换的性能，它的系列设备的构成能通过功能块的自由组合，实现不同层次和各种拓扑结构的网络，十分灵活；⑦SDH 并不专属于某种传输介质，它可用于双绞线、同轴电缆，但 SDH 用于传输高数据率则需用光纤，这一特点表明 SDH 既适合用作干线通道，也可作支线通道，例如我国的国家与省级有线电视干线网就是采用 SDH，而且它也便于与光纤电缆混合网(HFC)相兼容；⑧从 OSI 模型的观点来看，SDH 属于其最底层的物理层，并未对其高层有严格的限制，便于在 SDH 上采用各种网络技术，支持 ATM 或 IP 传输；⑨SDH 是严格同步的，从而保证了整个网络稳定可靠，误码少，且便于复用和调整；⑩标准的开放型光接口可以在基本光缆段上实现横向兼容，降低了联网成本。

由于 SDH 的众多特性，使其在广域网领域和专用网领域得到了巨大的发展。电信、联通、广电等电信运营商都已经大规模建设了基于 SDH 的骨干光传输网络。利用大容量的 SDH 环路承载 IP 业务、ATM 业务或直接以租用电路的方式出租给企、事业单位。一些大型的专用网络也采用了 SDH 技术，架设系统内部的 SDH 光环路，以承载各种业务，比如电力系统，就利用 SDH 环路承载内部的数据、远控、视频、语音等业务。

而对于组网更加迫切、而又没有可能架设专用 SDH 环路的单位，很多都采用了租用电信运营商电路的方式。由于 SDH 基于物理层的特点，单位可在租用电路上承载各种业务而不受传输的限制。承载方式有很多种，可以利用基于 TDM 技术的综合复用设备实现多业务的复用，也可以利用基于 IP 的设备实现多业务的分组交换。SDH 技术可真正实现租用电路的带宽保证，安全性方面也优于 VPN 等方式。在政府机关和对安全性非常注重的企业，SDH 租用线路得到了广泛的应用。SDH 一般可提供 E1、E3、STM-1 或 STM-4 等接口，完全可以满足各种带宽要求。同时在价格方面，也已经为大部分单位所接受。

SDH 作为新一代理想的传输体系，具有路由自动选择能力，上下电路方便，维护、控制、管理功能强，标准统一，便于传输更高速率的业务等优点，能很好地适应通信网飞速发展的需要。迄今，SDH 得到了空前的应用与发展。在标准化方面，已建立和即将建立的一系列建议已基本上覆盖了 SDH 的方方面面。在干线网和长途网、中继网、接入网中开始广泛应用。在光纤通信、微波通信、卫星通信中也积极地开展研究与应用。

近些年，点播电视、多媒体业务和其他宽带业务如雨后春笋般纷纷出现，为 SDH 应用在接入网中提供了广阔的空间。SDH 技术应用于接入网的好处是：①对于要求高可靠、高质量业务的大型企事业用户，SDH 可以提供较为理想的网络性能和业务可靠性。②可以将网管范围扩展至用户端，简化维护工作。③利用 SDH 固有灵活性，可使网络运营者更快、更有效地提供用户所需的长期和短期业务需求。

可以预计 SDH 技术将不断发展。随着网络的发展，它将进一步为终端用户提供宽带服务，在迎接 ATM、CATV、多媒体、因特网、全光网络带来的机会和提出的挑战中，将得到更加广泛的应用。

综上所述，SDH 以其明显的优越性已成为传输网发展的主流。SDH 技术与一些先进技术相结合，如光波分复用技术（WDM）、ATM 技术、Internet 技术（IP overSDH）等，使 SDH 网络的作用越来越大。SDH 已被各国列入 21 世纪高速通信网的应用项目，是电信界公认的数字传输网的发展方向，具有远大的商用前景。

在 SDH 中 OptiX155/622H 硬件配置如下：。

（1）155/622H 的 IU 板位（图 9 – 35）。

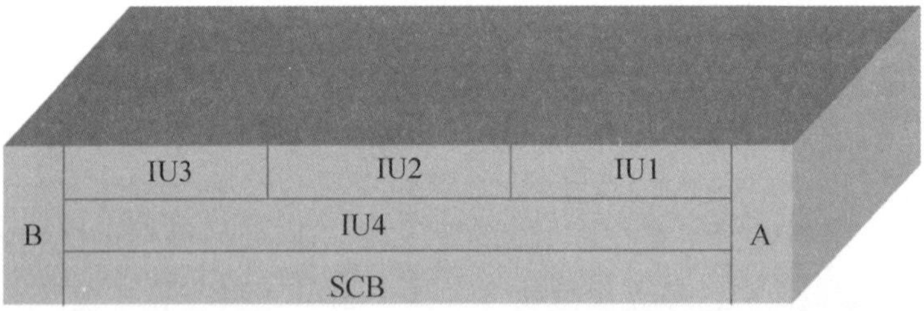

图 9 – 35　155/622H 的 IU 板位图

IU1：光接口板位，OI2/OI4/SB2；

IU2、IU3：光/电接口板位，OI2/OI4/SB2，SP1/SP2/SM1/HP2/PL3；

IU4：电接口板位，PD2/PM2/TDA；

SCB：系统控制板位；

A：防尘网，电源滤波板；

B：风扇板位。

（2）Optix155/622H 的接线区（图 3 – 36）。

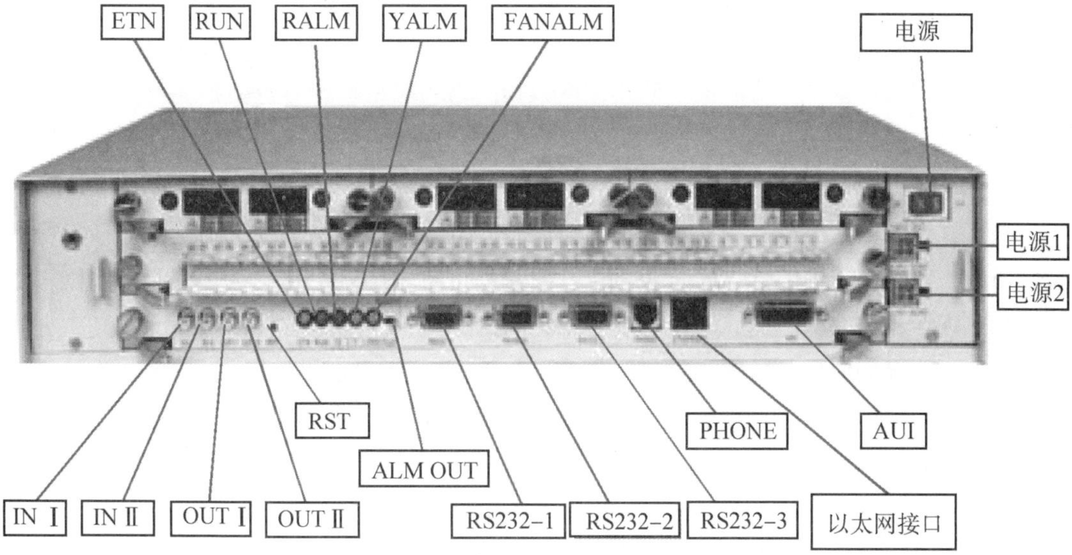

图 9－36 Optix155/622H 的接线区图

(3)系统构成(图 9－37)。

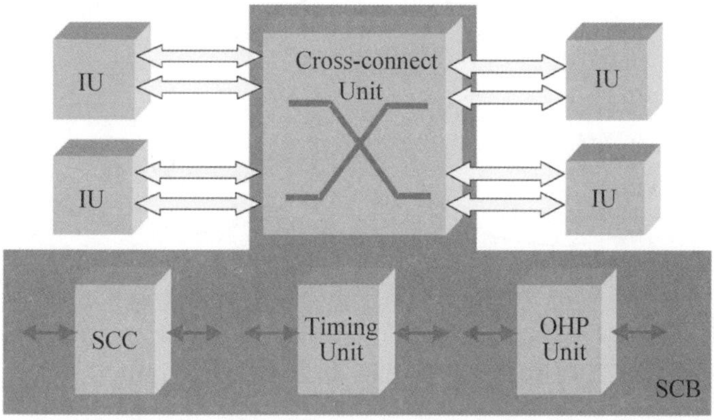

图 9－37 系统构成图

9.3.4 电力二次系统安全保护

电力二次系统是指各级电力监控系统和调度数据网络(SPDnet)以及各级电网管理信息系统(MIS)、电厂管理信息系统、电力通信系统及电力数据通信网络(SPTnet)等构成的超级复杂的巨大系统。

电力二次系统安全保护的重点，是确保电力闭环实时监控系统及调度数据网络安全，目标是要抵制黑客、病毒、恶意代码通过各种各样的形式包括恶意破坏和攻击的系统，特别是要抵制政治攻击，防止意外导致系统或大面积停电事故和二次系统或麻痹的崩溃，具体目标包括防范病毒、木马和其他恶意代码的侵犯、防止恶意攻击和破坏的入侵者、保护电力监控系统和电力调度数据网络的可用性、保护电力调度数据网络和系统服务的连续性、保护电力调度数据网络的重要信息机密性、完整性、存储和传输、实现应用系统和设备连接到电力二次系统身份验证、防止调度数据网络和应用系统对重要拒绝行为的系统操作、实现电力监控系统及调度数据网络的安全事件可发现，可追溯性和可审计性以及实现电力监控系统和调度数据网络的安全管理。

电厂建设的电力二次系统安全保护应符合一些基本原则：系统性原则，简单性以及可靠性原则，实时性、连续性与安全性相统一的原则，需求、风险和代价相平衡的原则，实用性和先进性相结合的原则，方便和安全相统一的原则，全面防护突出重点的原则，分层分区、强化边界的原则，整体规划、分步实施的原则，不断完善的原则，责任到人、分层管理、联合防护的原则，下级服从上级、局部服从整体的原则以及技术和管理相结合的原则。总体策略如图 9－38 所示。

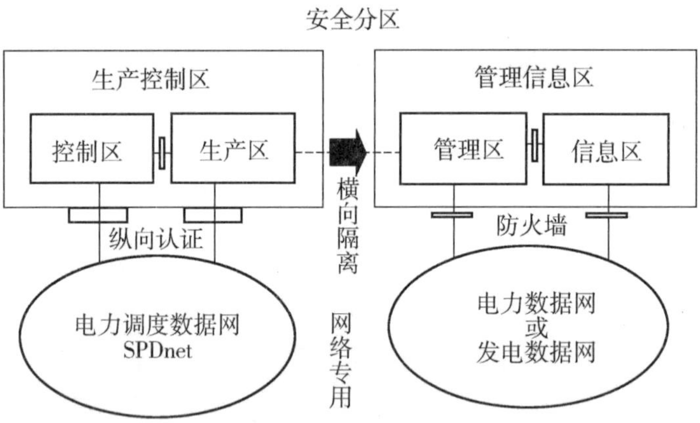

图 9－38　电力二次系统安全防护总体策略

分区防护、突出重点。对电力系统业务的重要程度及影响电力一次系统的强弱程度进行划分区域，对于生产电力及电力生产控制的系统进行重点防护。

总体安全防护方案囊括所有符合方案要求的系统，并统一纳入安全区内，确保所有系统得到有效的防护。图 9－39 所示为某厂的安全防护部署示意图

横向隔离。通过隔离装置在不同安全区之间实现逻辑或物理横向隔离。

网络隔离。通过技术实现多个相互逻辑隔离，为电力调度数据网与电力数据通信网提供多层次的防护。

纵向防护。采用认证加密和硬件防火墙等方式实现各安全区的纵向安全防护。

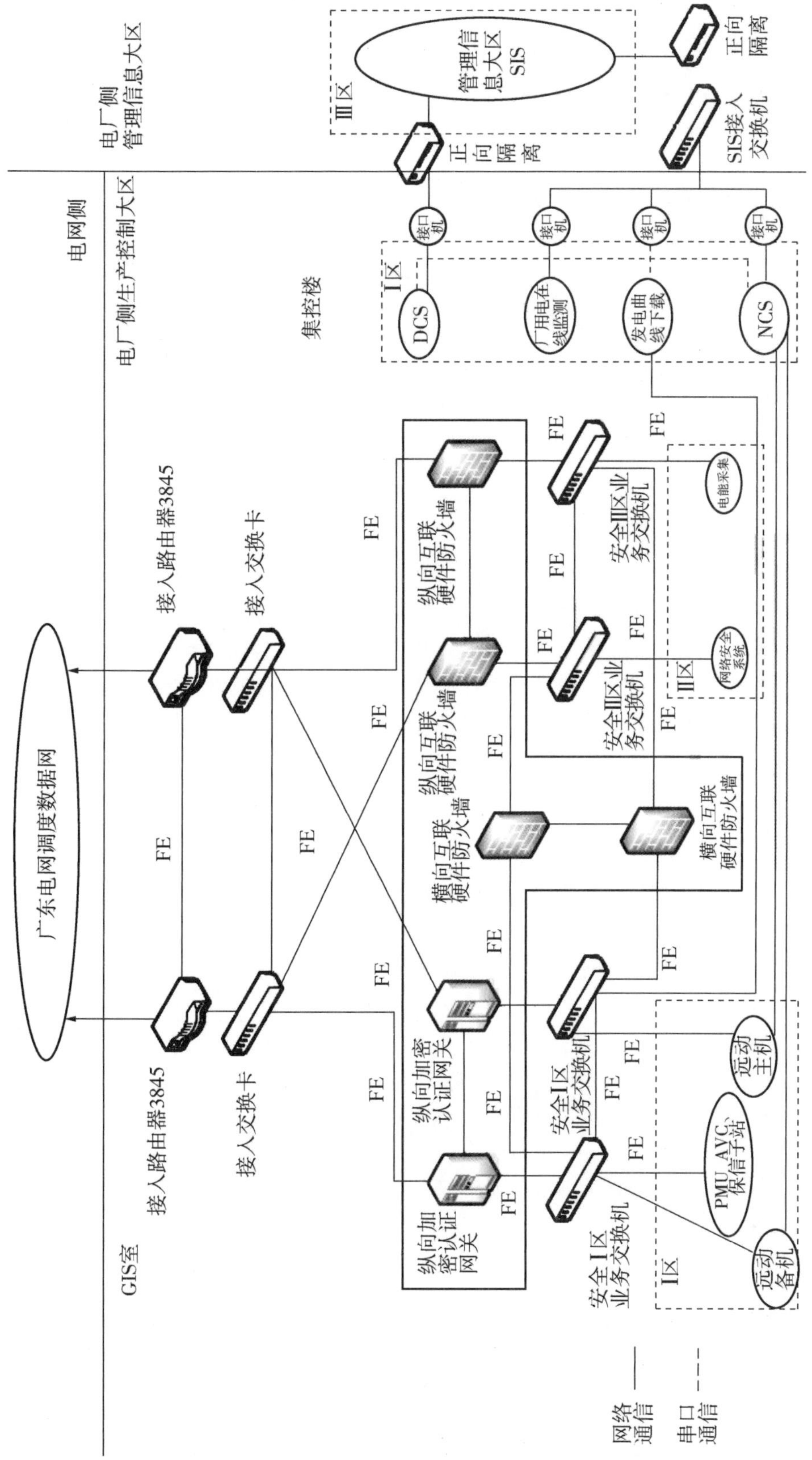

图9-39 某电厂电力二次系统（系统接入部分）安全防护部署示意图

9.4 其他自动化设备

9.4.1 厂用电气自动化系统(EFCS)

厂用电气自动化系统主要是机组的启动和保护部分。WFB-800系列微机发-变组成套保护装置主要适用于电力系统主设备的保护。WFB-801装置集成了一台发电机的全部电气量保护，WFB-802装置集成了一台主变压器的全部电气量保护，WFB-803装置集成了一台高厂变和励磁变(励磁机)的全部电气量保护，WFB-804装置集成了一台主变压器及高厂变的全部非电量类保护。可满足大型发-变组双套主保护、双套后备保护、非电量类保护完全独立的配置要求。同时，该系列保护也能直接与电厂综合自动化系统连接。

1. 发电机比率制动式差动保护

比率制动式差动保护是发电机内部相间短路故障的主保护。

1)保护原理

(1)比率差动原理。

差动动作方程如下：

$$\begin{cases} I_{op} \geq I_{op.0} & I_{res} \leq I_{res.0}\text{时} \\ I_{op} \geq I_{op.0} + S(I_{res} - I_{res.0}) & I_{res} > I_{res.0}\text{时} \end{cases} \tag{9-8}$$

式中，I_{op}为差动电流；$I_{op.0}$为差动最小动作电流整定值；I_{res}为制动电流；$I_{res.0}$为最小制动电流整定值；S为比率制动特性的斜率。各侧电流的方向都以指向发电机为正方向。

差动电流：$I_{op} = |\dot{I}_T + \dot{I}_N|$

制动电流：$I_{res} = \left|\dfrac{\dot{I}_T - \dot{I}_N}{2}\right|$

式中，I_T，I_N分别为机端、中性点电流互感器(TA)二次侧的电流，TA的极性如图9-40所示(根据工程需要，也可将TA极性端均定义为靠近发电机侧)。

(2)TA断线判别。

当任一相差动电流大于0.15倍的额定电流时启动TA断线判别程序，满足下列条件认为TA断线：

①本侧三相电流中至少一相电流为零；

②本侧三相电流中至少一相电流不变；

③最大相电流小于1.2倍的额定电流。

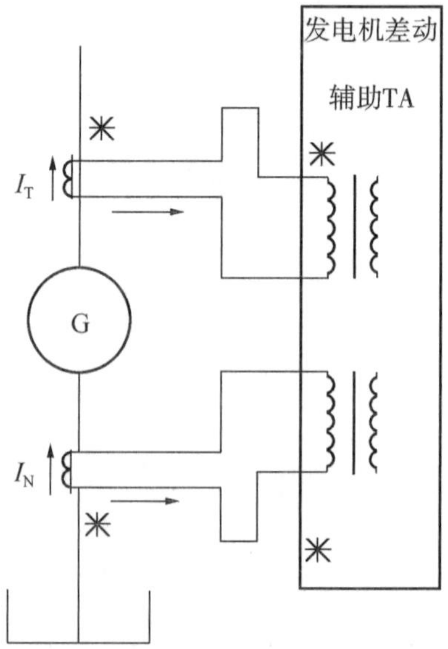

图9-40 电流极性接线示意图

(3)保护逻辑框图(图9-41)。

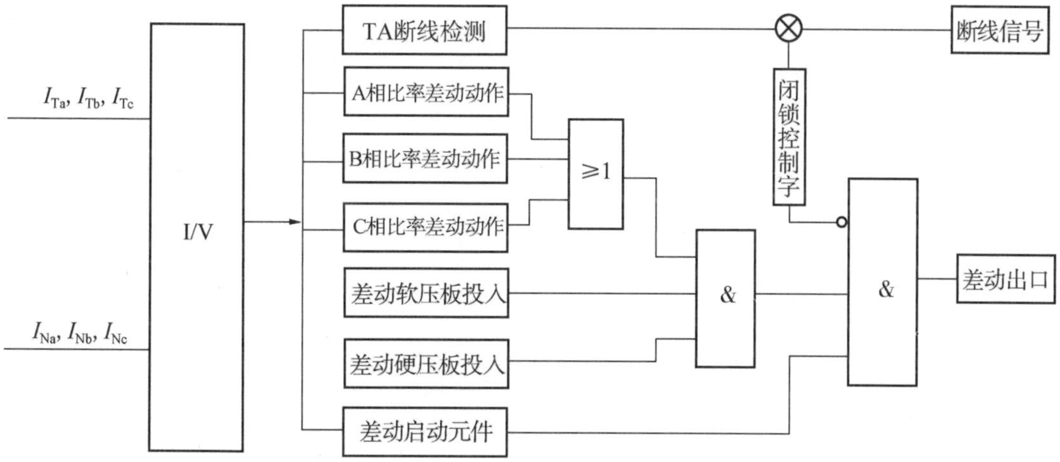

图9-41 发电机差动保护逻辑框图

2)定值整定

(1)定值整定计算。

①最小动作电流一般取发电机额定电流(I_n)的0.1～0.3倍;

②比例制动特性斜率一般可取0.3～0.5;

③电流回路断线的整定:

TA断线闭锁差动整定为“1”时，闭锁差动;

TA断线闭锁差动整定为“0”时，不闭锁差动。

(2)定值清单(表9-4)。

表9-4 定值清单表

定值名称	整定范围	备 注
发电机比率制动式差动保护		
最小动作电流	$0.1I_n \sim 1.0I_n$	$I_{op.0}$
最小制动电流	$0.5I_n \sim 2.0I_n$	$I_{res.0}$
制动特性斜率	0.3～0.7	S
TA 断线闭锁差动	0～1	1：闭锁 0：不闭锁
以下为保护软压板		
比率制动式差动软压板	√：投入×：退出	

2. 不完全纵差保护

不完全纵差保护是发电机(或发变组)内部故障的主保护，既能反映发电机(或发变组)内部各种相间短路，也能反映匝间短路和分支绕组的开焊故障。不完全纵差保护可作为发电机纵差保护，当用于发变组不完全纵差保护时，应增设防涌流误动的二次谐波闭锁判据。

1）保护原理

（1）比率差动原理。

差动动作方程如下：

$$\begin{cases} I_{op} \geq I_{op.0} & I_{res} \leq I_{res.0} \text{时} \\ I_{op} \geq I_{op.0} + S(I_{res} - I_{res.0}) & I_{res} > I_{res.0} \text{时} \end{cases} \tag{9-9}$$

式中，I_{op}为差动电流；$I_{op.0}$为差动最小动作电流整定值；I_{res}为制动电流；$I_{res.0}$为最小制动电流整定值；S为比率制动特性的斜率。各侧电流的方向都以指向发电机为正方向。

差动电流：$I_{op} = \left|\dot{I}_T + K_{FZ} \cdot \dot{I}_N\right|$

制动电流：$I_{res} = \left|\dfrac{\dot{I}_T - K_{FZ}\dot{I}_N}{2}\right|$

式中，I_T，I_N分别为机端、中性点电流；K_{FZ}为分支平衡系数。

（2）TA 断线判别。

当任一相差动电流大于0.15倍的额定电流时启动TA断线判别程序，满足下列条件认为TA断线：

本侧三相电流中至少一相电流为零；

本侧三相电流中至少一相电流不变；

最大相电流小于1.2倍的额定电流。

（3）发电机不完全纵差保护原理接线图如图9-42所示。

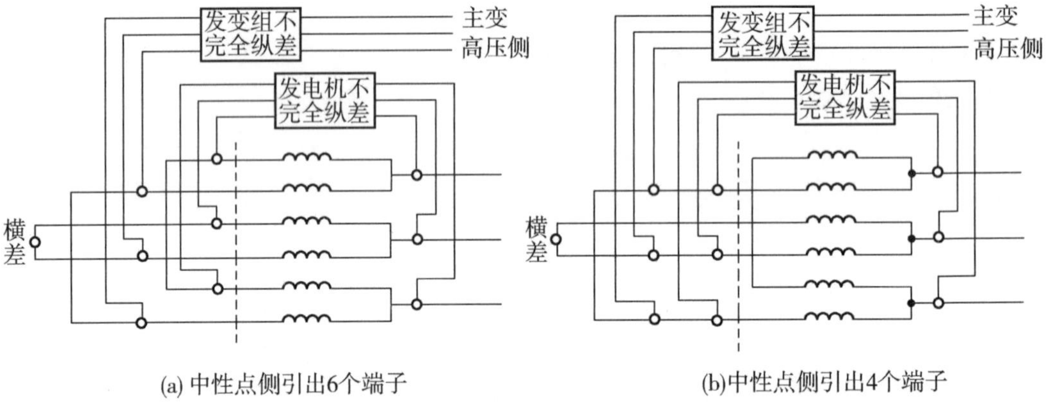

图9-42　不完全纵差保护原理接线图

2）定值整定

（1）定值整定计算。

①最小动作电流一般取：发电机差动保护为$(0.1\sim0.3)I_n$，发变组差动保护为$(0.2\sim0.5)I_n$；

②比例制动特性斜率一般可取0.3～0.5；

③分支平衡系数的整定：根据实际分支接线整定；

④电流回路断线的整定：

TA 断线闭锁差动整定为“1”时，闭锁差动；

TA 断线闭锁差动整定为“0”时，不闭锁差动。

(2)定值清单(表9－5)。

表9－5 定值清单表

定值名称	整定范围	备注
发电机不完全纵差保护		
最小动作电流	$0.1I_n \sim 1.0I_n$	$I_{op.0}$
最小制动电流	$0.5I_n \sim 2.0I_n$	$I_{res.0}$
制动特性斜率	$0.3 \sim 0.7$	S
分支平衡系数	$0.5 \sim 5$	K_{FZ}
TA 断线闭锁差动	$0 \sim 1$	1：闭锁 0：不闭锁
以下为保护软压板		
不完全差动软压板	√：投入 ×：退出	

3. 标积式差动保护可应用于发电机、变压器等作为内部故障的主保护。

9.4.2 电气控制系统的保护

为了保证电气控制系统安全、可靠的运行，我们在设计电气控制系统时，应该考虑到系统将可能发生故障的情况，因为这些情况会引起系统中的电压、电流、频率等因素的变化，甚至会导致严重的后果。另外，在电气系统中，如果没有设计电气保护装置，要想系统维持正常工作也是不现实的。因此，在设计电气控制系统时，不仅要考虑其发生故障的可能性，还要使其具有完善的保护环节，这样才能使系统中的电网、低压设备、电机等设备安全工作。

电气控制系统的故障不仅会使自身系统遭到损坏，而且还会影响同一电气系统的非故障设备的安全。另外，电气控制系统的故障发生的时间非常短促，人为发现故障设备并将故障设备切除基本上是做不到的。因此，我们在设计电气控制系统时，只有考虑让自动保护装置来保护电气控制系统。

1. 电气保护装置的作用

(1)可以迅速将故障设备与电气控制系统的非故障设备自动隔离，使系统的运行恢复正常或停止，用以防止事故的发生。

(2)反应电气设备的不正常工作情况。电气保护装置可以根据不正常工作情况和设备运行条件的不同发出相应的信号，以便于及时对事故进行处理。

2. 电气控制系统保护环节

电气控制系统中保护环节的类型有很多种，根据短路时电气量的变化，可以构成各种作用原理的电气保护。例如，利用电流增大的特点可以构成过电流保护；利用电压降低的特点可以构成低压保护；利用电流电压之间的相位角的变化特点可以构成断相保护、漏电保护等。常用的电气控制系统保护环节有以下几种：

(1)短路保护。短路保护要求具有瞬动特性，即在很短的时间内切断电源。这个环节常用熔断器(FV)、低压断路器来作为系统的短路保护装置，如图9–43所示。设计电气控制系统时要注意的是，三相供电系统中，必须采用三相短路保护。如果系统主电路容量较小时，其电路中的熔断器可以同时作为控制电路的短路保护，否则控制电路务必要单独设置短路保护熔断器。

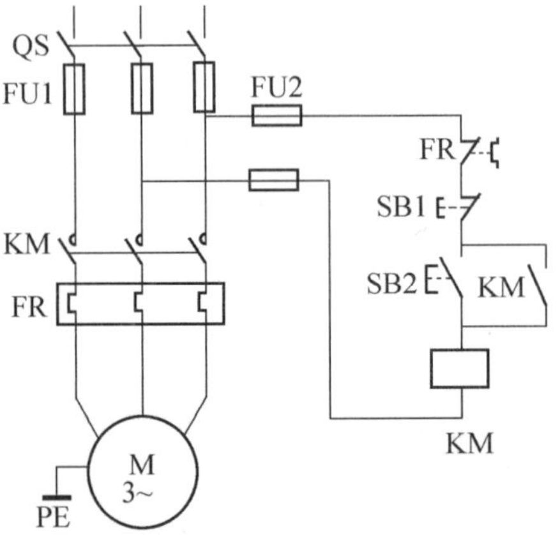

图9–43　系统短路保护装置

(2)过流保护。通常在电动机运行中产生过流比发生短路的可能性要大，特别是在电动机频繁启动和正反转过程中更是如此。过大电流会引起电动机转矩过大导致机械转动部件受损。因此，需要在电机主回路串联过流继电器线圈，其常闭触头串联在接触器控制回路中构成过流保护装置。过流保护主要应用于启动时间较长的大容量电动机和绕线转子异步电动机控制系统中。

(3)过载保护。过载保护是过流保护中的一种，也属于电流型保护。通常异步电动机过载保护采用热继电器(FR)作为保护装置。它与过流保护不同的是，热继电器由于热惯性的关系，不会受短路电流的冲击而瞬时动作，一般是当有6倍以上额定电流通过时，需要5 s后才会动作。在实际生产中，引起过载因素往往是短暂的，如电机负载的临时增加引起了过载，但是过一会又恢复正常工作。对电机而言，只要过载时间不长是允许的。如果这时采用过流保护，势必会造成电动机断电，工作时又要重新通电，影响工作效率。

(4)失电压保护。为了防止电动机电源恢复供电后的自行启动，造成设备或人身安全受威胁，应该采用接触器和按钮控制电动机的启、停动作作为失电压保护。这是因为当电动机系统电源电压消失后，接触器主触点自行断开，切断了电动机电源。而当电压恢复正常时，由于接触器自锁电路已断开，电动机就不会自行启动了。

(5)欠电压保护。通常是将电压继电器线圈跨接在电源上，其常开触头串接在接触器控制回路中，当电网电压低于其额定值时，电压继电器动作使接触器释放。

本节从电气控制系统中常见的几种故障，以及这些故障造成的严重后果进行了分析，并提出了相应故障保护环节的设计。在设计和改造电气控制系统时应该充分考虑电气控制系统有发生故障和不正常工作情况的可能性，针对这些故障情况采取相应的保护措施，这样才能够使电气控制系统安全可靠地运行。

9.4.3 电气系统综合自动化技术应用

1. 现场总线(fieldbus)的标准

在电力系统厂站自动化系统发展历程中，其通信技术的发展大致分为两个阶段，即简单的串行通信技术和现场总线技术。在早期的场站自动化系统中，受当时技术条件的限制，主要采用简单串行通信技术来传输信息。在实践中暴露出以下主要问题：

- 通信速率低，一般不超过，无法适应大量数据传输的需要；
- 可靠性低，缺乏简单有效的容错机制；
- 拓扑结构不利于扩展和提高传输效率。

随着用户对自动化系统性能要求的提高，上述缺点显得更加突出，促使设备厂家将目光转向现场总线技术。

现场总线技术无论在通信速率和实时性，还是在可靠性和组网灵活性上都远远高于简单的串行通信技术，它的广泛应用使得发电厂电气综合自动化系统的性能得到极大提高。

现场总线是应用于过程自动化或制造自动化中的、实现智能化现场设备(如变送器、控制器、执行器)与高层设备(如主机、网关、人机接口设备)之间互联的、全数字、串行、双向的通信系统。通过它可以实现跨网络的分布式控制。按照国际电工委员会 IEC 标准和现场总线基金会 FF 的定义：现场总线是连接智能现场设备和自动化系统的数字式、双向传输、多分支结构的通信网络。

现场总线的本质含义表现在以下几个方面：

(1)现场通信网络。现场总线作为一种数字式通信网络一直延伸到生产现场的现场设备，使过去采用点对点式的模拟量信号传输或开关量信号的单向并行传输变成多点一线的双向串行数字式传输。

(2)现场设备互联。现场设备指位于现场的传感器、变送器和执行机构等。这些现场设备可以通过现场总线直接在现场实现互联，互相交换信息。

(3)互操作性。所谓互操作性指来自不同厂家的设备可以互相通信，并且可以在多个厂家的环境中完成所需要的功能。这体现在用户可以自由地选择设备和软件。

(4)分散功能块。现场总线控制系统把功能块分散到现场仪表中执行，因此取消了传统中的过程控制站，节省投资，提高了可靠性。

(5)现场总线供电。现场总线除了传送信息外，还可以完成为现场设备供电的功能。现场总线供电不仅简化了系统的安装和布线，而且可以通过配套的安全栅实现本质安全系统，为现场总线控制系统在易燃易爆环境中的应用奠定了基础。

(6)开放式互联网络。现场总线为开放式互联网络，既可以同层网络互联，也可以不同层网络互联。现场总线是一个完全开放的协议，这意味着来自不同厂家的现场总线设备，只要符合现场总线协议，就可以通过现场总线网络连接成系统，实现综合自动化。

现场总线技术的研究开始于 20 世纪 80 年代，90 年代逐步走向实用化。到目前为止已经出现了多种现场总线协议，包括 CAN、LonWorks、PROFIBUS、HART、FF 等。由于各大公司努力维护既得利益，希望在竞争中保持并扩大自身的市场份额，目前统一的现场总线难以确立。国际电工委员会通过多年的协商，提出了现场总线的国际标准 IEC 61158，其中共包含 8 种现场总线协议，即 H1、Contron Net（美国公司 ROCKWELL 支持）、PROFIBUS（西门子公司支持）、P－Net（丹麦 PROCESS DATA 公司支持）、FF（现场总线基金会协议）、SWIFT NET（美国波音公司支持）、WORLDFIP（法国 ALSTOM）公司支持和 INTERBUS（德国 PHOENIX CONTACT 公司支持）。再加上之前已经成为国际标准的 CAN 总线协议、SDS 协议、ASI 协议和 Device Net 协议，国际现场总线标准一共有 12 种。

此外，一些国家和公司还推出了自己的标准，如 LonWorks 标准等，应用也很广泛。多种现场总线协议并存的局面将在一定时期内存在，下面对各主要现场总线协议作简要介绍。

1）CAN

CAN 是控制局域网络（control area network）的缩写，它由德国公司 Bosch 推出，最早应用于汽车内部测控部件间的数据通信网络。现在其他领域也得到了广泛应用。CAN 已经被国际标准化委员会采纳，成为 ISO11898 标准。CAN 协议是建立在 ISO/OSI 模型基础上的，采用了 OSI 底层的物理层、数据链路层和最高的应用层。其信号传输介质为双绞线，最高通信速率为 1Mbit/s（距离 40m），最远通信距离为 10 km（速率 5 Kbit/s），节点数可达 110 个。

CAN 的信号传输采用短帧结构，每一帧有效字节数为 8 个，因而通信时间短，受干扰的概率低，每帧信息都有 CRC 校验，通信误码率极低。CAN 总线中的节点在发生严重错误时具有自动关闭总线的功能，使这个节点脱离总线，不影响其他节点。

2）LonWorks

LonWorks 是局部操作网络（local operating networks）的缩写。它由美国 Echelon 公司研制，于 1990 年正式公布的现场总线网络。它采用 ISO/OSI 模型中完整的 7 层通信协议，采用面向对象的设计方法，通过网络变量把网络设置简化为参数设置，其最高通信速率为 1.25Mbit/s（通信距离 130 m），最远通信距离 2.7km（速率 78 Kbit/s），节点数可达 32000 个。网络通信介质可以是双绞线、同轴电缆、光纤、射频、红外或电力线等。

LonWorks 的信号传输采用可变长帧结构。每帧的有效字节数目是 0 ～ 288 个。LonWorks 采用的 LonTalk 通信协议被封装在 Neruon 的神经元芯片中。芯片里有 3 个 8 位 CPU，CPU1 用于实现 ISO/OSI 模型中第一层和第二层的功能，称为媒体访问控制处理器；CPU2 用于完成 3 ～6 层功能，称为网络处理器；第三层对应于 OSI 模型的第七层，称为应用处理器。芯片中还有信息缓冲区，以实现 CPU 间的信息传递，并作为网络缓冲区和应用缓冲区。

3)PROFIBUS

PROFIBUS 是过程现场总线(process field bus)的缩写，它是德国国家标准 DIN19245 和欧洲标准 EN50170 所规定的现场总线标准。PROFIBUS 由 3 个兼容的部分组成，即 PROFIBUS - DP、PROFIBUS - PA、PROFIBUS - FMS。其中 PROFIBUS - DP 是一种高速低成本的通信系统。它按照 ISO/OSI 模型定义了物理层、数据链路层和用户接口；PROFIBUS - PA 专为过程自动化设计，可时变送器和执行机构连接在一根总线上，并提供本质安全和总线供电特征。PROFIBUS - PA 采用扩展的 PROFIBUS - DP 协议，另外还有现场总线设备描述的 PA 行规；PROFIBUS - FMS 根据 ISO/OSI 模型定义了物理层、数据链路层和应用层，其中应用层包含了现场总线报文规范 FMS(field message specification)和低层接口 LLI(lower layer interface)，最高通信速率 12Mbit/s(距离 100m)，最远通信距离 1.2km(速率 9.6 Kbit/s)，如果带中继器可达 10kM，传输介质可以是双绞线或光纤。每个网络可挂 32 个节点，带中继器最多可挂 127 个节点。

PROFIBUS 采用可变长帧结构，定长帧一般为 8 字节，可变长帧有效字节数为 1 ～ 244 个。

4) WorldFIP

WorldFIP 为世界工厂仪表协议(world factory instrument protocol)的缩写，是欧洲现场总线标准 EN50170 - 3。最初由法国公司 Cegelec 制定，以后成为法国标准，后来又成为 IEC61158 标准的一部分。目前有 ALSTOM、Schneider、Honeywell 等世界著名大公司支持。

5)FF

FF 是现场总线基金会(fieldbus foundation)的缩写。现场总线基金会是不隶属于某一企业、非商业化的国际标准化组织。FF 协议的前身是以美国 Fisher - Rosement 公司为首，联合 FOXBORO、Yokogawa、ABB、Siemens 等多家公司制定的 ISP 协议和以 Honeywell 公司为首的联合欧洲 150 家公司制定的 WORLDFIP。迫于市场需求，支持 ISP 和 WORLDFIP 的两大集团已于 1994 年 9 月联合发起成立了现场总线基金会。FF 协议以 ISO/OSI 模型为基础，取其物理层、链路层和应用层为 FF 通信模型的相应层次，并在此基础上增加了用户层。FF 总线分为低速总线 H1 和高速总线 HSE，其通信速率分别为 31.25Kbit/s 和 100Mbit/s。H1 支持总线供电和本质安全特性，提供过程自动化现场设备接口；HSE 提供厂级主干网和高速数据传送，支持冗余通信线路，主干网能集成所有自动子系统，包括有厂级应用软件包和供销系统所需的数据服务器。通信介质为双绞线、光纤或电缆。目前世界上已经有 120 多个用户和制造商成为现场总线基金会成员，我国也是成员之一。

现场总线网络适应现场环境，以其可靠的数据传输能力，灵活方便的组网能力和丰富的产品选择成为厂站自动化系统的主要通信方式。

2. 电气综合自动化系统构建

首先是有关电气自动化控制系统的构成，电气综合自动化系统的拓扑结构不同，所对应的系统组成也有区别，本节将讨论网络结构和系统构成。

从发电厂电气自动化系统的发展历程看，网络结构有以下三种模式。

1)集中监控方式(图9-44)

这种监控方式的优点是运行维护方便，控制站的防护要求不高，系统设计容易。集中式的主要特点是将系统的各个功能集中到一个处理器进行处理，处理器的任务相当繁重，处理速度受到影响。由于电气设备全部进入监控，伴随着监控对象的大量增加随之而来的是主机冗余的下降、电缆数量增加，投资加大，长距离电缆引入的干扰也可能影响到系统的可靠性。同时，隔离刀闸的操作闭锁和断路器的联锁采用硬接线，由于隔离刀闸的辅助接点经常不到位，造成设备无法操作。这种接线的二次接线复杂，查线不方便，大大增加了维护量，还存在由于查线或传动过程中由于接线复杂而造成误操作的可能性。

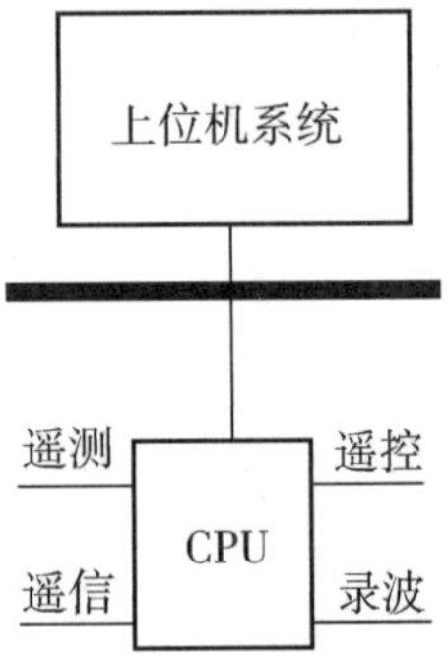

图9-44　集中监控方式

2)远程监控方式(图9-45)

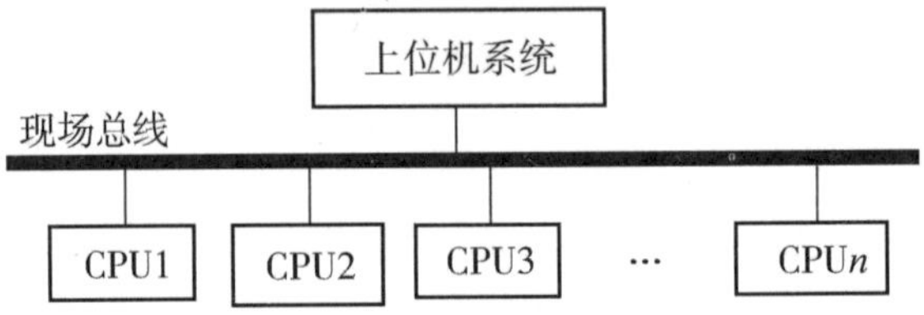

图9-45　远程监控方式

远程监控方式具有节约大量电缆、节省安装费用、节约材料、可靠性高、组态灵活等优点。由于各种现场总线(如LonWorks总线，CAN总线等)的通信速度不是很高，而电厂电气部分通信量相对又比较大，因此这种方式适合于小系统监控，而不适应于全厂的电气自动化系统的构建。

3)现场总线监控方式(图9-46)

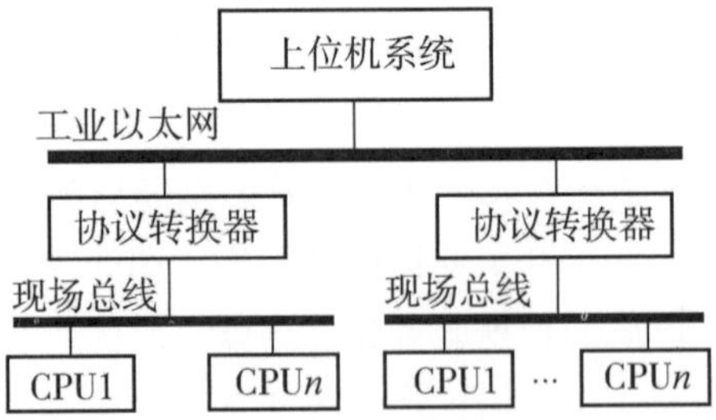

图9-46　现场总线监控方式

目前，对于以太网、现场总线等计算机网络技术已经普遍应用于变电站综合自动化系统中，且已经积累了丰富的运行经验，智能化电器设备也有了较快的发展，这些都为网络控制系统应用于发电厂电气系统奠定了良好的基础。现场总线监控方式使系统设计更有针对性，对于不同的间隔可以有不同的功能，这样可以根据间隔的情况进行设计。采用这种监控方式除了具有远程监控的全部优点外，还可以减少大量的隔离设备、端子柜、I/O 卡件、模拟量变送器等，而且智能设备就地安装，与监控系统通过通信线连接，可以节省大量控制电缆，节约很多投资和安装维护工作量，从而降低成本。另外，各装置的功能相对独立，装置之间仅通过网络连接，网络组态灵活，使整个系统的可靠性大大提高。任一装置故障仅影响相应的元件，不会导致系统瘫痪。因此现场总线的监控方式是今后电厂计算机监控的发展方向。

发电厂综合自动化系统按章分层分布式多 CPU 的体系结构设计，每一层完成不同的功能，每一层由不同的设备或子系统组成。整个系统可以分为三层：间隔层、通信层和监控层。系统框图如图 9－47 所示。

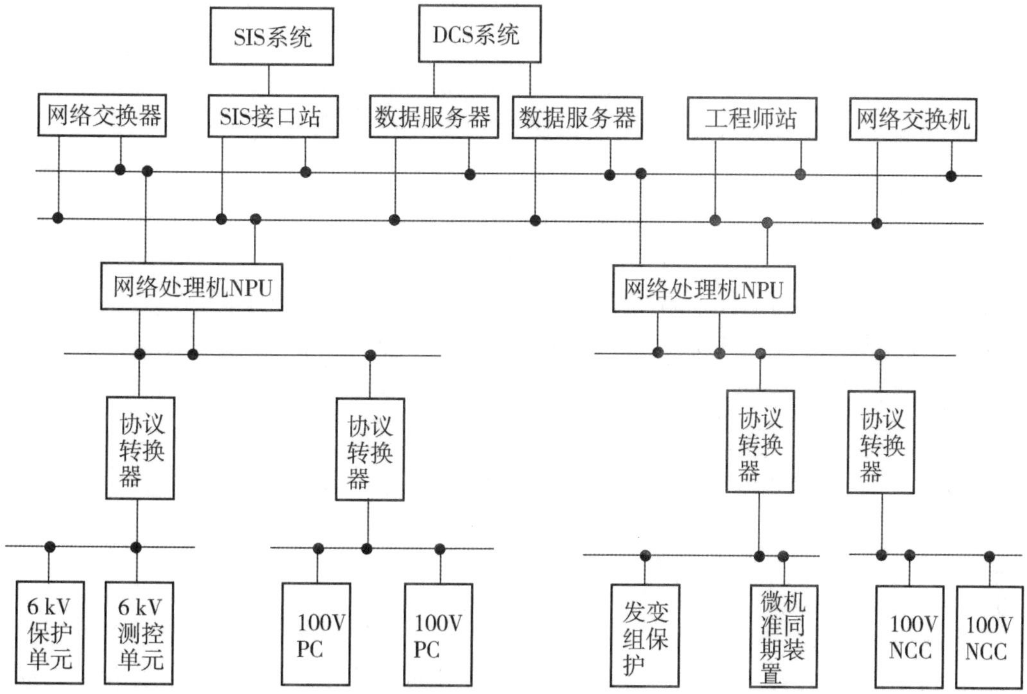

图 9－47　系统框图

（1）间隔层。

系统的底层为间隔层，及一体化的控制和保护测控装置，并根据电厂的控制对象灵活选用测控装置和过程控制单元。主要包括发变组保护装置、微机准同期装置、自动励磁调节控制器（AVR）、厂用电快速切换装置、低压电源备自投装置、电动机保护测量单元、变压器保护单元等。这些装置来自不同的厂家，现已基本实现智能化，选型时要求通过通信的远方操作可以实现就地操作的所有功能，但所用的通信协议不完全相同，有些是 RS232/485 接口，有的是 CAN 总线或 LonWorks 等现场总线，需设置通信协议转换装置。

间隔层设备采用冗余现场总线接口，双网连接，双网同时运行，无缝切换。当其中一网出现故障时，系统单网运行，并发出报警，保证系统运行不间断。

间隔层的主要特点：

①装置集测量、控制、保护功能于一身，可以安装在就地开关柜上，减少二次接线，节省投资；

②采用机箱插件后插拔接线方式，整体面板，全封闭设计，减少了大量的接口回路和多次转接，装置可靠性高，电磁兼容能力强；

③采用多层印刷电路板和 SMT 表面贴封技术，电路设计强弱电回路分离，杜绝了元件虚接和强电窜入弱点系统的问题；

④应用高性能浮点 DSP 处理芯片，运算能力强；

⑤采用 AD 转换器，采用精度高；

⑥大容量存储器设计，便于系统扩展和信息保存；

⑦采用大规模可编程逻辑芯片，电路设计清晰简明，可靠性高，功能灵活强大；

⑧显示屏为彩色液晶显示屏，图形化显示，内容全面清晰，全中文菜单，操作方便；

⑨采用国际上成熟的 RTOS 实时多任务操作系统，软件升级方便，可以满足用户的多方面要求；

⑩支持 RS485、CAN 总线、LonWorks、WORLDFIP 等现场总线协议；

⑪支持 IEC-60870-5-103、IEC-60870-5-104 等标准通信规约；

⑫测量回路精度可通过软件校准，有效缩短调试周期；

⑬充足的设计裕度，保证系统升级能力。

(2)通信层。

系统的中间层为通信层，是网络传输的核心。在这一层上，将不同厂家、不同种类通信协议、不同传输速度的各种装置的通信内容转换成高速的、协议一致的内容，实现间隔层和监控层的实时通信。通信层根据 ECS 的规模和配置要求可以是分层、分布实现的，也可以包括多套通信层设备。每套通信层设备由网络处理机(NPU)和现场总线协议转换器(PIU)组成。其中现场总线网络是冗余的，现场总线网络介质采用光纤，支持远距离传输(2km)。每套通信层设备所含的工数量根据实际需要而定。

现场总线协议转换器是通信层的关键部分，是一种专门开发的智能通信设备。它的硬件支持多种不同的通信电气规范，如 RS232、RS485、CAN、LonWorks 等；软件则是针对不同设备编制了不同的协议，能支持现场总线国际标准协议和国内主要设备厂商的通信协议。协议转换器与网络处理机(NPU)的通信则采用标准、高速的通信方式，使得间隔层设备的低速、类型不同的通信能够高速和统一的同监控层设备进行数据交换。

特别的，协议转换器的软件设计采用下行通信优先原则，最大限度保证来自监控层的指令和相关信息优先传输，使得通信速度得以保证。

协议转换器用金属外壳封装，可靠接地，抗电磁干扰能力强。安装位置靠近间隔层设备，减少了引线干扰。通信速率上，间隔层设备多采用低速率方案，如 4800bit/s、9600bit/s，也提高了抗干扰能力。

(3)通信层的特点。

①采用冗余光纤网络，传输速率高，传输距离长；

②基于网络管理机集线器的总线拓扑结构和结构化布线技术使网络可靠性达到很高的标准；

③站点扩展可通过集线器的升级或叠加来完成，灵活方便。

(4)监控层。

电气综合自动化系统的上层为监控层，是系统功能的核心。系统的监控功能在这一层得以实现。监控层由工程师站、操作员站、通信站和网络设备组成，工程师站和操作员站为标准的工控机，软件为 Windows NT、Linux 操作系统或 SUN 公司的 X - Windows 系统。网络是冗余的100M 工业以太网。监控层的功能分为两大部分，一部分对外，一部分对内。对外功能指 ECS 和 DCS、SIS 系统的接口功能，其中和 DCS 系统的接口是双向的，需要通过 DCS 系统操作间隔层的设备，并且有严格的速度要求。对内功能指对间隔层设备的间隔和管理功能，以及系统自诊断功能。监控功能包括通过间隔层设备对电气系统的监控和操作，管理功能包括系统的组态，间隔层设备参数的设定和修改，以及历史数据记录和管理等。自诊断功能是对系统自身设备如主机、网络、间隔层设备等运行状况的诊断。

监控层采用 Client/Server 结构。软件界面友好，模块化设计，采用大型商业数据库与专业实时数据库结合，使历史库和内存库的访问达到数据无缝连接和统一管理。支持 ODBC 和 SQL，具有很好的开放性。利用先进的组态软件，通用性强，不但可以用于电厂综合自动化系统，还可以应用于其它监控系统。系统数据库按照间隔、装置建立模板库，工程人员和运行维护人员可以很方便的由模板生产实际的对象，大大简化和方便了工程实施和维护。系统可以提供功能强、灵活自如的报表生产功能，并提供典型报表模板，以满足不同用户的需求。监控层软件全面支持局域/广域 Web 浏览和远程诊断与维护，大大提高了系统可靠性。

操作员站用于完成对下层测控单元数据的处理和控制工作，主机采用双机配置，主机一热备用机工作方式，主机故障时热备用机自动成为主机工作。操作员站对电气设备所实施的监控和操作包括电压、电流、有功功率、无功功率等模拟量的监视；断路器的合闸分闸控制；发电机 AVR 调节；主变启备变有载调压分接头调整；厂用电源快速切换等。操作员站还完成实时报表的记录和文件生成、声光信号报警、实时数据库存储及历史数据库修改、系统时钟管理等。

配置一台工程师维护工作站，供维护技术人员进行数据库维护、界面和报表的修改、网络状况监视维护等功能。同时工程师站也可以作为培训工作站，进行操作方法预演及对运行人员进行仿真培训等。

通信站实现 DCS 系统与电厂 MIS/SIS 系统的连接，接受各级调度数据，实现资源共享。通过周期扫描和突发方式采集数据，创建实时数据库作为数据处理的中枢，能够满足 DCS 主站对数据的实时性要求。同时通信站可以实现 Internet 连接，可远程对系统进行访问和维护。

监控层的特点为：

操作员站、工程师站、通信站在网络上相互独立；

核心级双机热备用，无任何机械的切换装置；

灵活的组态平台；

支持 Windows、Linux 等操作系统；

可实现局域网/广域网 Web 浏览；

可实现对继电保护和故障录波信息的处理，具有故障分析功能。

电厂电气综合自动化系统是为了提高电厂的自动化水平，增强竞争力，结合电厂实际，本节提出 ECS 系统应实现的功能和要求，提出了分层分布式系统结构的设计构想，并对每一层的组成，所实现的功能和特点做了论述。

第10章

电气仪表

10.1 电气仪表概论

随着火力发电厂的热力设备日益向大容量、高参数的方向发展，电厂的自动化水平也日益提高，对热工测量的准确性、可靠性等的要求越来越高，测点数量也越来越多，并且随着新材料和新技术的使用，新型热工测量仪表不断涌现。据统计，600MW 火力发电机组的热工测点达 6000 个左右，需使用 DCS 对大量的测量数据进行处理。

在火力发电厂的运行中要求整个测量系统长期处于投入状态，能正确而及时地反映热力设备的运行情况，并改善运行人员的劳动条件。所以，从事热工测量工作的技术人员必须充分熟悉热工测量仪表和测量系统，掌握测量方法，对热力设备(即被测对象)的结构和性能也要有一定的了解。

10.2 测量计量仪

10.2.1 交流电工显示控制仪

1. 技术参数

输入信号：交流 0 ~ 600V 直接输入，600V 以上由电压互感器转换为满量程为 100V 的电压输入。交流 0 ~ 5A 直接输入，5A 以上由电流互感器转换为满量程为 5A 的电流输入；

输出信号：DC0 ~ 10mA(负载电阻 ≤750Ω)，DC4 ~ 20mA(负载电阻 ≤500Ω)，DC0 ~5V(负载电阻≥250kΩ)，DC1 ~ 5V(负载电阻≥250kΩ)；

报警输出：继电器控制输出—继电器 ON/OFF 带回差，AC 220V/1A；DC 24/3A(阻性负载)；

通信输出：接口方式—标准串行双向通信接口：RS - 485，RS - 232C 等。波特率：1200 ~9600bit/s 内部参数选择设定，采用标准 MODBUS RTU 通信协议；

测量精度：0.5% FS ±1 字；

分辨率：±1 字；

测量范围 ：0 ~ 9999 字；

显示方式 ：0 ~ 9999 字测量值显示；

0～9999 字设定值显示；

高亮度 LED 数码显示；

发光二极管工作状态显示；

单屏显示(电压，电流，周波)；

可选择 2 限控制或报警输出，带 LED 指示；

参数设定：面板轻触式按键数字设定；

参数设定值断电后永久保存；

使用环境 ：环境温度 0～50℃；

相对温度≤85% RH；

供电电压 ：AC220V +10 -15% (50Hz ±2Hz)线性电源供电；

特殊型：AC90～265V—开关电源供电；

功耗：≤5W(AC220V 线性电源供电)；

结构：标准卡入式。

2. 仪表外形开孔尺寸(表 10-1)

表 10-1 仪表外形开孔尺寸

型　号	XC. S40 系列	XC90 系列	XC. S80 系列
仪表外形			
外形尺寸	宽×高×深 XC40 系列：96×48×105(mm) XS40 系列：48×96×105(mm)	宽×高×深 XC90 系列：96×96×105(mm)	宽×高×深 XC80 系列：160×80×140(mm) XS80 系列：80×160×140(mm)
开孔尺寸	XC40 系列： 92 +0.7 −0 ×45 +0.7 −0(mm) XS40 系列： 45 +0.7 −0 ×92 +0.7 −0(mm)	XC90 系列： 92 +0.7 −0 ×92 +0.7 −0(mm)	XC80 系列： 152 +0.7 −0 ×76 +0.7 −0(mm) XS80 系列： 76 +0.7 −0 ×152 +0.7 −0(mm)

3. 接线说明(图 10－1～图 10－3)

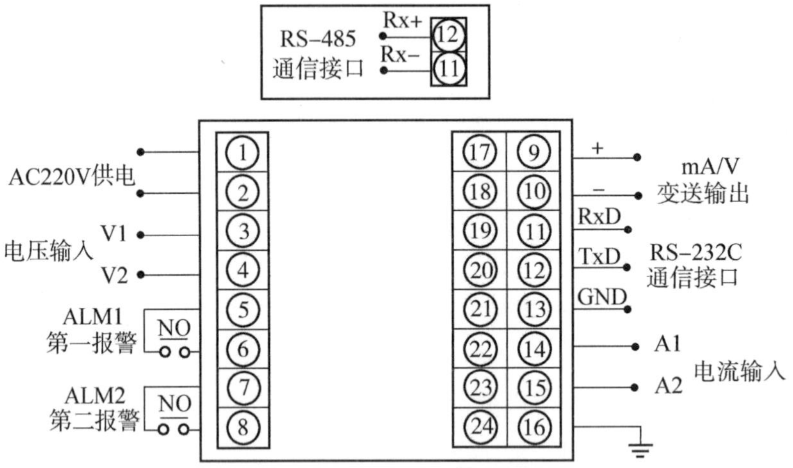

图 10－1　XC90 系列

备注：特殊订货与本接线图不同之处，以承受机接线图为准。

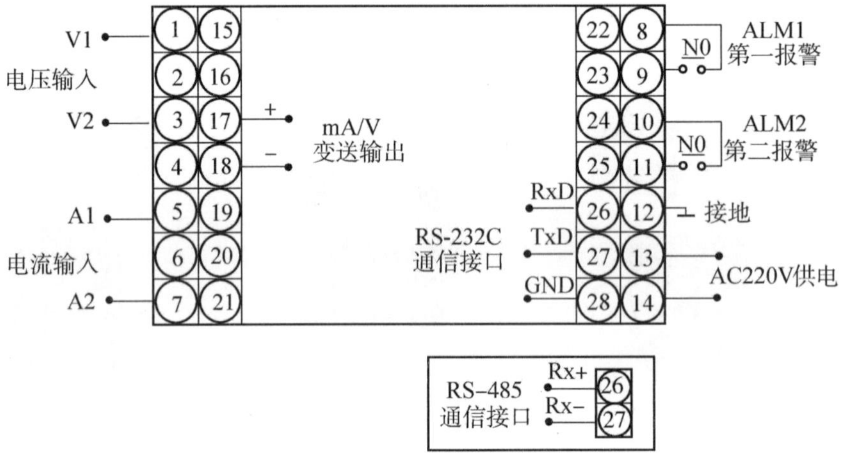

图 10－2　XC/S80 系列

备注：特殊订货与本接线图不同之处，以承受机接线图为准。(竖式与上接线图一致，但方向不一样，竖式仪表逆时针向旋转 90°)

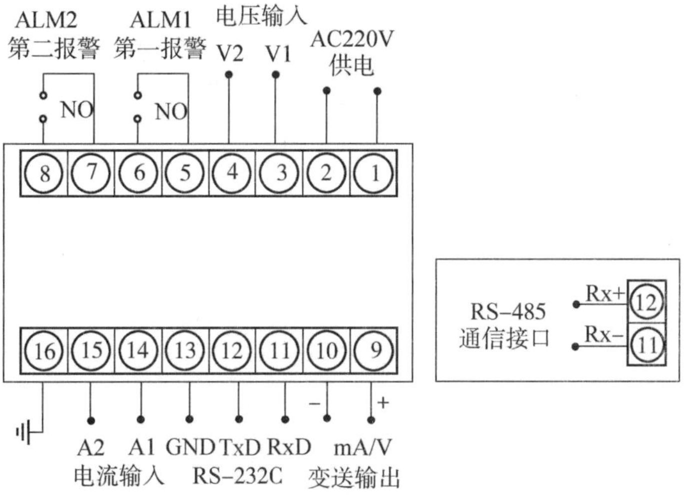

图 10－3　XC/S40 系列

备注：特殊订货与本接线图不同之处，以承受机接线图为准。(竖式与上接线图一致，但方向不一样，竖式仪表逆时针向旋转 90°)

4. 功能操作

(1)仪表面板(10－4)

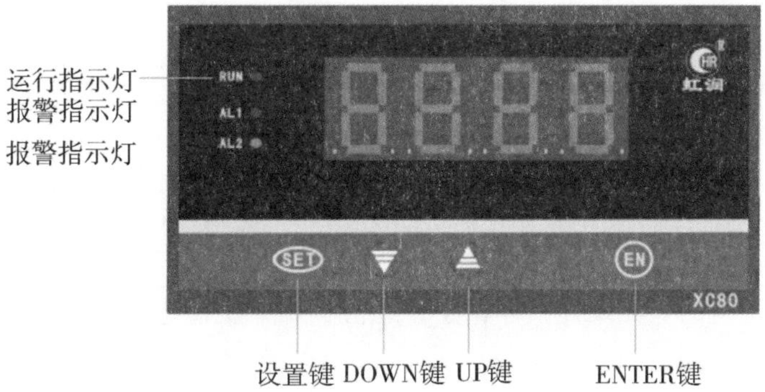

图 10－4　仪表面板示意图

(2)切换显示类型：仪表上电初始化后处于测量模式，数码管当前日显示的数值由二级参数 CUSL 所设定代码对应的数值(电压或电流或工作频率值)，按压 UP 键可切换显示交流电流数值，按压 DOWN 键可切换显示交流电压数值，按压 EN 键可切换显示工作频率值。

(3)参数设置选择：测量模式下按压 SET 键出现 0000 将其修改为 132，然后按 EN 键即可进入参数选择模式，在此模式下，先显示 ConF(Config)参数名称，再按一下可显示当前参数名称所对应的数值，依此类推。参数名称如表 10－2 所示，按压 UP 键选择下一个参数，按压 DOWN 键选择上一个参数。在参数名称设置状态下按压 SET 键可退出参数设定回到测量状态并保存此次修改的数值。

表 10-2 参数名称

显示的符号	名 称	设定值	说 明	出场预定值
CUSL	显示方式类型	0：交流电压显示 1：交流电流显示 2：功率频率显示		0(交流电压显示)
PU	电压小数点显示	0～3		1
PA	电流小数点显示	0～3		3
PF	工作频率小数点显示	0～3		2
FLU	电压滤波系数	5～59	仪表滤波系数防止显示值跳动	95
FLA	电流滤波系数	5～59	仪表滤波系数防止显示值跳动	95
FLF	工作频率滤波系数	5～59	仪表滤波系数防止显示值跳动	95
SLPU	电压测量斜率调整	0.800～1.200		1.000

(4)参数设定：在参数选择模式下选择要修改的参数后按 EN 键即可进入参数设定模式，也可以在参数状态下按压 SET 键返回测量模式。进入参数设定模式后通过按压 UP 或者 DOWN 键改变参数值，长按 UP 或者 DOWN 键可以快速增加或者减少参数值，修改完成后按压 EN 键保存参灵敏，或者按压 SET 键取消本次修改。

10.2.2 SPAC200G 网络电流监测仪

1. 产品介绍

SPAC200G 网络电流监测仪是一款在 400V 及以下低压配电系统中应用广泛的智能电力监测仪表。它集遥测、显示、通信等众多功能为一体，采用 SoC 高速微处理器芯片作为核心运算单元，运算速度快，可靠性高，抗干扰能力强。装置通信功能强大，具有光电隔离的 RS-485 通信口，通信速率为 1200～9600B/s，采用 MODBUS 通信协议，便于与其它各种监控单元一起构成高效经济的监控网络。

装置采用全塑料的外壳设计，体积小，经济实用方便，适合于分散式安装，也可以集中组屏。

2. 功能简介

(1)采用高精度的测量 CT，可测量 6 路交流电流量；

(2)所有被测量和参数均能通过面板液晶显示器实时显示；

(3)支持国际流行的 MODBUS 通信协议，实现信息的上传和下发；

(4)系统参数可以通过面板按键或上位机通信设置，并具有密码管理权限；

(5)所有关键数据(系统参数等)在失电情况下可保存十年以上；

(6)完善的自检功能，友好的人机界面。

3. 技术指标

测量技术指标：

测量参数	额定	测量范围	显示范围	精度
电流	5A	0.1～10A	0～5000A	0.5%

显示：

显示屏幕	由 LCD 液晶组成，两行 16 × 2 字符显示
有效区域	62mm × 16mm
背光效果	有按键操作时点亮，无操作 40 s 后熄灭

通信：

接口	RS485 半双工接口
协议	MODBUS
速率	1200，2400，4800，9600bit/s

工作电源：

额　定	允许波动范围
220VAC	175 ～ 265VAC

4. 面板说明

SPAC200G 仪表采用 16 × 2 字符型高亮度 LCD 液晶显示模块，通过面板按键实现友好的人机交互，面板布置如图 10 - 5 所示。

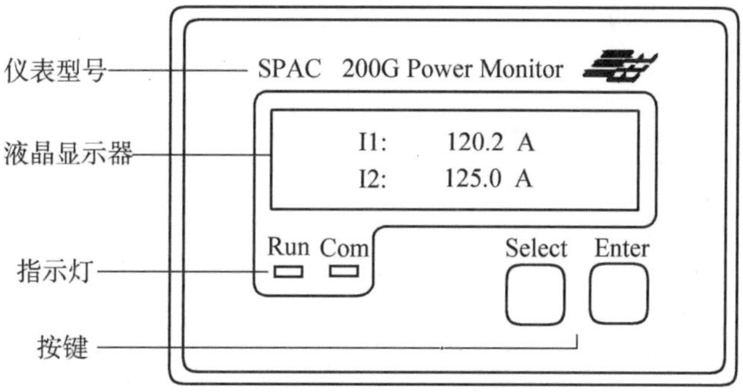

图 10 - 5　SPAC200G 仪表面板布置图

(1) 液晶显示器

液晶显示器用于显示测量数据、设置系统参数。

(2) 指示灯

[Run]灯：装置正常运行时，该灯闪烁。

[Com]灯：装置正常通信时，该灯闪烁。

(3) 按键

[Select]键：光标下移一行，或下翻一页；数据加 1 。

[Enter]键：确认数据或进入下一级菜单。

10.2.3 SPAC300E 综合电力监控仪

1. 产品介绍

SPAC300E 智能 I/O 监控模块是一款应用广泛的数字式信号采集装置，采用高速微处理器芯片作为核心运算控制单元，集成度高，抗干扰能力强，可实现对现场状态的不间断、高可靠性监控。装置通信功能强大，具有光电隔离的 RS - 485 通信口，支持开放式的通信协议，便于与其他各种监控单元一起构成高效经济的监控网络。

装置采用全塑料的外壳设计，体积小，经济实用方便，适合于分散式安装，也可以集中组屏。

2. 功能简介

(1)16 路遥信输入：每路遥信可以分别设置去抖时间，并且拥有 LED 信号指示；

(2)SOE 功能：记录分辨率 2ms，可以保留最近的 100 个 SOE 记录；

(3)16 路电度脉冲计量：遥信输入在其设定为脉冲输入模式时，可以完成计量电度表输入脉冲的精确计量，并且脉冲电度常数可以分别设置；

(4)具有 RS-485 通信口，支持国际流行的 MODBUS 通信协议，实现信息的实时交换；

(5)通过通信网络，后台系统可对监控仪表的运行参数进行在线修改和设定；

(6)所有关键数据(系统参数等)在失电情况下可保存十年以上。

3. 技术指标

测量技术指标：

参数	精度	分辨率
SOE		2ms
电度量	1 个计数脉冲	

显示：

显示屏幕	16 个 LED 指示灯

通信：

接口	RS485 半双工接口
规格	MODBUS
传输率	1200，2400，4800，9600bps

工作电源：

额定	允许波动范围
220VAC	165～265VAC

4. 面板说明

SPAC300E 面板上配有运行灯、通信灯和 16 个遥信信号指示灯，说明如下：

运行灯[Run]：装置正常运行时，该灯闪烁。

通信灯[Com]：装置正常通信时，该灯闪烁。

遥信指示灯[S01～S16]：遥信输入通道 1～16 有信号输入时，相应的指示灯点亮；无信号输入时，相应的指示灯熄灭。但当某个通道工作在脉冲电度状态时，相应的指示灯也熄灭。

10.3 变送器

10.3.1 变送器概述

采用新技术、新材料制造的 PRO 系列变送器，在电路、工艺、结构等方面有较大的改进，测量精度更高，工作更稳定，抗干扰性强，性价比更高。本产品设计、生产均严格符合 IEC688—1992 和 GB/T 13850—1998 标准，通用技术指标如表 10 - 3 所示。

表 10 - 3 通用技术指标表

精度等级	0.2 级，0.3 级
辅助电源	24 - 80VDC/AC； 85 - 265VAC/DC
长期稳定性	年变化率≤ ±0.2%
输入	
连续过载能力	≤1.5 倍（满足精度要求）
短时过载能力	电压≤3 倍；电流≤30 倍
输出	
恒压输出负载电阻	R_{ext}≥250Ω（5V 输出时） R_{ext}≥500Ω（10V 输出时）
恒流输出负载电阻	R_{ext}≤500Ω（20mA 输出时）
抗电强度	2.5kV 无击穿
交流纹波	≤18mV（峰 - 峰值）
响应时间	≤300ms
外壳材料	聚碳酸酯（PC）
工作温度	-10℃～55℃
储存温度	-40℃～85℃
储存湿度	≤90% RH
安装方式	DIN 35mm 导轨
保修期	二年
外形尺寸	小壳：35 × 69 × 110mm（单位：mm） 大壳：105 × 69 × 112（单位：mm）

1. PRO U31 交流电压变送器

PRO U31 交流电压变送器是把交流电压隔离变换为可直接测量的模拟直流电流或直流电压的变送器。本变送器有测量精度高、测量范围宽、可靠性高等特点。

主要技术指标：

(1)测量模式：单相；

(2)输入电压：0～100V/120V/220V/380V/500V/600V；

(3)输入频率：50Hz、60Hz；

(4)输出：0～1V/5V/10V、0～1mA/10mA/20mA、4～20mA。

端子接线图(图10-6)：

(1)"L1，N"为被测交流电压输入端。

(2)"OUT"为被测交流电压的模拟量输出端。

(3)"U_H"为外接辅助电源。

注：单路输出时接5、6脚即可。

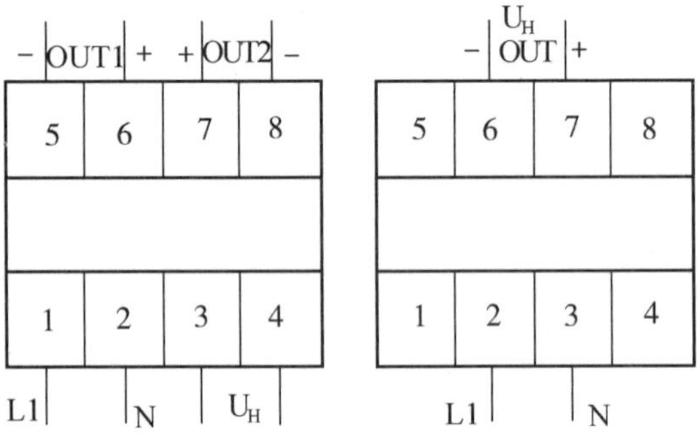

图10-6 PRO U3 端子接线图

2. PRO I31 交流电流变送器

PRO I31 交流电流变送器是把交流电流隔离变换为可直接测量的模拟直流电流或电压的变送器。本变送器有测量精度高、测量范围宽、可靠性高等特点。

主要技术指标：

(1)测量模式：单相；

(2)输入电流：0～1A/2A/5A；

(3)输入频率：50Hz、60Hz；

(4)输出：0～1V/5V/10V、0～1mA/10mA/20mA、4～20mA。

端子接线图(图10-7)：

(1)"I1 *"为被测交流电流流入端；

(2)"I1"为被测交流电流流出端；

(3)"OUT"为被测交流电流的模拟量输出端；

(4)"U_H"为外接辅助电源。

注：单路输出时接5、6脚即可。

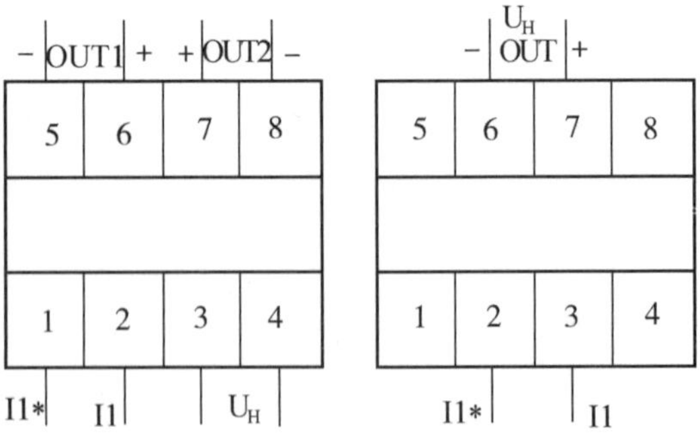

图10-7 PRO I31 端子接线图

3. PRO T31 温度变送器

PRO T31 温度变送器是通过测温电阻配合，对温度进行测量变换，输出对应的模拟信号。其工作原理：被测温度经测温电阻输入到变送器测温电桥，变换成直流电压，经放大 V - F 变换、光电隔离、F - V 变换，得到正比于温度变化的隔离模拟电压，此电压经有源滤波、功率放大得到温度模拟量输出。

主要技术指标：

(1)输入探头：Cu50、Pt50、Cu100、Pt100；

(2)测温范围：0 ~ 100℃；

(3)输出：0 ~ 5V/10V、0 ~ 1mA/10mA/20mA、4 ~ 20mA。

端子接线图(图 10 - 8)：

(1)“6、7”号端子分别为测温电阻 Rt 输入；

(2)“5”号端子接补偿线；

(3)“OUT”为模拟量输出端；

(4)“U_H”为外接辅助电源。

补偿线使用：根据电桥平衡桥路无输出原理，用补偿线可平衡线路电阻，使线路电阻的影响最小，但测温电阻必须用三线输送，测温电阻高端接二根线，分别接变送器“5、6”端子，测温电阻低端接变送器“7”端子。不使用补偿线时“5、6”端子需短接。

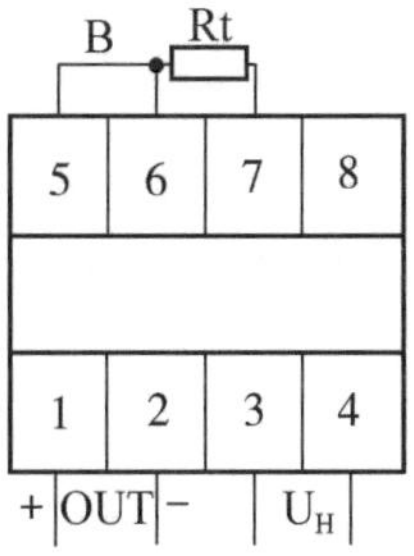

图 10 - 8　PRO T31 端子接线图

4. PRO DU31 直流电压变送器

PRO DU31 直流电压变送器是采用超线性光耦合器进行隔离的高性能变送器。其工作原理：输入被测信号经缓冲放大后推动线性光耦合器，经光隔离后得到正比于输入信号的模拟电压，该电压经输出放大后得到随输入变化而变化的模拟电压或电流信号。

本变送器由于采用超线性光耦隔离，能极高地隔离电压，且线性高，工作极为稳定，适用于要求较高的直流测量系统。

主要技术指标：

(1)输入电压：0 ~ 100V/220V/380V/600V；

(2)输出：0 ~ 5V/10V、0 ~ 1mA/10mA/20mA、4 ~ 20mA、4 ~ 12 ~ 20mA。

端子接线图(图 10 - 9)：

(1)“IN”为被测直流电压输入端；

(2)“OUT”为被测直流电压的模拟量输出端；

(3)“U_H”为外接辅助电源。

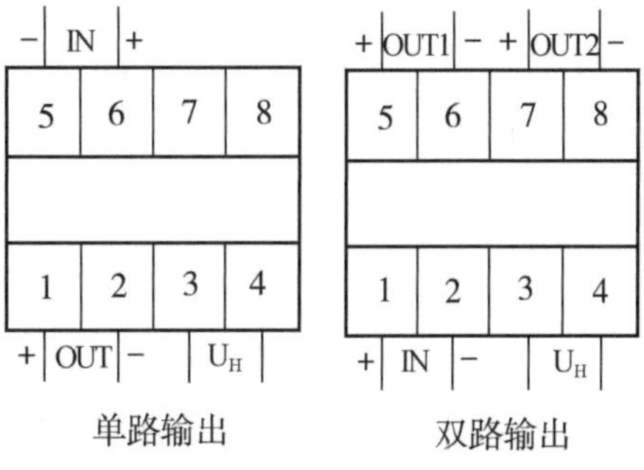

图 10 - 9　PRO DU31 端子接线图

5. PRO DI31 直流电流变送器

PRO DI31 直流电流变送器是采用超线性光耦合器进行隔离的高性能变送器。其工作原理：输入被测信号经缓冲放大后推动线性光耦合器，经光隔离后得到正比于输入信号的模拟电压，该电压经输出放大后得到随输入变化而变化的模拟电压或电流信号。

本变送器由于采用超线性光耦隔离，能极高地隔离电压，且线性高，工作极为稳定，适用于要求较高的直流测量系统。

主要技术指标：

(1)输入电流：0～1A、0～2A、0～5A、0～75mV；

(2)输出：0～5V/10V、0～1mA/10mA/20mA、4～20mA、4～12～20mA。

端子接线图(图10－10)：

(1)"IN"为被测直流电流输入端；

(2)"OUT"为被测直流电流的模拟量输出端；

(3)"U_H"为外接辅助电源。

注：

①输入电流为0～1A、0～2A、0～5A需要配置分流器。

②在输入信号为0～75mV时，未加信号情况下，须短接输入端才能得到零位模拟量输出。

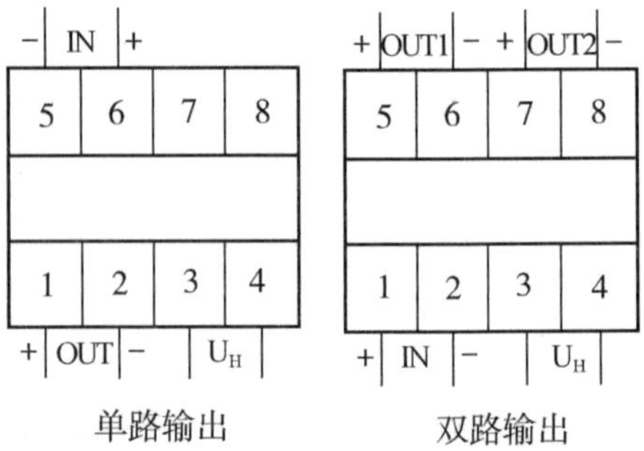

图10－10 PRO DI31 端子接线图

6. PRO U33/U32 交流电压组合变送器

PRO U33/U32 变送器是把交流电压隔离变换为可直接测量的模拟直流电流或电压的变送器，其由三个(或二个)独立的测量变换电路组成，可以同时完成三相(或二相)交流电压的测量变换。

主要技术指标：

(1)测量模式：三相、二相；

(2)输入电压：0～100V/120V/220V/380V/500V/600V；

(3)输入频率：50Hz、60Hz；

(4)输出：0～1V/5V/10V、0～1mA/10mA/20mA、4～20mA。

端子接线图(图10－11)：

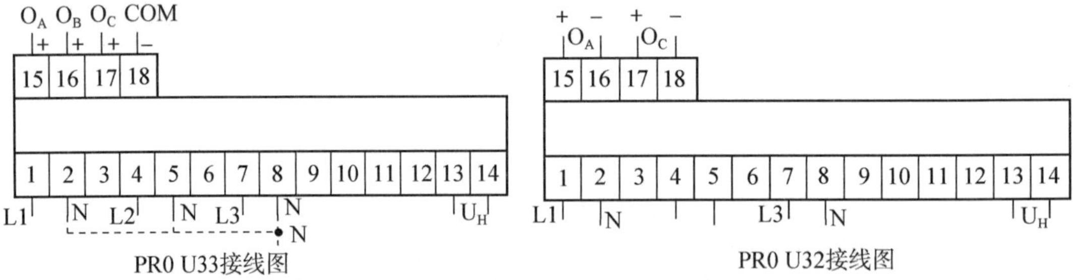

图10－11 PRO U33/U32 端子接线图

(1)"L1、L2、L3"为被测交流电压输入端(图中虚线为三相四线接法)；

(2)"OA、OB、OC"为被测交流电压的模拟量输出端，"COM"为公共端；

(3)"U_H"为外接辅助电源。

注：独立输出需在订货时特殊说明。

注：实线为独立三相输入，虚线为三相四线。

7. PRO I33/I32 交流电流组合变送器

PRO I33/I32 变送器是把交流电流隔离变换为可直接测量的模拟直流电流或电压的变送器，其由三个(或二个)独立的测量变换电路组成，可以同时完成三相(或二相)交流电流的测量变换。

主要技术指标：

(1)测量模式：三相、二相；

(2)输入电压：0～1A/2A/5A；

(3)输入频率：50Hz、60Hz；

(4)输出：0～1V/5V/10V、0～1mA/10mA/20mA、4～20mA。

端子接线图(图10－12)：

(1)“I1＊、I2＊、I3＊”为被测交流电流输入端；

(2)“I1、I2、I3”为被测交流电流输出端；

(3)“OA、OB、OC”为被测交流电流的模拟量输出端，“COM”为公共端；

(4)“U_H”为外接辅助电源。

注：独立输出需在订货时特殊说明。

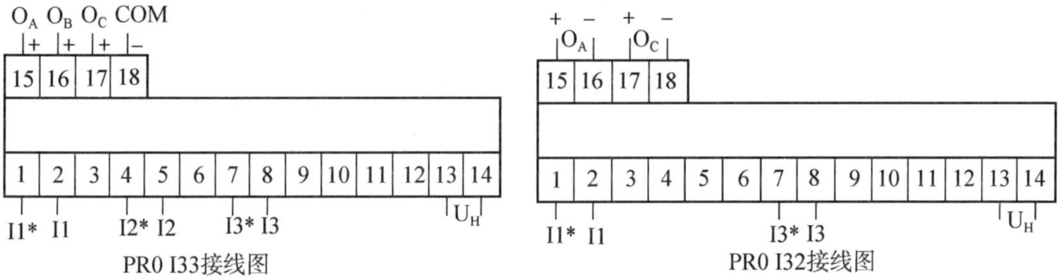

图10－12 PRO I33/I32 端子接线图

8. PRO P31/Q31 功率变送器

本变送器是把功率变换成对应的模拟信号的变送器。其工作原理：被测信号经小型高线性互感器隔离变换(无功测量经电子移相90°)，送入四相限瞬时值乘法器对功率进行变换，经加法器相加、有源滤波、功率放大得到模拟量输出。

主要技术指标：

(1)输入电压：0～100V/220V/380V/600V；

(2)输入电流：0～1A/2A/5A；

(3)输出：0～±1V/±5V/±10V、0～±1mA/±10mA/±20mA、4～20mA、4～12～20mA；

(4)测量单元：单元件(用于单相，三相三线平衡，三相四线平衡电路)

双元件(三相三线不平衡电路)

三元件(三相四线不平衡电路)；

(5)无功测量：跨相法(假无功测量)、移相法(真无功测量)；

(6)功率因数：cosφ：0～1(单向)、－1～0～1(双向)

sinφ：0～1(单向)、－1～0～1(双向)；

(7)过载能力：功率过载1.2倍(满足精度)。

端子接线图(图10-13)：

(1)“1、3”“4、6”“7、9”分别为A、B、C相电流输入端；“1、4、7”为电流流入端，“3、6、9”为电流流出端。

(2)“2、5、8”分别为A、B、C相电压输入端，“10”为零线。

(3)“OUT1和OUT”为功率模拟量输出，“16”号端子为“+”端。U_H为辅助电源。

(4)“OUT2为无功功率输出”，双路时才用。

注：三相三线接法去掉“I2*、I2、N”，单相接法去掉“I2*、I2、I3*、I3、N、L3”“L2”接零线。

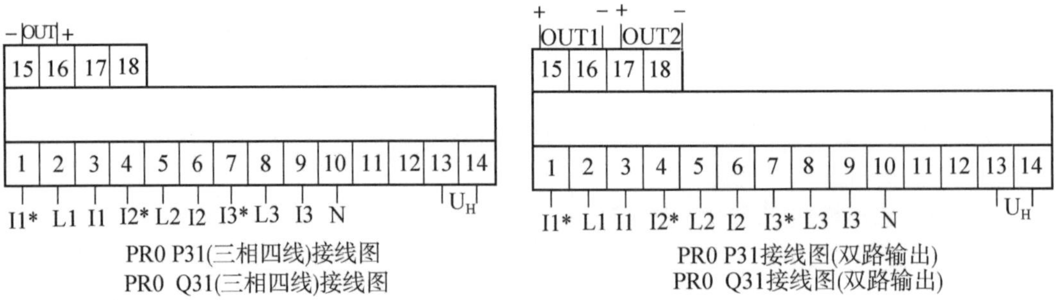

图10-13 PRO P31/Q31端子接线图

9. PROS32有功无功功率组合变送器

本变送器是把有功功率、无功功率组合一体的变送器。它能同时完成有功、无功测量变换，输出对应的模拟信号。其工作原理：被测信号经小型高线性互感器隔离变换，(无功测量经电子移相90°)送入四相限瞬时值乘法器对功率进行变换，经加法器相加、有源滤波、功率放大得到模拟量输出。

主要技术指标：

(1)测量模式：单相、三相三线；

(2)输入电压：0～100V/220V/380V/600V；

(3)输入电流：0～1A/2A/5A；

(4)输出：0～±1V/±5V/±10V、0～±1mA/±10mA/±20mA、4～20mA、4～12～20mA；

(5)功率因数：cosφ：0～1、sinφ：0～1；

(6)过载能力：功率过载1.2倍(满足精度)。

端子接线图：

(1)“1、3”“7、9”分别为A、C相电流输入端，“1、7”分别为电流流入端。“3、9”分别为电流流出端。“2、5、8”分别为A、B、C相电压输入端。

(2)“OP”为有功功率模拟量输出端，“16”号端子为“+”端，“OQ”为无功功率模拟量输出端，“18”号端子为“+”端。U_H为辅助电源。

注：图10-14为三相三线接法，单相接法去掉“I3*、I3、L3”，“L2”接零线。

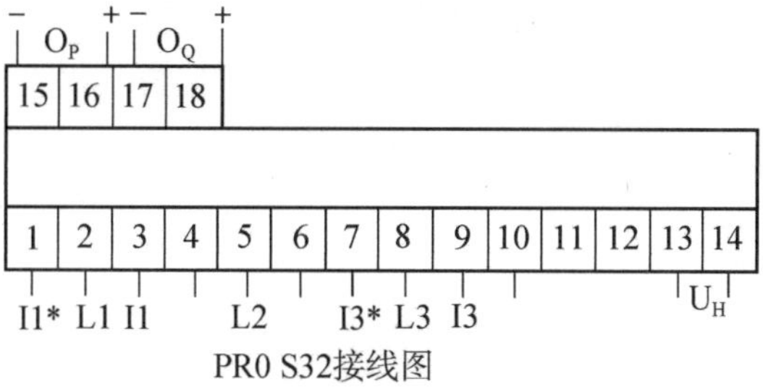

图 10－14 PROS32 端子接线图

10. PRO F31 频率变送器

频率变送器是把被测电压的频率信号隔离变换成模拟直流信号的变送器。其工作原理：被测信号经隔离、放大、整形成频率与被测电压频率相同的尖脉冲，该尖脉冲与机内石英振荡器输出经分频的基准频率比较，得到占空比随被测信号频率变化的方波，此方波控制模拟开关接通机内基准电压把方波变换成幅度十分稳定，占空比随被测信号频率变化的方波，经有源滤波、功率放大得到模拟量输出。

主要技术指标：

(1)输入电压：100V、220V；

(2)测量频率：45～50～55Hz、48～50～52Hz、49～50～51Hz、55～60～65Hz、58～60～62Hz、59～60～61Hz、360～400～440Hz、384～400～416Hz、392～400～408Hz；

(3)输出：0～±1V/±5V/±10V、0～±1mA/±10mA/±20mA、4～20mA、4～12～20mA。

端子接线图(图 10－15)：

(1)“L1”为被测交流电压输入端；

(2)“N”为零线；

(3)“OUT”为被测交流电压频率的模拟量输出端，“16”端子为“+”端；

(4)“U_H”为外接辅助电源。

注：变送器在输入没有信号时输出大于 20mA 是正常现象(0Hz 频率)。

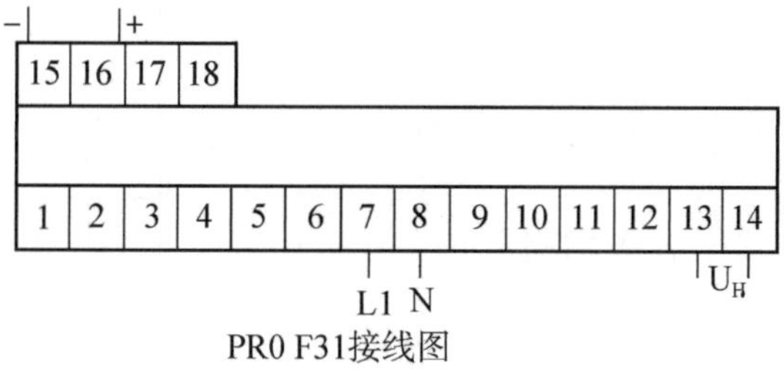

图 10－15 PRO F31 端子接线图

11. PRO L31 相位角变送器

PRO L31 变送器是把交流电的电压与电流之间的相角差隔离变换为可直接测量的模拟直流电压或电流的变送器。其工作原理：输入电压、电流经隔离、放大、整形成电压尖脉冲和电流尖脉冲，该脉冲分别触发鉴相器的“R”“S”端，使输出为占空比随电压与电流之间相角变化而变化的方波，经限幅稳压、有源滤波、输出放大得到电压与电流之间相角差的模拟电压或电流。

主要技术指标：

(1)测量模式：单相、三相三线；

(2)输入电压：100V、220V、380V、600V；

(3)输入电流：0～1A/2A/5A；

(4)测量相角：-60°～0～60°、-90°～0～90°、0～180°、0～270°；

(5)输出：0～±1V/±5V/±10V、0～±1mA/±10mA/±20mA、4～20mA、4～12～20mA。

端子接线图(图10－16)：

(1)“1、3”为被测交流电流输入端，“1”为交流电流流入，“3”为交流电流流出；

(2)“2、5”为交流电压输入端；

(3)“OUT”为被测交流电压跟电流之间相位角的模拟量输出端，“16”端子为“+”端；

(4)“U_H”为外接辅助电源。

注：三相三线连接时，“1、3”接A相电流，其中“1”为A相输入端“I1 *”

“2”接C相电压“L3”，“5”接B相电压“L2”

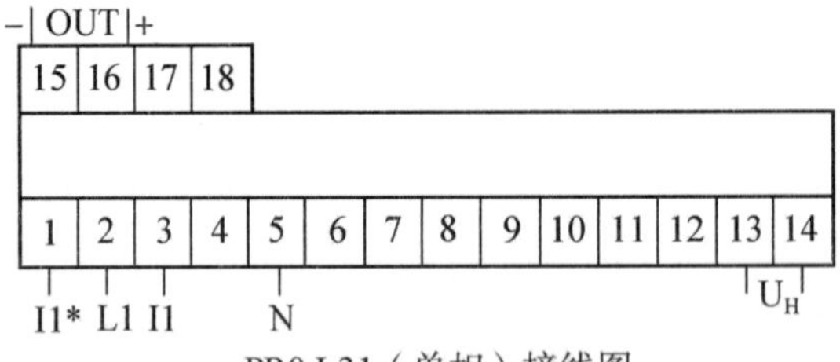

图10－16　PRO L31端子接线图

12. PRO PD32、QD32功率电度组合变送器

本变送器是功率、电能组合为一体的变送器。它能够对交流功率进行测量变换，输出对应的模拟信号。变送器采用瞬时值乘法器对功率进行变换，经加法器相加，有源滤波放大得到模拟量输出，从乘法器输出另外一路滤波放大后，经V—F变换、计数分频、光电隔离、功率放大输出开关(电能)信号。

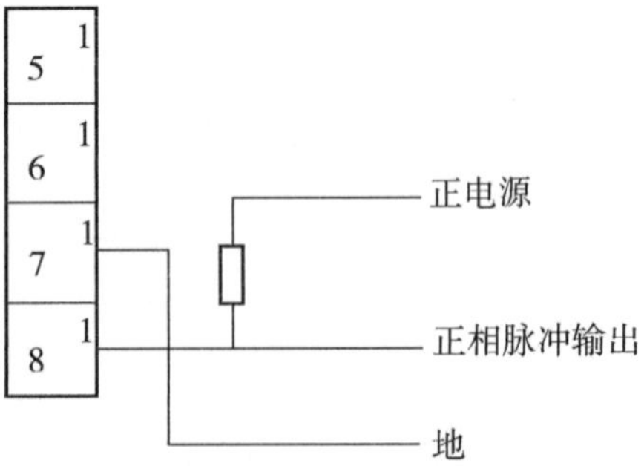

图10－17　脉冲输出图

主要技术指标：

(1)测量模式：单相、三相三线、三相四线；

(2)输入电压：0～100V/220V/380V/600V；

(3)输入电流：0～1A/2A/5A；

(4)输出：0～±1V/±5V/±10V、4～12～20mA

4～20mA、0～±1mA/±10mA/±20mA；

(5)功率因数：cosφ：0－1(单向)、－1－0－1(双向)；

sinφ：0－1(单向)、－1－0－1(双向)；

(6)电能输出：开关闭合：脉冲常数为1000(即1度电输出1000次)，可按需要设置；

(7)开关容量：电流≤1A、电压≤50V。

变送器需要脉冲输出时可通过外接电阻，电源转换参考电路见图10－17。

端子接线图(图10－18)：

(1)“1、3”“7、9”分别为A、C相电流输入，“1、7”分别为电流流入端，“3、9”分别为电流流出端，“2、5、8”分别为A、B、C相电压输入端；

(2)“OUT”为功率模拟量输出端，“16”号端子为“+”端，“K”为电度脉冲输出端，“18”号端子为正相脉冲输出。UH为辅助电源。

注：图10－18为三相三线接法，单相接法去掉“I3＊、I3、L3”，“L2”接零线。

三相四线制接法中，“4、5、6”脚分别接“I2＊、L2、I2”，“10”脚接零线，其他的同三相三线接法。

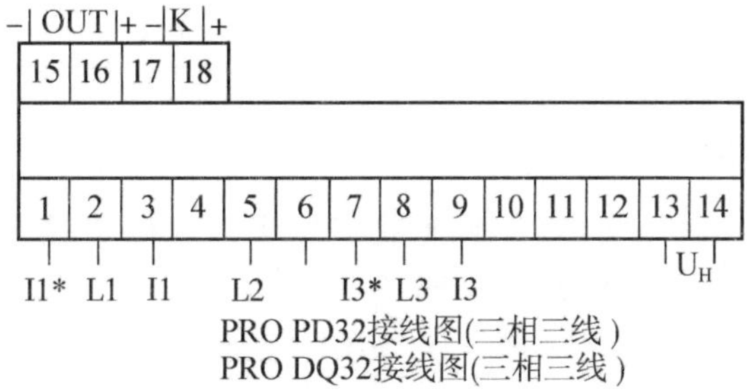

图10－18　PRO PD32、QD32端子接线图

10.3.2　简单故障排除

首先用户检查机子接线是否错误，仔细确认各端子功能。在连接变送器后要仔细检查是否有松动现象。在使用的过程中可能出现以下不良现象，请参照其后的处理方法进行处理，如表10－4所示。变送器在调试安装时需有相关专业技术人员在场。

表10－4　故障与处理表

故障现象	处理方法
无模拟量输出	检查变送器的辅助电源是否正常，连线是否正常
	变送器输出端连线是否正常
输出跳动不稳定	如果是刚刚启动那几秒钟则是正常现象，如果启动5min后还有此现象请检查输出端是否有接触不良
	检查输入信号是否有波动，简单判别办法：换另一正常使用过的变送器测试
加信号后后一直显示零位	检查信号源是否打开，连接线是否接触正常

续表 10-4

故障现象	处理方法
正常工作一段时间后无输出	将变送器冷却 30 min 后能正常工作，请测试现场环境温度如果高于变送器正常工作温度 55℃则是变送器自动保护，是正常现象。请降低现境温度后再使用
通电后有异响或冒烟	请立即断电查看电源是否接错
无脉冲输出（限于 PD/QD32 变送器）	请检查接收脉冲设备是否处于接收状态
	查看变送器输出参数是否跟接收设备要求一致
无卡扣或卡扣损坏	未使用前出现该现象请将产品返回我司
	现场安装损坏，请联系公司客服并提供产品型号和要求更换数量，一般将寄回所需配件（只收取成本费和邮寄费）

10.4 手提式仪表

10.4.1 手提式仪表概述

PRO EX 系列数显变送智能表，是集数字显示、遥信量输入、模拟量变送输出、RS-485通信接口、超限报警及继电器输出等功能为一体的智能化仪表。符合 GB/T13978—2008、GB/T 13850—1998、IEC1010、EN61010 等标准，产品采用防雷、防浪涌设计。电磁兼容符合 IEC61000-4—5：2005（GB/T17626.5—2008）、IEC61000-4—4：2004（GB/T 17626.4—2008）、IEC61000-4—2：2001（GB/T17626.2—2006）。

10.4.2 通用技术指标

精度等级：0.2 级，0.5 级，1.0 级；

辅助电源：85V～265VDC/AC；

功耗：≤3VA(48×96 规格)；≤5VA(96×96 规格)；

长期稳定性：年变化率≤±0.2%；

温度系数：0.01%；

输入过载能力：连续过载能力：≤1.2 倍（过载 1.2 倍满足精度要求）；短时过载能力：电压≤3 倍，电流≤30 倍；

模拟量变送输出：恒压输出，负载电阻 R_{ext}≥250Ω(0～5V 输出时)；恒流输出，负载电阻 R_{ext}≤500Ω(4～20mA 输出时)；$R_{ext}=\infty$ 时，电压限值≤20V；交流纹波≤18mV（峰峰值）；响应时间≤300ms（特殊定货≤100ms）；输出：4～20mA，0～20mA，0～10mA，0～1mA，4～12～20 mA，0～1V，0～5V，0～10V；

数字量输出：RS-485 通信接口，Modbus-RTU 协议；

继电器输出：常开接点；

接点容量：5A/250VAC，10A/24VDC；

上限报警，测量值 > 上限设定值，继电器 H 闭合，指示灯 H 点亮、数码管闪烁；

上限报警解除，测量值≤上限设定值 - 实际回差值，继电器 H 断开、指示灯 H 熄灭、数码管需要按任意键才可以恢复正常显示；

下限报警，测量值 < 下限设定值，继电器 L 闭合，指示灯 L 点亮；

下限报警解除：测量值≥下限设定值 + 实际回差值，继电器 L 断开，指示灯 L 熄灭、数码管需要按任意键才可以恢复正常显示；

端子板材料：PPO，阻燃性符合 UL94V0；

抗电强度：2500V；

绝缘电阻：≥100MΩ；

工作环境温度：-10℃～55℃；

工作环境湿度：≤95%（无凝露）；

储存环境温度：-40℃～85℃；

储存环境湿度：≤95%；

外形尺寸：EX51 系列 48×96×76（单位：mm）；EX53 系列 96×96×76（单位：mm）；

安装方式：面板安装，EX51 系列安装开孔尺寸：46×94（单位：mm）；

EX53 系列安装开孔尺寸：91×91（单位：mm）。

10.4.3　仪表操作使用

1. 面板组成（图 10-19）

由显示窗口、指示灯、按键三部分组成代码分别表示（适用于 EX51 系列）：

1：显示窗口；2：超上限指示灯；3：负号指示灯；4：超下限指示灯；5：1K 单位指示灯；6：1 单位指示灯；7：运行指示灯。

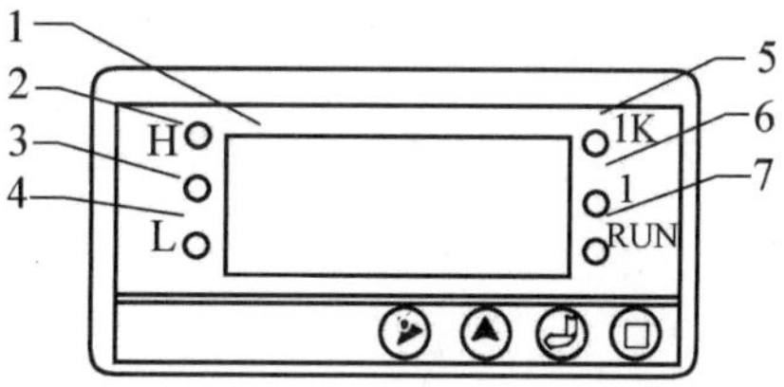

图 10-19　EX51 面板布置图

注：1. 在运行时 1 单位指示灯常亮，当 PT（或 CT 或 PTxCT）x 表量程数值大于等于 1000 时，1K 单位指示灯才被点亮；负号指示灯在 L51 和 L53 里面有说明。

2. 设置模式下，先显示功能项菜单，按确认键后才是设置值修改。

2. 按键说明

▶——移位键：修改参数时，使显示窗口中的闪烁位置循环右移一位。

▲——加 1 键：修改参数时，使显示窗口中的闪烁数字加 1；设置波特率状态时，可以在 19200、9600、4800、2400、1200 间切换。

设置接线方式时，可以在三相三线与三相四线间切换。

▼—— 减 1 键：修改参数时，使显示窗口中的闪烁数字减 1；

设置波特率状态时，可以在 19200、9600、4800、2400、1200 间切换。

设置接线方式时，可以在三相三线与三相四线间切换。

设置报警量时（S52），可以在 P 和 Q 之间切换。（注明：此按键只有 EX53 系列才有）

(↲)——翻页键：设置状态时，当处于主菜单时，切换到主菜单的下一菜单；当处于参数修改时，放弃保存修改参数，并返回到主菜单(注明：此按键只有 EX51 系列才有)。

(□)——确认键：设置状态时，当处于主菜单时，进入该菜单参数修改部分；当处于参数修改时，保存修改参数，并切换到主菜单的下一菜单(注明：此按键只有 EX51 系列才有)。

■——翻页键：设置状态时，当处于主菜单时，切换到主菜单的下一菜单；当处于参数修改时，放弃保存修改参数，并返回到主菜单(注明：此按键只有 EX53 系列才有)。

↲——确认键：设置状态时，当处于主菜单时，进入该菜单参数修改部分；当处于参数修改时，保存修改参数，并切换到主菜单的下一菜单(注明：此按键只有 EX53 系列才有)。

(□) + (↲)——同时按下超过 3s，仪表由运行状态进入设置状态(EX51 系列使用)。

■ + ↲——同时按下超过 3s，仪表由运行状态进入设置状态(EX53 系列使用)。

(▶) + (▲) ——在设置模式(报警设置)下用于切换各仪表的单位灯。

(▶) + (↲)——修改参数时，使小数点位置循环右移一位；还处在报警状态时(数码管会闪烁)，按此组合键可强行解除报警提示(注明：此按键只有 EX51 系列才有)。

(▶) + ■——修改参数时，同时按下超过 3s 时，使小数点位置循环右移一位；报警状态时，同时按下超过 3s 时，可解除数码管闪烁(注明：此按键只有 EX53 系列才有)。

当(□) + (↲)同时按下超过 3s 时，出现 □□□□，要求输入密码(初始密码“1111”)。当输完后，按(□)确认，如正确可进入设置状态。

10.5 万用表

10.5.1 SPAC200E 综合电力监控仪

1. 产品介绍

SPAC200E 综合电力监控仪是一款在配电系统中应用广泛的智能电力监控仪表。它集遥测、遥信、遥控、显示、通信等众多功能为一体，采用 SoC 高速微处理器芯片作为核心运算单元，运算速度快，可靠性高，抗干扰能力强。装置通信功能强大，具有光电隔离的双 RS-485 通信口，支持开放式的通信协议，便于与其他各种监控单元一起构成高效经济的监控网络。

装置采用全金属的外壳设计，体积小，经济实用方便，适合于分散式安装，也可以集中组屏。

2. 功能简介：

(1)采用高精度的测量 PT、CT，可测量电压、电流、频率、功率因数、有功功率、无功功率、视在功率、有功电度、无功电度、视在电度；

(2)8 路开关量输入，4 路继电器输出，实现遥信和遥控功能；
(3)2 路电度脉冲计量，可完成计量电度表输入脉冲的电度计量；
(4)所有被测量和参数均能通过面板液晶显示器实时显示；
(5)具有两路 RS－485 通信口，支持国际流行的 MODBUS 通信协议，实现信息的上传和下发；
(6)系统参数可以通过面板按键或上位机通信设置，并具有两级密码管理权限；
(7)所有关键数据(系统参数等)在失电情况下可保存十年以上；
(8)完善的自检功能，友好的人机界面。

3. 技术指标

测量技术指标：

测量参数	精确测量范围	精度(可选)
电压	10～500V	0.5%或0.2%
电流	0.1～10A	0.5%或0.2%
频率	40～70Hz	0.5%或0.2%

显示：

显示屏幕	由 LCD 液晶组成，四行 16×4 字符显示
有效区域	62mm×26mm
背光效果	有按键操作时点亮，无操作 1 min 后熄灭

通信：

接口	两路 RS－485 半双工接口
规格	MODBUS
速度	1200，2400，4800，9600bit/s

开关量输入：

光电耦合输入	干节点，内部提供＋24V 电源 输入电压容值可以依据用户制定

继电器输出：

报警/命令继电器	输出容量：25VDC，10A 250VAC，10A 常开节点

工作电源：

标准配置		可选配置	
额定	允许波动范围	选择 1	选择 2
220VAC/DC	85～265VAC/DC	24VDC	48VDC

4. 面板说明

SPAC200E 仪表采用 16×4 字符型高亮度 LCD 液晶显示模块，通过面板按键操作，可以观察所有测量参数和状态信息，设置装置正常工作所需的各种运行参数。面板布置如图 10－20 所示。

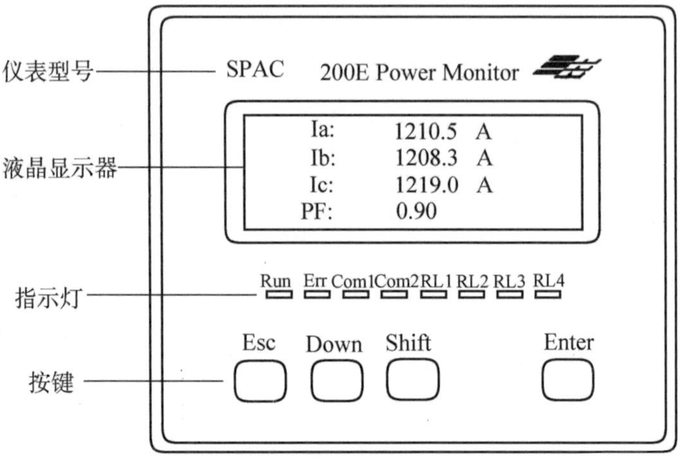

图 10－20 面板布置图

(1)液晶显示器

液晶显示器用于显示测量数据、设置系统参数。

(2)指示灯

[Run]灯：装置正常运行时，该灯闪烁。

[Err]灯：装置故障时，该灯长亮。

[Com1]灯：装置通信口 1 正常通信时，该灯闪烁。

[Com2]灯：装置通信口 2 正常通信时，该灯闪烁。

[RL1～RL4]灯：出口继电器 1～4 动作时，对应的灯点亮。

(3)按键

[Esc]键：取消修改操作；或返回上一级菜单。

[Down]键：菜单选项下移；或数据修改位减 1。

[Shift]键：修改数据位光标向右循环移动一位。

[Enter]键：确认当前的选择，进入下一级菜单操作；或保存当前修改的参数。

10.5.2 SPAC200F 网络电力监控仪

1. 产品介绍

SPAC200F 网络电力监控仪是一款在配电系统中应用广泛的智能电力监控仪表。它集遥测、遥信、显示、通信等众多功能为一体，采用 SoC 高速微处理器芯片作为核心运算单元，运算速度快，可靠性高，抗干扰能力强。装置通信功能强大，具有光电隔离的 RS－485 通信口，支持开放式的通信协议，便于与其他各种监控单元一起构成高效经济的监控网络。

装置采用全塑料的外壳设计，体积小，经济实用方便，适合于分散式安装，也可以集中组屏。

2. 功能简介

(1)采用高精度的测量 CT，可测量三相电流和三相电压、有功功率、无功功率、功率因数、有功电度、无功电度；

(2)具有 2 路遥信输入功能；

(3)所有被测量和参数均能通过面板液晶显示器实时显示；

(4)具有 RS－485 通信口，支持国际流行的 MODBUS 通信协议，实现信息的上传和下发；

(5)系统参数可以通过面板按键或上位机通信设置，并具有两级密码管理权限；

(6)所有关键数据(系统参数等)在失电情况下可保存十年以上；

(7)完善的自检功能，友好的人机界面。

3. 技术指标

技术指标参数

测量参数	精确测量范围	精度(可选)
电压	10～500V	0.5%或0.2%
电流	0.1～10A	0.5%或0.2%
功率		1.0%或0.5%
功率因数		1.0%或0.5%
计算电度		1.0%

遥信(开关量)输入：

光电隔离输入	消抖时间(可调)
干节点，内部提供＋24V 电源	1～255ms

显示：

显示屏幕	由 LCD 液晶组成，两行 16×2 字符显示
有效区域	62mm×16mm
背光效果	有按键操作时点亮，无操作 40s 后熄灭

通信：

接口	RS－485 半双工接口
协议	MODBUS
速率	1200，2400，4800，9600 bit/s

工作电源

额定	允许波动范围
220VAC	175～265VAC

4. 面板说明

SPAC200F 仪表采用 16 × 2 字符型高亮度 LCD 液晶显示模块，通过面板按键实现友好的人机交互，面板布置如图 10 - 21 所示。

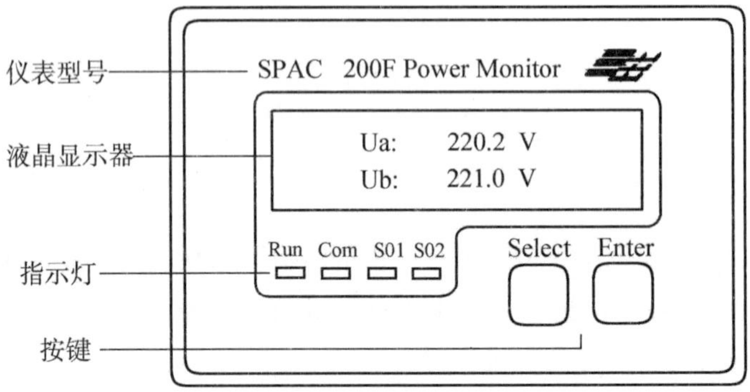

图 10 - 21　面板布置图

(1)液晶显示器

液晶显示器用于显示测量数据、设置系统参数。

(2)指示灯

[Run]灯：装置正常运行时，该灯闪烁。

[Com]灯：装置正常通信时，该灯闪烁。

[S01]灯：遥信 1 有输入时，该灯点亮。

[S02]灯：遥信 2 有输入时，该灯点亮。

(3)按键

[Select]键：光标下移一行，或下翻一页；数据加 1 。

[Enter]键：确认数据或进入下一级菜单。

10.5.3 SPAC202F 网络电力监控仪

1. 产品介绍

SPAC202F 网络电力监控仪是一款在配电系统中应用广泛的智能电力监控仪表。它集遥测、遥信、遥控、显示、通信等众多功能为一体，采用 SoC 高速微处理器芯片作为核心运算单元，运算速度快，可靠性高，抗干扰能力强。装置通信功能强大，具有光电隔离的 RS - 485 通信口，支持开放式的通信协议，便于与其他各种监控单元一起构成高效经济的监控网络。

装置采用全金属的外壳设计，体积小，经济实用方便，适合于分散式安装，也可以集中组屏。

2. 功能简介

(1)采用高精度的测量 PT、CT，可测量电压、电流、频率、功率因数、有功功率、无功功率、视在功率、有功电度、无功电度、视在电度；

(2)4 路开关量输入，2 路继电器输出，实现遥信和遥控功能；

(3)2 路电度脉冲计量，可完成计量电度表输入脉冲的电度计量；

(4)所有被测量和参数均能通过面板液晶显示器实时显示；

(5)具有 RS－485 通信口，支持国际流行的 MODBUS 通信协议，实现信息的上传和下发；

(6)系统参数可以通过面板按键或上位机通信设置，并具有两级密码管理权限；

(7)所有关键数据(系统参数等)在失电情况下可保存十年以上；

(8)完善的自检功能，友好的人机界面。

3. 技术指标

技术指标参数

测量参数	精确测量范围	精度(可选)
电压	10～600V	0.5%或0.2%
电流	0.1～10A	0.5%或0.2%
频率	40～70Hz	0.5%或0.2%
功率		1.0%或0.5%
功率因数		1.0%或0.5%
计算电度		1.0%

显示：

显示屏幕	由 LCD 液晶组成，四行 16×4 字符显示
有效区域	62mm×26mm
背光效果	有按键操作时点亮，无操作 1 min 后熄灭

通信：

接口	RS－485 半双工接口
规格	MODBUS
速度	1200，2400，4800，9600 bit/s

开关量输入：

光电耦合输入	干节点，内部提供＋24V 电源 输入电压容值可以依据用户制定

继电器输出：

报警/命令继电器	输出容量：25VDC，10A 250VAC，10A 常开节点

工作电源：

标准配置		可选配置	
额定	允许波动范围	选择 1	选择 2
220VAC/DC	85～265VAC/DC	24VDC	48VDC

4. 面板说明

SPAC202F 仪表采用 16 × 4 字符型高亮度 LCD 液晶显示模块，通过面板按键操作，可以观察所有测量参数和状态信息，设置装置正常工作所需的各种运行参数。面板布置如图 10－22 所示。

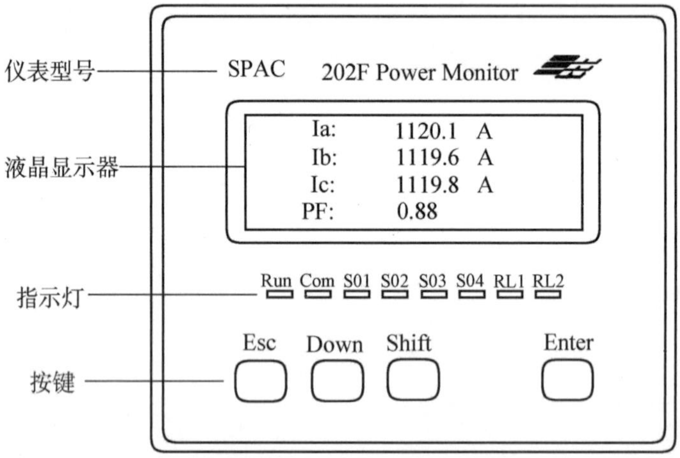

图 10－22　面板布置图

(1)液晶显示器

液晶显示器用于显示测量数据、设置系统参数。

(2)指示灯

[Run]灯 ：装置正常运行时，该灯闪烁。

[Com]灯 ：装置正常通信时，该灯闪烁。

[S01～S04]灯：开关量输入口 1～4 有信号输入时，对应的灯点亮。

[RL1～RL2]灯：出口继电器 1～2 动作时，对应的灯点亮。

按键

[Esc]键 ：取消修改操作；或退出当前的菜单操作。

[Down]键：菜单选项下移；或数据修改位减 1 。

[Shift]键 ：修改数据位光标向右循环移动一位。

[Enter]键：确认当前的选择，进入下一级菜单操作；或保存当前修改的参数。